"十三五"普通高等教育系列教材

电气控制与PLC

（第二版）

主编　于桂音　邓洪伟
编写　姜殿波　孙　凯　刘发英
主审　王振臣

中国电力出版社
CHINA ELECTRIC POWER PRESS

内 容 提 要

本书从教学角度出发，兼顾实际工程应用，系统地介绍了电气控制技术、可编程序控制器原理和应用，重点介绍了电气控制和 PLC 的分析与设计的一般方法。全书共十章，第一至三章介绍电气控制中常用低压电器、电气控制电路的基本环节、典型电气控制系统和设计方法；第四至九章介绍 PLC 基础，以西门子公司 S7-200 系列 PLC 为重点，介绍了 PLC 的结构及工作原理、基本指令系统、功能图与顺序控制指令、功能指令以及控制系统程序的分析和设计方法；第十章介绍了 S7-200 系列 PLC 网络与通信。

本书可作为高等学校电气信息类相关专业教材，也可作为成人高等教育、高职高专教育教材，同时可供相关工程技术人员参考。

为方便学生学习，本书配有免费资源，扫描二维码可获取 PLC 编程软件及其应用、S7-200 系列 PLC 快速参考信息、MICROMASTER420 变频器参数表，以及教学课件等。

配套数字资源

图书在版编目（CIP）数据

电气控制与 PLC/于桂音，邓洪伟主编. —2 版. —北京：中国电力出版社，2019.2（2021.11 重印）
"十三五"普通高等教育规划教材
ISBN 978-7-5198-1906-4

Ⅰ. ①电… Ⅱ. ①邓…②于… Ⅲ. ①电气控制－高等学校－教材②PLC 技术－高等学校－教材
Ⅳ. ①TM571.2②TM571.61

中国版本图书馆 CIP 数据核字（2018）第 068939 号

出版发行：中国电力出版社
地　　址：北京市东城区北京站西街 19 号（邮政编码 100005）
网　　址：http://www.cepp.sgcc.com.cn
责任编辑：乔　莉（010-63412535）
责任校对：黄　蓓　太兴华
装帧设计：赵姗姗　王英磊
责任印制：吴　迪

印　　刷：北京九州迅驰传媒文化有限公司
版　　次：2010 年 7 月第一版　2019 年 2 月第二版
印　　次：2021 年 11 月北京第九次印刷
开　　本：787 毫米×1092 毫米　16 开本
印　　张：17.5
字　　数：429 千字
定　　价：45.00 元

前　言

本书是根据目前高等学校普遍将“工厂电气控制技术（设备）”和“可编程控制器（原理及应用）”两门课程合并为“电气控制与 PLC”一门综合性课程，同时考虑工程实际应用并在理论和应用上充分考虑到电气控制技术是学习 PLC 的基础而编写的。

在本书的编写内容中，融入了编者多年的教学和科研经验与应用实例，以实际应用和便于教学为目的出发，着重介绍了常用低压电器、电气控制电路的基本环节、典型生产机械电气控制电路、可编程控制器及其应用技术，系统地阐述了电气控制和 PLC 的分析与设计的一般方法。

本书在内容编排上本着深入浅出、通俗易懂、循序渐进的编写原则，保留了传统的电器及继电控制系统内容，删除了应用范围较窄的磁放大器、电机扩大机及顺序控制器等内容，大幅度增加了电气控制和 PLC 应用工程实例、设计方法和技巧。

本书由山东理工大学于桂音、邓洪伟担任主编，山东理工大学姜殿波、孙凯、刘发英参与编写。具体分工如下：第二、六章由于桂音编写，第一、三、七章由邓洪伟编写，第八、九章由姜殿波编写，第十章和附录由孙凯编写，第四、五章由刘发英编写，于桂音教授负责全书的组织和统稿。

本书由燕山大学王振臣教授主审；另外，书中部分章节的编写参考了一些专家、学者的有关文献；同时，本书在编写过程中还得到了许多专家和同行的大力支持和热情帮助，并提出了许多建设性的建议和意见。在此一并表示衷心的感谢。

鉴于编者的水平，书中难免有不完善与不足之处，恳请广大读者批评指正。

编　者

2018 年 12 月

目　录

第一章　常用低压电器

第一节　概　　述

本章主要介绍继电—接触器控制系统的基本知识，着重介绍在低压控制系统中常见电器的机械结构、工作原理、特性、用途、技术参数、使用与选择、调整与整定等问题，为实际工作中对电气电路的检修和维护及其设计打下良好的基础。

一、电器的分类

电器是指在电能的生产、输送、分配和使用中起到控制、调节、检测、转换及保护作用的电工器械，主要用于电路的接通、断开或控制、调节和保护等作用。在工业、农业、交通、国防以及人民生活中有很多用电属低压供电，因此本章主要介绍常用低压电器。

电器的功能很多，用途及型号规格繁多，为有效掌握电器，需加以分类。

1. 按工作电压等级分类

（1）高压电器：用于交流电压1200V、直流电压1500V及以上电路中的电器，例如高压熔断器、高压隔离开关、高压断路器等，主要用于电路的接通、断开及保护。

（2）低压电器：用于交流电压1200V、直流电压1500V以下电路中的电器，例如继电器、接触器、按钮、低压断路器（自动空气开关）等，主要用于电路的接通和断开、控制及保护等。

2. 按用途分类

（1）低压配电电器：用于低压供电系统中电能的输送和分配的电器，例如刀开关、自动开关、隔离开关等。这类电器要求有较强的分断能力，限流效果好、动热稳定性好等。

（2）低压控制电器：在电力拖动控制系统中起到控制及保护作用的电器，例如按钮、刀开关、接触器、继电器、凸轮控制器等。这类电器要求有一定的通断能力、操作频率高、电气和机械寿命长等。

（3）低压主令电器：用于自动控制系统中发送动作指令的电器，例如按钮、行程开关、主令开关、转换开关等。这类电器要求操作频率高、抗冲击、电气和机械寿命长等。

（4）低压保护电器：用于对电路或设备进行保护的电器，例如熔断器、热继电器、电流继电器、电压继电器、避雷器等。这类电器要求有一定的通断能力、反应灵敏、可靠性高、动作时间短、动热稳定性好等。

（5）低压执行电器：用于完成某种动作或传送功能的电器，例如电磁铁、电磁离合器等。这类电器要求结构紧凑、灵活、动作力强等。

3. 按动作原理分类

（1）手动电器：人手操作发出动作指令的电器，例如刀开关、按钮等。

（2）自动电器：产生电磁力或机械外力等而自动完成动作指令的电器，例如接触器、继电器、行程开关、电磁阀等。

二、常用的低压控制电器

常用低压电器按照种类分类如图 1-1 所示。

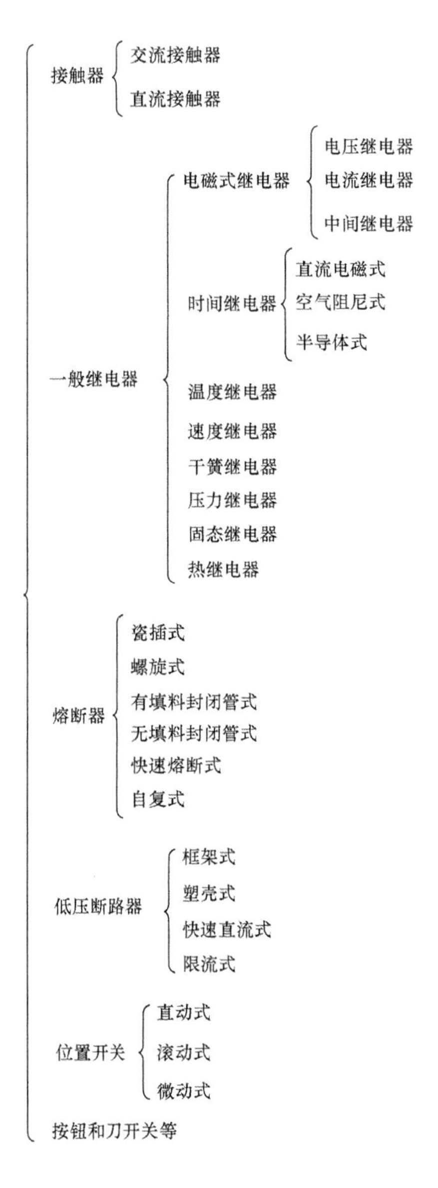

图 1-1 常用低压电器分类

第二节 接 触 器

接触器是电力拖动和自动控制系统中使用量大且涉及面较广的一种低压电器，用来频繁接通和断开交、直流主电路和大容量的控制电路，主要控制对象为电动机负载，能够实现远距离控制，能分断比工作电流大数倍乃至数十倍的电流，但是不能分断短路电流。

一、交流接触器的结构和工作原理

（一）交流接触器的结构

交流接触器的结构一般由电磁机构、触点系统、灭弧系统、反力弹簧、支架和底座五部分组成。

1. 电磁机构

电磁机构由线圈、铁心和衔铁组成。铁心和衔铁一般由硅钢片叠加而成，形状采用 E 形，动作方式为直动式，个别采用绕轴转动的拍合式；线圈由绝缘漆包铜线绕制成短而粗的筒状，套在铁心的心柱。图 1-2 所示为常见交流接触器的外形图。图 1-3 为交流接触器工作原理示意图。

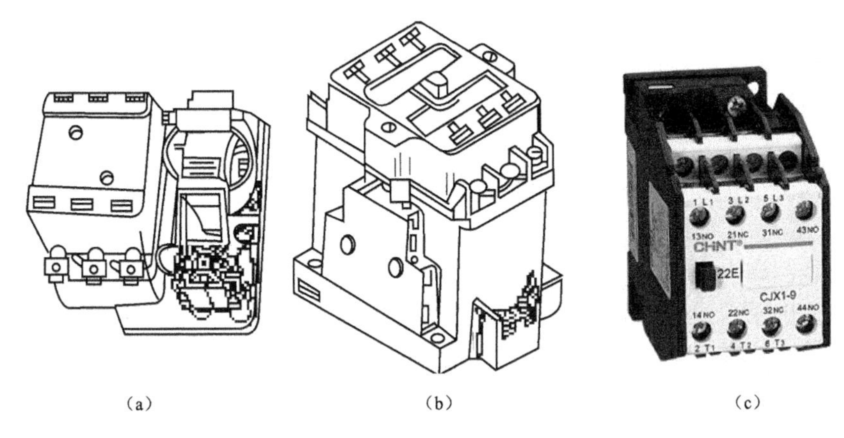

（a）　（b）　（c）

图 1-2　常见交流接触器的外形图

（a）CJ10-60 型；（b）CJ20-40 型；（c）CJX1 型

由于交流接触器铁心的磁通是交变的，当磁通为零时，电磁吸力也为零，吸合后的衔铁在反力弹簧的作用下将被拉开，磁通过零后吸力又逐渐变大，当吸力大于反力弹簧的作用力时，衔铁又被铁心吸合。如此线圈通以交流电，产生的电磁力大小随电流变化而变化，在一个周期内有两次降到零，从而产生衔铁的强烈振动和噪声。为解决这一问题，在交流接触器的铁心的端面安装一个短路（铜）环。短路环包围铁心端面约 2/3 的面积。使短路环包围铁心产生的磁通和没有包围铁心产生的磁通在相位上相差近 90°，使任何时刻端面上的磁通永远不为零，从而消除振动和噪声。

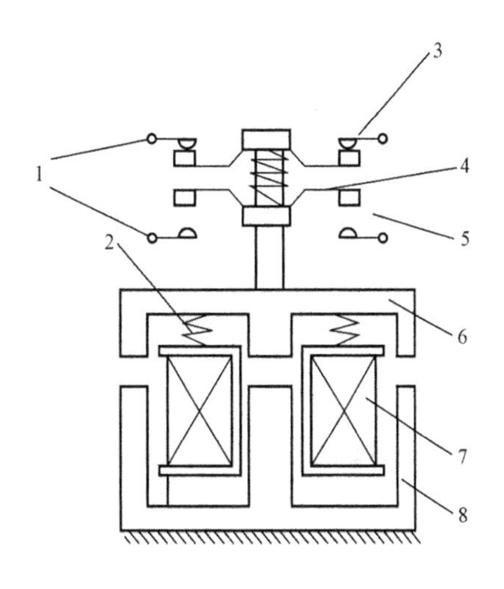

图 1-3　交流接触器工作原理示意图

1—静触点；2—反力弹簧；3—动断触点；4—动触点；5—动合触点；6—动衔铁；7—线圈；8—静铁心

电磁机构的作用是将电磁能转换成机械能，产生电磁吸力带动触点动作。

2. 触点系统

触点是接触器的执行元件，用来接通和断开被控制的电路。

触点可分为主触点和辅助触点，主触点用来接通和断开主电路，接通时通过的电流较大；辅助触点用来接通和断开控制电路，接通时通过的电流较小。

触点的结构形式分为桥式触点和指形触点。

触点按原始状态可分为动合触点和动断触点，原始状态为线圈未通电或无外力作用时的状态。

触点按接触面积大小可分为点接触、线接触和面接触三种。

3. 灭弧系统

根据接触器主触点的容量大小决定是否装有灭弧装置，直流接触器和交流接触器电流在 20A 以上均需要装设熄弧罩或栅片或磁吹熄弧装置。

4. 反力弹簧

反力弹簧由释放弹簧和触点弹簧组成，触点动作后由弹簧的反作用力使触点恢复到原始状态，但是不能进行弹簧松紧的调节。

5. 支架和底座

支架和底座用于接触器的固定和安装，一般由塑料制成。

（二）接触器的工作原理

当接触器线圈通上额定电压后，在铁心中产生磁通，由于磁通的作用使铁心和衔铁的两个表面产生不同的极性，即 N 和 S，因此产生电磁吸力，电磁吸力克服反力弹簧的作用力，使衔铁动作与铁心紧密接触，主触点（只有动合触点）在衔铁的带动下闭合，接通主电路，辅助触点也在衔铁的带动下动作，动合触点闭合，动断触点断开。当线圈失电或电压明显下降时，电磁吸力为零或很小，衔铁在反力弹簧的作用下与铁心分开，使触点恢复到原始状态。

二、直流接触器的结构和工作原理

直流接触器线圈通以直流电流，主触点接通和断开直流主电路。

直流接触器线圈通以直流电流，铁心中不会产生涡流和磁滞损耗，所以不会发热。为了方便加工，铁心用整块钢块制成。为了使线圈散热良好，通常将线圈绕制成长而薄的圆筒状。其他结构与交流接触器完全相同。

对于直流接触器额定电流在 250A 及以上，往往采用串联的双线圈，连接方法如图 1-4 所示，图中线圈 1 为启动线圈，线圈 2 为保持线圈，接触器的一个动断触点与保持线圈并联，启动瞬间线圈 1 通电，线圈 2 短接，电流很大，电磁吸力很大，使触点可靠动作，当触点动作后其动断触点断开，两线圈串联，电流变小，但仍可保持衔铁吸合，从而延长电磁线圈的使用寿命和达到节电的目的。

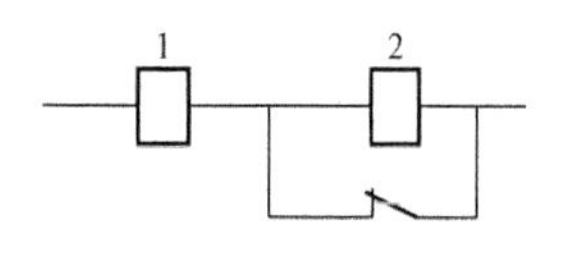

图 1-4 直流接触器双线圈接线图

三、电接触及灭弧装置

触点是电磁式继电器的执行部分，电器通过触点的动作来使电路通断。触点在闭合状态下动静触点完全接触，此时有工作电流通过，此状态称电接触。电接触的状况将影响触点工作的可靠性和安全性及其使用寿命。影响电接触工作情况的主要因素是触点的接触电阻，因为接触电阻大时，触点发热温度升高，从而使触点发生熔焊或者烧坏，影响触点的使用寿命和其他电路的正常工作。

接触电阻的大小与触点的接触形式、触点的接触压力大小、触点使用的材料、触点的表面状况、环境条件、使用频率等因素有关。

（一）触点的接触形式

触点接触形式有点接触、线接触和面接触三种形式。接触面积的大小直接影响触点通过电流的大小。

当动、静触点闭合后，不可能紧密地结合，只是在一些突出的部分有效结合，从而使电流有效通过，由于在过渡区域电流只通过接触的凸起点，形成收缩状的电流线，使此区域的电流密度很大，同时接触面积减少，从而增大该区域的接触电阻。由于接触电阻的存在，会造成电压损失，同时产生附加功率损耗，使触点的温度升高，造成不良影响。因此需采取一定措施减少接触电阻。

（二）影响接触电阻的因素和相应措施

（1）接触压力。增加触点接触的压力，可使触点接触的凸起部分发生变形，使触点的接触面积加大，减少接触电阻。因此在触点的动触点上安装一个弹簧使之压力增大，同时还有利于触点的返回。

（2）触点材料。各种材料的电阻的温度系数不尽相同，应采用温度系数小的材料来减少接触电阻，要求越小越好。实际中一般采用铜作为基础，然后在此基础上镀银或嵌银。

（3）触点表面状况。触点表面温度升高使金属表面氧化程度加大，生成金属氧化物，使接触电阻增大，增加电压和功率损耗。因此在小容量的触点中采用镀银或嵌银，大容量的触点采用具有滑动接触的指形触点，每次接触在滑动的基础上磨去金属氧化物，减少接触电阻或灰尘，增加导电性能。

（三）灭弧的工作原理

触点在通电的状态下动静触点脱离接触时产生电弧。电弧是电气设备运行中出现的一种强烈的电游离现象，其特点是光亮很强和温度很高。电弧的产生对供电系统和设备的安全运行有很大影响。首先，电弧延长了电路开断时间，尤其是分断短路电流时，使短路电流在电路中的时间加长，使短路电流对电路和设备造成更大的伤害或者永久性破坏；同时电弧的高温可能烧坏触点或者电气设备及其导线电缆；还可能引起电路弧光短路，甚至引起火灾和爆炸事故；强烈的弧光可能损伤人的视力，严重的可致人眼失明。因此，在开关设备的结构设计上要保证操作时电弧能迅速熄灭。

1. 电弧的产生

电弧产生的根本原因是触点本身及周围的介质中含有大量的可游离的质子。这样在内部和外部因素的作用下形成大量的可游离的电子从而形成电弧。具体原因有以下四个方面：

（1）热电发射。当开关触点分断电流时，阴极表面由于大电流逐渐收缩集中而出现灼热的光斑，温度很高，因而使触点表面分子中外层价电子吸收足够的热量而发射到触点之间的间隙中去，形成自由电子。

（2）高电场发射。开关触点分断之初，电场强度很大，在这种高电场的作用下，触点表面的电子可能被强拉出来，使之进入触点间隙，形成自由电子。

（3）碰撞游离。当触点间隙存在大量的电子，在高电场的作用下，高速向阳极移动，电子在移动的过程中碰撞中性质子，使之分解为正负离子，离子的数量继续增加，从而形成新一轮的碰撞，产生更多的离子，结果使触点间隙的自由电子的数量越来越多，形成“雪崩”

现象。当离子的浓度达到一定数量时，介质击穿而发生电弧。

（4）热游离。电弧的温度很高，表面的温度达3000～4000℃，弧心温度可达10000℃，在此高温，电弧中的中性质子可游离为正负离子，从而进一步加强了电弧中的游离。触点越分开，电弧越大，热游离也越显著。

由于上述四方面原因的综合作用，触点在分断电流时产生电弧并得以维持。

2. 电弧的熄灭

电弧熄灭的条件是触点间隙的电弧去游离率大于游离率，即电弧中消失的离子率大于离子产生的速率。

3. 具体灭弧方法

（1）速拉灭弧法。速拉灭弧法是指迅速拉长电弧，使其电场强度骤降，离子的复合迅速增加，从而有利于电弧的熄灭。

（2）冷却灭弧法。冷却灭弧法是指降低电弧的温度，可使电弧中的热游离减弱，正负离子的复合增强，有助于电弧加速熄灭。

（3）吹弧灭弧法。吹弧灭弧法是指利用外力来吹动电弧，使电弧温度降低，离子复合和扩散加强，从而加速电弧的熄灭。外力主要有气流（空气、六氟化硫）、油流（变压器油）、电磁力、电动力等。吹弧的方向有横、纵两个方向。

（4）长弧切短弧灭弧法。由于电弧的电压降主要降落在阴极和阳极上，利用金属片将电弧切割成若干段短弧，则电弧上的电压降近似地增大若干倍，而阴极和阳极的压降减小，有利于电弧的熄灭，同时使用金属片还有冷却的作用，从而加速电弧的熄灭。

（5）粗弧分细灭弧法。粗弧分细灭弧法是指将一个粗大的电弧分成平行的几个细电弧，使电弧与周围介质的接触面积增加，改善电弧的散热条件，降低电弧的温度，从而使电弧中离子的复合和扩散得到加强，使电弧迅速熄灭。

（6）狭沟灭弧法。狭沟灭弧法是指使电弧在固体介质所形成的狭沟中燃烧，改善电弧的冷却条件，从而使电弧中离子的复合得到加强，使电弧迅速熄灭。

（7）真空灭弧法。真空灭弧法是指将触点放置在真空容器里，由于真空的介质较少，形成的离子的数量较小，因此电弧也很小，在电流过零时立即熄灭。

四、交、直流接触器技术参数及选用原则

（一）接触器的参数

1. 技术参数

（1）额定电压。接触器的额定电压是指主触点的额定电压，其等级见表1-1。

（2）额定电流。接触器的额定电流是指主触点的额定电流，其等级见表1-1。

表1-1　　接触器的额定电压和额定电流等级表

参　数	交流接触器	直流接触器
额定电压（V）	127，220，380，500，660	110，220，440，660
额定电流（A）	5，10，20，40，60，100，150，250，400，600	5，10，20，40，60，100，150，250，400，600

（3）线圈的额定电压。线圈的额定电压是指线圈的外加额定电压，注意线圈电压的种类，直流和交流接触器分别选择直流和交流负载。其额定电压等级见表1-2。

表 1-2 接触器线圈的额定电压等级表

直流线圈（V）	交流线圈（V）
24，48，110，220，440	36，110，127，220，380

（4）接通和分断能力。接通和分断能力是指主触点在规定的条件下能可靠地接通和分断的电流数值，使用时注意控制对象不同其主触点的分断和接通能力不同。

具体使用情况见表 1-3。

表 1-3 常见接触器使用类别及其典型用途表

电流种类	使用类别	典型用途
AC 交流	AC1 AC2 AC3 AC4	电阻负载、无感或微感负载 绕线式电动机的启动和停止 笼型电动机的启动和停止 笼型电动机的启动、反接制动、反转、点动和停止
DC 直流	DC1 DC2 DC3	电阻负载、无感或微感负载 并励电动机的启动、反接制动、反转、点动和停止 串励电动机的启动、反接制动、反转、点动和停止

2. 型号的含义

（1）交流接触器的型号含义如下：

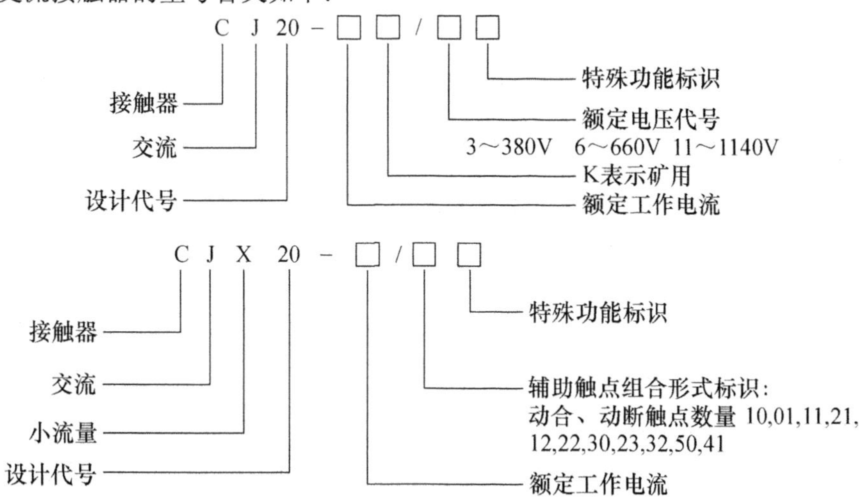

（2）直流接触器的型号含义如下：

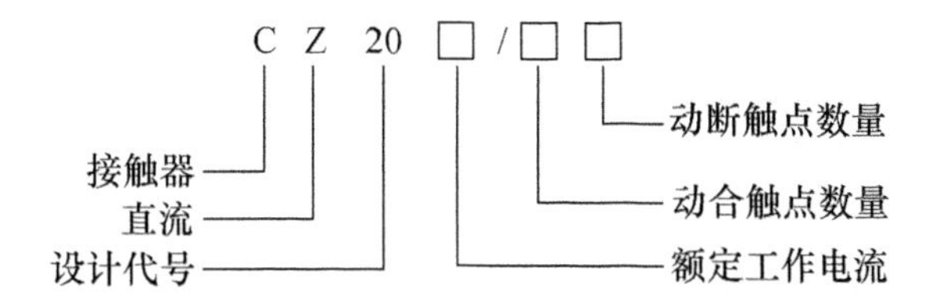

3. 接触器图形符号和文字符号

采用国家标准符号，可以水平绘制，也可垂直绘制，如图 1-5 所示。

（二）接触器的选用

接触器是控制各种电路或设备的主要器件，用途很广泛。额定工作电流或额定功率随使用条件不同而变化，因此要根据使用条件、主电路、控制电路、负载性质等情况合理选用，

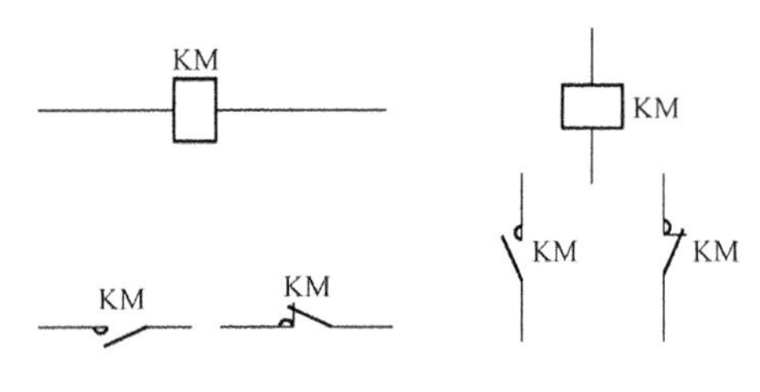

图 1-5 接触器图形符号和文字符号

使其充分发挥技术经济作用，保证设备和电路的可靠运行。

1. 交流接触器的选用

根据接触器控制负载的工作任务即负载的大小和性质来确定相应的接触器及其使用类别。具体有以下几个方面：

（1）根据使用性质确定接触器类别。

（2）根据控制性质确定接触器的额定电压和电流及其控制线圈的额定电压。

（3）根据控制性质确定接触器的触点类型和数量。

（4）根据控制性质确定接触器所能控制的功率大小。

（5）根据控制性质确定接触器的操作频率并注意使用寿命。

（6）根据控制性质确定接触器的拖动能力。

2. 直流接触器的选用

方法同交流接触器的选用，只是注意使用场合和控制负载情况。

第三节 继 电 器

继电器主要用于控制和保护电路或用于信号的转换。当输入信号的物理量变化达到某一数值时，继电器动作，其触点接通或者断开交直流小容量的控制电路。

常用的继电器分类方法不尽相同，主要有以下几种：

（1）按用途分类，分为控制继电器和保护继电器。

（2）按动作原理分类，分为电磁式继电器、感应式继电器、电动式继电器、电子式继电器、热继电器等。

（3）按输入信号分类，分为电压继电器、电流继电器、中间继电器、时间继电器、速度继电器、压力继电器、温度继电器等。

一、电磁式继电器

1. 结构与工作原理

电磁式继电器的结构和工作原理与接触器相似，由电磁系统、触点系统和释放弹簧等组成。由于继电器用于控制电路，通过的电流很小，无需灭弧装置。

2. 特性

电磁式继电器的特性是输入和输出特性，具体的特性曲线如图 1-6 所示。

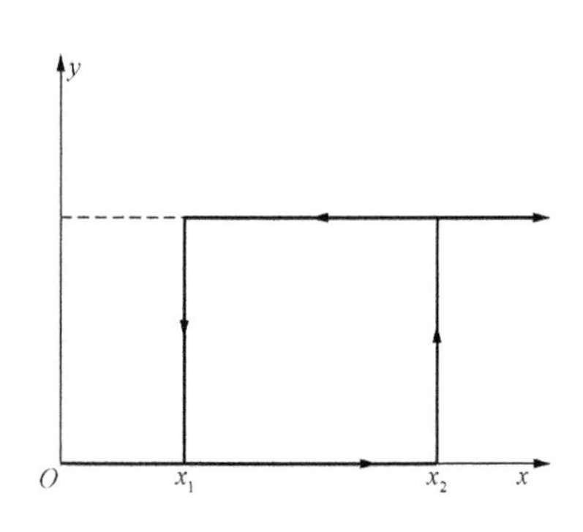

图 1-6 继电器输入、输出特性曲线

当继电器输入信号 x 由零增大到 x_2 以前，继电器输出为零，也就是说继电器不动作，当继电器输入信号 x 由零增大到 x_2 时，继电器动作，触点发生变化，动合触点变成闭合，动断触点变成断开，若输入继续增大，继电器的状态保持不变。当输入信号减小到 x_1 时继电器释放，触点回到原始状态，即动合触点变成断开，动断触点变成闭合。再减小输入信号至零保持。此时 x_2 称继电器动作值，又称继电器吸合值；x_1称返回值又称继电器的释放值。一般情况下，$x_1<x_2$，$k=x_1/x_2$，k称继电器的返回系数，是继电器的一个重要参数。

造成动作值和返回值不等的原因是铁磁性材料在反复磁化的过程中存在磁滞的问题，即磁感应强度和磁场强度不同步，在磁化时存在剩磁和矫顽力，结果使x_1和x_2不等。

返回系数的调整方法有如下几种：

（1）可通过调节释放弹簧的松紧程度，拧紧时k值也增大，放松时k值也减小。

（2）改变铁心与衔铁之间的距离。

（3）改变铁心与衔铁间非磁性垫片的厚度。

（4）改变线圈的匝数或者改变线圈的连接方式。

总之，改变继电器的动作值的方法很多，对继电器来说主要是通过磁路的欧姆定律来实现的。磁路的欧姆定律为$\Phi=\frac{IN}{R_m}$，磁通等于磁动势与磁阻之比，即通过改变磁阻和磁动势来实现。改变磁阻的方法有改变磁路的长度和磁导率，一般常用改变气隙的大小和导磁垫片的厚度的方法；改变磁动势的方法一般为改变线圈的匝数和串并联关系。

对于k的调整，要看不同的场合和用途，一般继电器要求k值较低，数值可设为0.1～0.4，这样在输入信号波动时不至于使继电器误动作，提高抗干扰性能；对于欠电压继电器则要求有较高的返回系数，可设在0.6以上。

继电器的另一个参数是吸合时间和释放时间。吸合时间是指从线圈接收输入信号到衔铁完全吸合所需的时间，释放时间是指线圈输入信号消失后衔铁完全释放所需的时间。

一般继电器的吸合与释放时间为0.05～0.15s，快速继电器为0.005～0.05s。其大小影响继电器的操作频率。

（一）电压继电器

电压继电器反映的是电压信号，结构与前面介绍的完全相同，只是在线圈的结构不同，其匝数多，导线截面细。使用时电压线圈与负载并联。电压继电器分欠电压继电器和过电压继电器两种。

电路正常工作时，欠电压继电器吸合，当电路电压减小到某一规定的数值（一般为额定电压的30%～50%）时，欠电压继电器释放，对电路或设备实现欠电压保护。

电路正常工作时，过电压继电器不动作，当电路电压增大到某一规定的数值（一般为额定电压的105%～120%）时，过电压继电器动作，对电路或设备实现过电压保护。

零电压继电器是在电路电压减小到某一规定的数值（一般为额定电压的5%～25%）时释放，对电路或设备实现零电压保护。

（二）电流继电器

电流继电器反映的是电流信号，结构与前面介绍的完全相同，只是在线圈的结构上不同，其匝数少，导线截面大。使用时电流线圈与负载串联。电流继电器分欠电流继电器和过电流继电器两种。

电路正常工作时，欠电流继电器吸合，当电路电流减小到某一规定的数值时欠电流继电器释放，对电路或设备实现欠电流保护。

电路正常工作时，过电流继电器不动作，当电路电流增大到某一规定的数值时，过电流继电器动作，对电路或设备实现过电流保护。

电流继电器的动作值或返回值根据电路的实际需要进行整定，具体方法与继电器的返回系数的调整方法相同。

（三）中间继电器

中间继电器实质是电压继电器的一种形式，其特点是触点的数目比较多，电流容量增大，同时起到扩大触点数目的作用。

二、时间继电器

时间继电器是指从得到输入信号（继电器线圈通电或断电）经一段时间延时才有规定的输出信号（继电器的触点闭合和断开），时间继电器在电路中起延时作用。其外形如图 1-7 所示。

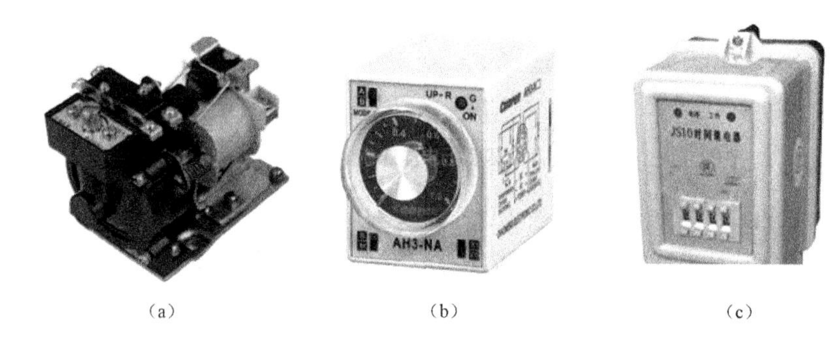

（a） （b） （c）

图 1-7 时间继电器的外形

（a）空气阻尼式；（b）电子式；（c）电动式

时间继电器有以下两种分类方式：

（1）按延时方式分类。

通电延时型：接收输入信号（线圈通电开始计时）经一段时间后有输出信号输出，输入信号消失，输出信号立即消失。

断电延时型：接收输入信号（线圈通电）立即有输出信号输出，输入信号消失，输出信号经一段时间后消失。

（2）按工作原理分类。时间继电器按工作原理可分为电磁式、空气阻尼式、半导体式、电动式等。

（一）电磁式时间继电器

电磁式时间继电器一般用在直流控制电路。它是利用电磁阻尼原理，在直流电压继电器的铁心上增加一个阻尼铜套，利用涡流作用达到延时的目的。

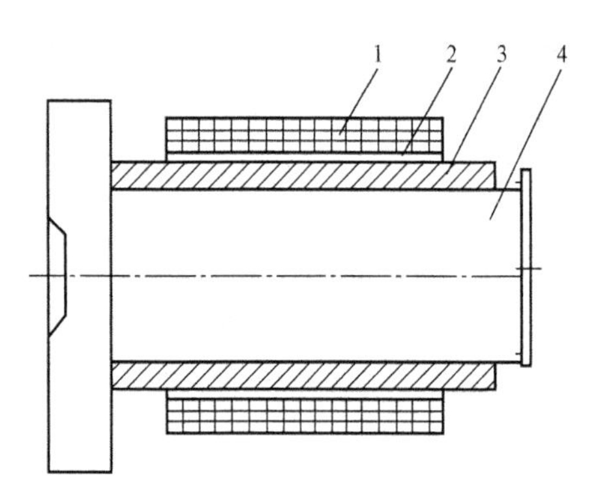

图 1-8 带有阻尼铜套的铁心结构

1—线圈；2—绝缘层；3—阻尼铜套；4—铁心

1. 结构

带有阻尼铜套的铁心结构如图 1-8 所示。

2. 工作原理

当继电器线圈通电，由于衔铁处于释放位置，气隙大、磁阻大、磁通小，铜套阻尼作用也小，因此铁心吸合时的延时不显著，一般认为是瞬时的。当继电器断电时，磁通量的变化大，铜套的阻尼作用也大，触点延时动作，起到阻尼作用。这种继电器具有延时断开动合触点和延时闭合动断触点的作用，即断电延时。

延时时间的调整：电磁式继电器延时时间的调整有两种方法，一是调整铁心和衔铁之间的非磁性垫片的厚度，垫片厚延时短，垫片薄延时长，一般作为粗调；二是改变弹簧的松紧，弹簧紧延时短，弹簧松延时长，一般作为细调。

电磁式时间继电器优点是结构简单、运行可靠、寿命长、允许通电时间长等；缺点是只用于直流电路，整定时间短，例如 JS3 系列的时间继电器只有 4.5～16s，JT3 系列只有 0.3～5.5s。

（二）空气阻尼式时间继电器

空气阻尼式时间继电器是利用空气阻尼作用达到延时作用目的。它由电磁机构、延时机构和触点系统组成，延时方式有通电延时和断电延时，电磁机构有直流和交流两种。其结构如图 1-9 所示。

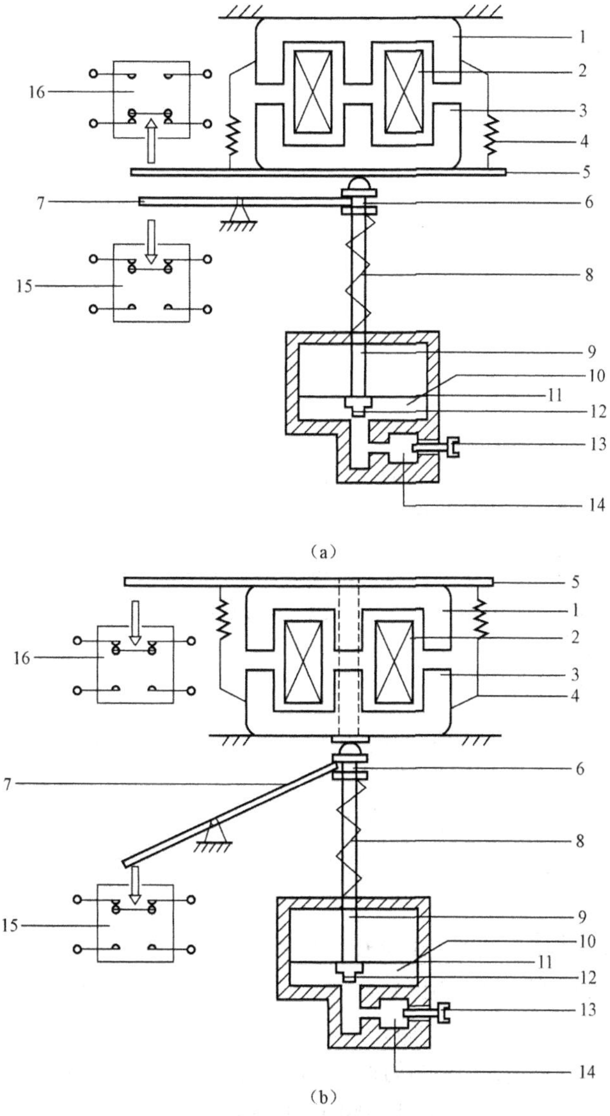

图 1-9 JS7-A 系列时间继电器

（a）通电延时型；（b）断电延时型

1—铁心；2—线圈；3—衔铁；4—反力弹簧；5—推板；6—活塞杆；7—杠杆；8—塔形弹簧；9—弱弹簧；10—橡皮膜；11—空气室壁；12—活塞；13—调节螺钉；14—进气孔；15、16—微动开关

现以通电延时型为例说明其工作原理。当线圈2得电后，衔铁3被吸合，活塞杆6在塔形弹簧8作用下带动活塞12及橡皮膜10向上移动，橡皮膜下方空气室空气变得稀薄，形成负压，活塞杆只能缓慢移动，其移动速度由进气孔的进气量来决定，经一段时间延时后，活塞杆通过杠杆7压动微动开关15，使其触点动作，起到延时的作用。

从线圈得电到触点动作的一段时间即为延时时间，其大小可由调节螺钉13调节空气进气量的大小决定。

线圈断电时衔铁释放，橡皮膜下方空气室空气通过活塞肩部所形成的单向阀迅速地排出，使活塞杆、杠杆、微动开关等迅速复位，触点回到原先的状态。

当线圈得电和断电时，由于衔铁瞬时被铁心吸合，微动开关16在推板的作用下瞬时动作，其触点为瞬时动作触点。

也就是说时间继电器既有延时触点又有瞬时触点。

其图形符号如图1-10所示，文字符号一律采用KT表示。

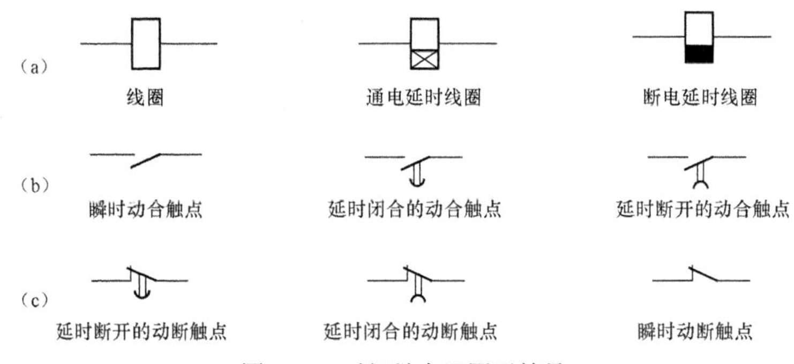

图1-10　时间继电器图形符号

（a）线圈；（b）动合触点；（c）动断触点

空气阻尼时间继电器特点：结构简单、价格低廉、延时范围较大（0.4～180s），但是误差较大，精确度很难调准，使用寿命短（主要是橡皮膜和活塞的使用时间短），常用于精度要求不高的交流控制电路中。

三、速度继电器

速度继电器主要用于笼型电动机的反接制动控制，下面介绍感应式速度继电器的结构和工作原理。

速度继电器主要由定子、转子和触点三部分组成，定子的结构与笼型电动机相似，是一个笼型空心圆环，与轴同心，由硅钢片冲压而成，并装有笼型绕组。转子是一块永久磁铁。

速度继电器使用时其轴与电动机的轴固定连接。当电动机转动时，速度继电器的转子随之转动，绕组切割磁力线产生感应电动势和形成电流，此电流在永久磁铁的作用下产生电磁转矩，使定子向轴的转动方向偏摆，偏摆的程度与转速成正比，当速度达到一定时，通过定子柄拨动触点使其动作，当电动机的转速下降接近零时，转矩减小，定子柄在弹簧力的作用下恢复到原始状态。其图形及文字符号如图1-11所示。

常用的感应式速度继电器有JY1和JFZ0系列，额定工作转速在300～1000r/min，或1000～3000r/min内，动作转速为120r/min，复位转速为100r/min，触点数量有两对动合和两对动断触点。使用时应注意电动机的正反转对应不同的触点，千万不要接错线。

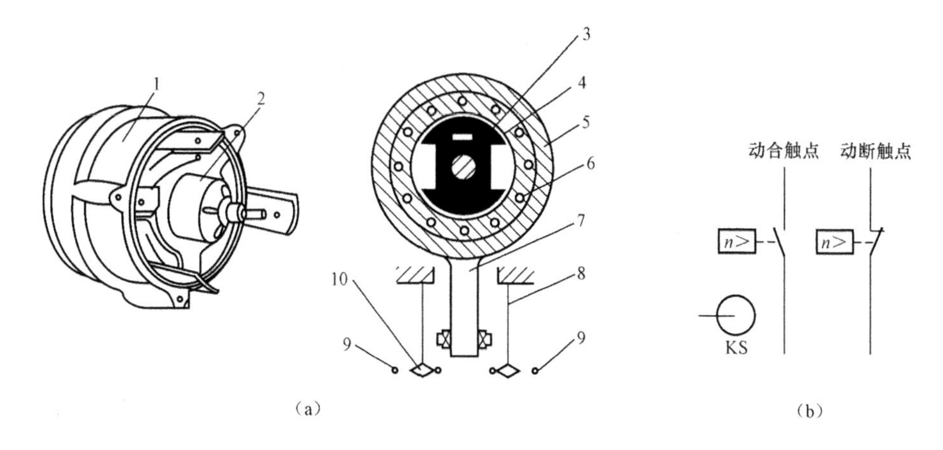

图 1-11 速度继电器结构原理图和图形与文字符号

（a）结构示意图；（b）图形与文字符号

1—定子；2—永久磁铁；3—电动机轴；4—转子；5—定子；6—绕组；

7—胶木；8—簧片；9—静触点；10—动触点

四、热继电器

热继电器是利用电流的热效应使双金属片发生弯曲而推动执行机构动作的一种保护电器。它主要用于交流电动机的过载保护、断相保护、不平衡负载保护及其他电器设备发热状态的控制。在电路中不能做瞬时过载保护，也不能做短路保护。

热继电器按相数可分为单相、两相和三相三种，其中三相的又分为带断相保护的热继电器和不带断相保护的热继电器。

图 1-12 所示为其外形及工作原理示意图。热继电器主要由发热元件、双金属片和触点系统组成，如图 1-12（b）所示。

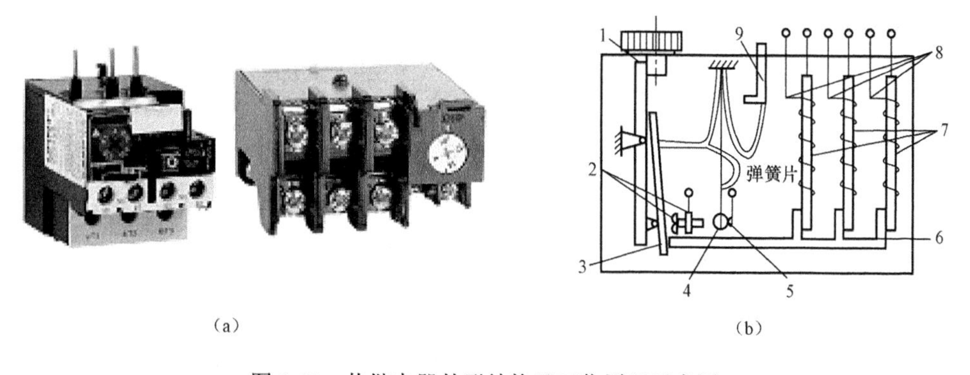

图 1-12 热继电器外形结构及工作原理示意图

（a）外形图；（b）工作原理示意图

1—偏心凸轮；2—静触点（螺钉）；3—杠杆；4—动触点；5—静触点；

6—导板；7—双金属片；8—发热元件；9—复位按钮

发热元件一般采用电阻丝制成，可采用直接加热、间接加热、复合加热和电流互感器加热的方式。双金属片由两种不同的热膨胀系数的金属固定而成。当双金属片受热时，由于热膨胀系数不同，双金属片将向热膨胀系数小的方向弯曲，当弯曲到一定程度时，双金属片推动导板移动，从而使触点动作，切断主电路，起到保护作用。

使用时热元件串联在主电路中，起到检测主电路的电流的作用，触点串联在控制电路中，对控制电路起到控制作用。

在保护电动机电路中，当电动机正常运行时，双金属片也弯曲，但是弯曲的程度很小，不足以使触点动作，其动断触点保持原态，控制电路接通，则电动机继续运行，当电动机电流超过规定数值且运行时间达到一定数值时，双金属片弯曲达到了一定程度，推动导板动作，使触点动作，其动断触点动作，断开控制电路，从而使电动机停止，实现电动机的过载保护。

在三相异步电动机电路中，一般采用两相结构的热继电器，在两相中串联发热元件。三相负载不平衡、电压不平衡电动机内部出现短路、绝缘不良等情况应采用三相结构的热继电器。

热继电器具有反时限特性，根据电流的热效应所发热量与电流的平方成正比，与时间 t 成正比，因此在热量一定的情况下，电流与时间成反比即电流越大动作时间越短，电流越小则动作时间越长。

热继电器的整定，主要是调节导板与触点之间的距离。热继电器复位方式有手动和自动两种，复位是指将触点恢复到原始状态。

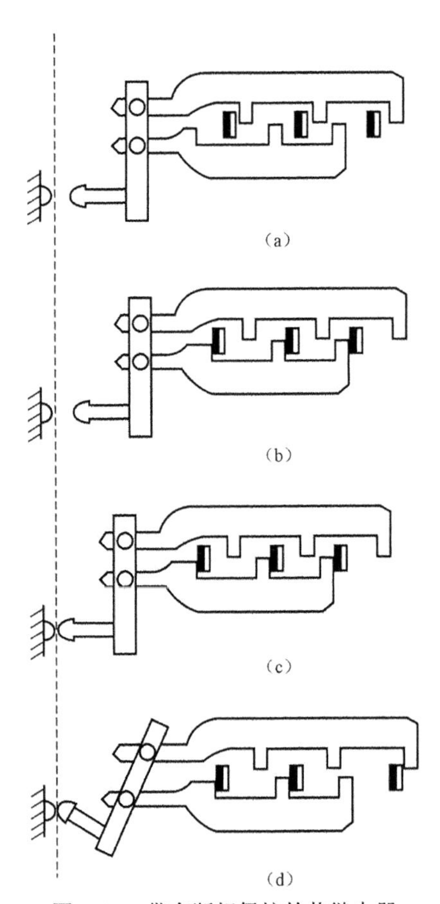

图 1-13　带有断相保护的热继电器

(a) 断电；(b) 正常运行；(c) 过载；(d) 单相断电

对于三相感应电动机，定子绕组为三角形连接的电动机必须采用带有断相保护的热继电器。因为将热继电器的热元件串接在电动机的电源进线中，并且按电动机的额定电流来选取热继电器。正常时线电流为相电流的 1.732 倍，当某一相发生断相故障时，由于电动机的线电流和相电流不等，流过电动机绕组的电流和流过热继电器的电流增加的比例不相同，而热元件又串接在电动机的电源进线中，按照电动机的额定电流即线电流整定，整定值较大。当故障线电流达到额定电流时，在电动机绕组内部，电流较大的那一相绕组的故障电流将超过额定相电流，但对电动机来说就有过热烧毁的危险。

为对电动机三角形连接进行保护，必须将 3 个热元件分别接在电动机的每一相中，此时热继电器额定电流按电动机的每一相的额定电流选择。但是这种接线复杂、麻烦且需要导线粗。我国生产的三相笼型电动机，功率在 4kW 及以上大多数采用三角形连接，为此对此类电动机专门设计了带有断相保护的热继电器。

带有断相保护的热继电器结构如图 1-13 所示。图 1-13 中虚线表示动作位置，图 1-13（a）为断电的位置。当电流为额定电流时，3 个发热元件正常发热，其端部均向左弯曲并推动上下导板同时左移，但不能达到动作线，继电器动合触点不会动作，如图 1-13（b）所示。当电流达到整定的电流时，双金属片弯曲较大，把导板和杠杆推动动作位置，继电器触点动作，如图 1-13（c）所示。当一相（设 U 相）断线时，U 相热元件温度由原来正常发热状态下降，双金属片由弯曲状态伸直，推动上导板右移，同时由于 V、W 相电流较大，故推动下导板向左移，使杠杆扭转，继电器动作，起到断相保护的作用。

热继电器型号表示如下：

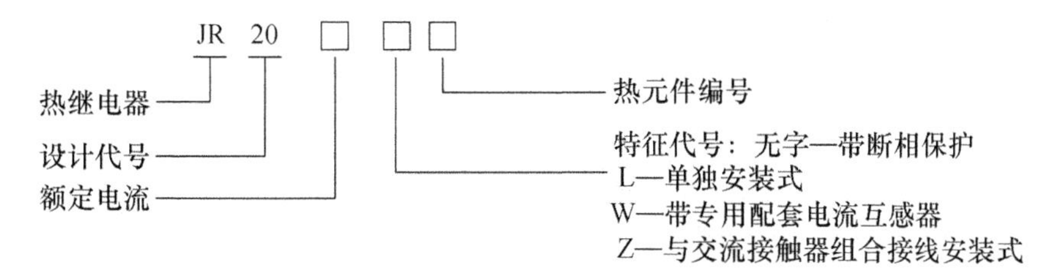

热继电器的选择主要根据电动机的额定电流来确定其型号及发热元件的额定电流等级。热继电器的整定电流通常稍大于电动机的额定电流，一种热继电器可有多种发热元件选择。

热继电器只能作过载保护，不能作短路保护，在电动机启动或短时过载时，热继电器不动作。使用时还应注意动合、动断触点的应用场合，注意其连接方法。

热继电器的图形符号和文字符号如图 1-14 所示。

KR KR KR
（a） （b） （c）

图 1-14 热继电器的图形符号和文字符号
（a）发热元件；（b）动断触点；（c）动合触点

五、温度继电器

温度继电器主要作温度保护使用，尤其是电动机的温度保护。当电动机出现过载电流时，会使其绕组的温度升高，烧毁电动机；当电动机不过载但电网电压升高时，还会导致电动机铁心的铁损耗增加而使铁心发热，也会使绕组的温度升高；另外，当电动机使用环境温度过高以及通风不良时，也会使电动机绕组的温度过高。在这三种情况中，只有第一种情况出现电流超过额定电流，而后两种电流都没有超过额定值，同样也会使绕组的温度升高，影响电动机的使用。前者可用热继电器进行必要的保护，而后两种情况下热继电器无法实现保护。因此对大容量的电动机必须加上温度保护。

温度继电器一般是埋设在电动机的发热部位，如电动机定子槽中、绕组的端部等，直接反映电动机绕组的发热情况，无论出现任何情况，温度继电器都可以反映出电动机的绕组温度，实现电动机的保护，又称全热保护。

温度继电器的种类很多，常用的有双金属片温度继电器和热敏电阻式温度继电器。

（一）双金属片温度继电器

双金属片温度继电器是利用盘式双金属片，有一片为主动层，另一片为被动层，通过其外壳传导给双金属片使其发生变形，从而使触点动作。其原理类似热继电器。

双金属片温度继电器的动作温度是以电动机绕组绝缘等级为基础来划分的。11 个绝缘等级对应温度为 50、60、70、80、95、105、115、125、135、145、165℃。我国生产的电动机现在绝大多数采用 E 级绝缘，对应温度为 135℃。

我国生产的电动机使用绝缘等级共分为 6 个等级，绝缘等级与最高允许温度对应如下：

A（105℃），E（125℃），B（135℃），F（155℃），H（180℃），C（大于 180℃）。

双金属片温度继电器的缺点是加工工艺复杂，且双金属片易老化，体积偏大，很难检测出电动机绕组的实际温度。对于高压电动机，由于绝缘层的加强，使其温度传导具有滞后性，无法实现实时检测。为此在电子技术和计算机发展的基础上，出现了电子式温度继电器。

（二）热敏电阻式温度继电器

利用热敏电阻作为温度检测元件来检测电动机绕组的温度，将热敏电阻装在定子槽内或定子绕组的端部。热敏电阻是一种半导体器件，种类有两种，分别具有正温度系数和负温度系数。正温度系数热敏电阻具有明显的开关特性，电阻温度系数大、体积小、灵敏度高等。一个热敏电阻只能检测一相绕组的温度，因此若要检测三相的温度需要安装三个热敏电阻。埋设时应注意埋设位置，要埋设在反映电动机绕组的最高温度的地方，而每相绕组的各部分的温升不尽相同，一般埋设在绕组的端部。当发生匝间、相间短路或单相接地故障时，每相绕组的温度不尽相同，且产生很大的温差，如果埋设位置不正确，则无法反映每相的实际温度，也就是说保护装置失去作用，因此需要在绕组的多个地方安装热敏电阻。

热敏电阻并联接线的原理如图 1-15 所示。其电路由整流稳压、并联测量电路、或门电路、鉴幅电路、驱动电路组成。

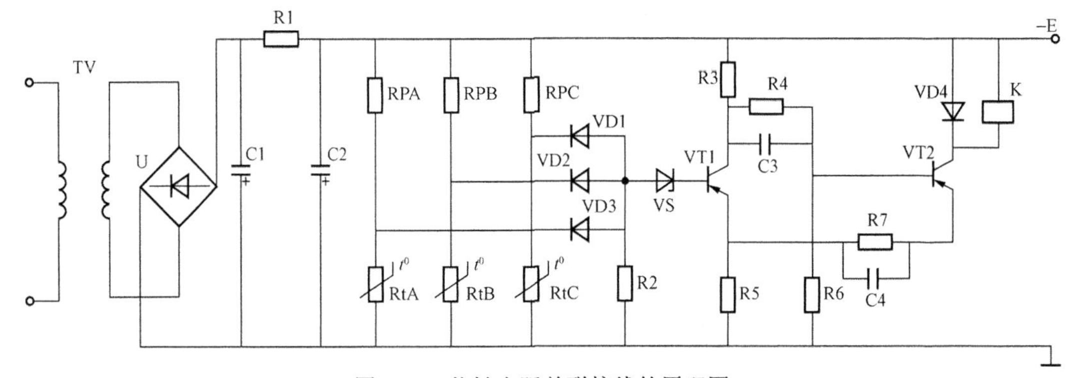

图 1-15 热敏电阻并联接线的原理图

（1）整流稳压：整流变压器经桥式整流电路整流后变成直流电，经电容滤波后变成恒定的直流电，供给并联测量电路。

（2）并联测量电路：由每相热敏电阻 RtA、RtB、RtC 与各自一相的固定电阻 RPA、RPB、RPC 串联组成。当 Rt 随温度变化时，分压比发生变化，于是从 Rt 上取得电压，各相输出信号电压经二极管或门电路施加在二极管 VT1，从而决定继电器 K 是否动作。

（3）二极管或门电路：由二极管 VD1、VD2、VD3 构成。只要有一相温度升高，VT2 饱和导通，继电器 K 动作。

（4）鉴幅电路：由 VS 构成，将或门电路送来的电压进行鉴幅，若各相热敏电阻特性和参数相同、分压电阻的阻值相等、绕组的温度相同，则或门电路输出一定的电压，正常工作。当一相温度出现问题时，某一相电阻增大，其分得电压提高，中性点的电位降低（因为是负电源）。当测量输出信号电压在数值上低于鉴相器的门限电压时，二极管或门电路导通，稳压管击穿，三极管 VT1 截止，VT2 导通，继电器 K 有输出。

（5）驱动电路：由 VT2、R5、R6 构成。

电流或温度的调整是通过固定电阻和热敏动作的比例来获取的。一般固定电阻两端的电压调为 3～4V。

六、压力继电器

压力继电器主要用于各种气体和液体的压力检测和控制，通过检测压力的变化，发出信号，控制电动机的启停，从而使电动机得到保护。其结构原理如图 1-16 所示。

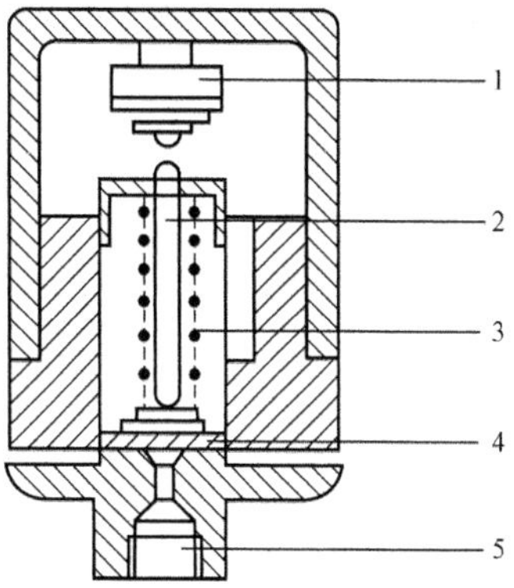

压力继电器由微动开关、滑杆、平衡弹簧、橡皮膜、外壳等组成。其工作原理是当液体或气体进入杯口，将压力传送给橡皮膜，当压力达到一定数值时，橡皮膜受压力作用向上凸起，推动滑杆向上移动，压合微动开关，使触点动作，发出控制信号。

压力动作的调整通过平衡弹簧调节其松紧程度，来改变动作压力。

图 1-16 压力继电器结构原理图
1—微动开关；2—滑杆；3—平衡弹簧；
4—橡皮膜；5—杯口

七、干簧继电器

干簧继电器由于结构灵巧、动作速度快、工作稳定、灵敏度高等优点，在控制小电流电路中得到广泛应用。

干簧继电器主要部分是干簧管。它是一组或几组导磁簧片密封装在惰性气体的玻璃管内组成的开关元件。导磁簧片又作为接触簧片，也就是说作为触点使用，它有两个作用——导磁和触点，其结构如图 1-17 所示。其工作原理是，在外加磁场的作用下，干簧管内的两根簧片分别磁化为不同极性（即 N 极和 S 极）而相互吸引，使两根簧片接触而接通电路，当磁场消失，簧片靠本身的弹性而恢复到原始状态。干簧继电器只有动合触点，而无动断触点。

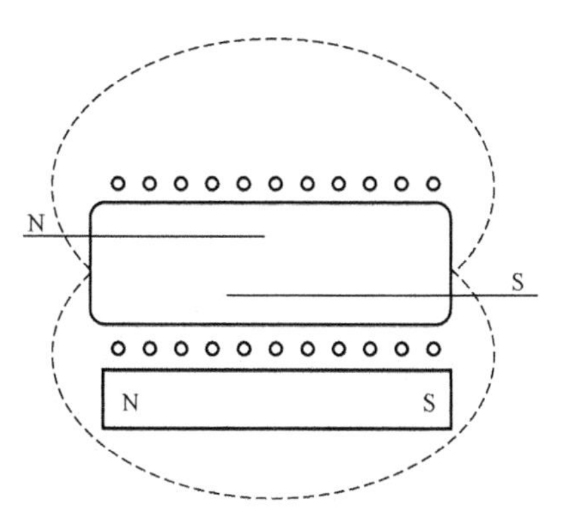

图 1-17 干簧继电器结构原理图

干簧继电器的特点：

（1）触点与空气隔离，可防止氧化和污染，同时具有防爆功能。

（2）触点一般采用金、钯合金镀层，接触电阻小，寿命长，一般为 100 万～1000 万次。

（3）动作速度快，为 1～3ms。

（4）承受电压低，一般不超过 250V。

八、固态继电器

固态继电器是采用固体半导体器件组装的一种无触点开关。由于没有机械触点，因此其具有开关速度快、工作频率高、使用寿命长、噪声低、适应环境广、动作可靠性高等优点，但是具有一定功率损耗。它主要用于数字程控装置、数字处理系统及计算机终端接口电路。

固态继电器分类方法主要包括以下几种：

（1）按保护功能分类，分为过载和短路保护继电器、断相保护继电器、温度继电器、漏电保护继电器、半导体脱扣器等。

（2）按使用负载性质分类，分为直流固态继电器和交流固态继电器。

（3）按隔离方式分类，分为光电隔离和磁隔离固态继电器。

（4）按控制触发信号分类，分为过零型和非过零型，有源触发和无源触发。

现以光电隔离固态继电器说明其工作原理。其原理电路如图1-18所示。

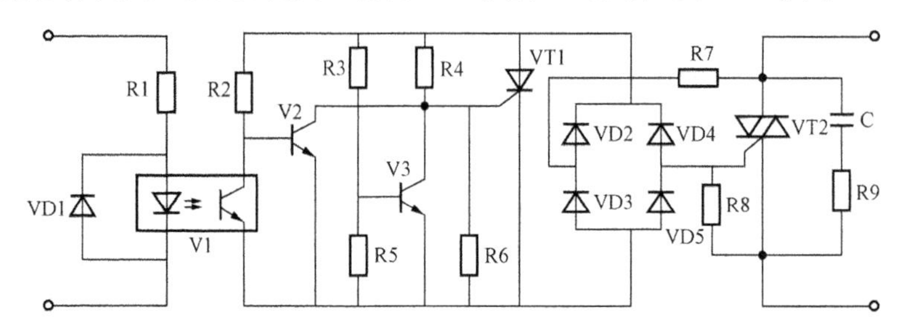

图1-18　固态继电器的原理电路图

当无输入信号时，光敏三极管V1不导通，V2导通，V2集电极输出低电平，VT1关断。当有输入信号时，光敏三极管V1导通，V2截止，当电源电压大于过零电压（±25V），三极管V3的基极电位V_{be3}正偏而导通，V_{ce3}接近于零，使VT1关断，输出端VT2无触发信号而关断。当电源电压小于过零电压时，其电压小于三极管V3的基极电位V_{be3}而截止，电源电压经R4、R6分压施加在VT1的控制极而导通，VT2经R7、VD2、VT1、VD5、R8或R8、VD4、VT1、VD3、R7获得脉冲而导通，输出端接通，负载接通，相当于继电器开关闭合，当输入信号消失后由于晶闸管控制极在导通后失去作用，直到晶闸管的阳极承受反向电压而关断，或晶闸管的阳极电流小于其维持电流而自然关断，从而切断负载，相当于开关具有保持状态。

固态继电器的主要技术参数有输入电压范围、输入电流、接通电压、关断电压、绝缘电阻、介质耐压、额定输出电流、额定输出电压、输出漏电流、最大浪涌电流、整定范围等。

第四节　主　令　电　器

主令电器是用来发布命令、改变控制系统工作状态的电器，可以闭合和断开控制电路，用于控制电力拖动系统中电动机的启动、制动、调速、反转和停车等。它可以直接作用于控制电路，也可以通过电磁式继电器的转换间接作用于控制电路，但是不允许分合主电路。

主令电器种类很多，常用的有控制按钮、行程开关、万能转换开关、接近开关、凸轮控制器、主令控制器等。

一、控制按钮

1. 结构和原理

按钮是一种结构简单、使用广泛的手动主令电器。在控制电路中作远程控制，可以用来转换各种信号电路和电器联锁电路等。通常用来短时间地接通和断开小电流的控制电路。

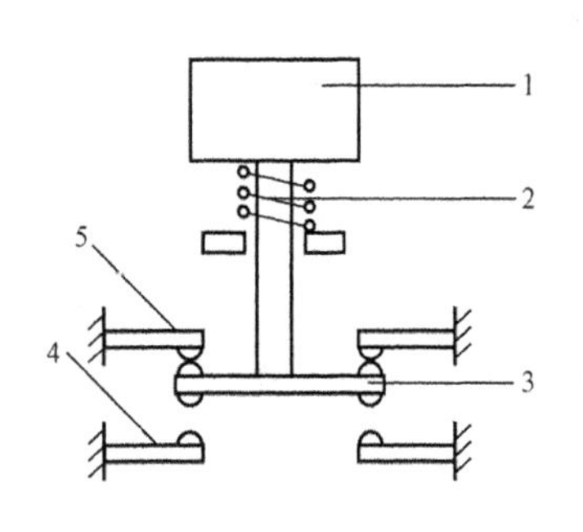

图1-19　控制按钮的结构示意图

1—按钮帽；2—复位弹簧；3—动触点；4—动合触点；5—动断触点

控制按钮一般由按钮帽、复位弹簧、触点和外壳组成，结构如图1-19所示。控制按钮工作原理是，利用手动施加外力，弹簧被压缩，动合触点闭合，动断触点断开，当外力消失时，在复位弹簧的作用下，动合触点断开，动断触点闭合。

控制按钮结构形式有多种，有按钮式、紧急式、钥匙式、旋转式、指示灯式、防爆式和保护式等，根据不同的应用场合来选择。

按钮在实际中根据不同应用场合可以选择单个按钮、复合按钮和三联按钮。同时在工程上为了区分每个按钮的作用，采用不同的颜色加以区分，一般红色为停止，绿色或黑色为启动。但是在其他系统中的含义与此颜色规定不同，例如电力系统中红色表示接通，绿色表示断开。

按钮中触点的数量和形式根据需要可以任意装配成 1 动合 1 动断到 6 动合 6 动断触点，应用时要合理选用其触点的类型。

2. 型号和图形符号

控制按钮的图形和文字符号如图 1-20 所示。

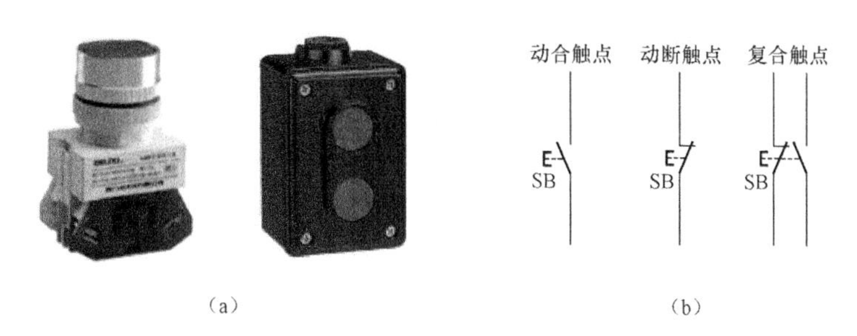

图 1-20 控制按钮的外形和图形及文字符号

(a) 外形图；(b) 图形及文字符号

按钮型号的含义：

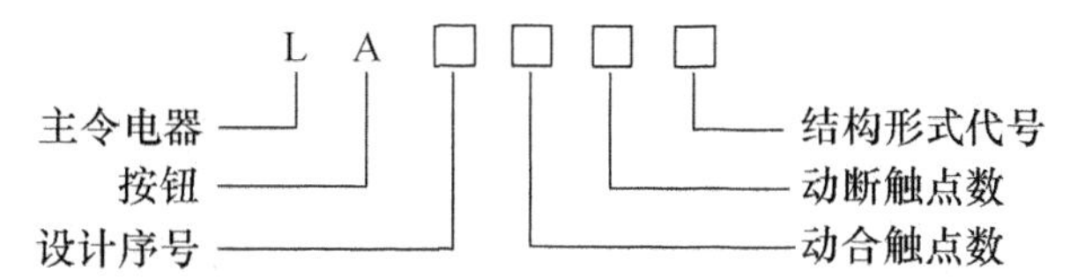

结构形式代号的具体意义：

K—开启式；S—防水式；J—紧急式；X—旋转式；H—保护式；F—防腐式；Y—钥匙式；D—指示灯式。

二、行程开关

行程开关又称限位开关，是依照生产机械的行程发出控制命令以改变其运行方向或行程的长短的主令电器。行程开关主要用于行程控制、位置及极限位置的保护等。在各种机床、提升设备中得到广泛应用。例如矿井提升机的限位保护，切削机床的自动往返转等。

行程开关的结构可分直动式（LX1、JLXK1 系列）、滚轮式（LX2、JLXK2 系列）和微动式（LXW-1、JLXK1-11 系列）三种。

1. 结构和原理

（1）直动式行程开关的结构如图 1-21（a）所示。

当运动部件移动碰撞顶杆，顶杆受力向下移动，带动触点动作，动断触点断开，动合触点闭合，此时弹簧被压缩，当运动部件移开，在弹簧的作用下顶杆反弹，触点恢复到原始状态。

（2）微动式行程开关的结构如图 1-21（b）所示。

（3）滚轮式行程开关的结构如图 1-21（c）所示。

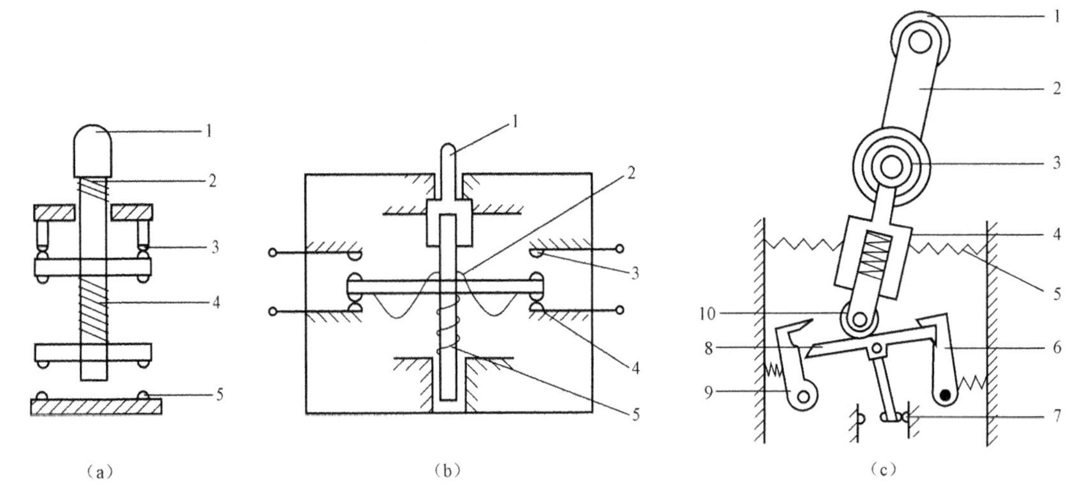

1—顶杆；2—弹簧；3—动断触点；4—触点弹簧；5—动合触点

1—推杆；2—弯形片弹簧；3—动合触点；4—动断触点；5—复位弹簧

1—滚轮；2—上滑轮；3，5—弹簧；4—套架；6，9—压板；7—触点；8—触点推杆；10—小滑轮

图 1-21 行程开关结构示意图

（a）直动式行程开关；（b）微动式行程开关；（c）滚轮式行程开关

2. 型号和符号

型号含义：

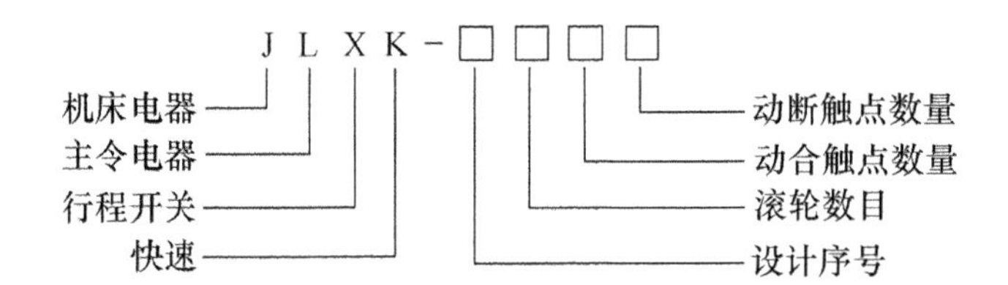

行程开关的图形和文字符号如图 1-22（b）所示。

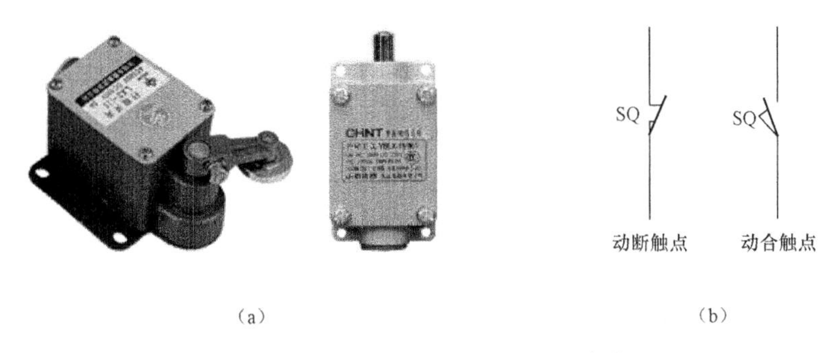

图 1-22 行程开关的外形和图形及文字符号

（a）外形图；（b）图形及文字符号

三、万能转换开关

万能转换开关是一种多挡位、多段式、控制多回路的电器，由多组相同结构的触点组件叠装而成。它由操动机构、定位装置和触点等组成。

触点为双断点桥式结构，动触点设计成自动调整式以保证通断时的同步性。静触点装在触点座内。每个胶木压制的触点座内可安装 2～3 对触点，且每组触点上还有隔弧装置。

定位装置采用滚轮卡棘轮辐射结构，操作时滚轮与棘轮之间的摩擦为滚动摩擦，故所需操作力小，定位可靠，寿命长。这种结构还有一定的速动特性，既有利于提高分断能力，又能加强触点系统动作的同步性。

操作时转动操作手柄，带动开关内部的凸轮转动，从而使触点按规定顺序闭合和断开。

为了适应不同的需要，手柄还能做成带信号灯或钥匙形状等多种形式。

万能转换开关操作手柄的操作位置是以角度来表示的，不同型号的万能转换开关，其手柄有不同的操作位置，具体要从设备手册中的“定位特征表”查到。

万能转换开关手柄操作方式有自复式和定位式两种。

万能转换开关一般可作为配电装置的远距离控制，也可作为小容量的电动机的启动、制动、调速和正反转的控制。由于触点数目多、用途广泛，固有“万能”之称。

1. 结构

万能转换开关结构如图 1-23 所示。

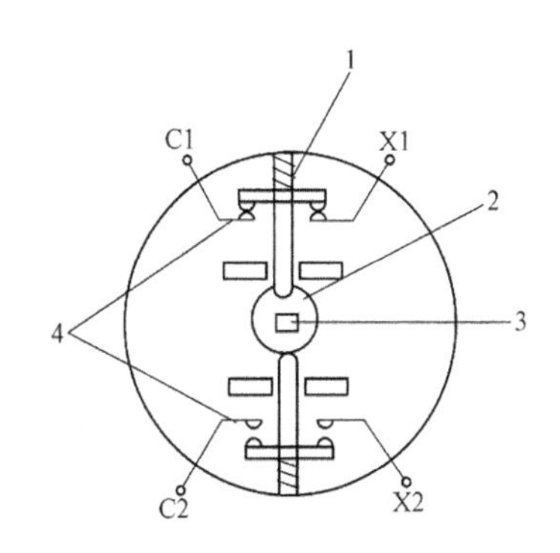

图 1-23　LW5 系列万能转换开关结构示意图

1—触点弹簧；2—凸轮；3—转轴；4—触点

2. 图形符号

万能转换开关的触点在电路图中的图形符号如图 1-24 所示。由于操作手柄有不同的操作位置，触点的状态与位置有关，为此在电路中除画出触点的图形符号外，还应画出操作手柄位置与触点分合状态的表示方法。

（1）图形表示方法。在电路图中画虚线和画黑点“●”的方法，如图 1-24 所示。用虚线表示手柄的位置，用有无“●”表示触点的闭合和断开状态。触点图形符号下方的虚线位置画“●”时，表示操作手柄在该位置时，此触点处于闭合状态；若无“●”时，表示此触点处于断开状态。

（2）接通表表示法。在电路中不画虚线也不画“●”，而是在触点图形符号上标出触点编号，再用接通表表示操作手柄处于不同位置时的触点分合状态，如图 1-25 所示。其中有“×”表示操作手柄在该位置时其触点处于闭合状态，无“×”表示操作手柄在该位置时其触点处于断开状态。

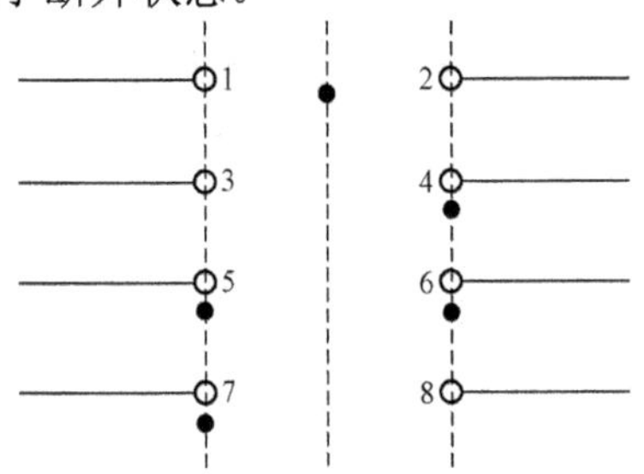

图 1-24　万能转换开关触点的图形符号

触点	位置		
	左	0	右
1-2		×	
3-4			×
5-6	×		×
7-8	×		

图 1-25　万能转换开关的接通表

四、接近开关

1. 工作原理及种类

接近开关是一种无需与运动部件进行机械接触而可以操作的位置开关。当物体接近开关的感应面到动作距离时，不需要机械接触及施加任何压力即可使开关动作，从而驱动直流电器或给计算机（PLC）装置提供控制指令。

接近开关是一种传感器型开关（即无触点开关），它既有行程开关、微动开关的特性，同时具有传感性能，且动作可靠，性能稳定，频率响应快，应用寿命长，抗干扰能力强等，并具有防水、防振、耐腐蚀等特点。

（1）按工作原理，接近开关可以分为：

1）电容式：用以检测各种导电或不导电的液体和固体；

2）光电式：用以检测不透光物质；

3）超声波式：用以检测不透过超声波的物质；

4）电感式（电磁感应式）：用以检测导磁或不导磁金属。

（2）按外形结构，接近开关可分为圆柱形、方形、沟形、穿孔型和别离型。

（3）按供电形式，接近开关可分为直流型和交流型。

（4）按输出形式，接近开关可分为直流两线制、直流三线制、直流四线制、交流两线制、交流三线制。

下面以电感式接近开关简单说明工作原理。

电感式接近开关由三大部分组成：振荡器、开关电路及放大输出电路。振荡器产生一个交变磁场。当金属目标接近这一磁场，并达到感应距离时，在金属目标内产生涡流，从而导致振荡衰减，以至停振。振荡器振荡及停振的变化被后级放大电路处理并转换成开关信号，触发驱动控制器件，从而达到非接触式检测的目的。

电感式接近开关内部框图如图 1-26 所示。

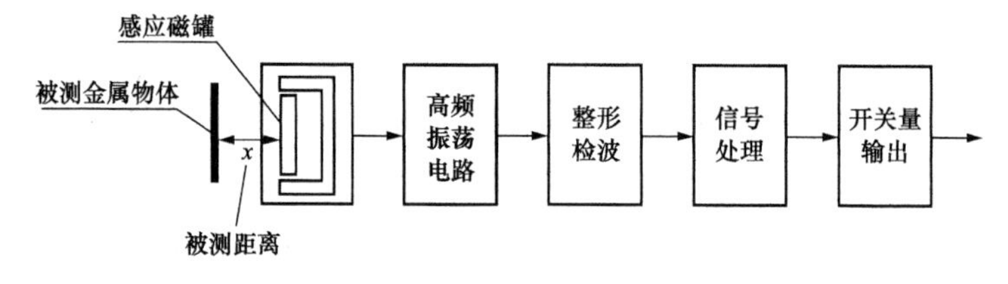

图 1-26　电感式接近开关内部框图

2. 接线方式

接近开关的接线方式有两线制和三线制。三线制接近开关又分为 NPN 型和 PNP 型，它们的接线是不同的。两线制接近开关的接线比较简单，接近开关与负载串联后接到电源即可。

接近开关具体接线图如图 1-27 所示。

接线时，使用不同导线，具体规则如下：

黑色［bk（black）］：一般为输出线，输出为常开；

棕色［bn（brown）］：一般为电源线，接电源正极；

蓝色［bu（blue）］：一般为电源线，接电源负极；

白色［wh（white)］：一般为输出线，输出为常闭；

NPN：黑色一端接负载，负载另外一端接电源正极；

PNP：黑色一端接负载，负载另外一端接电源负极。

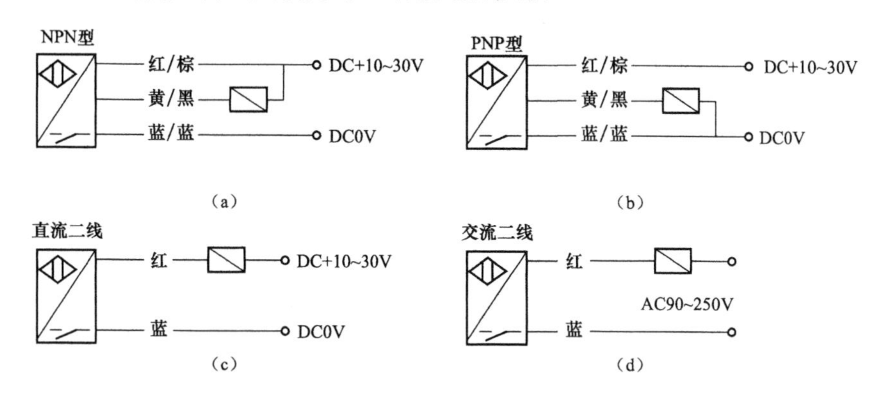

图 1-27　接近开关接线图

3. 主要技术参数含义

（1）检测距离：检测物以规定方向移向接近开关检测面，使开关刚好动作时，检测物与接近开关检测面间的距离；

（2）回差（差动距离)：检测距离与复归距离之差；

（3）应答频率：开关每秒内可反应的输出频率；

（4）工作电压：正常工作所允许加的电压；

（5）负载能力：最大允许输出电流；

（6）输出形式：NPN 常开、NPN 常闭、PNP 常开、PNP 常闭。

4. 外形结构及符号

接近开关的外形结构及符号如图 1-28 和图 1-29 所示。

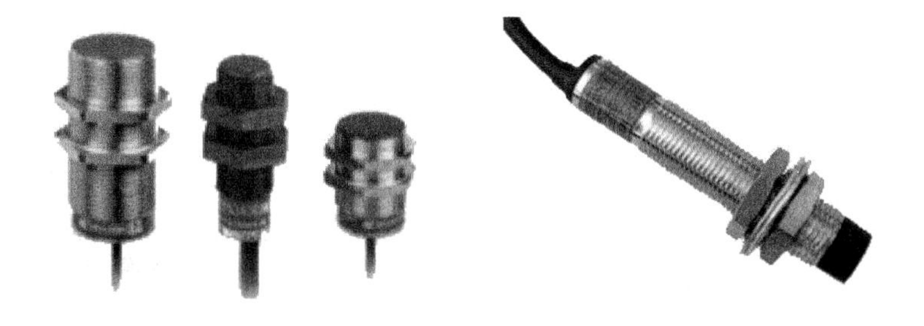

图 1-28　接近开关外形结构

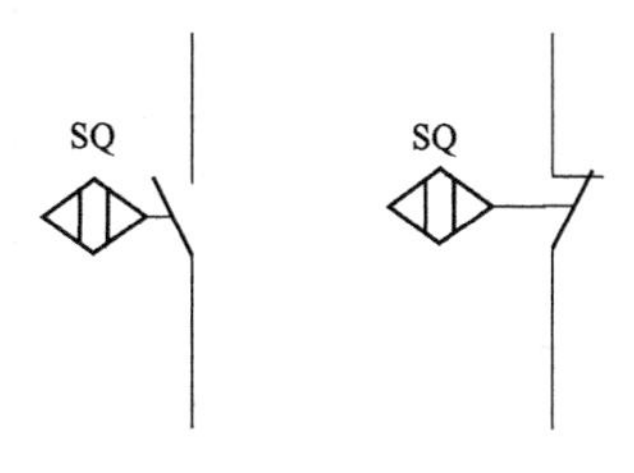

图 1-29　接近开关图形符号和文字符号

接近开关型号含义见表 1-4。

表 1-4　　接近开关型号含义

序号	分类	标记	含义
1	开关种类	无标记/Z	电感式/电感式自诊断
		C/Z	电容式/电容式自诊断
		N	NAMUR 安全开关
		X	模拟式
		F	霍尔式
		V	舌簧式
2	外形代号	J	螺纹圆柱形
		B	圆柱形
		Q	角柱形
		L	方形
		P	扁平形
		E	矮圆柱形
		U	槽形
		G	组合形
		T	特殊形
3	安装方式	无标记	非埋入式
		M	埋入式
4	电源电压	A	交流 20～250V
		D	直流 10～30V
		DB	直流 20～65V
		W	交直流 20～250V
		X	特殊电压
5	检测距离	0.8～120mm	以开关感应距离为准
6	输出状态	K	二线常开
		H	二线常闭
		C	二线开闭可选
		SK	交流三线常开
		SH	交流三线常闭
		ST	交流三线常开＋常闭
		NK	二线 NPN 常开
		NH	三线 NPN 常闭
		NC	三线 NPN 开闭可选
		PK	三线 PNP 常开
		PH	三线 PNP 常闭
		PC	三线 PNP 开闭可选
		Z	三线 NPN、PNP 开闭全能转换
		GT	交流四线常开＋常闭
		HT	交流四线常开＋常闭
		NT	四线 NPN 常开＋常闭

续表

序号	分类	标记	含义
6	输出状态	PT	四线 PNP 常开＋常闭
		J	五线继电器输出
		X	特殊形式
7	连接方式	无标记	1.5m 引线
		A2	2m 引线
		B	内接线端子
		C2	二芯航插
		F	塑料螺纹四芯插
		G	金属螺纹四芯插
		Q	塑料四芯插
		S2	二芯航插
		L	M8 三芯插
		R	S3 多功能插
		E	特殊接插件
8	感应面方向	无标记	对端
		Y	左端
		W	右端
		S	上端
		M	分离式

5. 选型要点

（1）电感式还是电容式；

（2）圆形还是方形；

（3）感应距离要多大；

（4）是前端感应还是上端感应；

（5）线长要求一般是 1～5m；

（6）是直流型还是交流型（交流二线，直流三线）；

（7）是常开还是常闭。

6. 接近开关应用场合

（1）检测距离。检测电梯、升降设备的停止、启动、通过位置，检测车辆的位置、防止两物体相撞，检测工作机械的设定位置、移动机器或部件的极限位置，检测回转体的停止位置、阀门的开或关位置，检测汽缸或液压缸内的活塞移动位置。

（2）尺寸控制。金属板冲剪的尺寸控制装置，自动选择、鉴别金属件长度，检测自动装卸载时堆物高度；检测物品的长、宽、高和体积。

（3）检测有无。检测生产线包装线上有无产品包装箱，检测有无产品零件。

（4）转速和速度控制。控制传送带的速度、旋转机械的转速，接近开关与各种脉冲发生器一起可控制转速和转数。

（5）计数及控制。检测生产线上通过的产品数，高速旋转轴或转盘的转数计量，零部件计数。

（6）检测异常。检测瓶盖有无，产品合格与不合格判断，检测包装盒内的金属制品缺失与否，区分金属与非金属零件，检测产品有无标牌；起重机危险区域报警；安全扶梯自动启停。

（7）计量控制。产品或零件的自动计量，检测计量器、仪表的指针范围而控制数或流量，检测浮标控制液面高度、流量，检测不锈钢桶中的浮标，控制仪表量程的上限和下限；控制流量和水平面。

（8）识别对象。根据载体上的码识别是与非。

（9）信息传送。ASI（总线）连接设备上各个位置上的传感器在生产线（50～100m）中的数据往返传送等。

五、凸轮控制器与主令控制器

（一）凸轮控制器

1. 凸轮控制器的结构及工作原理

凸轮控制器是一种大型手动控制电器，也是多挡位、多触点的电器，采用手动操作方式，转动凸轮去接通和分断触点的开关，其允许通过较大电流。它主要用于起重设备，可以直接控制中、小型绕线式电动机的启动、制动、调速和换向。凸轮控制器与万能转换开关虽然都使用凸轮来控制触点的动作，但是两者的用途完全不同，主要是电流的大小不同造成的。

凸轮控制器主要由手柄、定位机构、转轴、凸轮和触点组成，如图 1-30 所示。

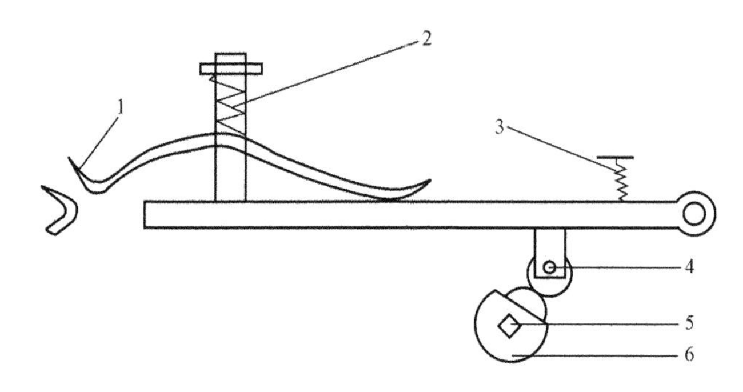

图 1-30　凸轮控制器结构原理图

1—触点；2—弹簧；3—复位弹簧；4—磙子；5—绝缘方轴；6—凸轮

2. 凸轮控制器图形符号和文字符号

凸轮控制器的图形符号和文字符号如图 1-31 所示。

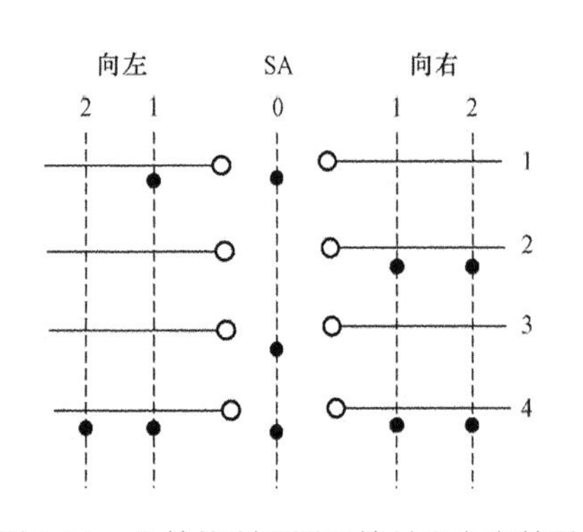

图 1-31　凸轮控制器图形符号和文字符号

（二）主令控制器

主令控制器是用来较频繁地转换复杂的多路控制电路的主令电器。它一般由触点、凸轮、定位机构、转轴、面板及其支承部件组成。其操作轻便，运行操作频率较高，触点为双断点的桥式结构，适用于按顺序操作多个控制电路。

当电动机容量较大、工作繁忙、操作频率高、调速性能要求高时，采用主令控制器操作，由主令控制器的触点来控制接触器，再由接触器来控制电动机；在起重机中，主令控制器与控制屏相配合来实现其功能。

（三）凸轮控制器和主令控制器技术参数

KT14 系列凸轮控制器和 LK14 系列主令控制器的技术参数分别见表 1-5、表 1-6。

表 1-5 KT14 系列凸轮控制器的技术参数

型号	额定电流（A）	位置数		转子最大电流（A）	最大功率（kW）	额定操作频率（次/h）	最大工作周期（min）
		左	右				
KT14-25J/1	25	5	5	32	11	600	10
KT14-25J/2		5	5	2×32	2×5.5		
KT14-25J/3		1	1	32	32		
KT14-60J/1	60	5	5	80	80		
KT14-60J/2		5	5	2×32	2×32		
KT14-60J/4		5	5	2×80	2×80		

表 1-6 LK14 系列主令控制器的技术参数

型号	额定电压（V）	额定电流（A）	控制电路数	外形尺寸（mm×mm×mm）
LK14-12/90	380	15	2	227×220×300
LK14-12/96				
LK14-12/97				

第五节 熔断器

熔断器是一种广泛应用的简单而有效的保护电器，使用时熔体串联在被保护的电路中。当电路发生短路或过载故障时，熔体中电流达到或超过某一数值时，在熔体上产生的热量使熔体熔化而切断电路，实现对电路和设备的保护。

1. 熔断器的结构、分类及工作原理

熔断器主要由熔体、熔管和底座组成。

熔体是熔断器的主要部分，它既是感测元件，又是执行元件。熔体的材料一般根据熔断器的不同而不同，有铅锡合金、铜丝、锡片、银等，熔体的形状有丝状、片状、变截面片状、栅状、带状、笼状等，截面积的大小根据其额定电流来确定，额定电流越大则截面越大。其原理是利用热效应制成的。注意：一定不能使用电阻比较大的材料作熔体。

熔管一般由硬质纤维或瓷质绝缘材料制成半封闭或封闭式管状外壳，将熔管装在其内部，主要是便于熔管的安装和熔体熔断时熄灭电弧。具体熔断器的结构因为用途不同、应用场合不同而不同。

熔断器的种类很多，按结构分类有半封闭插入式、螺旋式、无填料密封管式和有填料封闭管式。按工业用途分类，一般有工业熔断器、半导体保护器件用快速熔断器和特殊熔断器等。常用熔断器外形、结构如图 1-32（a）～（d）所示。

2. 熔断器的保护特性

熔断器的熔体串联在被保护的电路中。当电路正常工作时，熔体运行通过一定大小的电流，此时产生的热量不能使熔体熔断。当电路发生严重过载或短路时，熔体在短时间内发出的热量急剧增加而使熔体熔断，切断电路。根据电路的定律，热量与电流的平方成正比，因此熔断的时间与电流的大小成反比，即电流大、时间短，电流小、时间长，且呈现为非线性关系。将熔断器电流与时间的关系称为熔断器的安秒特性。其具体特性曲线如图 1-32（e）所示。

在熔断器的安秒特性曲线中有一个熔断电流与不熔断电流的分界线，此时对应的电流为最小熔断电流 I_{rN}。熔体在额定电流下不会熔断，所以最小熔断电流必须大于额定电流，一般至少取额定电流的 1.05 倍，保护不同的电路和设备，所取的过载系数大小不同。

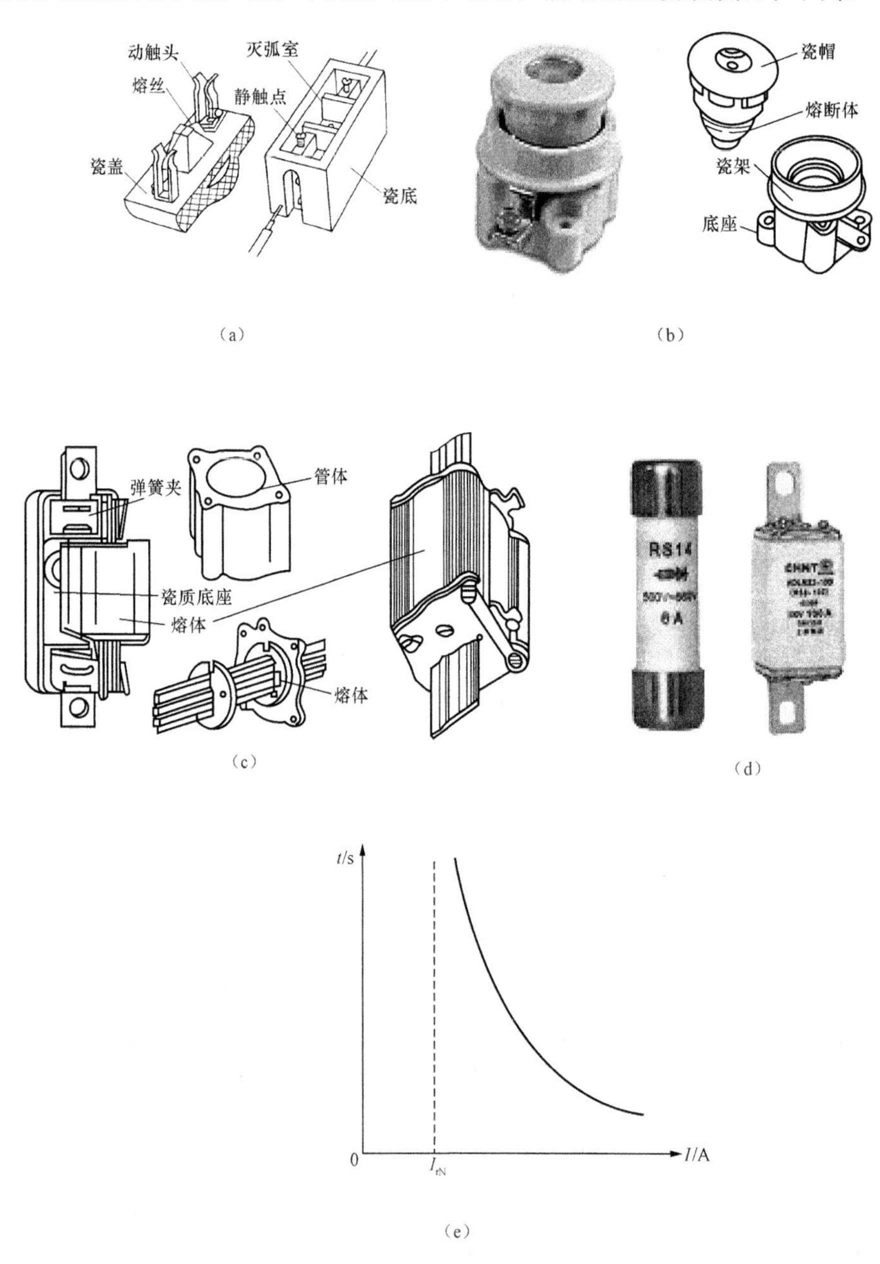

图 1-32 熔断器的外形、结构图及安秒特性

（a）半封闭插入式熔断器；（b）RL1 型螺旋式熔断器；（c）有填料封闭管式熔断器；

（d）快速熔断器；（e）安秒特性

3. 熔断器的主要参数

（1）额定电压。额定电压是指熔断器长期工作时和分断后能够承受的电压，其数值一般不小于设备的额定电压。

（2）额定电流。额定电流是指熔断器长期工作时，设备部件温升不超过规定值时所能承受的电流。要注意熔断器的额定电流和熔体的额定电流不同，一般熔断器的额定电流大于熔体的额定电流，且前者的数量等级小于后者。

（3）极限分断能力。极限分断能力是指熔断器在规定的额定电压和功率因数的条件下，能分断的最大电流。最大电流是指短路电流。

4. 熔断器的选用

熔断器的选择要根据不同负载性质和应用场合来选择。

（1）熔断器类型选择。选择熔断器的类型时，注意考虑负载的保护特性、安装条件和短路电流的大小。

（2）熔断器额定电压和额定电流选择。额定电压不小于电气设备的额定电压，额定电流不小于熔体的额定电流。

（3）熔体的额定电流选择。熔体额定电流要根据负载和保护对象的具体要求来确定熔体的。

1）保护照明和电热设备的熔断器。因为负载电流比较稳定，所以熔体的额定电流应不小于负载的额定电流，即 $I_{rN} \geq I_N$。

2）保护单台长期工作的电动机的熔断器。应考虑电动机启动时熔断器不熔断，即 $I_{rN} \geq (1.5 \sim 2.5) I_N$。

3）保护频繁启动电动机的熔断器。应考虑频繁启动电动机发热时熔断器也不会熔断，一般应满足 $I_{rN} \geq (3 \sim 3.5) I_N$。

4）保护多台电动机的熔断器。应考虑在启动时出现尖峰电流熔断器也不会熔断。通常考虑最大容量电动机启动时启动电流，其他电动机考虑正常工作的电流，应满足 $I_{rN} \geq (1.5 \sim 2.5) I_{Nmax} + \Sigma I_N$。

为防止发生越级熔断，上下级熔断器间应有良好的配合。一般从两方面考虑：一，保证上一级熔体的额定电流要比下一级的大 1～2 数量级；二，在熔断时间上要满足要求，即上一级的熔断时间要比下一级的大 3 倍，且在熔断时间上不能重合，因为熔断器的熔断时间有 ±50%的误差。

5. 熔断器的型号和图形、文字符号

熔断器型号含义：

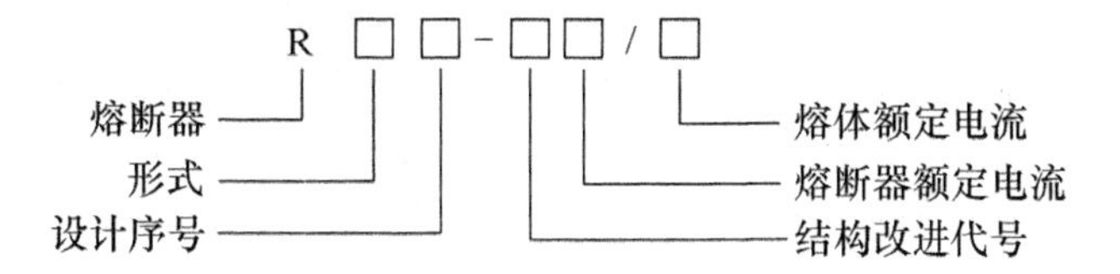

熔断器的图形符号和文字符号如图 1-33 所示。

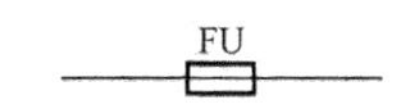

图 1-33 熔断器图形符号和文字符号

第六节　低压开关和低压断路器

一、低压刀开关

常用的低压刀开关有塑壳刀开关和熔断器式刀开关。

1. 塑壳刀开关

塑壳刀开关是一种结构简单、应用较广泛的手动电器，用作电路的电源开关和小容量的电动机非频繁启动的操作开关。

塑壳刀开关由操作手柄、熔丝、触刀和底座组成。塑壳刀开关必须与熔丝配合使用，不能单独使用；塑壳的作用是防止产生的电弧烧伤操作人员，防止极间电弧造成电源短路；熔丝的作用是短路时切断电源与负载，起到保护作用。

安装熔断器时应注意：手柄向上安装，不得平装和倒装，倒装时手柄有可能因自然下滑而引起误动作，造成人身事故；接线时电源线在上端，负载线接熔丝，熔丝在下端。

塑壳刀开关的常用型号为 HK2 系列。

刀开关的外形、结构及图形和文字符号如图 1-34 所示。

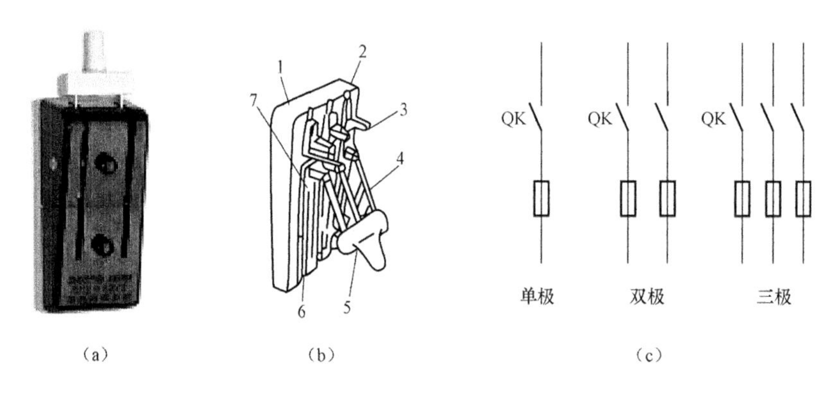

图 1-34　刀开关外形、结构及图形和文字符号

(a) 两极式刀开关；(b) 三极式刀开关；(c) 刀开关图形与文字符号

1—瓷底；2—进线座；3—静触点；4—动触点；5—手柄；6—出线座；7—熔体

2. 熔断器式刀开关

熔断器式刀开关用于交流频率 50Hz、电压至 600V，并有较大的短路电流的配电电路和电动机电路中，作电动机的保护和电源开关、隔离开关（只是提供明显间断点，以便维修和切换电路，一定不能带电操作）及应急开关。

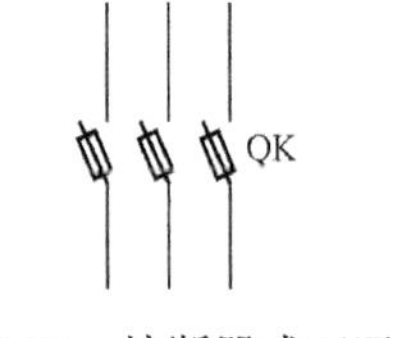

图 1-35　熔断器式刀开关图形符号和文字符号

熔断器式刀开关常用型号为 HR5、HR11 系列。

熔断器式刀开关的图形符号和文字符号如图 1-35 所示。

二、低压断路器

低压断路器又称自动空气开关，相当于刀开关、熔断器、热继电器、过电流继电器和欠电压继电器的组合，是一种既有手动开关作用又有自动保护功能的电器。其具体功能是：在正常情况下，利用手动进行正常的电路接通和断开，同时在过载、欠电压和短路的情况下能自动切断电路，实现保护功能，既是一种控制电器又是一种保护电器。它用于低压配电系统中作开关使用，进行电能的分配，同时又起到保护作用；也可用于不频繁启动异步电动机的控制和保护。

低压断路器与接触器的不同是：接触器允许频繁地接通和分断电路，但不能分断短路电流；低压断路器不仅能分断正常工作电流，还能分断一定容量的短路电流，但是操作频率较低。

低压断路器的特点：可作开关使用，具有保护功能，动作值可调，分断能力高，操作方便、安全等。

1. 低压断路器的结构及工作原理

低压断路器由操动机构、触点、保护装置、灭弧装置等组成，外形及结构如图 1-36 所示。

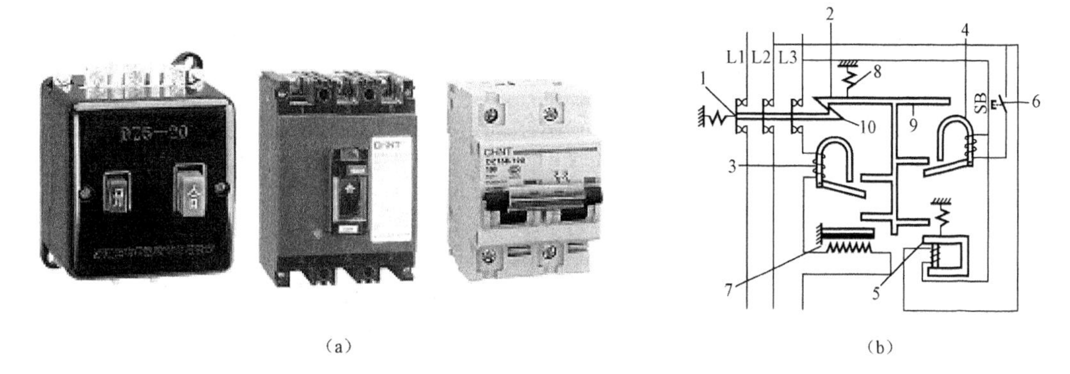

（a） （b）

图 1-36 低压断路器外形及结构图

（a）外形图；（b）结构图

1—主触点；2—自由脱扣机构；3—过电流脱扣器；4—分励脱扣器；5—欠电压脱扣器；6—分励按钮；7—热脱扣器；8—反作用弹簧；9—搭钩；10—锁钩

其工作原理为：当手动操作结构使低压断路器合闸，主触点闭合后，自由脱扣器机构将主触点锁在闭合位置上，电路正常工作。过电流脱扣器电流线圈和热脱扣器的热元件与主电路串联，欠电压脱扣器的线圈与电路并联。当电路发生短路或严重过载时，过电流脱扣器 3 的衔铁吸合，使自由脱扣机构 2 动作，主触点断开主电路。当电路过载时，热脱扣器 7 的热元件发热使双金属片向上弯曲，推动自由脱扣机构 2 向上动作，主触点断开主电路，由于发热需要时间，因此向上弯曲的程度与电流和时间有关，且电流和时间成反比的关系。当电路电压低于某数值时，欠电压脱扣器 5 动作，推动自由脱扣机构 2 向上动作，主触点断开主电路。分励脱扣器 4 作为远距离控制用，在正常工作时，其线圈是断电的，需要远距离控制时，按下启动按钮，使线圈通电，衔铁带动自由脱扣器 2 动作，主触点断开主电路。

低压断路器的结构主要有万能式、塑料外壳式、直流快速式和限流式四种。万能式断路器用于配电网络的控制和保护开关，一般容量较大，如照明配电箱的控制开关。

2. 低压断路器的型号及图形和文字符号

低压断路器型号：

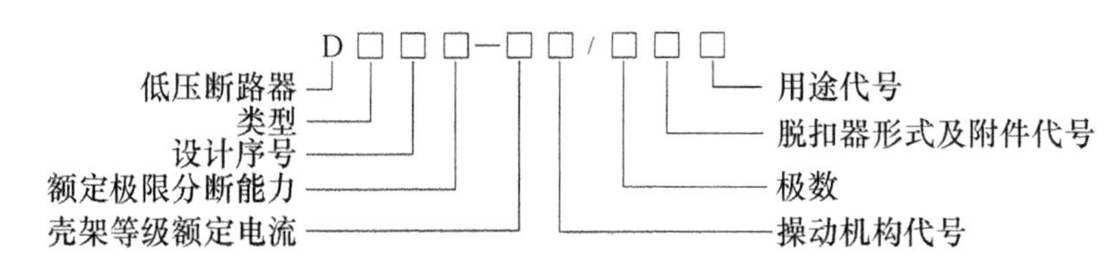

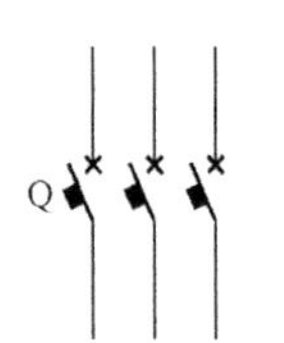

图 1-37 低压熔断器图形符号和文字符号

低压断路器的图形符号和文字符号如图 1-37 所示。

3. 低压断路器的类型及主要参数

低压断路器主要有四种类型：

（1）万能式低压断路器。万能式低压断路器具有绝缘衬底的框架式底座，所有的构件组装在一起用于配电网络的控制和保护。其主要型号有 DW10 和 DW15 系列。

注意该种断路器的操作手柄的使用，正常操作进行分合闸。操作手柄在顶端时为合闸位置，在下端时为分闸位置，在中间时为分闸再合闸位置。当正常分合闸时手柄位于上端和下端，事故跳闸时手柄位于中间位置，检修时需将手柄从中间位置扳到下端，故障排除后，从下端直接扳到上端进行合闸，不能直接从中间位置扳到上端进行合闸。

（2）塑壳断路器。塑壳断路器具有用压模绝缘材料的封闭型外壳将所有的构件组装在一起，除用作配电网络的控制和保护开关外，还用作电动机、照明及电热设备的控制开关。其主要型号有 DZ5、DZ10、DZ20 系列。

（3）快速低压断路器。快速低压断路器具有快速电磁铁和强有力的灭弧装置，最快动作时间在 0.02s 以内，主要用于半导体整流元件和装置的保护。其主要型号有 DS 系列。

（4）限流低压断路器。限流低压断路器利用短路电流产生的巨大的吸力，使触点迅速断开，能在交流短路电流尚未达到峰值之前便将故障电路切断，用于短路电流（70kA 以上）较大的电路中。其主要型号有 DWX15、DZX10 两种系列。

低压断路器主要技术参数有额定电压、额定电流、极数、脱扣器类型及其额定电流、整定范围、电磁脱扣器整定范围、主触点的分断能力等，具体见表 1-7～表 1-9。

表 1-7　DW15 系列断路器的技术参数

型号	额定电压（V）	额定电流（A）	额定短路接通分断能力（kA）					外形尺寸长×高×深（mm×mm×mm）
			电压（V）	接通最大值	分断有效值	cosφ	短路最大延时（s）	
DW15-200	380	200	380	40	20	—	—	242×420×341 386×420×316
DW15-400	380	400	380	52.5	25	—	—	242×420×341 242×420×341
DW15-630	380	630	380	63	30	—	—	242×420×341 242×420×341
DW15-1000	380	1000	380	84	40	0.2	—	441×531×508
DW15-1600	380	1600	380	84	40	0.2	—	441×531×508
DW15-2500	380	2500	380	132	60	0.2	0.4	687×571×631 897×571×631
DW15-4000	380	4000	380	196	80	0.2	0.4	687×571×631 897×571×631

表 1-8 **DZ10 系列断路器的技术参数**

<table>
<tr><th>型　号</th><th>壳架额定电流（A）</th><th>额定电压（V）</th><th>极数</th><th>脱扣器额定电流（A）</th><th>额定短路通断能力（kA）</th><th>电气、机械寿命（次）</th></tr>
<tr><td>DZ15-40/1901</td><td rowspan="5">40</td><td>220</td><td>1</td><td rowspan="5">6，10，16，20，25，32，40</td><td rowspan="5">3（$\cos\varphi=0.9$）</td><td rowspan="5">15000</td></tr>
<tr><td>DZ15-40/2901</td><td rowspan="4">380</td><td>2</td></tr>
<tr><td>DZ15-40/3901</td><td>3</td></tr>
<tr><td>DZ15-40/3902</td><td>3</td></tr>
<tr><td>DZ15-40/4901</td><td>4</td></tr>
<tr><td>DZ15-63/1901</td><td rowspan="5">63</td><td>220</td><td>1</td><td rowspan="5">10，16，20，25，32，40，50，63</td><td rowspan="5">5（$\cos\varphi=0.7$）</td><td rowspan="5">10000</td></tr>
<tr><td>DZ15-63/2901</td><td rowspan="4">380</td><td>2</td></tr>
<tr><td>DZ15-63/3901</td><td>3</td></tr>
<tr><td>DZ15-63/3902</td><td>3</td></tr>
<tr><td>DZ15-63/4901</td><td>4</td></tr>
</table>

表 1-9 **DZX10 系列断路器的技术参数**

<table>
<tr><th rowspan="2">型号</th><th rowspan="2">极数</th><th rowspan="2">脱扣器额定电流（A）</th><th colspan="2">附件</th></tr>
<tr><th>欠电压（或分励）脱扣器</th><th>辅助触点</th></tr>
<tr><td>DZX10-100/22</td><td>2</td><td rowspan="4">63，80，100</td><td rowspan="12">欠电压：
AC220，380
分励：
AC220，380
DC24，48，110，220</td><td rowspan="4">一动合一动断
二动合二动断</td></tr>
<tr><td>DZX10-100/23</td><td>2</td></tr>
<tr><td>DZX10-100/32</td><td>3</td></tr>
<tr><td>DZX10-100/33</td><td>3</td></tr>
<tr><td>DZX10-200/22</td><td>2</td><td rowspan="4">100，120，140，170，200</td><td rowspan="8">二动合二动断
四动合四动断</td></tr>
<tr><td>DZX10-200/23</td><td>2</td></tr>
<tr><td>DZX10-200/32</td><td>3</td></tr>
<tr><td>DZX10-200/33</td><td>3</td></tr>
<tr><td>DZX10-630/22</td><td>2</td><td rowspan="4"></td></tr>
<tr><td>DZX10-630/23</td><td>2</td></tr>
<tr><td>DZX10-630/32</td><td>3</td></tr>
<tr><td>DZX10-630/33</td><td>3</td></tr>
</table>

4. 低压断路器的选用和整定

（1）低压断路器的选用应考虑：

1）断路器的额定电压和额定电流不小于线路或设备的正常工作电压和电流。

2）断路器的极限通断能力不小于线路的最大短路电流。

3）欠电压脱扣器的额定电压等于线路的额定电压。

4）过电流脱扣器的额定电流不小于线路的最大负荷电流。

（2）使用过程中应注意：

1）低压断路器使用前应先进行整定，按照要求整定热脱扣器和电磁脱扣器的动作电流，工作时不要随意调整。

2）在安装断路器时应将来自电源的母线接到开关灭弧罩一侧的端子上，来自负载一侧的母线接到另外一侧的端子。

3）在正常情况下，每 6 个月对开关进行一次检修，消除灰尘等维护。

4）发生开断短路电流动作后，应立即对触点进行清理，检查熔丝有无熔坏以及其他零件的损坏。

（3）断路器的整定：包括热脱扣器和电磁脱扣器的整定，通过断路器的调节旋钮进行，主要是调节弹簧的松紧程度。

三、漏电保护器

1. 触电的形成及其危害

我国 400V 以下的低压电网有中性点直接接地和不接地两种系统。在电源变压器低压侧中性点不接地的情况下，若电动机绝缘损坏而使一相与外壳相连，或者设备漏电，则当人体触及其外壳时人体与对地分布电容形成通路，施加在人体上的电压为电源的线电压，人体中有较大电流通过，会对人体造成伤害。在电网中性点接地系统中，人体触及带电体时，施加在人体的电压为电源的相电压，人体中有较小电流通过，对人体造成的伤害较轻。

人体触电可分为两种情况：一种是电击触电，一种是人体接触触电。触电对人体产生热效应、化学效应和机械效应，将使人体的肌体遭受严重的电灼伤、组织炭化坏死及其他难以恢复的永久性伤害直至死亡。

触电对人体的危害程度，主要取决于通过人体电流的大小和通电时间长短。电流强度越大，致命危险越大；持续时间越长，死亡的可能性越大。人能感觉到的最小电流值称为感知电流，交流为 1mA，直流为 5mA；人触电后能自己摆脱的最大电流称为摆脱电流，交流为 10mA，直流为 50mA；在较短的时间内危及生命的电流称为致命电流，如 100mA 的电流通过人体 1s，可足以使人致命，因此致命电流为 50mA。在有防止触电保护装置的情况下，人体允许通过的电流一般可按 30mA 考虑。

人体对电流的反应：8～10mA，手摆脱电极已感到困难，有剧痛感（手指关节）；20～25mA，手迅速麻痹，不能自动摆脱电极，呼吸困难；50～80mA，呼吸困难，心房开始震颤；90～100mA，呼吸麻痹，3s 后心脏开始麻痹，停止跳动。

在各种不同的情况下，人体的电阻值也是不相同的。一般为 1 万～10 万Ω（但也有更低的），如按 800Ω左右考虑，经实验分析证明，人体允许通过的工频极限电流约为 50mA，即 0.05A。在此前提下再据欧姆定律计算，得知人体允许承受的最大极限工频电压约 40V。故一般取 36V 为安全电压。

虽然如此，但对那些工作环境较差的场所，即导电情况良好、人体电阻值较低，或在碰触金属管道、锅炉、地下隧道中的电缆等金属容器机会较多的地方，还应将安全电压定得更低些，通常取为 12V。所以，实用中常将 12V 称为绝对安全电压。

影响触电的因素：

（1）电流通过人体的大小：电流越小越好。

（2）电流流过人体的时间：时间越短越好。

（3）电流通过人体的频率：通常频率在 50～60Hz 对人体的伤害最严重。

（4）电流通过人体的路径：电流对人体的伤害主要是对心脏的损害，最严重的路径是左手到右脚之间。

（5）体重和健康状况：人体的体重和健康状况决定了人体的电阻的大小，因此也决定了通过人体的电流的大小。

因此，在工作中不仅要保证供电系统的安全可靠，对系统施加一些必要的保护环节；同时又要提高工作人员的安全意识。

2. 漏电保护器的组成和工作原理

漏电保护器是电器保护装置的一种，主要用于触电保护，也兼起漏电保护作用。漏电保护器有电流型和电压型的，两者的区别为检测的物理量不同。现在常用的是电流型漏电保护器。电流型漏电保护器一般由三部分组成，一是检测漏电流大小的零序电流互感器；二是能将检测到的漏电流与一个预定基准值比较，从而判断是否动作的漏电流脱扣器；三是受漏电脱扣器控制的能接通和分断被保护电路的开关装置。

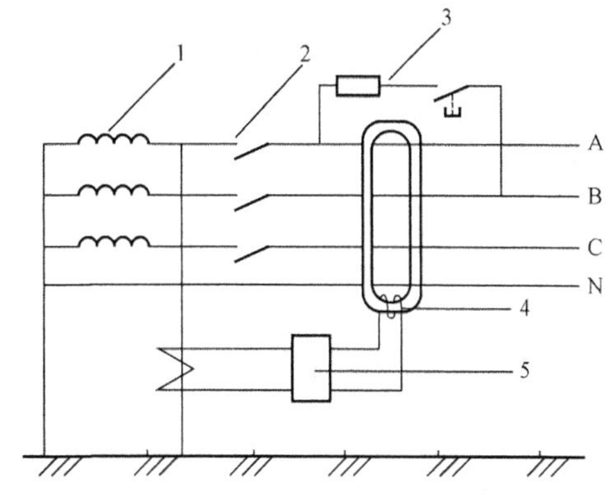

图 1-38 电磁式电流漏电保护器原理图

1—电源变压器；2—主开关；3—试验回路；4—零序电流互感器；5—电磁式漏电脱扣器

电流型漏电保护器有电磁式、电子式和脉冲式。下面介绍电磁式和电子式。

（1）电磁式电流型漏电保护器由开关装置、试验回路、漏电脱扣器和零序电流互感器组成，如图 1-38 所示。其工作原理如下：

当电网正常运行时，无论三相负载是否平衡，通过零序电流互感器的主电路的三相电流的相量的代数和为零，因此二次侧无感应电动势，漏电保护装置不动作，主触点闭合，电路正常工作。一旦电网发生漏电或触电事故，零序电流互感器中电流的代数和不等于零，互感器二次侧中感应电动势并施加到漏电脱扣器上，当漏电电流超过额定漏电电流时，漏电脱扣器便动作，推动开关装置的锁扣，使开关断开，分断主电路。

（2）电子式电流型漏电保护器由开关装置、零序电流互感器、电子放大器和漏电脱扣器组成，如图 1-39 所示。其工作原理如下：

电子式电流型漏电保护器在电磁式漏电保护器的基础上增加了电子放大器，零序电流互感器二次侧的电流经放大器放大后使漏电脱扣器动作，从而操作开关装置动作，切断主触点。

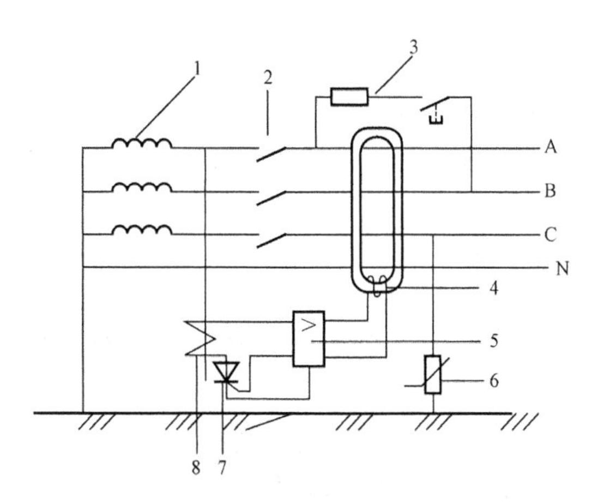

图 1-39 电子式电流漏电保护器原理图

1—电源变压器；2—主开关；3—试验回路；4—零序电流互感器；5—电子放大器；6—压敏电阻；7—晶闸管；8—漏电脱扣器

3. 漏电保护器的选用

（1）漏电保护器的主要技术参数。

1）额定电压：是指漏电保护器的正常使用电压，一般规定为 220、380V。

2）额定电流：是指保护器允许通过的最大电流。

3）额定动作电流：是指在规定的条件下，必须动作的漏电电流值。一般为毫安级，当漏电电流等于此值时，漏电保护器必须动作。

4）额定不动作电流：是指在规定的条件下，不动作的漏电电流值。一般为毫安级，当漏电电流小于或等于此值时，漏电保护器不动作，一般为额定动作电流的一半。

5）动作时间：是指从发生漏电到保护器动作断开的时间。快速型的动作时间在 0.2s 以下，延时型的在 0.2～2s。

（2）漏电保护器的选用。

1）手持电动工具、移动电器、家用电器应选用额定漏电动作电流不大于 30mA、动作时间不大于 0.1s 的快速动作的漏电保护器。

2）单台机电设备可选用额定漏电流动作电流为 30mA 以上、100mA 以下快速动作的漏电保护器。

3）多台设备的总保护选用额定漏电流动作电流为 100mA 及以上快速动作的漏电保护器。

目前生产的 DZL18-20 型漏电保护器为电子式集成电路的漏电保护器，具有稳压、功耗低、稳定性好的特点，主要用于单相线路末端的保护。具体参数见表 1-10。

表 1-10　　DZL18-20 型电子式漏电保护器的技术参数

额定电压（V）	额定电流（A）	额定漏电动作电流（mA）	额定漏电不动作电流（mA）	动作时间（s）
220	20	10，15，30	6，7.5，15	≤0.1

本章小结

低压电器的种类很多，本章首先介绍了低压电器的种类和用途，常用的低压电器，简单介绍了电接触及其灭弧问题，重点介绍了交直流接触器、刀开关、熔断器、主令电器、继电器、低压开关和低压断路器的用途、基本结构、工作原理、图形符号和文字符号、主要技术参数、常用型号及其选用。本章重点应掌握低压电器在控制电路中的具体作用，了解触点动作过程和在电路中的状态，了解触点的动作时刻，以便利用触点分析和设计控制电路。工程中要学会如何选用低压电器、如何检修和维护低压电器及其故障的排除。

习题与思考题

1-1　接触器的作用是什么？如何从结构特点上区分交流接触器和直流接触器？

1-2　单相交流电磁机构为何需要设置短路铜环？它的作用是什么？三相交流电磁结构是否需要设置短路（铜）环？

1-3　交流接触器和直流接触器能否互换使用？为什么？

1-4　两个交流接触器线圈是否可以串联使用？为什么？

1-5　线圈额定电压为 220V 交流接触器，误接入 380V 交流电源上会发生什么问题？为什么？

1-6　电压继电器和电流继电器在电路中的作用是什么？在电路中如何连接？

1-7　时间继电器和中间继电器在电路中的作用是什么？时间是如何整定的？

1-8　熔断器的额定电流、熔体的额定电流、极限分断电流有何区别？

1-9　如何调整电磁式继电器的返回系数？

1-10　电弧是如何形成的？常用灭弧方法有哪些？

1-11 热继电器在电路中起什么作用？若电路中既装有熔断器，又装设热继电器，它们各起什么作用？能否互换使用？

1-12 低压断路器在电路中的作用是什么？有什么保护功能？保护如何整定？

1-13 凸轮控制器和万能转换开关的异同点是什么？

1-14 按钮和行程开关的异同点是什么？

1-15 人体触电与哪些因素有关？

1-16 固态继电器按隔离方式分为几种？

1-17 温度继电器在电路中的作用是什么？安装位置对检测有何影响？

1-18 漏电保护器在电路中的作用是什么？

第二章　电气控制电路的基本环节

在工农业、交通运输业等部门中，广泛使用着各种各样的生产机械，它们大都以电动机为动力进行拖动。电动机最常见的控制方式是继电—接触器控制方式，又称电气控制。

电气控制电路是指将各种有触点的按钮、继电器、接触器等低压电器，用导线按一定的要求和方法连接起来，并能实现某种功能的电路。它的作用是：实现对电力拖动系统的启动、调速、反转和制动等运行性能的控制；实现对拖动系统的保护；满足生产工艺的要求；实现生产过程自动化。其优点是：电路图较直观形象，装置结构简单，价格便宜，抗干扰能力强，运行可靠，可以方便地实现简单或复杂、集中或远距离生产过程的自动控制。其缺点是：采用固定接线形式时，通用性和灵活性较差；采用有触点的开关电器时，触点易发生故障。尽管如此，目前电气控制仍然是各类机械设备最基本的控制形式之一。

第一节　电气控制电路的绘制

为了表达生产机械电气控制电路的结构、原理等设计意图，同时也便于进行电器元件的安装、调整、使用和维修，需要将电气控制电路中各种电气元件及其连接用规定的图形表达出来，这种图就是电气控制电路图。

电气控制电路图有电气原理图、电气元件布置图、电气安装接线图三种。各种图纸有其不同的用途和规定的画法，下面分别介绍。

一、电气控制电路常用的图形符号和文字符号

电气控制原理图中电气元件的图形符号和文字符号必须符合国家标准规定。国家标准化管理委员会是负责组织国家标准的制定、修改和管理的组织。一般来说，国家标准是在参照国际电工委员会（IEC）和国际标准化组织（ISO）所颁布的标准的基础上制定的。近几年，有关电气图形符号和文字符号的国家标准变化较大。GB 4728—1984《电气简图用图形符号》更改较大，而 GB 7159—1987《电气技术中的文字符号制定通则》早已废止。现在和电气制图有关的主要国家标准有：

（1）GB/T 4728—2008《电气简图用图形符号》；

（2）GB/T 5465—2007～2009《电气设备用图形符号》；

（3）GB/T 20063—2009《简图用图形符号》；

（4）GB/T 5094.2—2003《工业系统、装置与设备以及工业产品—结构原则与参照代号》；

（5）GB/T 20939—2007《技术产品及技术产品文件结构原则 字母代码—按项目用途和任务划分的主类和子类》；

（6）GB/T 6988—2006/2008《电气技术用文件的编制》。

最新的《电气简图用图形符号》国家标准 GB/T 4728—2008 具体内容见表 2-1。

表 2-1　　GB/T 4728—2008 具体内容

序号	标　　准	部分	内　　容
1	GB/T 4728.1	1	一般要求
2	GB/T 4728.2	2	符号要素、限定符号和其他常用符号
3	GB/T 4728.3	3	导体和连接件
4	GB/T 4728.4	4	基本电源元件
5	GB/T 4728.5	5	半导体管和电子管
6	GB/T 4728.6	6	电能的发生器与转换
7	GB/T 4728.7	7	开关、控制和保护器件
8	GB/T 4728.8	8	测量仪表、灯和信号器件
9	GB/T 4728.9	9	电信：交换和外围设备
10	GB/T 4728.10	10	电信：传输
11	GB/T 4728.11	11	建筑安装平面布置图

我国规定，从 1990 年 1 月 1 日起，电气控制电路中的图形符号、文字符号必须符合最新的国家标准。表 2-2 中列出常用的电气图形符号和基本文字符号，实际使用时如需要更详细的资料，可查阅有关国家标准。

表 2-2　　常用电气图形符号和基本文字

名　称		新　标　准		名　称		新　标　准	
		图形符号	文字符号			图形符号	文字符号
刀开关			QK	速度继电器	动合触点		KS
低压断路器			QF		动断触点		
位置开关	动合触点		SQ	时间继电器	线圈		KT
	动断触点				延时闭合的动合触点		
	复合触点				延时断开的动断触点		
熔断器			FU		延时闭合的动断触点		

续表

名 称		新 标 准	
		图形符号	文字符号
按钮	启动		SB
	停止		
	复合		
接触器	线圈		KM
	主触点		
	动合辅助触点		
	动断辅助触点		
接插器			X
电磁铁			YA
电磁吸盘			YH
串励直流电动机			M
并励直流电动机			
他励直流电动机			

名 称		新 标 准	
		图形符号	文字符号
时间继电器	延时断开的动合触点		
热继电器	热元件		FR
	动断触点		
继电器	中间继电器线圈		KA
	欠电压继电器线圈		KV
	过电流继电器线圈		KI
	动合触点		相应继电器符号
	动断触点		相应继电器符号
	欠电流继电器线圈		KI
转换开关			SA
电磁抱闸线圈			YB
电磁离合器			YC
电位器			RP

续表

名　称	新　标　准		名　称	新　标　准	
	图形符号	文字符号		图形符号	文字符号
桥式整流装置		VC	复励直流电动机		M
照明灯		EL	直流发电机		G
信号灯		HL	三相笼型异步电动机		M
电阻器		R			

二、电气原理图

为了便于阅读与分析，根据简单清晰易懂的原则，控制电路采用电气元件展开的形式绘制而成。图中包括所有电气元件的导电部件和接线端点，并不按照电气元件的实际位置来绘制，也不反映电气元件的形状和大小。由于电气原理图具有结构简单、层次分明，便于研究和分析工作原理等优点，所以无论在设计部门或生产现场都得到了广泛的应用。现以图 2-1 所示的某机床电气原理图为例来说明电气原理图的绘制原则和应注意的事项。

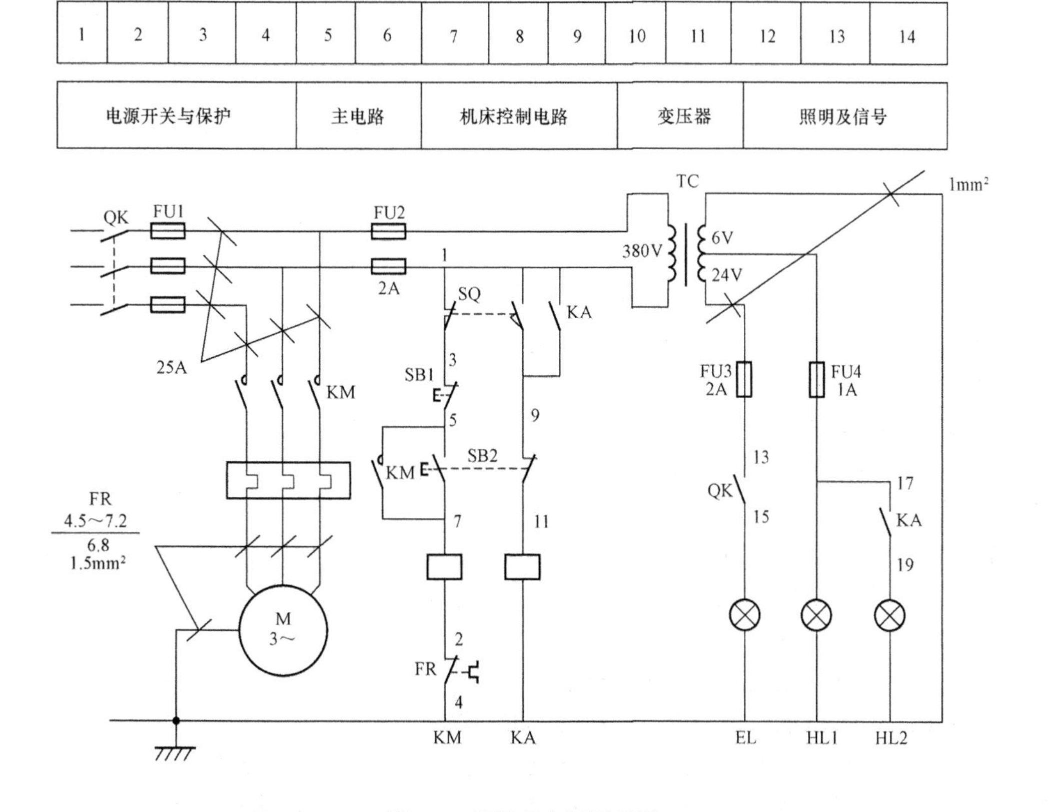

图 2-1　某机床电气原理图

1. 电气原理图的绘制原则

（1）电气原理图分主电路和辅助电路两部分。主电路是从电源到电动机，强电流通过的电路。辅助电路包括控制电路、信号电路、保护电路和照明电路等。辅助电路中通过的电流较小，主要由继电器和接触器的线圈、继电器的触点、接触器的辅助触点、按钮、照明灯、信号灯及控制变压器等电气元件组成。

（2）电气原理图中，各电气元件不绘制实际的外形图，而采用国家统一规定的图形符号和文字符号来表示。

（3）在电气原理图中，同一电气元件的不同部分（如线圈、触点）分散在图中，为了表示是同一电气元件，要在电气元件的不同部分使用同一文字符号来标明。对于几个同类电气元件，在表示名称的文字符号后用下标加上一个数字符号，以示区别。

（4）所有电气元件的可动部分均以自然状态绘出。所谓自然状态是指各种电气元件在没有通电和没有外力作用时的初始开闭状态。对于继电器、接触器的触点，按吸引线圈不通电时的状态绘出，控制器的手柄按处于零位时的状态绘出，按钮及位置开关触点按尚未被压合的状态绘出。

（5）在电气原理图中，无论是主电路还是辅助电路，各电气元件一般按动作顺序从上而下、从左到右依次排列，可水平布置或垂直布置。

（6）电气原理图上应尽可能减少线条并避免线条交叉。

2. 图面区域的划分

在图 2-1 中，图纸上方的数字编号 1、2、3…是区域编号，它是为了便于检索电气线路，方便读图分析，避免遗漏而设置的。图区编号也可以设置在图的下方。

3. 符号位置的索引

符号位置的索引用图号、页号和图区号的组号索引法，索引代号的组成如下：

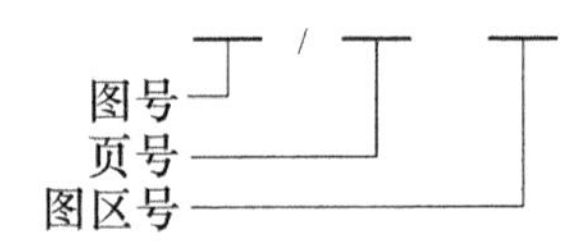

当某一元件相关的各符号元素出现在不同图号的图纸上，同时每个图号仅有一张图纸时，索引代号中的页号可省去；当某一元件相关的各符号元素出现在同一图号的图纸上，而该图号有几张图纸时，可省去图号；当某一元件相关的各符号元素出现在同一张图纸上的不同图区时，可省略图号和页号。

电气原理图中，接触器和继电器线圈与触点的从属关系由下面附图表示，即在原理图中相应线圈的下方，给出触点的文字符号，并在其下面注明相应触点的索引代号，对未使用的触点用“×”表示。有时也可采用上述省去触点的表示方法。在图 2-1 中，KM 线圈及 KA 线圈下方的是接触器 KM 和继电器 KA 相应触点的索引，其各栏的含义见表 2-3。

三、电气元件布置图

电气元件布置图主要是用来表明电气设备上所有电气元件的实际位置，并为生产机械电气控制设备的制造、安装、维修提供必要的依据。以机床的电气元件布置图为例，它主要由机床电气设备布置图、控制柜及控制板电气设备布置图、操纵台及悬挂操纵箱电气设备布置图等组成。电气元件布置图可按电气控制系统的复杂程度集中绘制或单独绘制。但在绘制这类图形时，机床轮廓线用细实线或点画线表示，所有可见到的及需要表示清楚的电气设备，均用粗实线绘制出简单的外形轮廓。

表 2-3　　接触器和继电器相应触点的索引

器　件	左　栏	中　栏	右　栏	图　示
接触器 KM	主触点在图区号	辅助动合触点所在图区号	辅助动断触点所在图区号	KM 4 │ 6 │ × 4 │ │ × 5 │ │
中间继电器 KA	动合触点所在图区号	—	动断触点所在图区号	KA 9 │ × 13 │ × × │ × × │ ×

四、电气安装接线图

电气安装接线图是按照电气元件的实际位置和实际接线绘制的，是根据电气元件布置最合理，连接导线最经济等原则来设计。它为电气设备的安装、配线及检修等提供了必要的依据。图 2-2 是根据图 2-1 电气原理图绘制的安装接线图。它表示机床电气设备各个单元之间的接线关系，并标注出外部接线所需要的数据。根据机床设备的接线图就可以进行机床电气设备的总装接线。图 2-2 的虚线方框中部件的接线可根据电气原理图进行。对于某些较为复杂的电气设备，电气安装板上元件较多时，还可绘出安装板的接线图。对于简单设备，仅绘出安装接线图即可，电气元件布置图和电气安装接线图合二为一。实际工作中，安装接线图常与电气原理图结合起来使用。

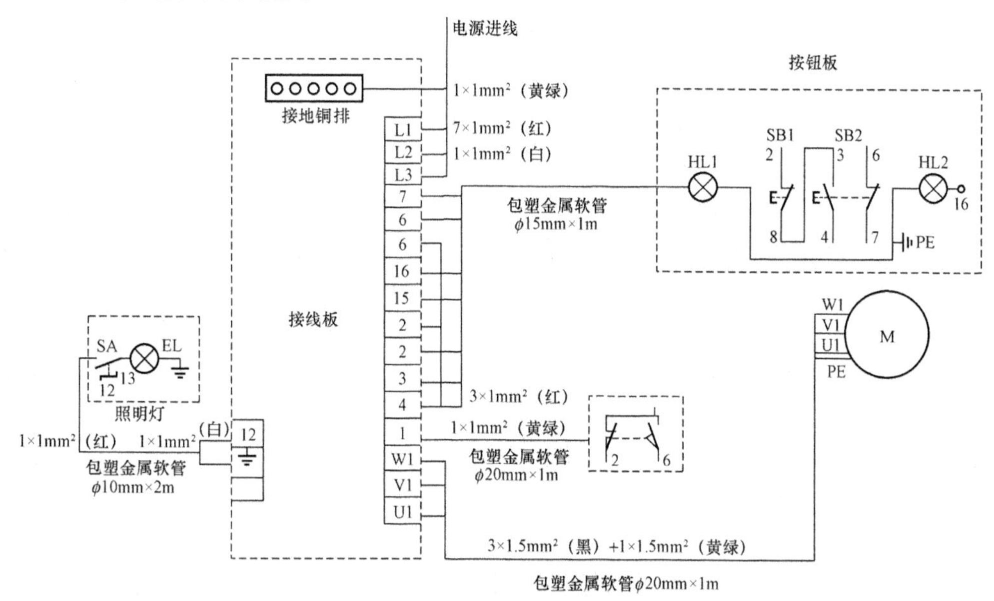

图 2-2　某机床电气安装接线图

图 2-2 示出了电气设备中电源进线、按钮板、照明灯、位置开关、电动机与机床安装板接线端之间的连接关系，也标注了所使用的包塑金属软管的直径和长度，连接导线的根数、截面积及颜色。如按钮板与电气安装板的连接，按钮板上有 SB1、SB2、HL1 及 HL2 四个元件，根据图 2-1 电气原理图，SB1 和 SB2 有一端相连为“3”，HL1 与 HL2 有一端相连为“地”。其余的 2、3、4、6、7、15、16 通过 $7\times1\text{mm}^2$ 的红色线接到安装板上相应的接线端，与安装板上的元件相连。黄绿双色线是接到接地铜排上。所使用的包塑金属软管的直径为 ϕ15mm，长度为 1m。

第二节 三相笼型异步电动机启动控制电路

三相笼型异步电动机有全压启动和降压启动两种方式，有些控制方法在实际中并不常用，在此只介绍其工作原理及控制原则，某种情况可能有多种控制方案、根据实际选择最合理的控制方法。

一、三相笼型异步电动机全压启动的控制电路

在变压器容量允许的情况下，笼型异步电动机应尽可能采用全压启动控制。全压启动的优点是电气设备少、电路简单，这样可提高控制电路的可靠性和减少电器的维修量；缺点是启动电流大，引起供电系统电压波动，可能干扰其他用电设备的正常工作。

（一）刀开关全压启动控制

刀开关全压启动控制电路如图 2-3 所示。

工作过程如下：合上刀开关 QK，电动机 M 接通电源全压启动运行；打开刀开关 QK，电动机 M 断电停止运行。这种控制电路适用于小容量、启动不频繁的笼型电动机，如小型台钻、冷却泵、砂轮机等。熔断器在电路中起短路保护作用。

（二）接触器全压启动控制

1. 点动控制

点动控制电路如图 2-4 所示。主电路由刀开关 QK、熔断器 FU、交流接触器 KM 的主触点和电动机 M 组成，控制电路由启动按钮 SB 和交流接触器 KM 的线圈组成。

点动控制的工作过程如下：

（1）启动：先合上刀开关 QK，按下启动按钮 SB，接触器 KM 线圈通电，KM 主触点闭合，电动机 M 通电全压启动运行。

（2）停机：松开启动按钮 SB，KM 线圈断电，KM 主触点断开，电动机 M 停转。

由以上分析可知，按下启动按钮，电动机启动运行，松开启动按钮，电动机停转，这种控制就称为点动控制。它常用于机床的对刀调整和电动葫芦等。

2. 连续控制

图 2-5 是一种常用的最简单、最基本的电动机连续运行控制电路，亦称长动控制电路。主电路由刀开关 QK、熔断器 FU、接触器 KM 的主触点、热继电器 FR 的发热元件和电动机 M 组成。控制电路由停止按钮 SB1、启动按钮 SB2、接触器 KM 的动合辅助触点和线圈、热继电器 FR 的动断触点组成。

（1）连续控制的工作过程如下：

1）启动：合 QK，按下 SB2，KM 线圈通电，KM 主触点闭合，电动机接通电源，启动运行，同时 KM 辅助动合触点闭合，松开 SB2，自锁或自保。

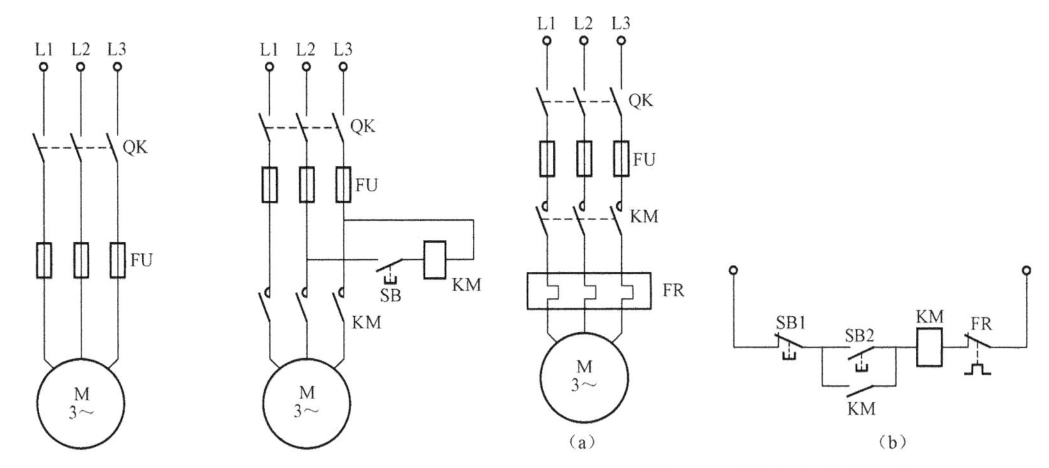

图 2-3 刀开关控制电路 图 2-4 点动控制电路

图 2-5 连续运行控制电路
（a）主电路；（b）辅助电路

在连续控制中，当松开 SB2 后，KM 的辅助动合触点闭合仍使 KM 线圈继续保持通电，从而保证电动机的连续运行，这种依靠接触器自身辅助动合触点而使线圈保持通电的控制方式，称为自锁或自保。起自锁或自保作用的触点称为自锁或自保触点。

2）停机：按下 SB1，KM 线圈断电，主触点及辅助动合触点断开，电动机 M 断电停转。

（2）线路的保护环节：

1）短路保护：短路时熔断器 FU 的熔体熔断，切断短路电路。

2）过载保护：采用热继电器 FR。由于热继电器的热惯性比较大，即使发热元件流过几倍于额定值的电流，热继电器也不会立即动作。因为在电动机启动时间不会太长的情况下，热继电器是经得起电动机启动电流冲击而不动作的。只有在电动机长期过载时，热继电器才会动作，用其动断触点使控制电路断开。

3）欠电压与失电压保护：依靠接触器 KM 的自锁环节来实现的。当电源电压低到一定程度或失电压时，接触器 KM 释放，电动机停止转动。当电源电压恢复正常时，接触器线圈也不会自行通电，只有在操作人员重新按下启动按钮后，电动机才能启动，这又称零电压保护。

控制电路具备了欠电压和失电压保护功能之后，有如下三个方面的优点：①防止电源电压严重下降时电动机欠电压运行。②防止电源电压恢复时，电动机自行启动而造成设备和人员事故。③避免多台电动机同时启动造成电网电压的严重下降。

3. 点动与长动控制

在生产实践中，有的生产机械需要点动控制，有的生产机械既需要点动控制又需要长动控制。图 2-6 示出了几种实现点动的控制电路。

图 2-6（a）所示是实现点动控制的主电路。

图 2-6（b）所示是最基本的点动控制电路。按下按钮 SB，接触器 KM 线圈通电，电动机启动运行；松开按钮 SB，接触器 KM 线圈断电释放，电动机停止运行。

图 2-6（c）所示是带手动开关 SA 的点动控制电路。当需要点动时将开关 SA 打开，由按钮 SB2 来进行点动控制。当需要连续工作时合上开关 SA，将接触器 KM 的自锁触点接入，

即可实现连续控制。

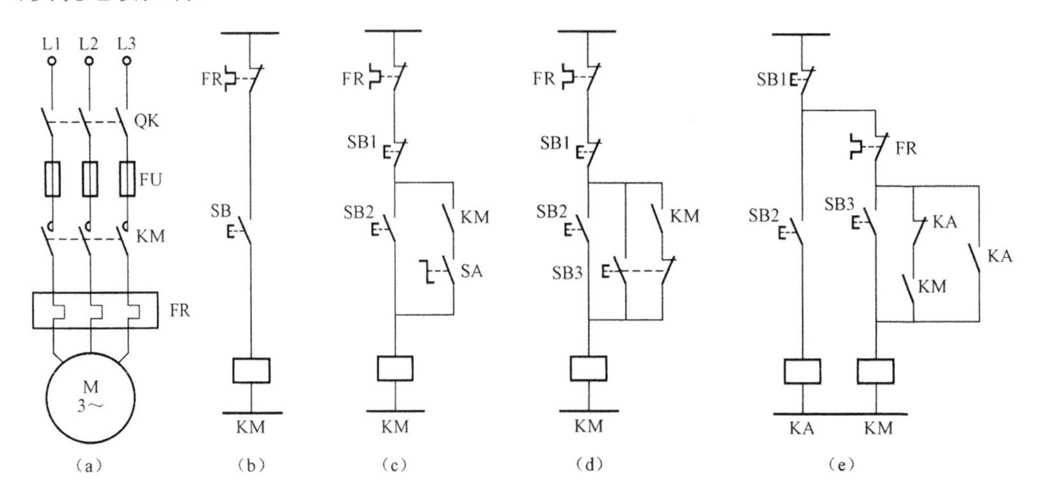

图 2-6 实现点动控制的主电路及几种控制电路

（a）主电路；（b）～（e）控制电路

图 2-6（d）增加了一个复合按钮 SB3 来实现点动控制。需要点动控制时，按下按钮 SB3，其动断触点先断开自锁电路，再闭合动合触点，接通启动控制电路，接触器 KM 线圈通电，其主触点闭合，电动机 M 启动运行；当松开按钮 SB3 时，接触器 KM 线圈断电，主触点断开，电动机停止运行。若需要电动机连续运行，则按下按钮 SB2 即可，停机时需按下停止按钮 SB1。

图 2-6（e）所示是利用中间继电器实现点动的控制电路。利用点动启动按钮 SB2 控制中间继电器 KA，KA 的动合触点并联在按钮 SB3 两端控制接触器 KM，再控制电动机实现点动。当需要连续控制时按下按钮 SB3 即可，但停机时需按下停止按钮 SB1。

二、三相笼型异步电动机降压启动控制电路

三相笼型异步电动机全压启动控制电路简单、经济、操作方便，但对于容量较大的笼型异步电动机（大于 10kW）来说，由于启动电流大，会引起较大的电网压降，所以一般采用降压启动的方法，以限制启动电流。降压启动虽可以减小启动电流，但也降低了启动转矩，因此降压启动适用于空载启动或轻载启动。

三相笼型异步电动机的降压启动方法有定子绕组串电阻（或电抗器）降压启动、自耦变压器降压启动、Y—△降压启动、延边三角形降压启动等。

（一）定子绕组串电阻降压启动控制

按时间原则控制定子绕组串电阻降压启动控制电路如图 2-7 所示。启动时，在三相定子绕组中串电阻 R，使电动机定子绕组电压降低，启动结束后再将电阻短接，电动机在额定电压下正常运行。

启动过程如下：

合电源开关 QK，按启动按钮 SB1，接触器 KM1 得电吸合并自锁，接触器 KM1 的主触点闭合使电动机 M 串电阻 R 启动，在接触器 KM1 得电同时，时间继电器 KT 得电吸合，其延时闭合动合触点的延时闭合使接触器 KM2 不能得电，经一段时间延时后，接触器 KM2 得电动作并自锁，将主回路 R 短接，电动机在全压下进入稳定正常运行，同时 KM2 的动断触

点断开 KM1 和 KT 的线圈电路，使 KM1 和 KT 释放，即将已完成工作任务的元件从控制电路中切除，其优点是节省电能和延长电器的使用寿命。

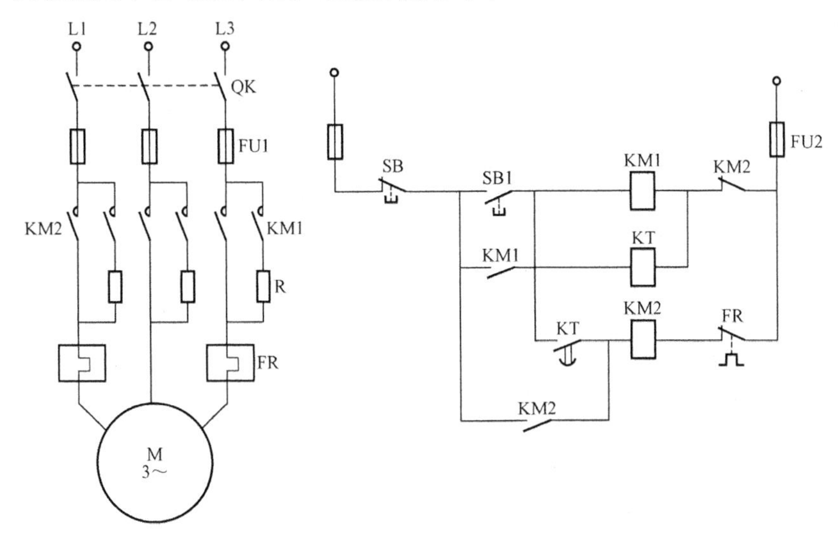

图 2-7　串电阻降压启动控制电路

启动电阻一般采用由电阻丝绕制的板式电阻或铸铁电阻，电阻功率大，能够通过较大电流，但电能损耗较大。为了节省电能，可采用电抗器代替电阻，但其价格较贵、成本较高。

（二）自耦变压器降压启动

启动时电动机定子绕组串入自耦变压器，定子绕组得到的电压为自耦变压器的二次侧电压，启动完毕，自耦变压器被切除，额定电压加于定子绕组，电动机以全压投入运行。自耦变压器按时间原则降压启动控制电路如图 2-8 所示。

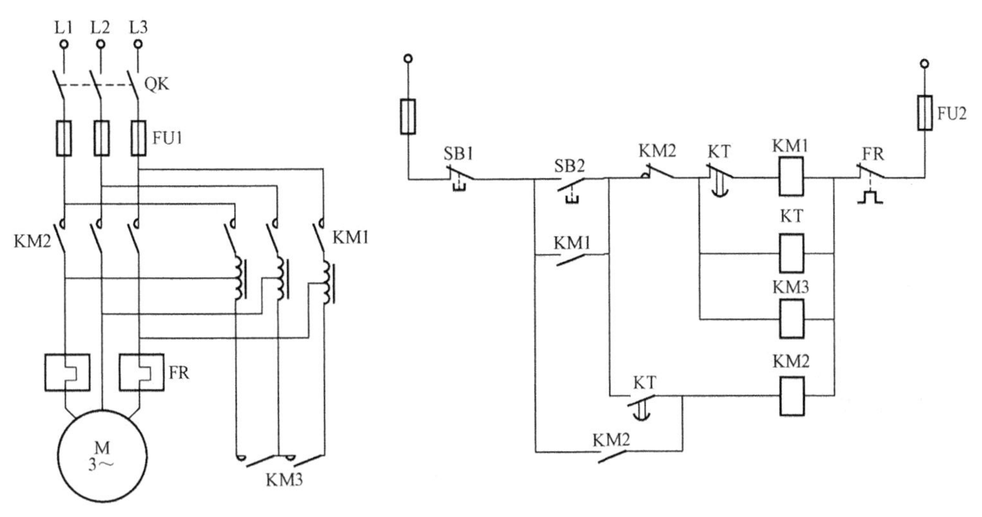

图 2-8　自耦变压器控制电路

启动过程如下：

合上刀开关 QK，按下启动按钮 SB2，接触器 KM1、KM3 和时间继电器 KT 的线圈通电，接触器 KM1 动合辅助触点闭合自锁，接触器 KM1、KM3 主触点闭合将电动机定子绕组经自耦变压器接至电源开始降压启动。时间继电器经一定延时后，其延时动断触点打开，使接触器 KM1、KM3 线圈断电，接触器 KM1、KM3 主触点断开，将自耦变压器从电网上切除。而 KT 延时动合触点闭合，使接触器 KM2 线圈得电，于是电动机直接接到电网上全压运行，完成了整个启动过程。

该控制电路对电网的电流冲击小，损耗功率也小，但是自耦变压器价格较贵，主要用于启动较大容量的电动机。

（三）Y—△降压启动控制

电动机绕组为三角形连接时，每相绕组承受的电压是电源的线电压（380V）；而为星形连接时，每相绕组承受的电压是电源的相电压（220V）。因此，对于正常运行时定子绕组为三角形连接的笼型异步电动机，启动时电动机定子绕组为星形连接，加在电动机每相绕组上的电压为额定电压的$1/\sqrt{3}$，从而减小了启动电流（星形连接时启动电流只是原来三角形连接的$1/3$）。待启动后按预先整定的时间换成三角形连接，使电动机在额定电压下正常运行。按时间原则实现Y—△降压启动控制电路如图 2-9 所示。

启动过程如下：

当启动电动机时，合上刀开关 QK，按下启动按钮 SB2，接触器 KM、KMY 与时间继电器 KT 的线圈同时得电，接触器 KMY 的主触点将电动机接成星形并经过 KM 的主触点接至电源，电动机降压启动。当 KT 的延时值到达时，KMY 线圈失电，KMD 线圈得电，电动机主电路换接为三角形连接，电动机投入正常运转。

该电路优点是结构简单、价格低；缺点是启动转矩也相应下降为原来三角形接法的 1/3，转矩特性差，因而本线路适用于电网电压 380V，额定电压 660/380V、Y/△接法的电动机轻载或空载启动的场合。

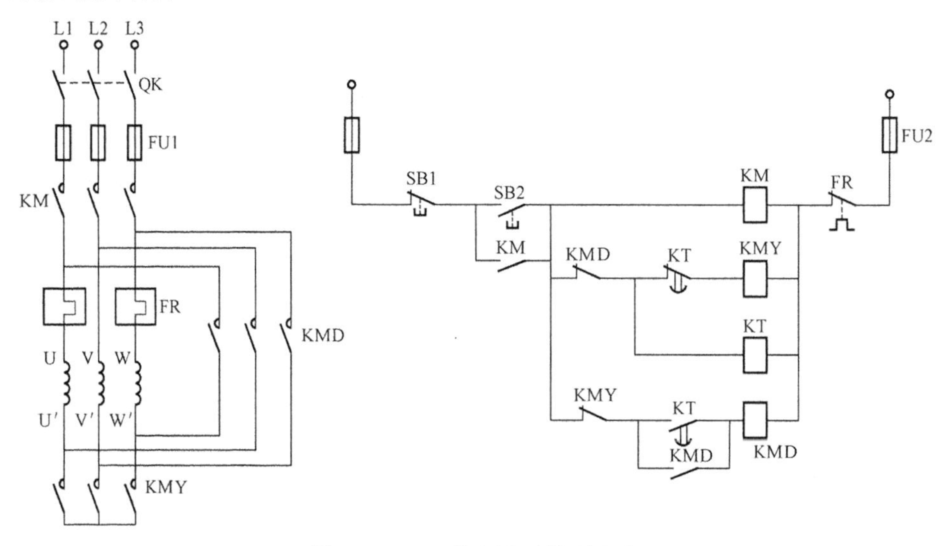

图 2-9 Y—△降压启动控制电路

KMY—星形启动接触器；KMD—三角形启动接触器

（四）延边三角形降压启动控制

上面介绍的Y—△降压启动控制有很多优点，但不足的是启动转矩太小，如要求兼取星形连接启动电流小、三角形连接启动转矩大的优点，则可采用延边三角形降压启动。延边三角形降压启动控制电路如图 2-10 所示。它适用于定子绕组特别设计的电动机，这种电动机共有九个出线头。延边三角形绕组的连接如图 2-11 所示。启动时将电动机定子绕组接成延边三角形，启动结束后，再换成三角形接法，投入全电压正常运行。

启动过程如下：

合上刀开关 QK，按下启动按钮 SB2，接触器 KM、KMY 与时间继电器 KT 同时得电，电动机定子绕组接成延边三角形，并通过 KM 的主触点将绕组 1、2、3 分别接至三相电源进行降压启动。当 KT 的延时值到达时，接触器 KMY 线圈失电，KMD 线圈得电，定子绕组接成三角形，电动机加额定电压运行。延边三角形的启动与Y—△接法相比，兼顾了二者优点；与自耦变压器接法相比，结构简单，因而这种降压启动的方式得到越来越广泛的应用。

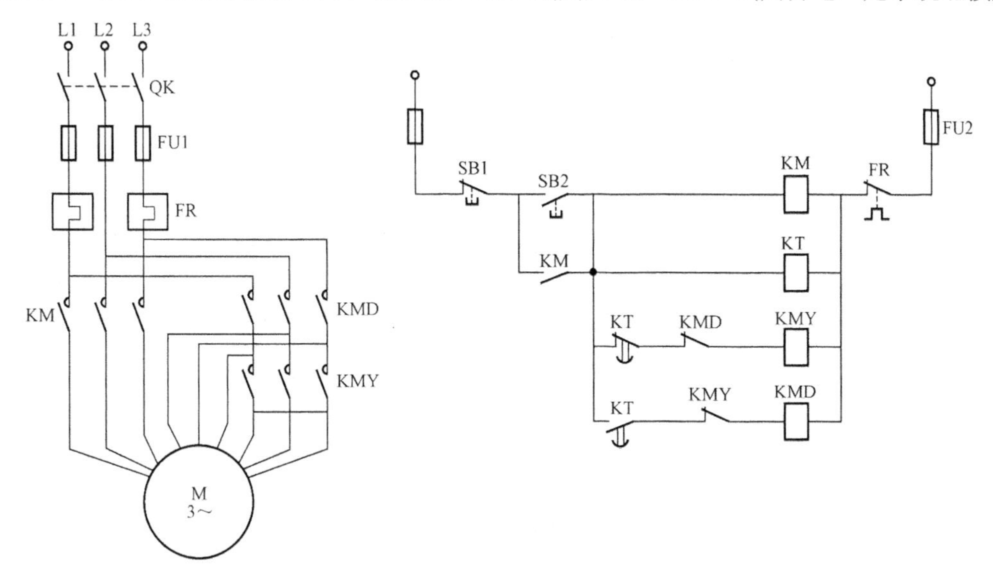

图 2-10　延边三角形降压启动控制电路

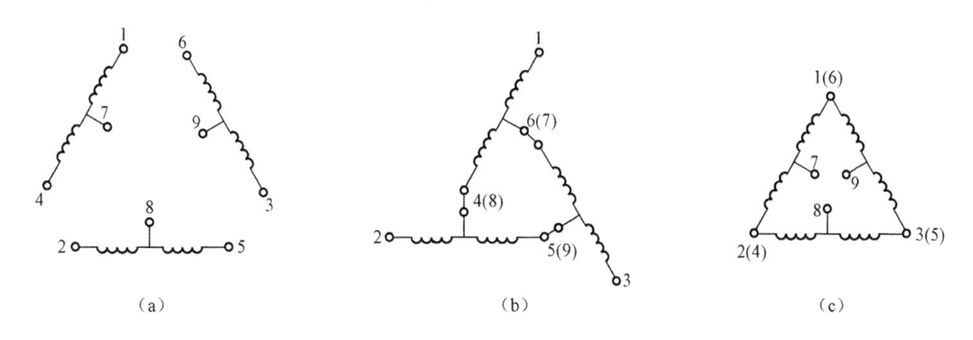

图 2-11　延边三角形绕组的连接

(a) 原始状态；(b) 延边三角形连接；(c) 三角形连接

综合以上四种降压启动控制电路可见，一般均采用时间继电器，按照时间原则切换电压实现降压启动。由于这种电路工作可靠，受外界因素（如负载、飞轮转动惯量以及电网电压）变化时的影响较小，电路及时间继电器的结构都比较简单，因而被广泛采用。

三、三相绕线转子电动机启动控制

三相绕线转子电动机的优点之一是可以在转子绕组中串接电阻或频敏变阻器进行启动，由此达到减小启动电流，提高转子电路的功率因数和启动转矩的目的。在一般要求启动转矩较高的场合，绕线转子异步电动机得到了广泛的应用。

（一）转子绕组串接电阻启动控制

串接在三相转子电路中的启动电阻，一般都接成星形。在启动前，启动电阻全部接入电路，启动过程中电阻逐段地短接。电阻被短接的方式有三相电阻不平衡短接法和三相电阻平衡短接法两种。所谓不平衡短接是每相的启动电阻轮流被短接，而平衡短接是三相的启动电阻同时被短接。使用凸轮控制器来短接电阻宜采用不平衡短接法，因为凸轮控制器中各对触点闭合顺序一般是按不平衡短接法来设计的，故控制电路简单，如桥式起重机就是采用这种控制方式。使用接触器来短接电阻时宜采用平衡短接法。下面介绍使用接触器控制的平衡短接法启动控制。

转子绕组串电阻启动控制电路如图 2-12 所示。该电路按照电流原则实现控制，利用电流继电器根据电动机转子电流大小的变化来控制电阻的分级切除。KI1～KI3 为欠电流继电器，其线圈串接于转子电路中。KI1～KI3 这三个电流继电器的吸合电流值相同，而释放电流值不同，KI1 的释放电流最大先释放，KI2 次之，KI3 的释放电流值最小最后释放。电动机刚启动时启动电流较大，KI1～KI3 同时吸合动作，使全部电阻投入。随着电动机转速升高电流减小，KI1～KI3 依次释放，分别短接电阻，直到将转子串接的电阻全部短接。

启动工作过程如下：

合上刀开关 QK→按下启动按钮 SB2→接触器 KM 通电，电动机 M 转子电路串入全部电阻（R1、R2、R3）启动→中间继电器 KA 通电，为接触器 KM1～KM3 通电作准备→随着转速的升高，启动电流逐步减小，首先 KI1 释放→KI1 动断触点闭合→KM1 通电，转子电路中 KM1 动合触点闭合→切除第一级电阻 R1→然后 KI2 释放→KI2 动断触点闭合→KM2 通电，转子电路中 KM2 动合触点闭合→切除第二级电阻 R2→KI3 最后释放→KI3 动断触点闭合→KM3 通电，转子电路中 KM3 动合触点闭合→切除最后一级电阻 R3，电动机启动过程结束。

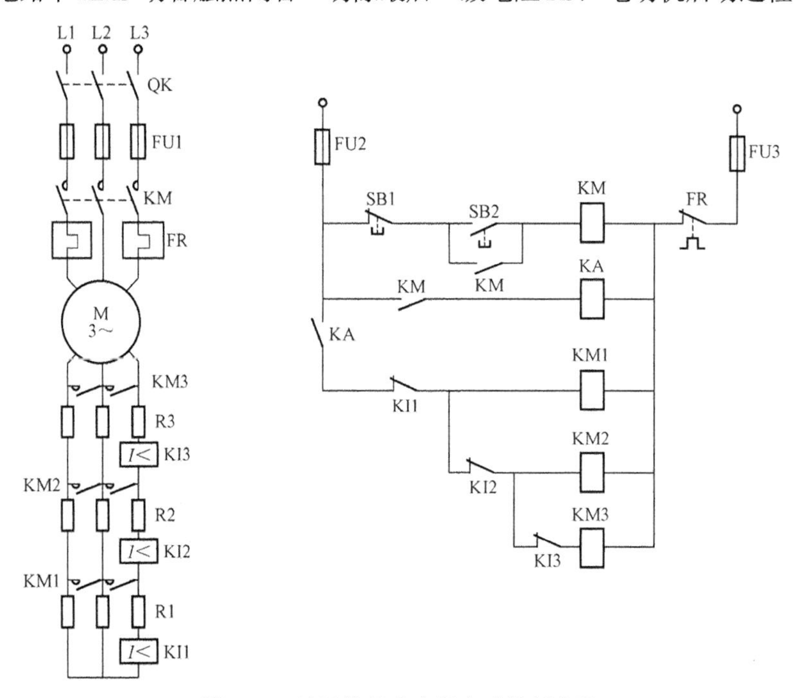

图 2-12 转子绕组串电阻启动控制电路

控制电路中设置了中间继电器 KA，是为了保证转子串入全部电阻后电动机才能启动。若没有 KA，当启动电流由零上升到尚未到达电流继电器的吸合电流值时，KI1～KI3 不能吸合，将使接触器 KM1～KM3 同时通电，转子电路中的电阻（R1、R2、R3）全部被切除，则电动机直接启动。设置 KA 后，在 KM 通电后才能使 KA 通电，KA 动合触点闭合，此时启动电流已达到欠电流继电器的吸合值，其动断触点全部断开，使 KM1～KM3 均处于断电状态，确保转子电路中串入全部电阻，防止了电动机直接启动。

（二）转子绕组串接频敏变阻器启动控制

在绕线转子电动机的转子绕组串电阻启动过程中，由于逐级减小电阻，启动电流和转矩突然增加，故产生一定的机械冲击力。同时由于串接电阻启动电路复杂，工作不可靠，而且电阻本身比较笨重，能耗大，使控制箱体积较大。

从 20 世纪 60 年代开始，我国开始推广应用自己研制的频敏变阻器。频敏变阻器的阻抗能够随着转子电流频率的下降自动减小，所以它是绕线转子异步电动机较为理想的一种启动设备，常用于较大容量的绕线型异步电动机的启动控制。

频敏变阻器实质上是一个铁心损耗非常大的三相电抗器。它由数片 E 形钢板叠成，具有铁心和线圈两个部分，分为三相三柱式，每个铁心柱上套有一个绕组，三相绕组连接成星形，将其串接于电动机转子电路中，相当于转子绕组接入一个铁损耗较大的电抗器，频敏变阻器的主电路与等效电路如图 2-13 所示。图中 Rd 为绕组直流电阻，R 为铁损等效电阻，L 为等效电感，R、L 值与转子电流频率有关。

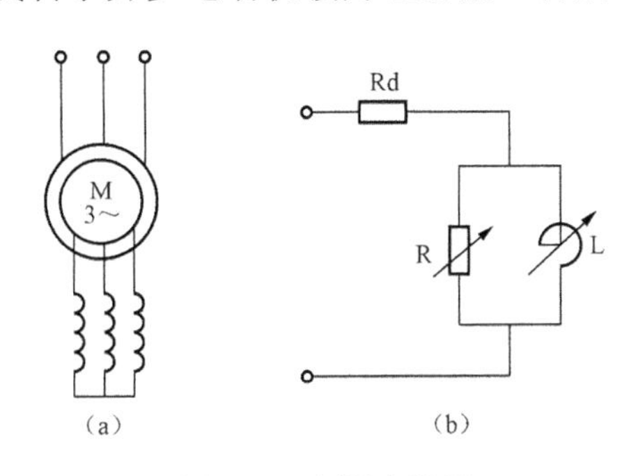

图 2-13　频敏变阻器

（a）主电路；（b）等效电路

在启动过程中，转子电流频率是变化的。刚启动时，转速等于 0，转差率 $s=1$，转子电流的频率f_2 与电源频率f_1 的关系为$f_2=sf_1$，所以刚启动时$f_2=f_1$，频敏变阻器的电感和电阻为最大，转子电流受到抑制。随着电动机转速的升高而 s 减小，f_2 下降，频敏变阻器的阻抗也随之减小。所以，绕线转子电动机转子串接频敏电阻器启动时，随着电动机转速的升高，变阻器阻抗也自动逐渐减小，实现了平滑的无级启动。此种启动方式在桥式起重机和空气压缩机等电气设备中获得广泛的应用。

转子绕组串接频敏变阻器的启动控制电路如图 2-14 所示。该电路可以实现自动和手动控制，自动控制时将开关 SC 扳“自动（S）”位置，手动控制时将开关 SC 扳“手动（Z）”位置。在主电路中，TA 为电流互感器，作用是将主电路中的大电流变换成小电流进行测量。另外，在启动过程中，为避免因启动时间较长而使热继电器 FR 误动作，因而在主电路中，用 KA 的动断触点将 FR 的发热元件短接，启动结束投入正常运行时 FR 的发热元件才接入电路。

启动过程如下：

自动控制：将转换开关 SC 置于“Z”位置→合上刀开关 QK→按下启动按钮 SB2→接触器 KM1 和时间继电器 KT 同时得电→接触器 KM1 主触点闭合→电动机 M 转子电路串入频敏变阻器启动。时间继电器设置时间到达时，延时动合触点 KT 闭合→中间继电器 KA 通电自锁→KA 的动合触点闭合→接触器 KM2 通电→KM2 主触点闭合→切除频敏变阻器→时间继电器 KT 断电，启动过程结束。

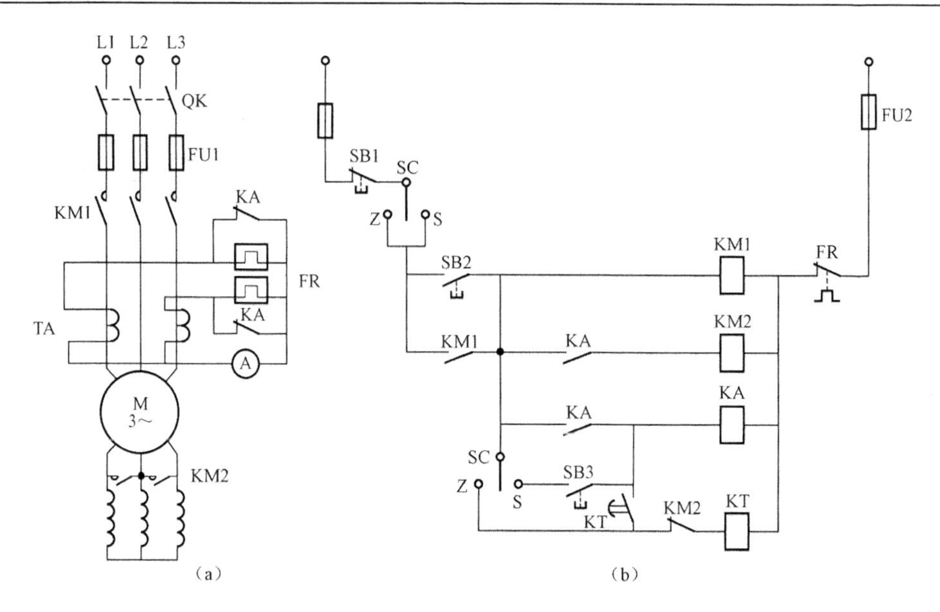

图 2-14　转子绕组串接频敏变阻器的启动电路

（a）主电路；（b）控制电路

手动控制：将转换开关 SC 置于“S”位置→按下启动按钮 SB2→接触器 KM1 通电→KM1 主触点闭合，电动机 M 转子电路中串入频敏变阻器启动→待电动机启动结束。按下启动按钮 SB3→中间继电器通电并自锁→接触器 KM2 通电→KM2 主触点闭合，将频敏变阻器切除，启动过程结束。

第三节　三相异步电动机的正反转控制

在实际应用中，往往要求生产机械能够实现可逆运行，如工作台前进与后退，主轴的正转和反转，吊钩的上升与下降等。这就要求电动机可以正反转工作，由三相异步电动机转动原理可知，若将接至电动机的三相电源进线中的任意两相对调，即可使电动机反转，所以可逆运行控制电路实质上是两个方向相反的单向运行电路，如图 2-15（b）所示。图 2-15（a）为可逆运行控制电路的主电路。

若采用如图 2-15（b）所示控制电路，当误操作同时按下正反向启动按钮 SB2 和 SB3 时，将造成相间短路故障。为了避免误操作引起电源相间短路，在这两个相反方向的单向运行电路中加设了必要的互锁。按电动机可逆操作顺序的不同，有“正—停—反”和“正—反—停”两种控制电路。

一、电动机“正—停—反”控制

电动机“正—停—反”控制电路如图 2-15（c）所示。该图为利用两个接触器的动断触点 KM1、KM2 起相互控制作用，即一个接触器通电时，利用其动断辅助触点的断开来锁住对方线圈的电路。这种利用两个接触器的动断辅助触点互相控制的方式，称为“电气互锁”，或称为“电气联锁”。而两对起互锁作用的动断触点便称为互锁触点。另外，该电路只能实现“正—停—反”或者“反—停—正”控制，即电动机在正转或反转时必须按下停止按钮后，再反向或正向启动。

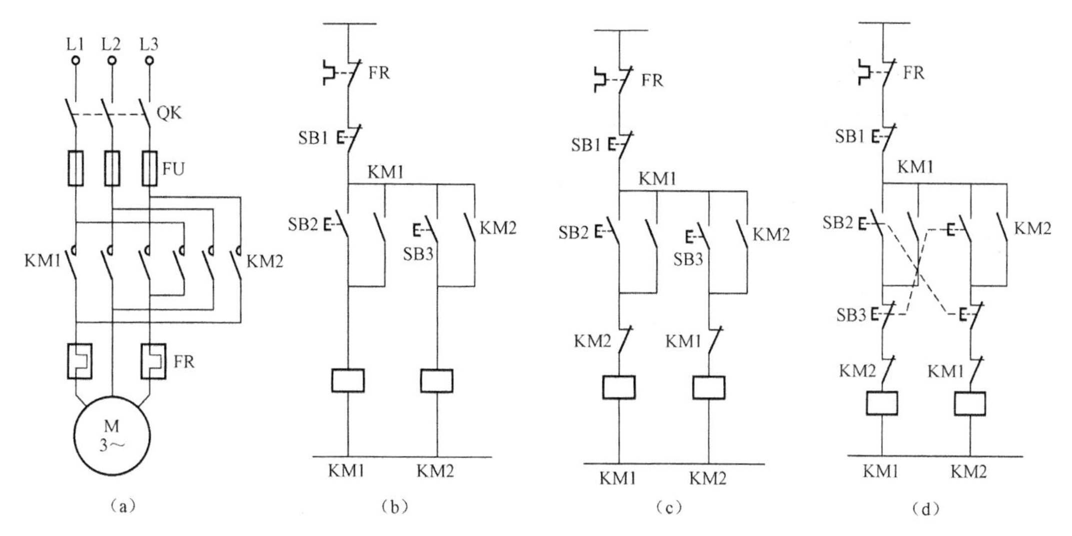

图 2-15　可逆运行控制电路

（a）主电路；（b）两个方向相反的单向运行电路；

（c）“正—停—反”控制电路；（d）“正—反—停”控制电路

二、电动机“正—反—停”控制

在生产实际中，为了提高劳动生产率，减少辅助工时，往往要求直接实现正反转的变换控制。常利用复合按钮组成“正—反—停”的互锁控制，其控制电路如图 2-15（d）所示。复合按钮的动断触点同样起到互锁的作用，这种互锁称为“机械互锁”或称为“机械联锁”。

在这个电路中，正转启动按钮 SB2 的动合触点用来使正向接触器 KM1 的线圈瞬时通电，其动断触点则串联在反转接触器 KM2 线圈的电路中，用来使之释放。反转启动按钮 SB3 也按 SB2 同样安排。当按下 SB2 或 SB3 时，首先是动断触点断开，然后才是动合触点闭合。这样在需要改变电动机运转方向时，就不必按 SB1 停止按钮了，可直接操作正反转按钮即能实现电动机正反转的改变。该电路既有接触器动断触点的“电气互锁”，又有复合按钮动断触点的“机械互锁”，即具有双重互锁。该电路操作方便、安全可靠，故应用广泛。

第四节　三相异步电动机的调速控制

异步电动机调速常用来改善机床的调速性能和简化机械变速装置。根据三相异步电动机的转速公式

$$n=60f_1(1-s)/p \tag{2-1}$$

三相异步电动机的调速方法有：改变电动机定子绕组的磁极对数 p，改变转差率 s，改变电源频率 f_1。改变转差率调速又可分为：绕线转子电动机在转子电路串电阻调速，绕线转子电动机串级调速，异步电动机交流调压调速，电磁离合器调速。改变电源频率 f_1 调速，即变频调速。变频调速就是通过改变电动机定子绕组供电的频率来达到调速的目的。当前电气调速的主流是使用变频器。下面分别介绍几种常用的异步电动机调速控制电路。

一、三相异步电动机的变极调速控制

三相笼型电动机采用改变磁极对数调速，改变定子极数时，转子极数也同时改变，笼型

转子本身没有固定的极数，它的极数随定子极数而定。

改变定子绕组极对数的方法有：

（1）装一套定子绕组，改变它的连接方式就得到不同的极对数。

（2）定子槽里装两套极对数不一样的独立绕组。

（3）定子槽里装两套极对数不一样的独立绕组，而每套绕组本身又可以改变其连接方式，得到不同的极对数。

多速电动机一般有双速、三速、四速之分。双速电动机定子装有一套绕组，三速和四速电动机则装有两套绕组。双速电动机三相绕组连接图如图 2-16 所示。图 2-16（a）为三角形变双星形连接法，图 2-16（b）为星形变双星形连接法。应当注意，当三角形或星形连接

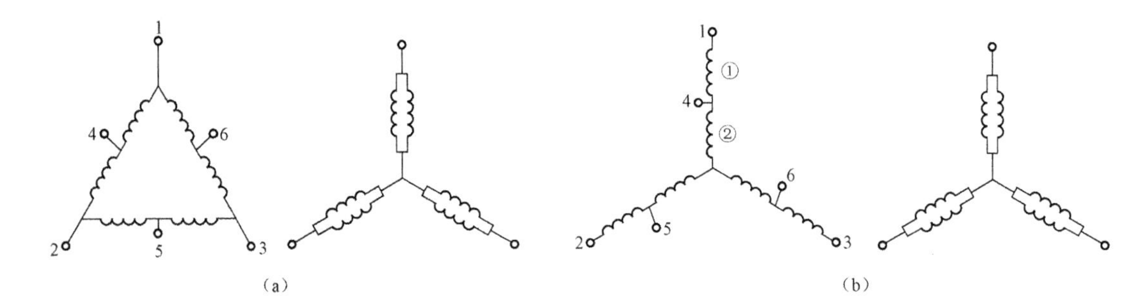

图 2-16　双速电动机三相绕组连接图

（a）三角形变双星形连接法；（b）星形变双星形连接法

时，$p=2$（低速），各相绕组互为 240°电角度；当双星形连接时，$p=1$（高速），各相绕组互为 120°电角度。为保持变速前后转向不变，改变磁极对数时必须改变电源时序。

双速电动机调速控制电路如图 2-17 所示。图中 SA 为转换开关，置于“低速”位置时，电动机连为三角形连接，低速运行；SA 置于“高速”位置时，电动机为双星形连接，高速运行。

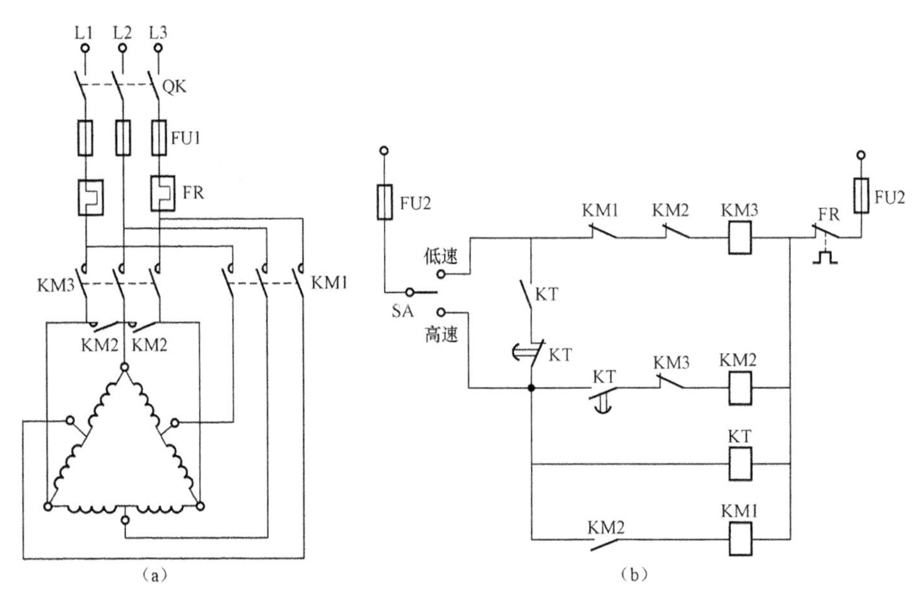

图 2-17　双速电动机调速控制电路

（a）主电路；控制电路

启动过程如下：

（1）低速启动：合刀开关 QK，SA 置于低速位置→接触器 KM3 通电→KM3 主触点闭合→电动机 M 连接成三角形低速启动运行。

（2）高速运行：SA 置于高速位置→时间继电器 KT 通电→接触器 KM3 通电→电动机 M 先连接成三角形低速启动→KT 设置延时值到达时，KT 延时动断触点打开→KM3 断电→KT 延时动合触点闭合→接触器 KM2 通电→接触器 KM1 通电→电动机连接成双星形高速运行。电动机实现低速启动高速运行的控制，目的是限制启动电流。

二、绕线转子电动机串电阻的调速控制

绕线转子电动机可采用转子串电阻的方法调速。随着转子所串电阻的增大，电动机转速降低、转差率增大，使电动机工作在不同的人为特性上，获得不同的转速，实现调速的目的。

绕线转子电动机一般采用凸轮控制器进行调速控制，目前在吊车、起重机一类的生产机械上仍被普遍采用。

图 2-18 所示为采用凸轮控制器控制的电动机正反转和调速的电路。在电动机 M 的转子电路中，串接三相不对称电阻，作启动和调速用。转子电路的电阻和定子电路相关部分与凸轮控制器的各触点相连。

凸轮控制器的触点展开图如图 2-18（c）所示，有黑点表示该位置触点接通，无黑点则表示触点不通。触点 K1～K5 和转子电路串接的电阻相连接，用于短接电阻控制电动机的启动和调速。

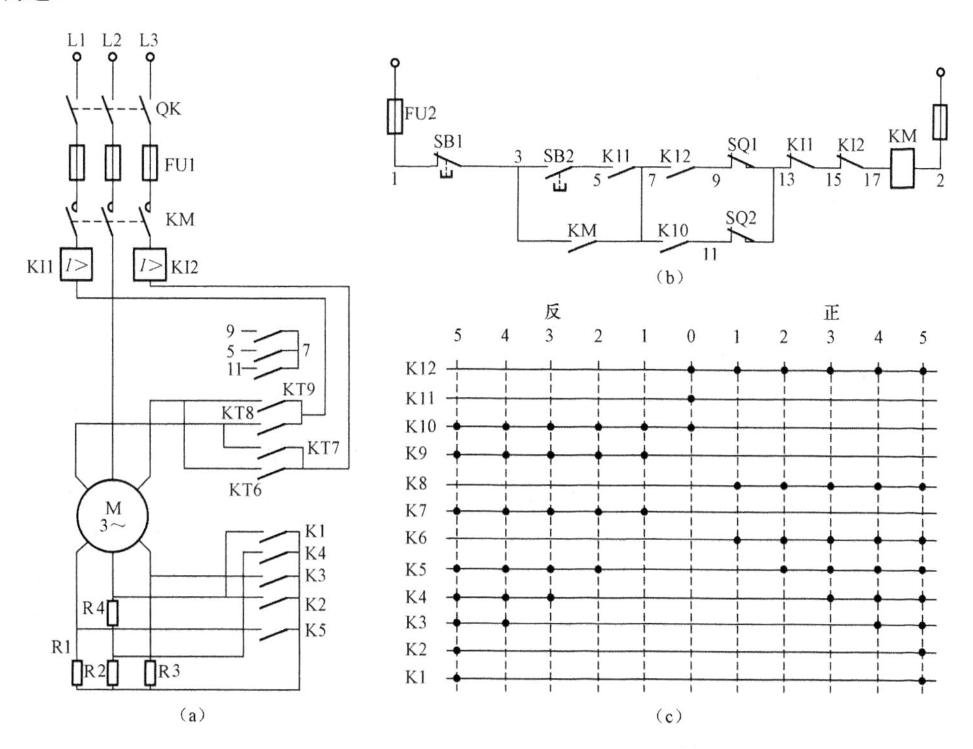

图 2-18　采用凸轮控制器控制的电动机正反转和调速电路

（a）主电路；（b）控制电路；（c）凸轮控制器触点展开图

启动过程如下：

凸轮控制器手柄置“0”位，K10、K11、K12 三对触点接通→合上刀开关 QK→按启动按钮 SB2→接触器 KM 通电→接触器 KM 主触点闭合→把凸轮控制器手柄置正向“1”位→触点 K12、K6、K8 闭合→电动机 M 接通电源，转子串入全部电阻（R1、R2、R3、R4）正向低速启动→把手柄置正向“2”位→K12、K6、K8、K5 四对触点闭合→电阻 R1 被切除，电动机转速上升。当手柄从正向“2”位依次置“3”“4”“5”位时，触点 K4～K1 先后闭合，电阻 R2、R3、R4 被依次切除，电动机转速逐步升高，直至以额定转速运行。

当手柄由“0”位置反向“1”位时，触点 K10、K9、K7 闭合，电动机 M 电源相序改变而反向启动。手柄位置从“1”位依次置到“5”位时，电动机转子所串电阻依次切除，电动机转速逐步升高。过程与正转相同。

另外，为了安全运行，在终端位置设置了两个限位开关 SQ1、SQ2 分别与触点 K12、K10 串联，在电动机正、反转过程中，当运动机构到达终端位置时，挡块压动位置开关，切断控制电路电源，使接触器 KM 断电，切断电动机电源而停止运行。

三、三相异步电动机变频器调速控制

（一）概述

变频技术是应交流电机无级调速的需要而诞生的。20 世纪 60 年代以后，电力电子器件经历了 SCR（晶闸管）、GTO（门极可关断晶闸管）、BJT（双极型功率晶体管）、MOSFET（金属氧化物场效应管）、SIT（静电感应晶体管）、SITH（静电感应晶闸管）、MGT（MOS 控制晶体管）、MCT（MOS 控制晶闸管）、IGBT（绝缘栅双极型晶体管）、HVIGBT（耐高压绝缘栅双极型晶闸管）的发展过程，器件的更新促进了电力电子变换技术的不断发展。20 世纪 70 年代开始，脉宽调制变压、变频（PWM—VVVF）调速研究引起了人们的高度重视。20 世纪 80 年代，作为变频技术核心的 PWM 模式优化问题吸引着人们的浓厚兴趣，并得出诸多优化模式，其中以鞍形波 PWM 模式效果最佳。20 世纪 80 年代后半期开始，美、日、德、英等发达国家的 VVVF 变频器已投入市场并获得了广泛应用。

（二）变频调速概念及原理

变频器是将工频电源变换成各种频率的交流电源，以实现电动机的变速运行的设备。变频调速是通过改变电动机定子绕组供电的频率来达到调速的。现在使用的变频器主要采用交—直—交方式（VVVF 变频或矢量控制变频），先将工频交流电源通过整流器转换成直流电源，然后再将直流电源转换成频率、电压均可控制的交流电源以供给电动机。变频器的电路一般由整流、中间直流环节、逆变和控制四个部分组成。整流部分为三相桥式不可控整流器，逆变部分为 IGBT 三相桥式逆变器，且输出为 PWM 波形，中间直流环节为滤波、直流储能和缓冲无功功率。

变频器的分类方法有多种，按照主电路工作方式分类，可以分为电压型变频器和电流型变频器；按照开关方式分类，可以分为 PAM 控制变频器、PWM 控制变频器和高载频 PWM 控制变频器；按照工作原理分类，可以分为 V/F 控制变频器、转差频率控制变频器和矢量控制变频器等；按照用途分类，可以分为通用变频器、高性能专用变频器、高频变频器、单相变频器和三相变频器等。

（三）变频器控制方式的合理选用

控制方式是决定变频器使用性能的关键所在。目前市场上低压通用变频器品牌很多，包括欧、美、日及国产的共约 50 多种。选用变频器时不要认为档次越高越好，而要按负载的特性，以满足

使用要求为准，以便做到量才使用、经济实惠。表2-4中所列变频器控制方式参数供选用时参考。

表2-4　　变频器控制方式参数

控制方式	V/F控制（$U/f=C$）		电压空间矢量控制	矢量控制		直接转矩控制
反馈装置	不带PG	带PG或PID	调节器	不要	不带PG	带PG或编码器
速比I	<1:40	1:60	1:100	1:100	1:1000	1:100
启动转矩（在3Hz）	150%	150%	150%		零转速时为150%	零转速时为150%～200%
静态速度精确度（%）	±（0.2～0.3）	±（0.2～0.3）	±0.2	±0.2	±0.02	±0.2
适应场合	一般风机、泵类等	较高精度调速或控制	一般工业上的调速或控制	所有调速或控制	伺服拖动、高精度传动、转矩控制	负荷启动、起重负载转矩控制系统、恒转矩波动大负载

（四）变频器的选型原则

首先要根据机械对转速（最高、最低）和转矩（启动、连续及过载）的要求，确定机械要求的最大输入功率（即电动机的额定功率最小值）。有经验公式

$$P=nT/9950\ (\mathrm{kW})$$

式中　P——机械要求的输入功率，kW；

n——机械转速，r/min；

T——机械的最大转矩，N·m。

然后，选择电动机的极数和额定功率。电动机的极数决定了同步转速，要求电动机的同步转速尽可能地覆盖整个调速范围，使连续负载容量高一些。为了充分利用设备潜能，避免浪费，可允许电动机短时超出同步转速，但必须小于电动机允许的最大转速。转矩取设备在启动、连续运行、过载或最高转速等状态下的最大转矩。最后，根据变频器输出功率和额定电流稍大于电动机的功率和额定电流的原则来确定变频器的参数与型号。

（五）MICROMASTER 420系列变频器

MICROMASTER 420是用于控制三相交流电动机速度的变频器系列。本系列有多种型号，从单相电源电压、额定功率120W的到三相电源电压、额定功率11kW的可供用户选择。本变频器由微处理器控制，并采用具有现代先进技术水平的绝缘栅双极型晶体管（IGBT）作为功率输出部件。因此，它们具有很高的运行可靠性和功能的多样性。其脉冲宽度调制的开关频率是可以选择的，因而降低了电动机的噪声。全面而完善的保护功能为变频器和电动机提供了良好的保护，MICROMASTER 420系列具有默认的工厂设置参数，它是给数量众多的简单的电动机控制系统供电的理想变频驱动装置。由于MICROMASTER 420系列具有全面而完善的控制功能，在设置相关参数以后，它也可用于更高级的电动机控制系统。

MICROMASTER 420系列既可用于单机驱动系统，也可集成到“自动化系统”中。

1. 特点

（1）主要特性：

1）易于安装。

2）易于调试。

3）牢固的EMC设计。

4）可由IT（中性点不接地）电源供电。

5）对控制信号的响应是快速和可重复的。

6）参数设置的范围广，确保它可对广泛的应用对象进行配置。

7）电缆连线简单。

8）采用模块化设计，配置非常灵活。

9）脉宽调制的频率高，因而电动机运行的噪声低。

10）详细的变频器状态信息和信息集成功能。

11）有多种可选件供用户选用：用于PC通信的通信模块，基本操作面板（BOP），高级操作面板（AOP），用于进行现场总线通信的PROFIBUS通信模块。

（2）性能特征：

1）磁通电流控制（FCC），改善了动态响应和电动机的控制特性。

2）快速电流控制（FCL）功能，实现正常状态下的无跳闸运行。

3）内置的直流注入制动。

4）复合制动功能改善了制动特性。

5）加速/减速斜坡特性具有可编程的平滑功能。

6）具有比例、积分（PI）控制功能的闭环控制。

7）多点V/F特性。

（3）保护特性：

1）过电压/欠电压保护。

2）变频器过热保护。

3）接地故障保护。

4）短路保护。

5）I^2t 电动机过热保护。

6）PTC电动机保护。

2. 电源和电动机的连接

打开变频器的盖子后，就可以连接电源和电动机的接线端子。电源和电动机的连接必须按照图2-19所示的方法进行。

3. 电磁干扰（EMI）的防护

变频器的设计允许它在具有很强电磁干扰的工业环境下运行。通常，良好的安装质量，可确保安全和无故障的运行。防电磁干扰的措施如下：

（1）机柜内的所有设备需用短而粗的接地电缆连接到公共接地点或公共的接地母线。

（2）变频器连接的任何设备都需要用短而粗的接地电缆连接到同一个接地网。

（3）由电动机返回的接地线直接连接到控制该电动机的变频器的接地端子（PE）上。

（4）接触器的触点最好是扁平的，因为它们在高频时阻抗较低。

（5）截断电缆的端头时应尽可能整齐，保证未经屏蔽的线段尽可能短。

（6）控制电缆的布线应尽可能远离供电电源线，使用单独的走线槽；必须与电源线交叉时，采取90°直角交叉。

（7）无论何时，与控制回路的连接线都应采用屏蔽电缆。

4. 结构

MICROMASTER 420系列变频器的内部结构框图如图2-20所示。

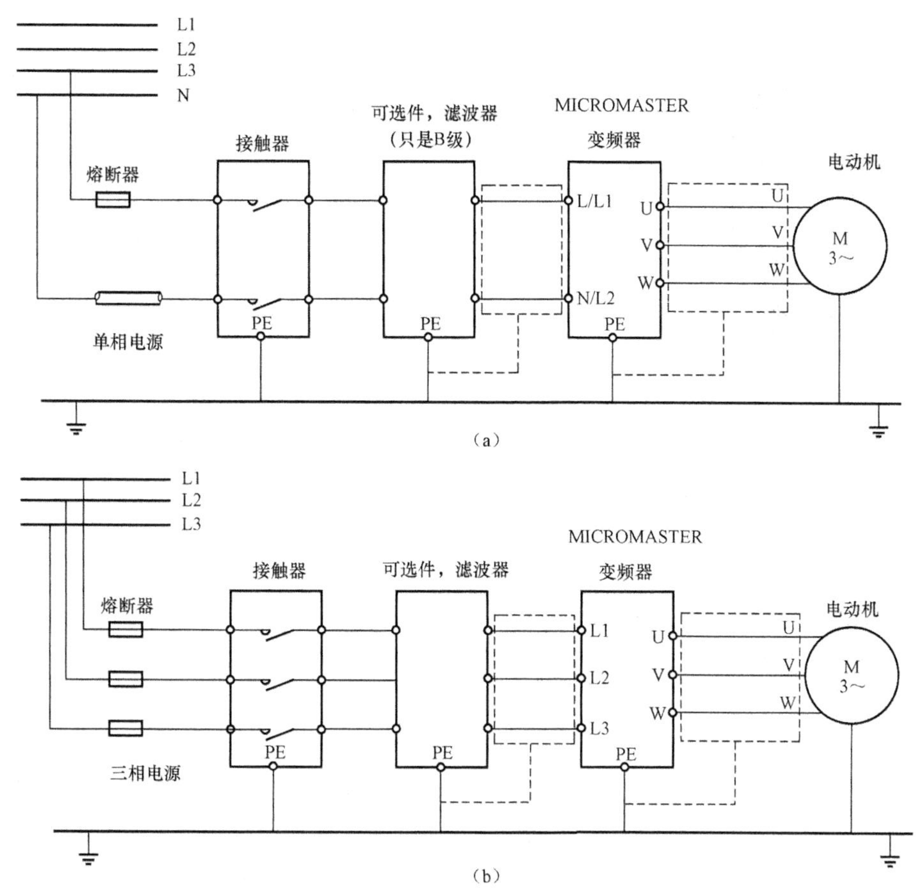

图 2-19　电源和电动机的连接方法

（a）单相电源；（b）三相电源

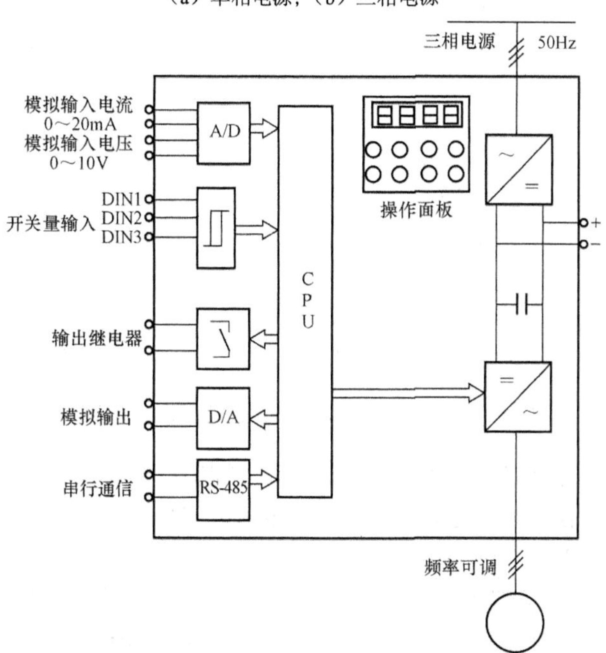

图 2-20　MICROMASTER 420 系列变频器内部结构框图

变频器的操作面板及按键布置图如图 2-21 所示。按键及每部分的作用如下：

图 2-21　操作面板及按键布置图

（1）状态显示 r0000。LED 显示变频器当前的设定值。

（2）变频器启动按键。按此键启动变频器，激活此键应设定 P0700=1。

（3）变频器停止按键。按一次，变频器将按照选定的斜坡下降速率减速停车，激活此键应设定 P0700=1。按两次（或一次，时间较长），电动机将在惯性作用下自由停车。

（4）改变电动机的转动方向键。按此键改变电动机的转向，电动机的反转用负号或闪烁的小数点表示，激活此键应设定 P0700=1。

（5）电动机的点动键。在变频器无输出的情况下，按此键将电动机启动，并按预设的点动频率运行，松开此键，电动机停止，变频器有输出时此键无效。

（6）功能键。此键用于浏览辅助信息。

（7）访问次数键。按此键即可访问参数。

（8）增加参数键。按此键可增加面板上显示的参数数值。

（9）减小参数键。按此键可减小面板上显示的参数数值。

5. 变频器控制方式

变频调速有多种控制方式，如手动控制、端子控制（模拟量和数字量）、通信控制。

（1）手动控制：通过变频器的操作面板的按键来调整输出的频率达到调速的目的。

（2）端子控制：通过控制装置（可编程控制器、单片机或计算机等）发出的控制信号来调整变频器输出的频率达到调速的目的。端子控制又分为开关量和模拟量两种控制方式。

1）开关量控制：通过开关量三个端子 DIN1、DIN2、DIN3 进行控制，通过控制这种对这三个端子进行二进制的不同的组合，最多可有 8 种控制频率，但是其中一种组合不用，即 000 状态设置为停止状态，确保人身和设备的安全。因此有 7 种控制频率，同时还可与模拟输入端子组合成 16 种频率。以 3 个开关量输入为例的控制方式如图 2-22 所示。

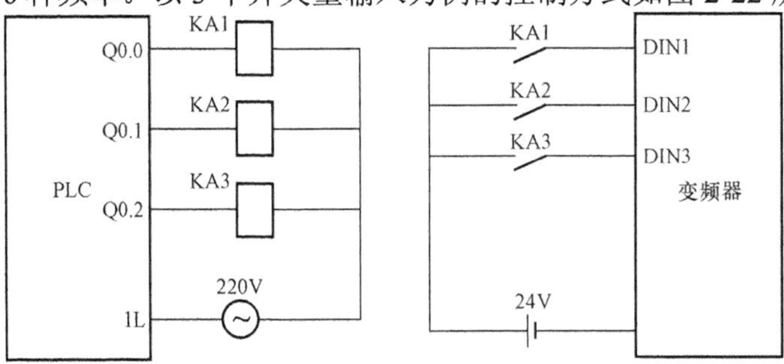

图 2-22　3 个开关量输入控制方式

2）模拟量控制：通过控制这种输出的模拟电压（电流）信号来调整变频器输出的频率达到调速的目的。此时的信号必须是标准的电压（电流）信号，电压信号一般为 0～10V，电流信号为 0～20mA 或 4～20mA，具体连线如图 2-23 所示。

PLC 需要扩展模拟扩展模块 EM232，通过 PLC 控制其输出一定的模拟信号，扩展变频器的输入信号，从而达到改变变频器输出的频率，来改变电动机的转速，系统可以构成开环或闭环控制系统。若构成闭环系统需要扩展模拟量输入模块 EM231 或使用 EN235 模块，具体数值需要对 PLC 进行编程实现。

（3）通信控制：通过通信信号来传递控制信号，达到调速的目的。

所有的标准西门子变频器都有一个串行接口。串行接口采用 RS-485 双线连接，其设计标准适用于工业环境的应用对象。

单一的 RS-485 链路最多可以连接 30 台变频器，而且根据各变频器的地址或采用广播信息都可以找到需要通信的变频器。链路中需要有一个主控制器（主站），而各个变频器则是从属的控制对象（从站）。

采用串行接口有以下优点：

1）大大减少布线的数量。

2）无需重新布线，即可更改控制功能。

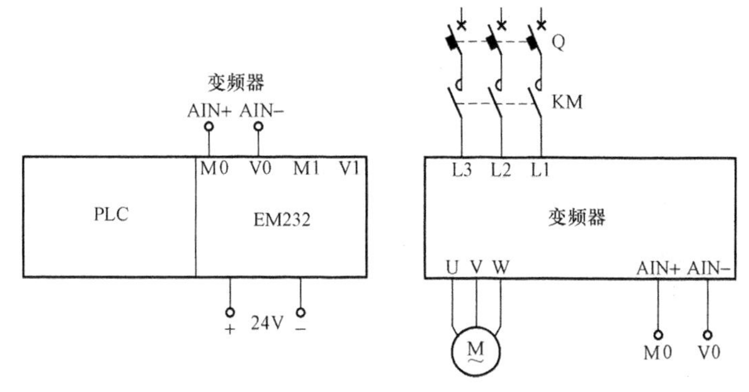

图 2-23　模拟量控制方式

3）可以通过串行接口设置和修改变频器的参数。

4）可以连续对变频器的特性进行监测和控制。

图 2-24 为森兰变频器的结构框图，每个接线端子在图中已经标示，其功能也标注在图中。

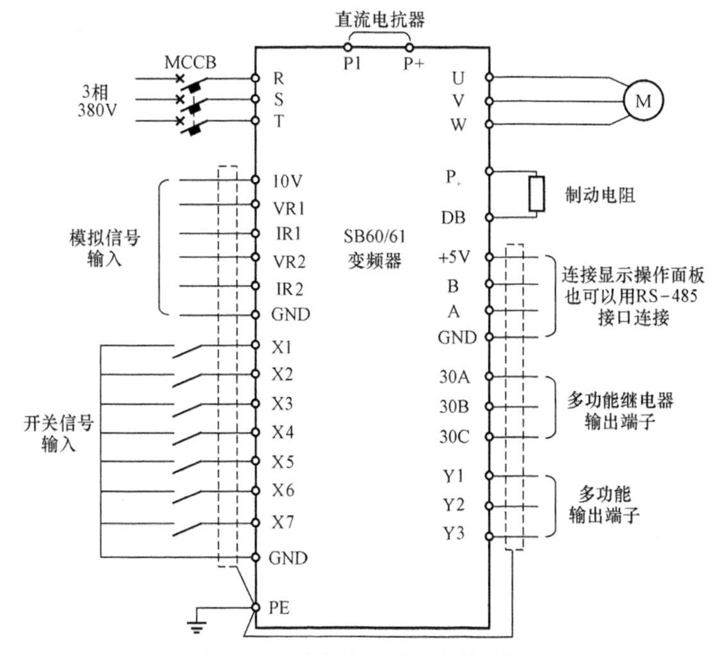

图 2-24　森兰变频器的结构框图

使用方法基本与西门子变频器的方法相同，其他型号的变频器在这里不赘述。使用任何一种变频器之前必须仔细阅读变频器的使用手册，同时注意与拖动电动机的功率匹配、制动电阻的选择、直流电抗器使用、接地、滤波等问题。

第五节　三相异步电动机的制动控制

三相异步电动机从切断电源到完全停止旋转，由于惯性的关系总要经过一段时间，这往往不能满足某些机械生产工艺的要求。在实际生产中，为了实现快速、准确停车，提高生产效率，对要求停转的电动机强迫其迅速停车，必须采取制动措施。

三相异步电动机的制动方法有机械制动和电气制动两种。

机械制动是利用机械装置使电动机迅速停转。常用的机械装置是电磁抱闸，抱闸装置由制动电磁铁和闸瓦制动器构成，分通电制动和断电制动。制动时，将制动电磁铁的线圈接通或断开电源，通过机械抱闸制动电动机。

电气制动有反接制动、能耗制动、发电制动和电容制动等。

一、三相异步电动机反接制动控制

反接制动是利用改变电动机电源相序，使定子绕组产生的旋转磁场与转子旋转方向相反，因而产生制动力矩的一种制动方法。应当注意的是，当电动机转速接近零时，必须立即断开电源，否则电动机将反向旋转。

另外，由于反接制动电流较大，制动时需在定子回路中串入电阻以限制制动电流。反接制动电阻的接法分对称电阻接法和不对称电阻接法两种，如图 2-25 所示。

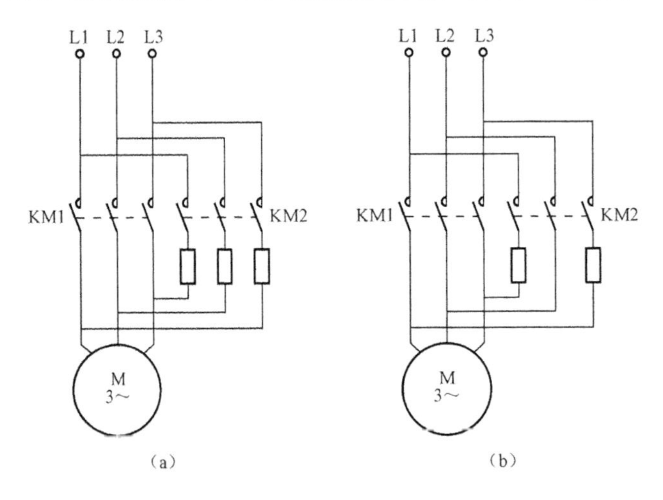

图 2-25　三相异步电动机反接制动电阻接法

(a) 对称电阻接法；(b) 不对称电阻接法

单向运行的三相异步电动机反接制动控制电路如图 2-26 所示。控制电路按速度原则实现控制，通常采用速度继电器。速度继电器与电动机同轴相连，在 120～3000r/min 速度范围内继电器触点动作，当转速低于 100r/min 时，其触点复位。

工作过程如下：

合上刀开关 QK→按下启动按钮 SB2→接触器 KM1 通电→电动机 M 启动运行→速度继

电器 KS 动合触点闭合，为制动做准备。制动时按下停止按钮 SB1→KM1 断电→KM2 通电（KS 动合触点尚未打开）→KM2 主触点闭合，定子绕组串入制动电阻 R 进行反接制动→$n\approx$0 时，KS 动合触点打开→KM2 断电，电动机制动结束。

电动机可逆运行的反接制动控制电路如图 2-27 所示。图中 KSF 和 KSR 是速度继电器 KS 的两组动合触点，正转时 KSF 闭合，反转时 KSR 闭合，启动过程请读者自行分析。

二、三相异步电动机能耗制动控制

三相异步电动机能耗制动时，切断定子绕组的交流电源后，在定子绕组任意两相通入直流电流，形成一固定磁场，与旋转着的转子中的感应电流相互作用产生制动力矩。制动结束后，必须及时切断直流电源。能耗制动控制电路如图 2-28 所示。

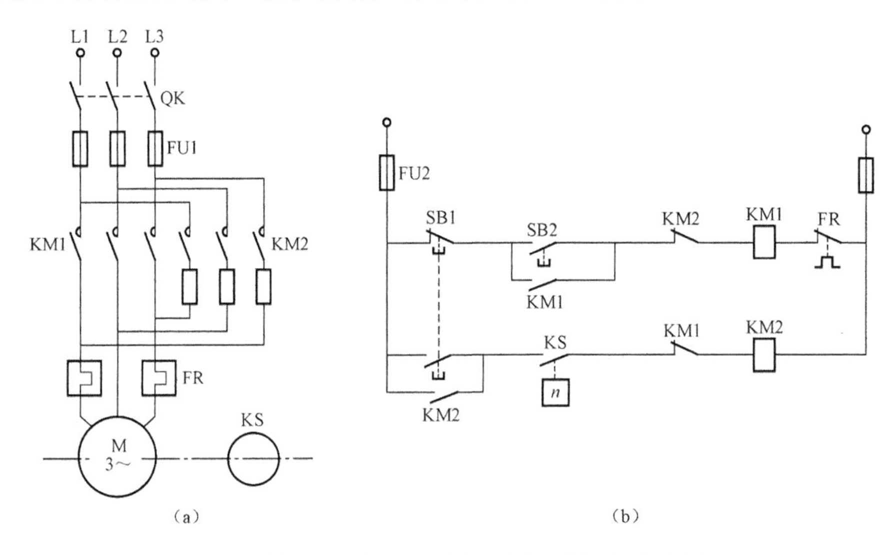

图 2-26 单向运行的三相异步电动机反接制动控制电路

（a）电路图；（b）控制电路图

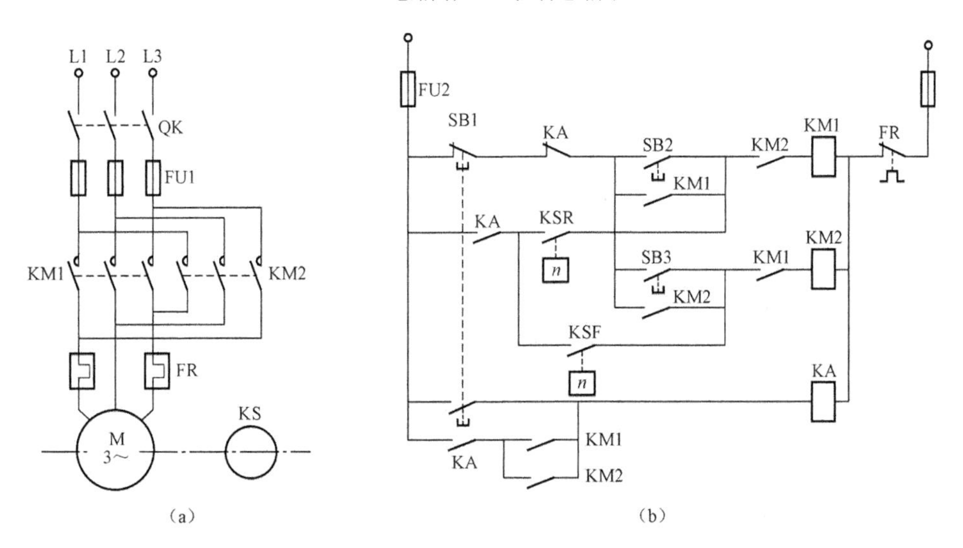

图 2-27 电动机可逆运行的反接制动控制电路

（a）电路图；（b）控制电路图

工作过程如下：

合上刀开关 QK→按下启动按钮 SB2→接触器 KM1 通电→电动机 M 启动运行。制动时，按下复合按钮 SB1→首先 KM1 断电→电动机 M 断开交流电源，接着接触器 KM2 和时间继电器 KT 同时通电，KM2 主触点闭合→电动机 M 两相定子绕组通入直流电，开始能耗制动。当 KT 达到设定值时，延时动断触点打开→KM2 断电→切断电动机 M 的直流电→能耗制动结束。

该控制电路制动效果好，但对于较大功率的电动机要采用三相整流电路，则所需设备多，投资成本高。对于 10kW 以下的电动机，在制动要求不高的场合，可采用无变压器单相半波整流控制电路，如图 2-29 所示。

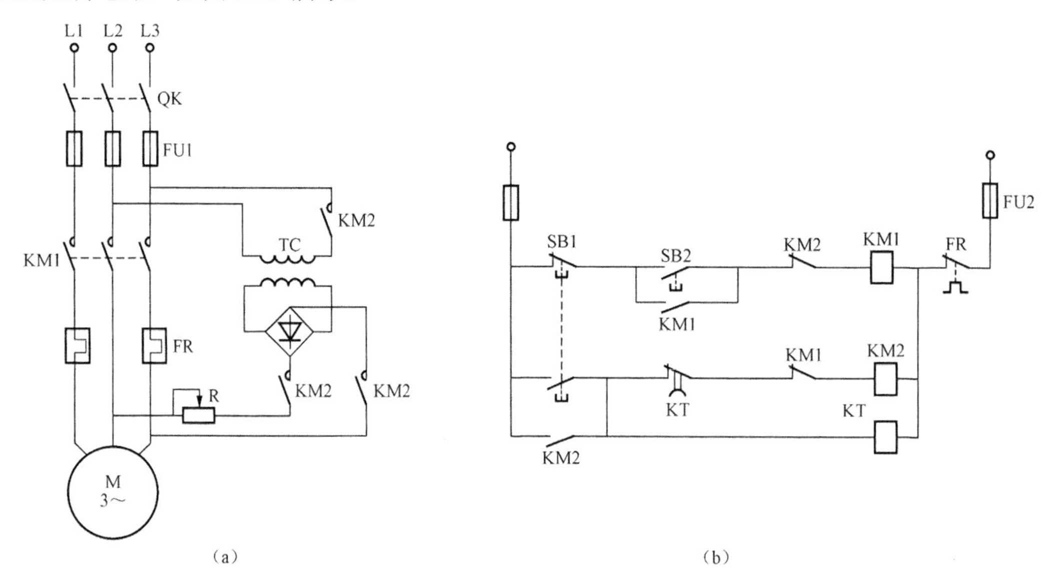

图 2-28 能耗制动控制电路

(a) 电路图；(b) 控制电路图

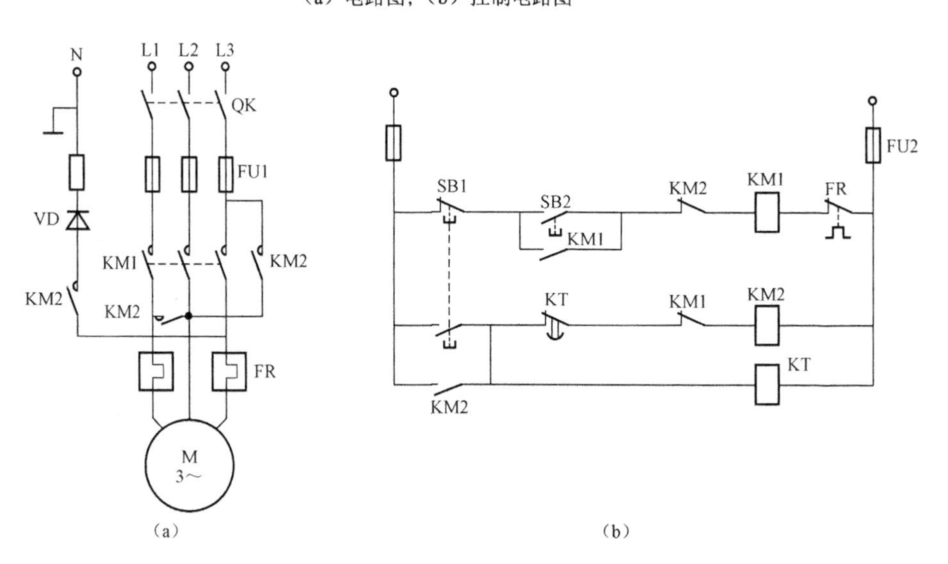

图 2-29 无变压器单相半波整流控制电路

(a) 电路图；(b) 控制电路图

三、三相异步电动机电容制动

电容制动是在切断三相异步电动机的交流电源后，在定子绕组上接入电容器，转子内剩磁切割定子绕组产生感应电流，向电容器充电，充电电流在定子绕组中形成磁场，该磁场与转子感应电流相互作用，产生与转向相反的制动力矩，使电动机迅速停转。电容制动控制电路如图 2-30 所示。

工作过程如下：

合上刀开关 QK→按下启动按钮 SB2→接触器 KM1 通电→电动机 M 启动运行→时间继电器 KT 通电→KT 瞬时闭合延时打开动合触点闭合。制动时，按下停止按钮 SB1→KM1 断电，KM2 通电，电容器接入，制动开始。由于 KM1 断电，接着 KT 断电，当 KT 达到设定值时，延时动合触点打开→KM2 断电→电容器断开，制动结束。

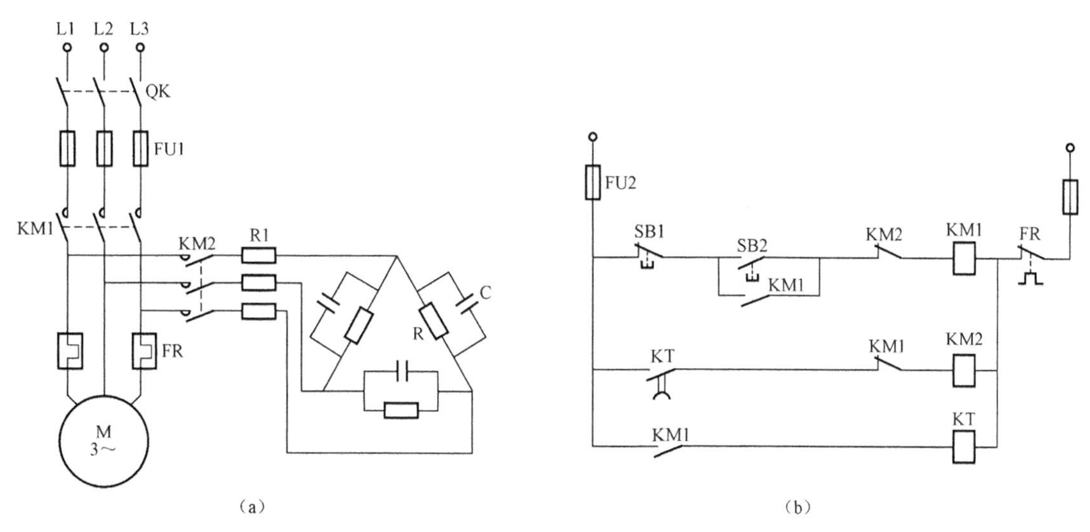

图 2-30　电容制动控制电路

(a) 电路图；(b) 控制电路图

第六节　其他典型控制环节

在实际生产设备的控制中，除上述介绍的几种基本控制电路外，为满足某些特殊要求和工艺需要，还有一些其他的控制环节，如多地点控制、顺序控制和循环控制等。

一、多地点控制

有些电气设备，如大型机床、起重运输机等，为了操作方便，常要求能在多个地点对同一台电动机实现控制，这种控制方法称为多地点控制。

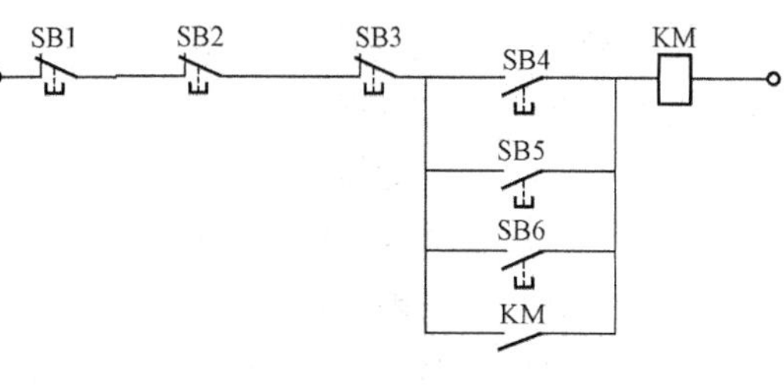

图 2-31　三地点控制电路

图 2-31 所示为三地点控制电路。将一个启动按钮和一个停止按钮组成一组，并将三组启动、停止按钮分别设置三地，即能实现三地点控制。

多地点控制的原则是：启动按钮应并联连接，停止按钮串联连接。

二、多台电动机先后顺序工作的控制

在生产实际中，有时要求一个拖动系统中多台电动机实现先后顺序工作。例如机床中要求润滑电动机启动后，主轴电动机才能启动。图 2-32 所示为两台电动机顺序启动控制电路。

在图 2-32（a）中，接触器 KM1 控制电动机 M1 的启动、停止；接触器 KM2 控制 M2 的启动、停止。现要求电动机 M1 启动后，电动机 M2 才能启动。

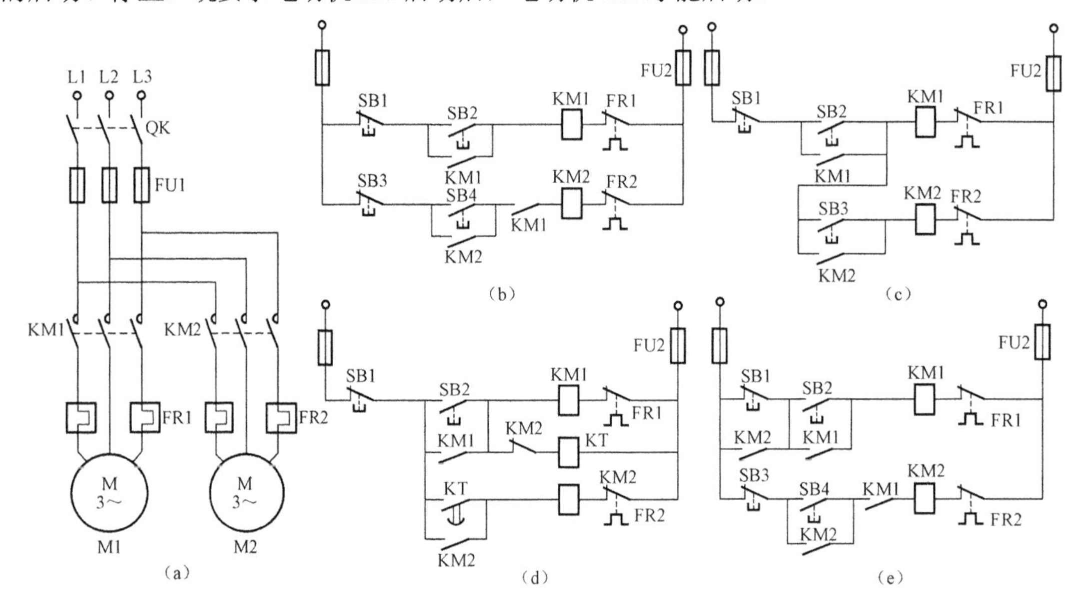

图 2-32 两台电动机顺序启动控制电路

（a）主电路图；（b）～（e）控制电路图

图 2-32（b）的工作过程如下：

合上刀开关 QK→按下启动按钮 SB2→接触器 KM1 通电→电动机 M1 启动→KM1 动合辅助触点闭合→按下启动按钮 SB4→接触器 KM2 通电→电动机 M2 启动。

按下停止按钮 SB1，两台电动机同时停止。如改用图 2-32（c）电路的接法，可以省去接触器 KM1 的辅助动合触点，使电路得到简化。

图 2-32（d）是采用时间继电器，按时间原则顺序启动的控制电路。该电路能实现电动机 M1 启动 t 秒后，电动机 M2 自行启动。

图 2-32（e）可实现电动机 M1 先启动，电动机 M2 再启动；停止时，电动机 M2 先停止，电动机 M1 再停止的控制。

电动机顺序控制的接线规律是：

（1）要求接触器 KM1 动作后接触器 KM2 才能动作，故将接触器 KM1 的动合触点串接于接触器 KM2 的线圈电路中。

（2）要求接触器 KM2 先断电释放后方能使接触器 KM1 断电释放，则需将接触器 KM2 的动合触点并在接触器 KM1 线圈电路中的停止按钮上。

三、自动循环控制

在机床电气设备中，有些是通过工作台自动往复工作的，如龙门刨床的工作台前进、后退。

电动机的正反转是实现工作台自动往复循环的基本环节。自动循环控制电路如图 2-33 所示。

控制电路按照行程控制原则，利用生产机械运动的行程位置实现控制，通常采用位置开关。

工作过程如下：

合上电源开关 QK→按下启动按钮 SB2→接触器 KM1 通电→电动机 M 正转，工作台向前→工作台前进到一定位置，撞块压动位置开关 SQ2→SQ2 动断触点断开→KM1 断电→电动机 M 改变电源相序而反转，工作台向后→工作台向后退到一定位置，撞块压动限位开关 SQ1→SQ1 动断触点断开→KM2 断电→M 停止后退；SQ1 动合触点闭合→KM1 通电→电动机 M 又正转，工作台又向前。如此往复循环工作，直至按下停止按钮 SB1→KM1（或 KM2）断电→电动机停转。

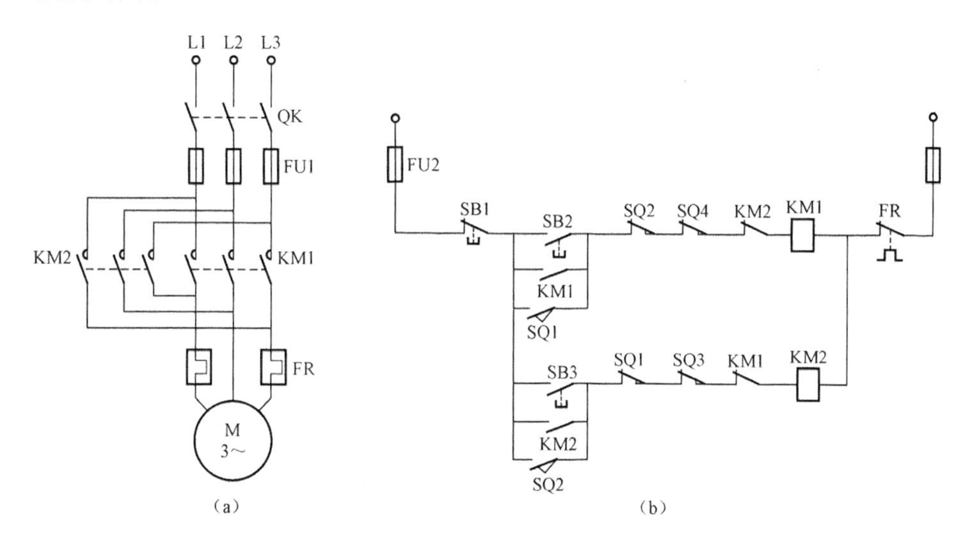

图 2-33　自动循环控制电路

（a）电路图；（b）控制电路图

另外，SQ3、SQ4 分别为反、正向终端保护位置开关，防止出现位置开关 SQ1 和 SQ2 失灵时造成工作台从床身上冲出的事故。

第七节　电气控制电路的设计方法

电气控制系统的设计，一般包括确定拖动方案，选择电动机容量和设计电气控制电路。电气控制电路的设计方法通常有两种：一般设计法和逻辑设计法。

一、一般设计法

一般设计法是根据生产工艺的控制要求，利用各种典型的控制环节，直接设计控制电路。这种设计方法要求设计人员必须掌握和熟悉大量的典型控制电路，以及各种典型电路的控制环节，同时具有丰富的设计经验，由于这种设计方法主要是靠经验进行设计，因此又称经验设计法。经验设计法的特点是没有固定的设计模式，灵活性很大，对于具有一定工作经验的设计人员来说，容易掌握，因此在电气设计中被普遍采用。但用经验设计方法初步设计出来的控制电路可能有多种，也可能有一些不完善的地方，需要多次反复的修改、试验，才能使电路符合设计要求。即使这样，设计出来的电路可能不是最简，所用的元件及触点不一定最少，所以得出的方案不一定是最佳的。采用一般法设计控制电路时，应注意以下几个问题。

1. 保证控制电路工作的安全和可靠性

电气元件要正确连接，电器的线圈和触点连接不正确，会使控制电路发生误动作，有时会造成严重的事故。

（1）线圈的连接。在交流控制电路中，不能串联接入两个电器的电压线圈，如图 2-34 所示。即使外加电压是两个线圈额定电压之和，也是不允许的。因为每个线圈上所分配到的电压与线圈阻抗成正比，两个元件动作总有先后，先吸合的元件，磁路先闭合，其阻抗比没有闭合的元件大，电感显著增加，线圈上的电压也相应增大，故没吸合元件的线圈电压达不到吸合值。同时电路电流将增加，有可能烧毁线圈。因此两个元件需要同时动作时，线圈应并联连接。

（2）元件触点的连接。同一元件的动合触点和动断触点位置靠得很近，不能分别接在电源的不同相上。不正确连接元件的触点如图 2-35（a）所示，位置开关 SQ 的动合触点和动断触点不是等电位，当触点断开产生电弧时，很可能在两触点之间形成飞弧而引起电源短路。正确连接元件的触点如图 2-35（b）所示，则两元件电位相等，不会造成飞弧而引起的电源短路。

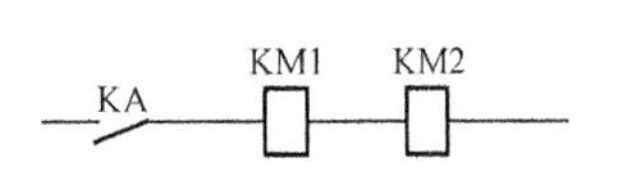

图 2-34 两个线圈的不正确连接

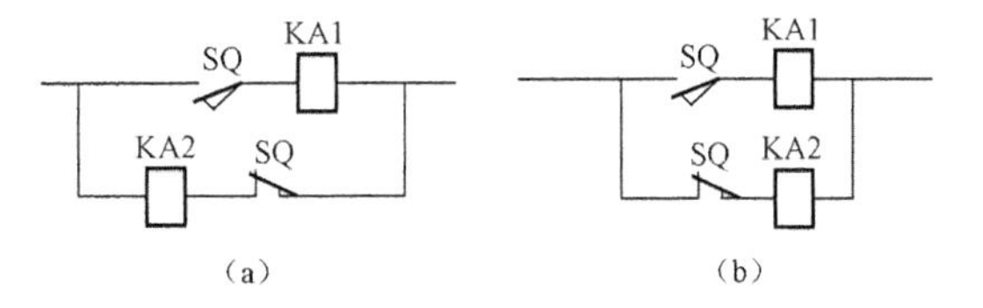

图 2-35 元件触点的连接

（a）不正确；（b）正确

（3）电路中应尽量减少多个电气元件依次动作后才能接通另一个电气元件。在图 2-36（a）中，线圈 KA3 的接通要经过 KA、KA1、KA2 三对动合触点。若改为图 2-36（b），则每一线圈的通电只需经过一对动合触点，工作较可靠。

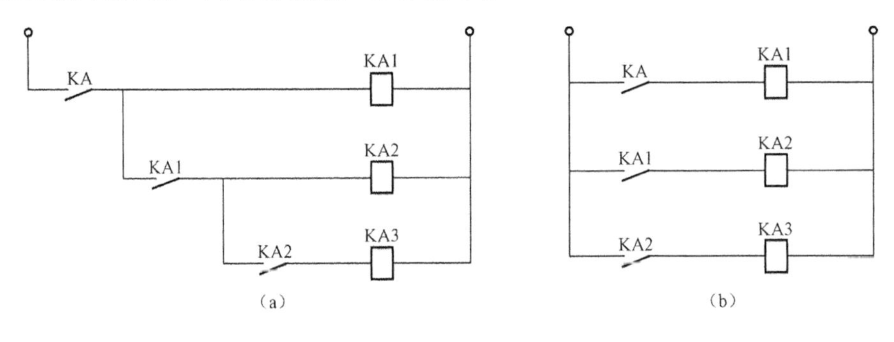

图 2-36 电气元件的连接

（a）不正确；（b）正确

（4）应考虑电气触点的接通和分断能力。若电气元件触点的容量不够，可在电路中增加中间继电器或增加线路中触点数目。增加接通能力用多触点并联连接，增加分断能力用多触点串联连接。

（5）应考虑电气元件触点"竞争"问题。同一继电器的动合触点和动断触点有"先断后合"型和"先合后断"型。通电时动断触点先断开，动合触点后闭合；断开时动合触点先断开，动断触点后闭合，属于“先断后合”型，而“先合后断”型则相反；通电时动合触点先闭合，动断触点后断开。断电时动断触点先闭合，动合触点后断开。如果触点先后发生“竞争”的话，电路工作则不可靠。触点竞争电路如图 2-37 所示。若继电器 KA 采用“先合后断”型，则自锁环节起作用，如果 KA 采用“先断后合”型，则自锁环节不起作用。

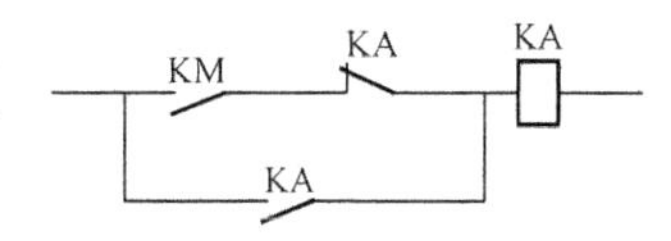

图 2-37　触点“竞争”电路

2. 控制电路力求简单、经济

（1）尽量减少触点的数目。将电气元件触点的位置合理安排，可减少导线的根数和缩短导线的长度，以简化接线，如图 2-38 所示，启动按钮和停止按钮同放置在操作台上，而接触器放置在电器柜内。从按钮到接触器要经过较远的距离，所以必须将启动按钮和停止按钮直接连接，这样可减少连接线。

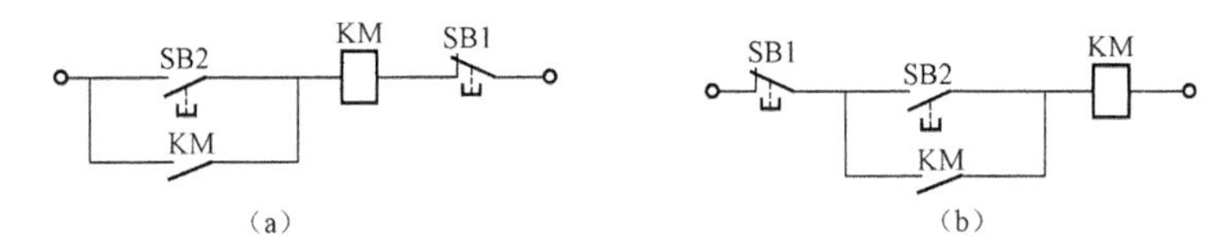

图 2-38　减少导线连接

（a）不正确；（b）正确

（2）控制电路在工作时，除必要的电气元件必须长期通电外，其余的应尽量不长期通电，以延长电气元件的使用寿命和节约电能。

3. 防止寄生电路

控制电路在工作中出现意外接通的电路称寄生电路。寄生电路会破坏电路的正常工作，造成误动作。图 2-39 所示是一个只具有过载保护和指示灯的可逆电动机的控制电路，电动机正转时过载，则热继电器动作时会出现寄生电路，如图 2-39（b）中虚线所示，使接触器 KM1 不能及时断电，延长了过载的时间，起不到应有的保护作用。

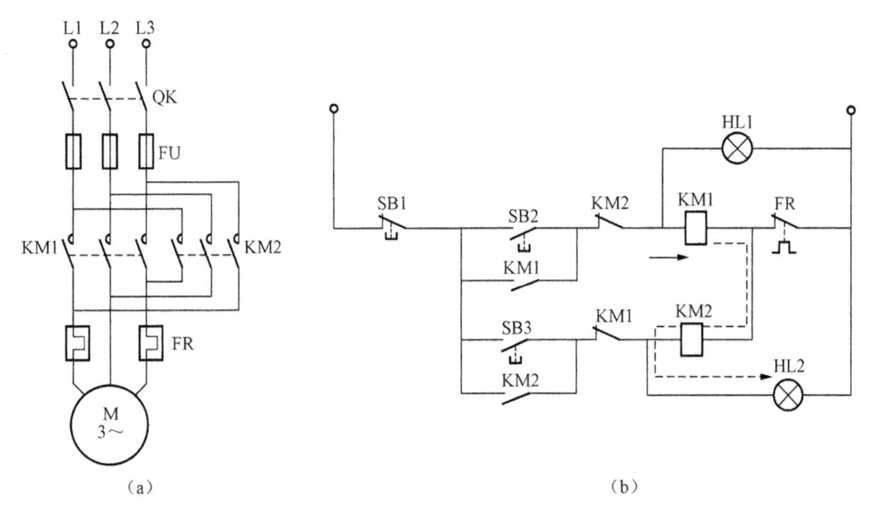

图 2-39　寄生电路

（a）电路图；（b）控制电路图

4. 设计举例

【例 2-1】 图 2-40 所示为切削加工时刀架的自动循环工作过程示意图。其控制要求如下：

（1）自动循环，即刀架带钻头由位置“1”移动到位置“2”进行钻削加工后自动退回位置“1”，实现自动循环。

（2）无进给切削，即钻头到达位置“2”时不再进给，但钻头继续旋转进行无进给切削以提高工件加工精度。

（3）快速停车。停车时，要求快速停车以减少辅助时间。

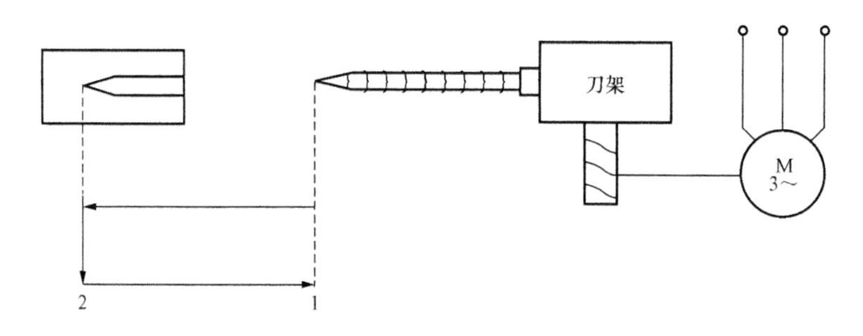

图 2-40 刀架的自动循环工作过程示意图

了解清楚生产工艺要求后则可进行电气控制电路的设计。

解 （1）设计主电路。因要求刀架自动循环，故电动机实现正、反向运转，故采用两个接触器以改变电源相序，主电路设计如图 2-41（a）所示。

（2）确定控制电路的基本部分。设置由启动、停止按钮，正反向接触器组成的控制电动机“正—停—反”的基本控制环节，如图 2-41（b）所示为刀架前进、后退的基本控制电路。

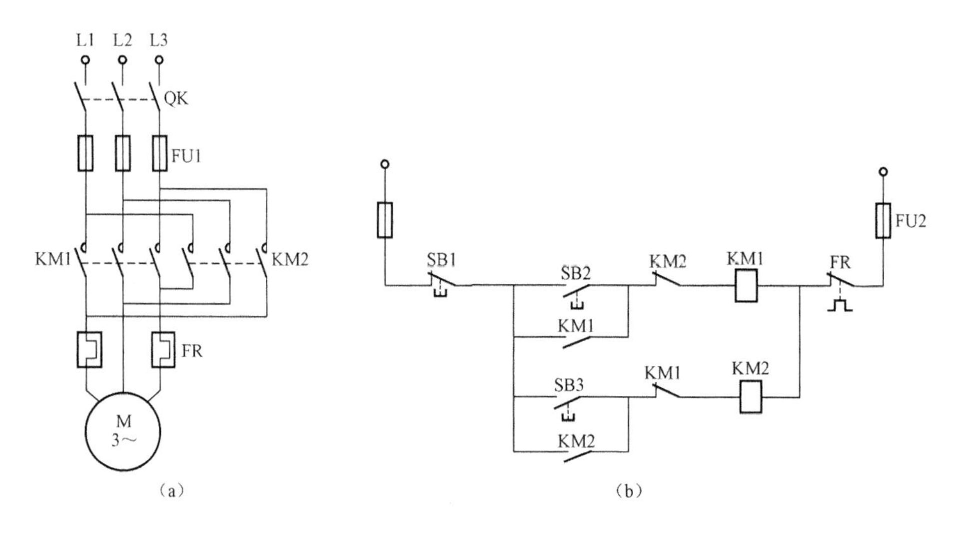

图 2-41 刀架前进、后退电路图

（a）主电路图；（b）控制电路

（3）设计控制电路的特殊部分，工艺要求：

1）工艺要求刀架能自动循环，应采用位置开关 SQ1 和 SQ2 分别作为测量刀架运动的行程位置的元件，其中 SQ1 放置在“1”的位置，SQ2 放置在“2”的位置。将 SQ2 的动断触点串接于正向接触器 KM1 线圈的电路中，SQ2 的动合触点与反向启动按钮 SB3 并联连接。这样，当刀架前进到位置“2”时，压动位置开关 SQ2，其动断触点断开，切断正向接触器线圈电路的电源，KM1 断电；SQ2 动合触点闭合，使反向接触器 KM2 通电，刀架后退，退回到位置“1”时，压动位置开关 SQ1，同样，把 SQ1 的动断触点串接于反向接触器 KM2 线圈电路中，SQ1 的动合触点与正向启动按钮 SB2 并联连接，则刀架又自动向前，实现刀架的自动循环工作。

2）实现无进给切削。为了提高加工精度，要求刀架前进到位置“2”时进行无进给切削，即刀架不再前进，但钻头继续转动切削（钻头转动由另一台电动机拖动），无进给切削一段时间后，刀架再后退。故电路根据时间原则设计，采用时间继电器来实现无进给切削控制，如图 2-42 所示。

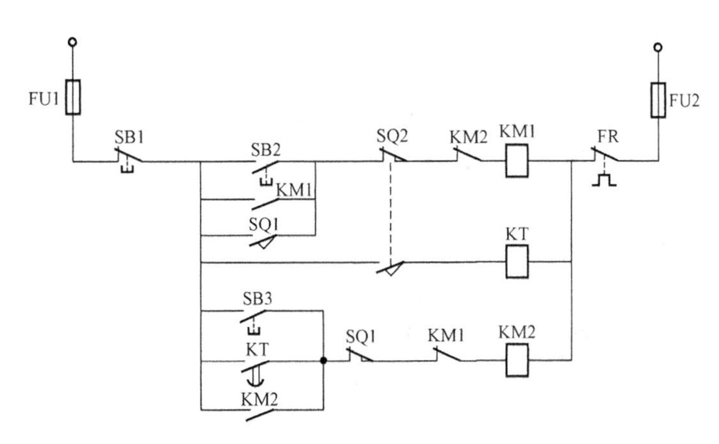

图 2-42　无进给切削控制电路

3）快速停车。对于笼型电动机，通常采用反接制动的方法。按速度原则采用速度继电器来实现，如图 2-43 所示。完整的钻削加工时刀架自动循环控制电路的工作过程如下：按下启动按钮 SB2→接触器 KM1 通电→电动机 M 正转→速度继电器正向动断触点 KSF 断开，正向动合触点闭合。制动时，按下停止按钮 SB1→接触器 KM1 断电→接触器 KM2 通电，进行反接制动，当转速接近零时，速度继电器正向动合触点 KSF 断开→接触器 KM2 断电，反接制动结束。

当电动机转速接近零时，速度继电器的动合触点 KSF 断开后，动断触点 KSF 不立即闭合，因而 KM2 有足够的断电时间使衔铁释放，自锁触点断开，不会造成电动机反向启动。

电动机反转时的反接制动过程与正向的反向制动过程一样，不同的是反接制动时，速度继电器反向触点 KSR 动作。

4）设置必要的保护环节。该线路采用熔断器 FU 作为短路保护，热继电器 FR 作为过载保护。

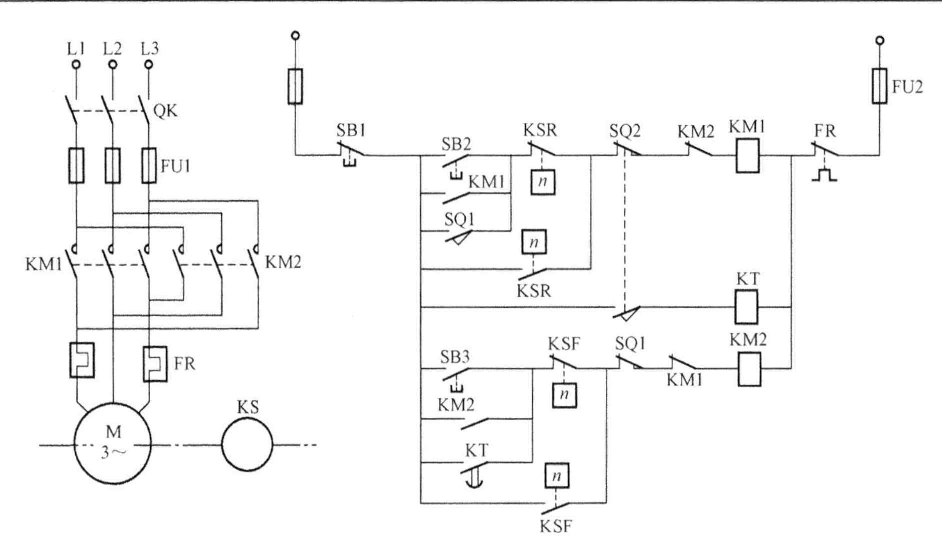

图2-43 完整的钻削加工时刀架自动循环控制电路

二、逻辑设计法

（一）电气控制电路逻辑设计中的有关规定

逻辑设计法是利用逻辑代数这一数学工具来设计电气控制电路，同时也可以用于电路的简化，将电气控制电路中的接触器、继电器等电气元件线圈的通电和断电，触点的闭合和断开看成是逻辑变量，规定线圈的通电状态为“1”态，线圈的断电状态为“0”态；触点的闭合状态为“1”态，触点的断开状态为“0”态。上述规定采用的是“正逻辑”，但也可采用“负逻辑”，通常在逻辑设计方法中采用“正逻辑”。根据工艺要求将这些逻辑变量关系表示为逻辑函数的关系式，并运用逻辑函数基本公式和运算规律，对逻辑函数式进行化简，再由化简的逻辑函数式画出相应的电气原理图，最后再进一步检查、完善，以期得到既满足工艺要求，又经济合理、安全可靠的设计电路。

（二）逻辑运算法则

用逻辑来表示控制元件的状态，实质上是以触点的状态作为逻辑变量，通过简单的“逻辑与”“逻辑或”“逻辑非”等基本运算，得出其运算结果，此结果表明电气控制电路的结构。

（1）逻辑与。如图2-44表示动合触点KA1、KA2串联的逻辑与电路，当动合触点KA1与KA2同时闭合时，即KA1＝1、KA2＝1，则接触器KM通电，即KM＝1；当动合触点KA1与KA2任一不闭合，即KA1＝0或KA2＝0，则KM断电，即KM＝0。图2-45可用逻辑“与”关系式表示为

$$KM = KA1 \cdot KA2 \tag{2-1}$$

逻辑与的真值表见表2-5。

表2-5 逻辑与的真值表

KA1	KA2	KM	KA1	KA2	KM
0	0	0	1	0	0
0	1	0	1	1	1

（2）逻辑或。图 2-45 表示动合触点 KA1 与 KA2 并联的逻辑或电路，当动合触点 KA1 与 KA2 任一闭合或都闭合（即 KA1=1、KA2=0，KA1=0、KA2=1，或 KA1=KA2=1）时，则 KM 通电，即 KM=1；当 KA1、KA2 均不闭合，则 KM=0。图 2-42 可用逻辑或关系式表示为

$$KM=KA1+KA2 \tag{2-2}$$

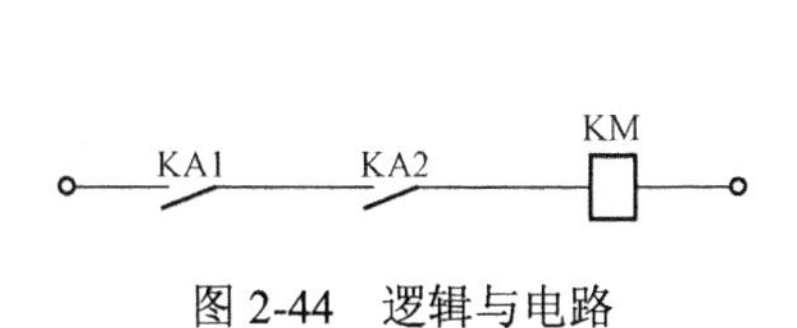

图 2-44　逻辑与电路

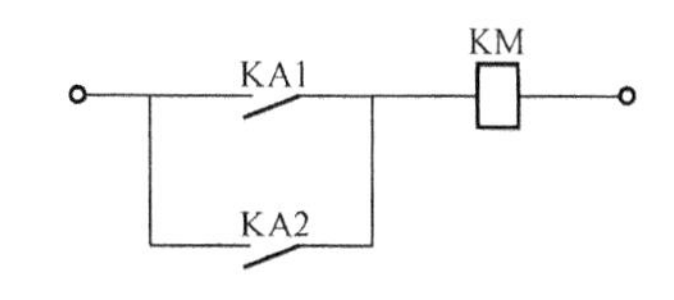

图 2-45　逻辑或电路

逻辑或的真值表见表 2-6。

表 2-6　逻辑或的真值表

KA1	KA2	KM	KA1	KA2	KM
0	0	0	1	0	1
0	1	1	1	1	1

（3）逻辑非。图 2-46 表示与继电器动合触点 KA 相对应的动断触点 $\overline{KA}$ 与接触器线圈 KM 串联的逻辑非电路。当继电器线圈通电（即 KA=1）时，动断触点 $\overline{KA}$ 断开（即 $\overline{KA}=0$），则 KM=0；当 KA 断电（即 KA=0）时，动断触点 $\overline{KA}$ 闭合（即 $\overline{KA}=1$），则 KM=1。

图 2-46 可用逻辑非关系式表示为

$$KM=\overline{KA} \tag{2-3}$$

逻辑非的真值表见表 2-7。

表 2-7　逻辑非的真值表

KA	KM
0	1
1	0

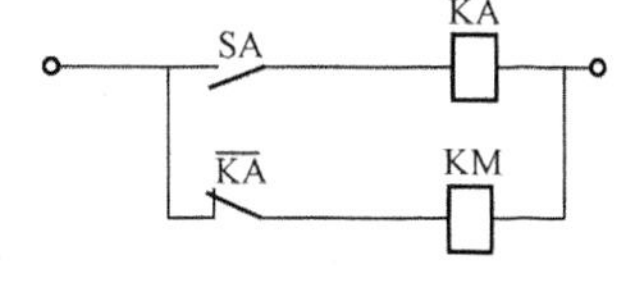

图 2-46　逻辑非电路

有时也称 KA 对 KM 是“非控制”。

以上与、或、非逻辑运算的逻辑变量不超过两个，但对多个逻辑变量也同样适用。

（4）逻辑代数定理。

1）交换律：其表示式为

$$AB=BA;\ A+B=B+A$$

2）结合律：其表示式为

$$A(BC)=(AB)C;\ A+(B+C)=(A+B)+C$$

3）分配率：其表示式为

$$A(B+C)=AB+AC;\quad A+BC=(A+B)(A+C)$$

4）吸收率：其表示式为

$$A+AB=A;\quad A(A+B)=A;\quad A+AB=A+B;\quad \overline{A}+AB=\overline{A}+B$$

5）重叠率：其表示式为

$$AA=A;\quad A+A=A$$

6）非非率：其表示式为

$$\overline{\overline{A}}=A$$

7）反演率（摩根定律）：其表示式为

$$\overline{A+B}=\overline{A}\cdot\overline{B};\quad \overline{A\cdot B}=\overline{A}+\overline{B}$$

以上基本定律都可用真值表或继电器电路证明，读者可自行证明。

（三）逻辑函数的化简

逻辑函数化简可以使继电—接触器电路简化，因此有重要的实际意义。化简方法有两种，一种是公式法，一种是卡诺图法。这里介绍公式法化简，关键在于熟练掌握基本定律，综合运用提出因子、并项、扩项、消去多余因子、多余项等方法，并进行化简。

化简时经常用到常量与变量关系为

$$A+0=A;\quad A\cdot 1=A;\quad A+1=1;\quad A\cdot 0=0;\quad A+\overline{A}=1;\quad A\cdot\overline{A}=0$$

下面举几个例子说明如何化简：

（1）$F=ABC+\overline{A}B+AB\overline{C}=AB(C+\overline{C})+\overline{A}B=AB+\overline{A}B=(A+\overline{A})B=B$

（2）$F=\overline{\overline{A}+B}+A\overline{B}C=A\overline{B}+A\overline{B}C=A\overline{B}(1+C)=A\overline{B}$

（3）$F=A\overline{B}+\overline{B}\,\overline{C}+AC=A\overline{B}(C+\overline{C})+\overline{B}\,\overline{C}+AC=A\overline{B}C+A\overline{B}\,\overline{C}+\overline{B}\,\overline{C}+AC$

$=(A+1)\overline{B}\,\overline{C}+(\overline{B}+1)AC=\overline{B}\,\overline{C}+AC$

对逻辑代数式的化简，就是对继电—接触器电路的化简，但是在实际组成电路时，有些具体因素必须考虑：

（1）触点容量的限制，特别是要检查担负关断任务的触点容量。触点的额定电流比触点电流分断能力约大 10 倍，所以在简化后要注意触点是否有此分断能力。

（2）在有多余触点，并且多用些触点能使电路的逻辑功能更加明确的情况下，不必强求用化简来节省触点。

（四）逻辑组合电路设计

逻辑电路有两种基本类型：一种为逻辑组合电路，另一种为逻辑时序电路。

逻辑组合电路没有反馈电路（如自锁电路），对于任何信号都没有记忆功能，控制电路的设计比较简单。

【例 2-2】　某电动机只有在继电器 KA1、KA2、KA3 中任何一个或两个继电器动作时才能运转，而在其他条件下都不运转，试设计其控制电路。

解　电动机的运转由接触器 KM 控制，根据题目的要求，列出接触器 KM 通电状态的真值表，见表 2-8。

表 2-8　　**接触器 KM 通电状态的真值表**

KA1	KA2	KA3	KM
0	0	0	0
0	0	1	1
0	1	0	1
0	1	1	1
1	0	0	1
1	0	1	1
1	1	0	1
1	1	1	0

根据真值表，写出接触器 KM 的逻辑函数表达式

$$f_{(KM)}=\overline{KA1}\cdot\overline{KA2}\cdot KA3+\overline{KA1}\cdot KA2\cdot\overline{KA3}+\overline{KA1}\cdot KA2\cdot KA3$$
$$+KA1\cdot\overline{KA2}\cdot\overline{KA3}+KA1\cdot\overline{KA2}\cdot KA3+KA1\cdot KA2\cdot\overline{KA3}$$

利用逻辑代数基本公式（或卡诺图）进行化简得

$$f_{(KM)}=\overline{KA1}\cdot(KA2+KA3)+KA1\cdot(\overline{KA2}+\overline{KA3})$$

根据简化的逻辑函数表达式，可绘制如图 2-47 所示的电气控制电路。

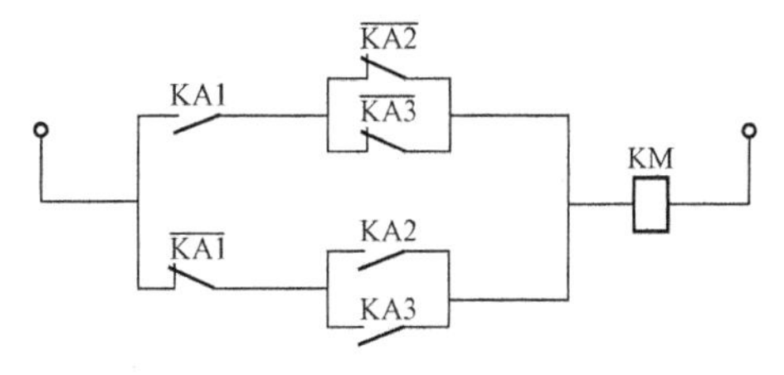

图 2-47　［例 2-1］电气控制电路

逻辑时序电路具有反馈电路，即具有记忆功能，设计过程较复杂，一般按照以下步骤进行：

（1）根据工艺要求，做出工作循环图。

（2）根据工作循环图做出执行元件和检测元件的状态表—转换表。

（3）根据转换表，确定中间记忆元件的开关边界线，设置中间记忆元件。

（4）列写中间记忆元件逻辑函数式及执行元件逻辑函数式。

（5）根据逻辑函数式绘出相应的电气控制电路。

（6）检查并完善所设计的控制电路。

第八节　电气控制电路中的保护措施

电气控制系统必须在安全可靠的条件下来满足生产工艺的要求，因此在电路中还必须设有各种保护装置，避免由于各种故障造成电气设备和机械设备的损坏，以及保证人身的安全。保护环节也是所有自动控制系统不可缺少的组成部分，保护的内容是十分广泛的，不同类型的电动机，其生产机械和控制电路有不同的要求。本节集中介绍低压电动机最常用的保护。电气控制电路中常用的保护环节有短路保护、过电流保护、过载保护、零电压和欠电压保护、弱磁保护以及超速保护等。

一、短路保护

电动机、电器的绝缘损坏或电路发生故障时，都可能造成短路事故。很大的短路电流和电动力可能使电气设备损坏或发生更严重的后果，因此要求一旦发生短路故障时，控制电路能迅

速地切除电源的保护称短路保护。而且，这种短路保护装置不应受启动电流的影响而动作。

1. 熔断器保护

由于熔断器的熔体受很多因素的影响，故其动作值不太稳定，因此通常熔断器比较适用于动作准确度要求不高和自动化程度较差的系统中，如小容量的笼型异步电动机及小容量直流电动机中就广泛使用熔断器。

对于直流电动机和绕线式异步电动机而言，熔断器熔体的额定电流应选 1～1.25 倍电动机额定电流。

对于笼型异步电动机（启动电流达 7 倍额定电流），熔体的额定电流可选 2～3.5 倍电动机额定电流。

对于笼型异步电动机的启动电流不等于 7 倍额定电流时，熔体额定电流可按 1/2.5～1/1.6 倍电动机启动电流来选择。

2. 过电流继电器保护或低压断路器保护

当用过电流继电器或低压断路器作电动机的短路保护时，其线圈的动作电流的计算为

$$I_{SK}=1.2I_{ST}$$

式中 I_{SK}——过电流继电器或低压断路器的动作电流；

I_{ST}——电动机启动电流。

应当指出，过电流继电器不同于熔断器和低压断路器，它是一个测量元件。过电流的保护要通过执行元件接触器来完成，因此为了能切断短路电流，接触器触点的容量不得不加大。低压断路器将测量元件和执行元件装在一起。熔断器的熔体本身就是测量和执行元件。

二、过电流保护

过电流保护广泛用于直流电动机或绕线转子异步电动机。对于三相笼型异步电动机，由于其短时过电流不会产生严重后果，故可不设置过电流保护。

过电流保护往往由于不正确的启动和过大的负载引起的，一般此短路电流小，在电动机运行中产生过电流比发生短路的可能性更大，尤其是在频繁正反转启动的重复短时工作制电动机中更是如此。直流电动机和绕线转子异步电动机控制电路中，过电流继电器也起着短路保护的作用，一般过电流的动作值为启动电流的 1.2 倍。

必须指出，短路、过载、过电流保护虽然都是电流型保护，但由于故障电流、动作值、保护特性、保护要求以及使用元件的不同，它们之间是不能取代的。

三、过载保护

电动机长期超载运行，绕组温升将超过其允许值，造成绝缘材料变脆，寿命缩短，严重时还会使电动机损坏。过载电流越大，达到允许温升的时间就越短，常用的过载保护元件是热继电器。

由于热惯性的原因，热继电器不会受电动机短时过载冲击电流或短路电流的影响而瞬时动作，所以在使用热继电器作过载保护的同时，还必须有短路保护。作短路保护的熔断器熔体的额定电流不能大于 4 倍热继电器发热元件的额定电流。

四、零电压和欠电压保护

在电动机正常工作时，如果因为电源电压的消失而使电动机停转，那么在电源电压恢复时电动机就可能自启动，电动机的自启动可能造成人身事故或设备事故。对于电网而言，许

多电动机自启动会引起不允许的过电流及电压降。防止电压恢复时的电动机自启动的保护称零电压保护。

在电动机运转时，电源电压过分的降低会引起电动机转速下降甚至停转。同时，在负载转矩一定时，电流就要增加。此外，由于电压的降低将引起一些电器的释放，造成电路不正常工作，可能产生事故。因此需要在电压下降达到最小允许电压值时将电动机电源切除，这称为欠电压保护。

一般采用电压继电器来进行零电压和欠电压保护。电压继电器的吸合电压通常整定为 $0.8\sim0.85U_N$，继电器的释放电压通常整定为 $0.5\sim0.7U_N$。

五、弱磁场保护

电动机磁通的过度减小会引起电动机的超速，因此需要保护，弱磁场保护采用的元件为电磁式电流继电器。

对于并励和复励直流电动机而言，弱磁场保护继电器吸合电流一般整定在 0.8 倍的额定励磁电流。这里已考虑电网电压可能发生的压降和继电器动作的不准确度。至于释放电流，对于调速的并励电动机而言，应该整定在 0.8 倍的最小励磁电流。

六、超速保护

有些控制系统为了防止生产机械运行超过预定允许的速度，如高炉卷扬机和矿井提升机，在电路中设置了超速保护。一般超速保护用离心开关或测速发电机来完成。

七、电动机常用的保护环节

图 2-48 所示是电动机常用保护环节接线图，图中熔断器 FU 作短路保护，过电流继电器 KI1、KI2 用作过电流保护，欠电压继电器 KV 用作主电路欠电压保护，热继电器 FR 用作过载保护，零电压继电器 KL 通过它的动合触点与主令开关触点 LK0 并联构成零位自锁环节，正反转接触器 KM1、KM2 的动断触点构成电气联锁。

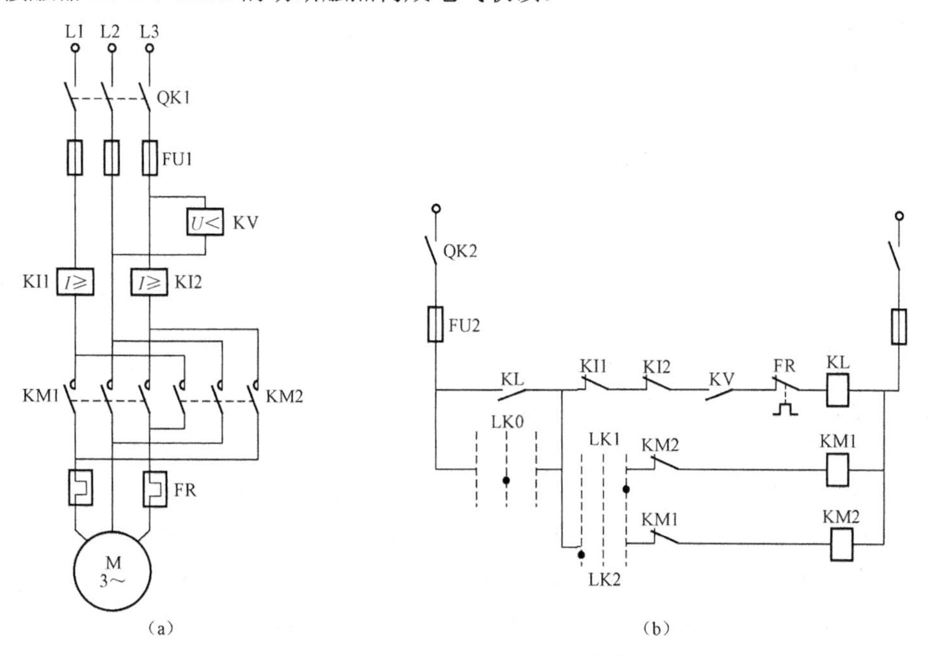

图 2-48　电动机常用保护环节接线图

（a）主电路图；（b）控制电路图

八、多功能一体化保护器

对电动机的基本保护，例如过载保护、断相保护、短路保护等，最好能在一个保护装置内同时实现，多功能一体化保护器就是这种装置。电动机多功能保护装置品种很多，性能各异，图 2-49 所示保护装置是其中一种。图中保护信号由电流互感器 TA1、TA2、TA3 串联后取得。这种互感器选用具有较低饱和磁密的磁环（例如用软磁铁氧体 MX0-2000 型锰锌磁环）组成。电动机运行时磁环处于饱和状态，因此互感器二次绕组中的感应电动势，除基波外还有三次谐波成分。

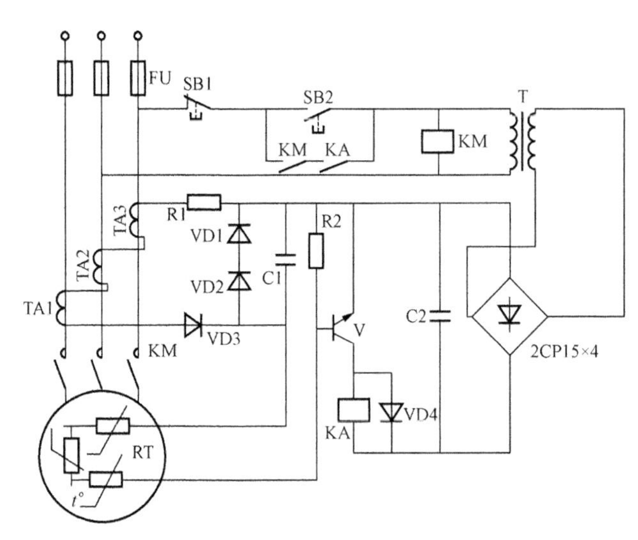

图 2-49 多功能一体化保护器原理图

电动机正常运行时，三相的线电流基本平衡（大小相等、相位互差 120°），因此在互感器二次绕组中的基波电动势合成为零，但三次谐波电动势合成后是每相电动势的 3 倍。取得三次谐波电动势经过二极管 VD3 整流，VD1、VD2 稳压，电容器 C1 滤波，再经过 R1 与 R2 分压后，供给晶体管 V 的基极，使 V 饱和导通。于是继电器 KA 吸合，KA 动合触点闭合。按下启动按钮 SB2 时，接触器 KM 通电。

当电动机电源断开一相时，互感器三个串联的二次绕组中只有两个绕组感应电动势，且大小相等、方向相反，结果互感器二次绕组总电动势为零，于是 V 的基极电流为零，V 截止，接在 V 集电极的继电器 KA 释放，接触器 KM 断电，KM 主触点断开，切断电动机电源。

当电动机由于过载或其他故障使其绕组温度过高时，热敏电阻 RT 的阻值急剧上升，改变了 R1 和 R2 的分压比，使晶体管 V 的基极电流下降到很低的数值，V 截止，继电器 KA 释放，同样能切断电动机电源。

为了更好地解决电动机的保护问题，现代技术正在提供更加广阔的途径。例如，研制发热时间常数小的新型 PTC 热敏电阻，增加电动机绕组对热敏电阻的热传导，发热时间常数小，使保护装置具有更高的灵敏度和精度。另外，发展高性能和多功能综合保护装置，其主要方向是采用固态集成电路和微处理器作为电流、电压、时间、频率、相位和功率等检测和逻辑单元。

对于频繁操作以及大容量的电动机，它们的转子温度比定子绕组温升高，较好的办法是检测转子的温度，用红外线温度计从外部检测转子温度并加以保护。国外已有用红外线保护装置的实际应用。

除上述主要保护外，控制系统中还有其他各种保护，如行程保护、油压保护和油温升保护等，这些一般都是在控制中串接一个受这些参数控制的动合触点或动断触点来实现对控制电路的电源控制。上述的互锁控制和联锁控制，在某种意义上也是一种保护作用。

本章小结

（1）电气控制系统图主要有电气原理图、电气元件布置图、安装接线图等，为了正确绘制和阅读分析这些图纸，必须掌握各类图纸的规定画法及国家标准。

（2）各类电动机在启动控制中，应注意避免过大的启动电流对电网及传动机械的冲击作用，小容量电动机（通常 10kW 以内）允许直接启动控制方式，大容量或启动负载大的场合应采用降压启动（串电阻、串电抗、Y—△、自耦变压器、延边三角形）的控制方式，绕线转子异步电动机则采用转子回路串电阻或频敏变阻器等方法限制启动电流。启动、制动、正反向转换和调速过程中的状态转换通常有时间原则、电流原则、行程原则、速度原则等控制方式。

（3）电动机运行中的点动、连续运转、正反转、自动循环即调速控制等基本电路通常采用各种主令电器、控制电器及控制触点按一定逻辑关系的不同组合来实现，其共同规律是：

1）当几个条件中只要有一个条件满足接触器就通电，可以采用并联接法（或逻辑）。

2）只有所有条件都具备，接触器才能得电，可采用串联接法（与逻辑）。

3）要求第一个接触器得电后，第二个接触器才能得电（或不允许得电），可将前者动合（或动断）触点串接在第二个接触器线圈的控制电路中，或者第二个接触器控制线圈的电源从前者的自锁触点后引入。

4）长动与点动控制的区别仅在于自锁触点是否起作用。

（4）常用的制动方式有反接制动和能耗制动，制动控制电路设计应考虑限制制动电流和避免反向再启动。前者是在主电路中串限流电阻实现，采用速度继电器进行控制，后者是通入直流电流产生制动转矩，采用时间继电器进行控制。

（5）电气控制电路常用的保护方式及其实现方式见表 2-9。

表 2-9　　电气控制电路常用保护方式及其实现方式

保护方式	采用电器	保护方式	采用电器
短路保护	熔断器、断路器等	过载保护	热继电器、断路器等
过电流保护	过电流继电器	欠电流保护	欠电流继电器
零电压保护	按钮控制的接触器、继电器等	欠电压保护	电压继电器

习题与思考题

2-1　自锁环节是怎样组成的？它起什么作用？

2-2 笼型异步电动机在什么条件下可直接启动？试设计带有短路、过载、失电压保护的笼型电动机直接启动的控制电路。

2-3 分析图 2-50 所示电路中，哪种电路能实现电动机正常连续运行和停止，哪种不能？为什么？

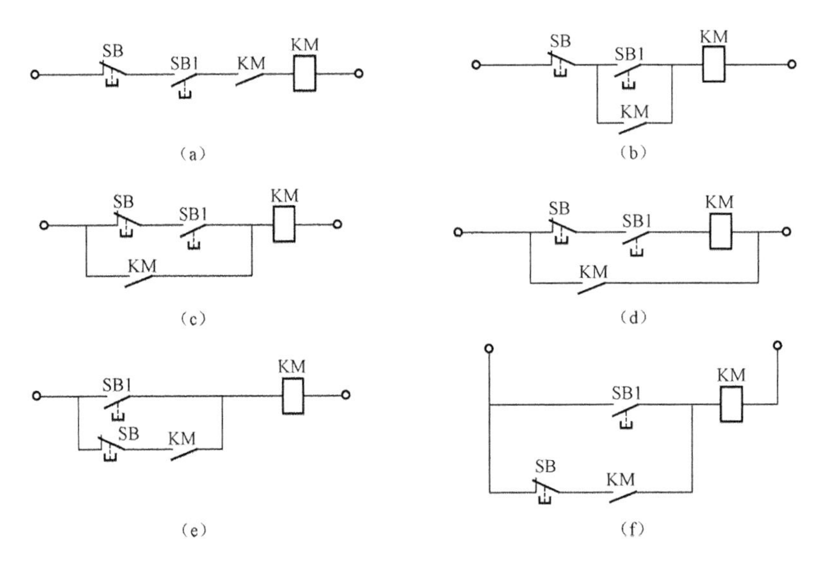

图 2-50 题 2-3 图

2-4 电气控制电路常用的保护方式有哪些？各采用什么电器元件？

2-5 为什么电动机需设置零电压和欠电压保护？

2-6 某笼型电动机正反向运转，要求降压启动，快速停车，试设计控制电路。

2-7 试设计电气控制电路。其要求是：第一台电动机启动 10s 后，第二台电动机自行启动，运行 5s 后，第一台电动机停止，同时第三台电动机自行启动，运行 15s 后，全部电动机停止。

2-8 有一台四级皮带运输机，分别由 M1、M2、M3、M4 四台电动机拖动，其动作顺序如下：

（1）启动时要求按 M1→M2→M3→M4 顺序启动；

（2）停车时要求按 M4→M3→M2→M1 顺序停车；

（3）上述动作要求有一定时间间隔。

试设计该皮带运输机的控制电路。

2-9 为两台异步电动机设计一个控制电路，其要求如下：

（1）两台电动机可以互不影响的独立操作；

（2）同时控制两台电动机的启动和停止；

（3）当一台电动机发生过载时，两台电动机均停止。

2-10 现有一双速电动机，试按下述要求设计控制电路：

（1）分别用两个按钮操作电动机的高速启动和低速启动，用一个总停按钮操作电动机的停止；

（2）启动高速时，应先低速启动，然后经延时后再换接到高速；

（3）应有短路和过载保护。

2-11　什么叫“自锁”互锁”？试举例说明各自的作用。

2-12　设计一小车运行的控制电路，小车由异步电动机拖动，其动作程序如下：

（1）小车由原位开始前进，到终端后自动停止；

（2）在终端停留 2min 后自动返回原位停止；

（3）要求能在前进或后退途中任意位置都能停止或启动。

2-13　化简图 2-51 所示控制电路。

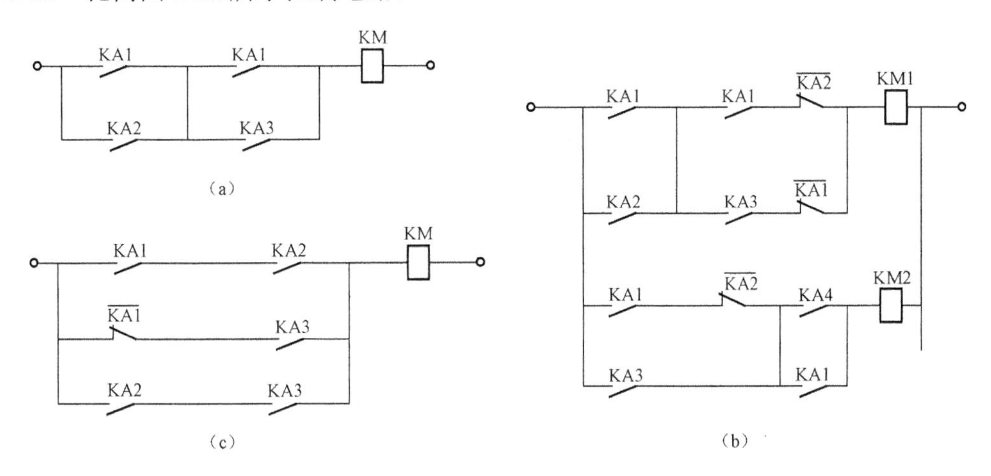

图 2-51　题 2-13 图

2-14　某电动机只有在继电器 KA1、KA2、KA3 中任何两个动作时才能运转，而在其他两个条件下都不运转，试用逻辑设计法设计控制电路。

2-15　M1、M2 均为笼型异步电动机，可直接启动，按下列要求设计控制电路：

（1）M1 先启动，经一定时间后 M2 自行启动；

（2）M2 启动后，M1 立即停止；

（3）M2 能单独停止；

（4）M1、M2 均能点动。

2-16　现有三台电动机 M1、M2、M3，要求启动顺序为：先启动 M3，经 10s 后启动 M2，再经 20s 后启动 M1；而停止时要求：首先停 M1，经 20s 后停 M2，再经 10s 后停 M3。试设计这三台电动机的启动、停止控制电路。

第三章　电气控制电路的应用

本章主要通过分析典型机械设备的电气控制系统，一方面学习电气控制电路的组成及其在具体的电气控制系统中的应用，同时学习分析电气控制电路的方法，提高阅读电路图的能力，为进行电气控制系统的设计打下良好的基础；另一方面通过了解一些具有代表性的典型机械设备的电气控制系统及其工作原理，为以后实际工作中对机械设备控制电路的分析、调试及维修奠定基础。

分析电气设备控制系统时，应注意以下几方面的内容：

（1）机械设备概况。应了解被控设备的结构组成及工作原理、设备的传动系统的类型及驱动方式、主要技术性能及规格、运动要求。

（2）电气设备及其电气元件的选用。明确电动机的作用、规格和型号以及工作控制要求，了解所用各种电器的工作原理、控制作用及功能。

（3）机械设备与电气设备和电气元件的连接关系。在了解被控设备和采用的电气设备、电气元件的基本状况的基础上，还应明确两者之间的连接关系，即信息采集传递和运动输出的形式和方法。

掌握了电气设备及控制系统的基本条件之后，即对设备控制电路进行分析。分析电气控制系统时，通常要结合有关的技术资料将控制电路“化整为零”，划分成若干个电路部分，逐一进行分析。进行电路划分要使局部电路简单明了，控制功能单一或由少数简单控制功能组合，可依据驱动部分，将电路初步划分为电动机控制电路和气动、液压驱动控制电路以及根据被控电动机的台数，将电动机控制电路部分加以划分，使每台电动机的控制电路成为一个局部电路。具体步骤大致分为三步：

（1）设备运动分析。对由液压系统驱动的设备还需要进行系统工作状态分析。

（2）主电路分析。确定动力电路中用电设备的数目、接线状况及控制要求、控制执行器件的设置及动作要求，如交流接触器主触点的位置、各组主触点的分合的动作要求、限流电阻的接入和短接等。

（3）控制电路分析。分析各种控制功能的实现，总结此控制的具体功能和作用。

第一节　车床电气控制电路

车床是一种极为广泛的金属切削机床，主要用以车削外圆、端面、内圆、螺纹和定型面，也可用于钻头、绞刀、镗刀等加工。现以C650型卧式车床为例对其电气控制进行分析。

一、车床的主要工作情况

1. 车床的结构

普通车床主要由床身、主轴变速箱、挂轮箱、进给箱、溜板与刀架、尾架、光杆和丝杆等部件组成。

为了加工各种旋转表面，车床必须具有切削运动和辅助运动。切削运动包括主运动和进给运动，除了上述两种运动之外的运动统称为辅助运动。

车床的主运动为工件的旋转运动。它由主轴通过卡盘或顶针带动工件旋转，承受车削加工的主要切削功率。切削时，应根据被加工的零件的材料性质、工件尺寸、刀具的几何参数、加工方式以及冷却条件来选择切削速度，这就要求主轴能在一个较大的范围内实现调速功能，普通车床的调速一般采用机械调速，而不采用电气调速的方法。

车床的进给运动是指刀架的横向和纵向直线运动。其运动方式有手动和机动两种。

2. 电气控制特点及控制要求

（1）主电动机 M1 完成主轴主运动和刀具进给运动的驱动，电动机采用定子回路串电阻启动，电动机需要正反转，制动采用反接制动，同时加上速度继电器作为车床的准确停车，还应具有点动的功能，为调整加工方便。

（2）电动机 M2 拖动冷却泵，在加工时提供切削液，采用直接启动方式。

（3）快速移动电动机 M3 可根据加工需要，随时调整，手动控制启停。

二、车床电气控制电路分析

1. 主电路分析

图 3-1 中 QK 为电源开关。FU1 为主电动机 M1 的短路保护用熔断器，FR1 为主电动机 M1 的过载保护用热继电器。R 为限流电阻，在主轴点动时，限制启动电流，在停车反接制动时，又起限制过大的反向制动电流的作用。电流表 PA 通过电流互感器 TA 接入电路中，用来监视电动机 M1 的绕组中电流大小，由于 M1 电动机功率较大，启动电流也较大，因此利用时间继电器的动断触点来短接，躲过启动电流，充分发挥电流表的量程。

KM1、KM2 为主轴电动机 M1 的正反转控制接触器，KM3 为电阻短接用接触器，KM4 为冷却泵电动机 M2 控制接触器，FR2 为其过载保护用热继电器，KM5 为快速移动电动机 M3 控制用接触器。由于点动不需要热继电器作过载保护。

2. 控制电路分析

（1）主电动机的点动调整控制。当按下点动按钮 SB2 不松手时，接触器 KM1 线圈通电，KM1 主触点闭合，电网电压必须经限流电阻 R 通入主电动机 M1，从而减少了启动电流。由于中间继电器 KA 未通电，故不能自锁。因而松开按钮 SB2 后，接触器 KM1 线圈失电，电动机 M1 停止运行。

（2）主电动机的正反转控制。当按下按钮 SB3，接触器 KM3 线圈和时间继电器 KT 线圈通电，接触器 KM3 的主触点闭合，短接限流电阻，电动机采用直接启动方式。接触器 KM3 辅助动合触点闭合，使中间继电器 KA 线圈通电，其一对动合触点闭合，保证自锁。中间继电器 KA 另一对动合触点闭合，接通接触器 KM1 线圈，同时接触器 KM1 和中间继电器 KA 为接触器 KM1 自锁， 接触器 KM1 主触点接通，使电动机 M1 全压启动，时间继电器 KT 的延时动断触点经一段时间后将电流表接入电路中，启动监视电动机 M1 的运行情况。

反转按下按钮 SB4，工作过程和正转一样。

（3）主电动机的反接制动控制。C650 车床采用反接制动的方式，控制原则为速度原则，通过检测电动机的转速来控制制动过程。

若电动机 M1 处于正转运行状态，则速度继电器正转动合触点 KSF 闭合，而反转动合触点 KSR 断开。当按下反向总停止按钮 SB1 后，所有的电器全部断电，所有触点都恢复到原始状态，当松开按钮 SB1 时，电流经电源→SB1→FR1 动断触点→KA 动断触点→速度继电器

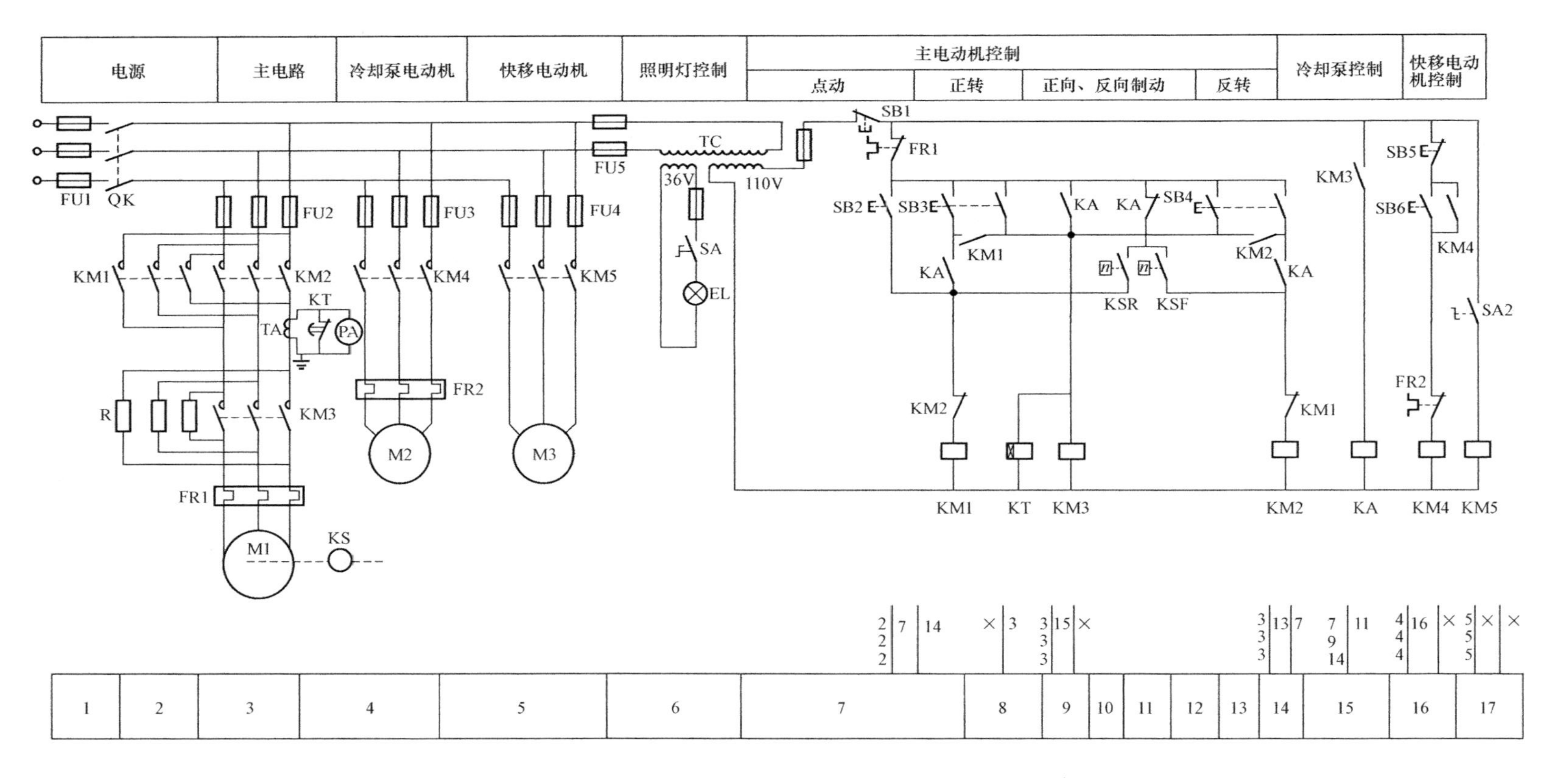

图 3-1 C650 卧式车床电气原理图

KSF→KM1 动断触点→KM2 线圈→回到电源，其他都不通电，电动机 M1 定子回路串电阻反接制动。当随着电动机电流的降低，降低某数值时，速度继电器动合触点 KSF 断开，接触器 KM 线圈失电，其主触点断开，电动机绕组电源切断，制动到此结束，剩下一小段时间为自由停车，至电动机停止运转。

若电动机处于反转状态，分析方法和正转相同。

（4）刀架的快速移动和冷却泵控制。转动刀架手柄，限位开关 SQ 被压动闭合，使得快速移动电动机接触器 KM5 通电，M3 电动机启动运转，当刀架手柄复位时，M3 随之停转。

冷却泵电动机 M2 的启停通过按钮 SB5 和 SB6 来控制。

（5）辅助电路分析。照明电路为变压器二次侧电压，为 36V（安全电压），提供给照明灯 EL，开关采用手动方式，由 SA 来控制。另外变压器还提供一路电压为 110V，为控制电路提供电源。

第二节　摇臂钻床的电气控制电路

Z3040 钻床的主要工作情况如下。

1. 钻床电气控制电路分析

摇臂钻床是一种孔加工机床，可进行钻孔、扩孔、铰孔、镗孔和攻螺纹等加工。

摇臂钻床主要由底座、内外立柱、摇臂、主轴箱和工作台等组成。内立柱固定在底座的一端，在它的外面套外立柱，摇臂可连同外立柱绕内立柱回转。摇臂的一端为套筒，套装在外立柱上，并借助丝杠的正反转可沿外立柱做上下移动。

主轴箱安装在摇臂的水平导轨上可通过手轮操作使其在水平导轨上沿摇臂移动。加工时，根据工件的高度的不同，摇臂借助丝杠可带着主轴箱沿外立柱上下移动。在升降之前，应自动将摇臂松开，再进行升降，当达到所需的位置时，摇臂自动夹紧在立柱上。

钻削加工时，钻头一面旋转一面做纵向进给。钻床的主运动是主轴带着钻头做旋转运动。进给运动是钻头的上下移动。辅助运动是主轴箱沿摇臂水平移动，摇臂沿外立柱上下移动和摇臂与外立柱一起绕内立柱的回转运动。

图 3-2 为 Z3040 摇臂钻床电气控制原理图。

2. Z3040 摇臂钻床电气控制电路分析

摇臂钻床共有 4 台电动机拖动，M1 为主轴电动机，钻床的主运动与和进给运动皆由主轴的运动，分别经主轴与进给传动机构实现主轴旋转和进给。主轴变速机构和进给变速机构均装在主轴箱内。M2 为摇臂升降电动机，M3 为立柱松紧电动机，M4 为冷却泵电动机。

（1）主电路。电源由总开关 QK 控制，主轴电动机 M1 单向旋转，由接触器 KM1 控制。主轴的正反转由机床液压系统操动机构配合摩擦离合器实现。摇臂升降电动机 M2 由正反接触器 KM2 和 KM3 控制。液压泵电动机 M3 拖动液压泵送出压力液以实现摇臂的松开、夹紧和主轴箱的松开、夹紧，并由接触器 KM4、KM5 控制其正反转。冷却泵电动机 M4 用开关 SA2 控制。

（2）控制电路。

1）主轴的控制。按下启动按钮 SB2，接触器 KM1 通电，M1 电动机旋转。按下停止按钮 SB1，接触器 KM1 断电，M1 电动机停止旋转。

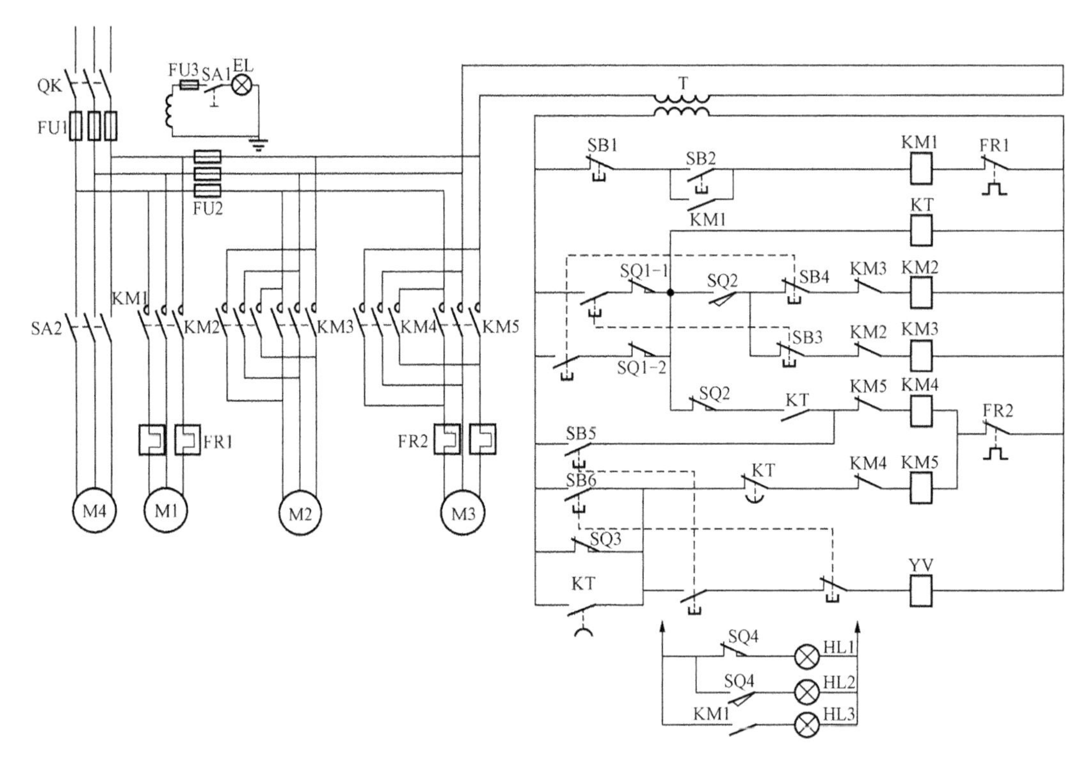

图 3-2　Z3040 摇臂钻床电气控制原理图

2）摇臂升降电动机控制。

a）摇臂上升：按上升启动按钮 SB3，时间继电器 KT 通电，电磁阀 YV 通电，推动松开机构使摇臂松开。同时接触器 KM4 通电，液压泵电动机 M3 正转，松开机构压下限位开关 SQ2，接触器 KM4 断电，M3 停转，停止松开。同时上升接触器 KM2 通电，升降电动机 M2 正转，摇臂上升，到预定位置，松开 SB3，上升接触器 KM2 断电，M2 停转，摇臂停止上升。同时时间继电器 KT 断电，延时一定时间后，KT 延时动合触点闭合，接触器 KM5 通电，M3 电动机反转，电磁阀推动夹紧机构使摇臂夹紧，夹紧机构压下限位开关 SQ3，电磁阀 YV 断电。同时接触器 KM5 断电，液压泵电动机 M3 停转，夹紧停止。摇臂上升过程结束。

b）摇臂下降：与上升过程相同，不同的是按钮的不同，下降为 SB4 和接触器 KM3 实现的。

3）主轴箱与立柱的夹紧与放松控制。主轴箱和立柱的夹紧和放松是同时进行的，均采用液压机构控制，工作过程如下：

a）松开。按下松开按 SB5，接触器 KM4 通电，液压泵电动机 M3 正转，推动松紧机构使主轴箱和立柱分别松开，限位开关 SQ4 复位，松开指示灯 HL1 亮。

b）夹紧。按下夹紧按钮 SB6，接触器 KM5 通电，液压泵电动机 M3 反转，推动松紧机构使主轴箱和立柱分别夹紧，压下限位开关 SQ4，夹紧指示灯 HL2 亮。

4）照明电路：变压器 T 提供 36V 交流安全电压，供照明电路使用。

5）摇臂升降的限位保护：摇臂上升到极限位置压动限位开关 SQ1-1，或下降到极限位置压动限位开关 SQ1-2，使摇臂停止上升和下降。

第三节 磨床电气控制电路

一、M7130 磨床的主要工作情况

磨床是以砂轮周边或端面对工件进行磨削加工的精密机床，它不但能加工一般金属材料，而且能加工一般金属刀具难以加工的硬材料（如淬火钢、硬质合金等），利用磨削加工可以获得较高精度和光洁度，而且其加工裕量较其他方法小得多，所以磨床广泛地应用于零件的精加工。M7130 磨床主要由工作台、电磁吸盘、立柱、砂轮箱和滑座等组成。

M7130 平面磨床的主要运动有三种：一是砂轮的旋转运动为主运动，二是进给运动为工作台和砂轮的往复运动，三是辅助运动为砂轮架的快速移动和工作台的移动。

二、磨床电气控制电路分析

平面磨床共有 3 台电动机拖动，即砂轮电动机 M1，冷却泵电动机 M2 和液压泵电动机 M3。

加工工艺要求砂轮电动机 M1 和冷却泵电动机 M2 同时启动和停止；为了使工作台运动时换向平稳且容易调整运动速度，保证加工精度采用了液压传动；液压泵电动机 M3 拖动液压泵，工作台在液压作用下作进给运动。该电路具有必要的保护措施和局部照明装置。

图 3-3 所示为 M7130 平面磨床的电气原理图。

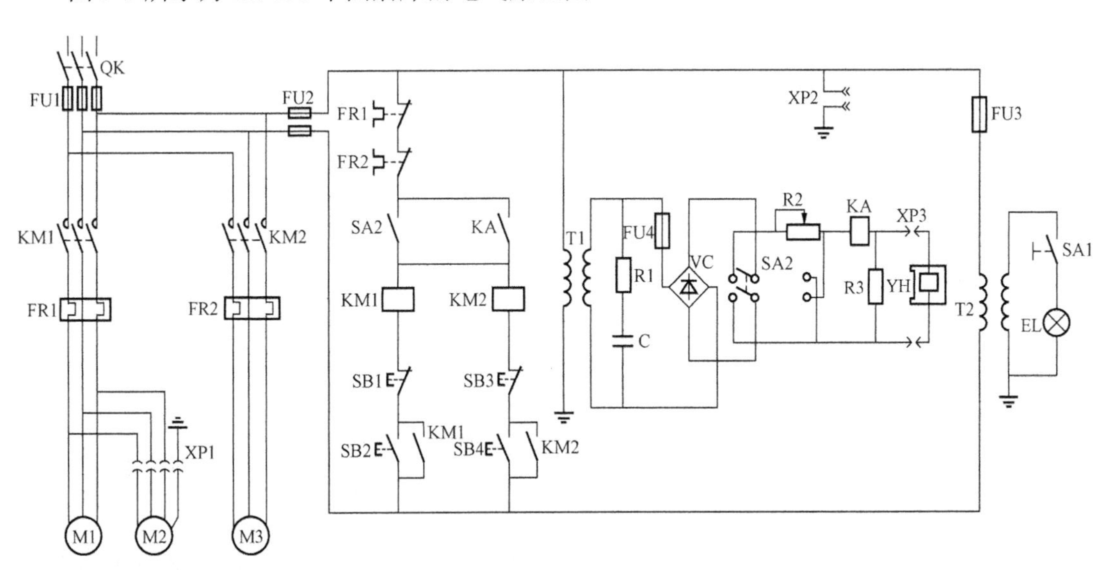

图 3-3 M7130 平面磨床的电气原理图

1. 主电路

砂轮电动机 M1 由接触器 KM1 控制，冷却泵电动机 M2 由接触器 KM1 和插头 XP1 控制，液压泵电动机 M3 由接触器 KM3 控制。

3 台电动机均采用直接启动，单方向旋转，由熔断器 FU1 作主电路的短路保护，FR1 对电动机 M1、M2 实现过载保护，FR2 对电动机 M3 实现过载保护。

2. 控制电路分析

（1）砂轮电动机 M1 和冷却泵电动机 M2 的控制过程：

合上刀开关 QK，插上插头 XP1，按下启动按钮 SB2，接触器 KM1 通电，电动机 M1、M2 同时启动运行。

按下停止按钮 SB1，接触器 KM1 断电，电动机 M1、M2 同时停止运行。

（2）液压泵电动机 M3 的工作过程：

按下启动按钮 SB4，接触器 KM2 通电，电动机 M3 启动运行。

按下停止按钮 SB3，接触器 KM1 断电，电动机 M3 停止运行。

电动机的启动运行必须是在电磁吸盘 YH 工作，且欠电流继电器 KA 通电吸合（保证电磁吸盘可靠吸合），其动合触点 KA 闭合，为接通 KM1、KM2 控制电路做好准备；当电磁吸盘 YH 不工作，且转换开关置于去磁位置时，其触点 SA2 闭合的情况下才可以启动电动机 M1、M2。

3. 电磁吸盘的构成工作原理及过程

（1）电磁吸盘控制电路由整流电路、控制电路和保护装置组成。电磁吸盘整流装置由变压器和桥式全波整流器组成，输出 110V 直流电压对电磁吸盘供电，各台电动机的启动必须在电磁吸盘可靠工作且欠电流继电器完全吸合的情况下方可进行。

电磁吸盘由转换开关 SA2 控制，SA2 操作手柄有三个位置，即充磁、断电和去磁。

（2）电磁吸盘是用来吸住工件以便进行磨削结构，其线圈通以直流电，使芯体被磁化，将工件牢牢吸住。

（3）电磁吸盘的工作过程如下：

充磁工作：SA2 操作手柄扳到充磁位置，转换开关 SA2 的触点闭合接通欠电流继电器 KA，其触点闭合为接通 KM1、KM2 做好准备，按下启动按钮 SB2，接触器 KM1 通电，电动机 M1 启动，进行磨削加工，同时按下启动按钮 SB4，接触器 KM2 通电，电动机 M3 启动运行，冷却泵提供冷却液进行冷却。

加工完毕，SA2 操作手柄扳到断电位置，电磁吸盘线圈断电，方可取下工件。

为了方便从电磁吸盘取下工件，并去掉工件上的剩磁，需要进行去磁工作。

SA2 操作手柄扳到去磁位置，SA2 的触点闭合接通电磁吸盘线圈的反方向的电流，实现去磁作用，当去磁结束，SA2 操作手柄扳到断电位置，电磁吸盘断电，取下工件。

若对工件去磁要求较高，应取下工件后，再在附加的退磁机上专门进行退磁工作，将退磁机的插头 XP2 插到床身的插座上，进行退磁工作，直至工件的剩磁满足要求为止。

4. 必要的保护环节和照明装置

（1）电磁吸盘的欠电流保护：为了防止在磨削加工的过程中，电磁吸盘的吸力减小和消失，造成工件飞出，引起工件损坏或人身事故，采用欠电流继电器 KA 作欠电流保护，保证电磁吸盘有足够大的吸力，只有欠电流继电器吸合，砂轮和液压泵电动机才可以启动运行。

（2）电磁吸盘的过电压保护：电磁吸盘的电磁吸力大，要求其线圈的匝数多、电感大。当线圈断电时，将在线圈的两端产生很高的电压，使线圈损坏，所以在线圈的两端并联电阻 R3，提供放电回路，保护电磁吸盘线圈。

（3）整流装置的过电压保护：在整流装置中设有 RC 电路（又称阻容吸收电路），并联在变压器的二次侧，用以吸收交流电电路产生的过电压和直流侧电路在接通和断开时在变压器二次侧产生的浪涌电压，实现过电压保护。

（4）用熔断器 FU1、FU2、FU3、FU4 分别作电动机主电路、控制电路、照明电路和电磁吸盘的短路保护。

（5）用热继电器 FR1、FR2 分别作电动机 M1 和 M2 的过载保护。

（6）由照明变压器 T2 将 380V 交流电压降为 36V 的安全电压供照明电路使用，照明灯 EL 一端接地，由开关 SA1 控制。

第四节　30/5t 桥式起重机电气控制电路

一、桥式起重机的主要工作情况

桥式起重机广泛应用于工矿企业、车站、港口、仓库、建筑工地等部门，一般具有提升重物的起升机构和平移机构。

桥式起重机由桥架（大车）、小车和提升机构组成。桥架沿轨道做纵向移动，小车沿轨道做横向移动，提升机构安装在小车上，分为主起升机构和副起升机构。其运动情况如图 3-4 所示。

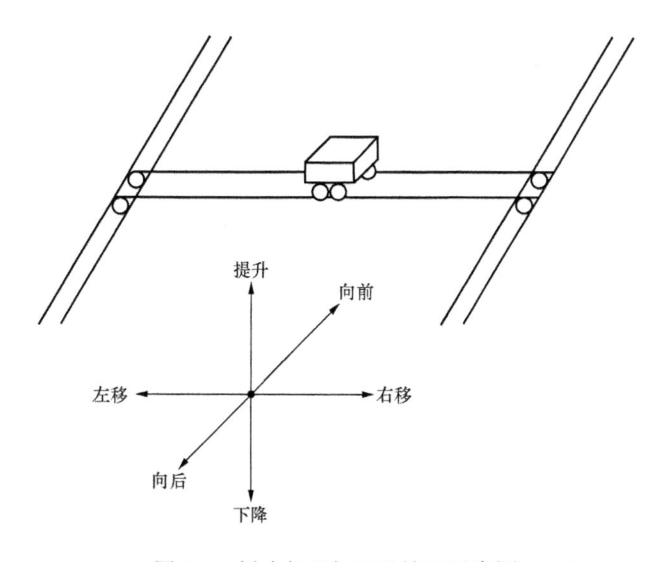

图 3-4　桥式起重机运动情况示意图

桥式起重机的拖动电动机是专门为起重机设计的交、直流电动机，具有较高的机械强度和较大的过载能力。为了减小电动机的启动和制动时的能量损失，电枢做成细长状，以减小转动惯量，降低能量损失，同时也加快过渡过程。电枢温升高于励磁绕组，因此提高了电枢绕组的热能品质指标。

中小型起重机主要使用交流电动机，我国生产的交流起重专用机有 JZR（绕线转子异步电动机）和 JZ（笼式异步电动机）两种型号。大型起重机则主要使用直流电动机，直流起重专用机有 ZZK 和 ZZ 两种型号，励磁方式有并励、串励和复励三种。

为了提高起重机的生产效率及可靠性，对起重机的电力拖动及其自动控制提出下列要求：

（1）空钩能快速升降，以提高生产效率，轻载的起升速度大于额定负载时的起升速度。

（2）具有一定的调速范围。普通起重机的调速范围为 3:1，要求高的起重机的调速范围为 5:1～10:1。

（3）起升和下放重物至预定位置附近时，需要低速运行，所以在 30%额定速度内应分成几挡，以便灵活操作。高速向低速过渡应能连续减速，保持平稳运行。

（4）起升的第一级是为了消除传动间隙，使钢丝绳张紧，以避免过大的机械冲击，所以启动转矩不能太大，一般在额定转矩的 50%以下。

（5）任何负载下放，起升电动机可以是电动或制动状态，两种状态是自动进行的。

（6）采用电气制动以减轻机械抱闸的负担，机械抱闸采用断电抱闸，能防止因电源故障停电使重物自由下落造成人身和设备事故。

二、桥式起重机电气控制电路分析

30/5t 桥式起重机为交流拖动，主钩的起升电动机由于功率较大，因此采用磁力控制屏和主令控制器操作，其他电动机均采用凸轮控制器操作。

桥架的移动是由两台特性完全相同的交流绕线转子电动机拖动，分别安装在桥架的两端。30/5t 桥式起重机的电气原理图如图 3-5 所示。

1. 电动机

起重机共有 5 台电动机拖动。M1 为主起升电动机，M2 为副起升电动机，M3 为小车电动机，M4、M5 为桥架电动机，用于拖动桥架移动，是特性完全相同的交流绕线转子电动机，分别安装在桥架的两端。

2. 控制柜的保护电路

通过接触器 KM 使电动机与车间电源接通，所以控制接触器 KM 就能对电动机进行保护。

电动机启动前，主令控制器 SA1 和凸轮控制器 SA2、SA3、SA4 都在零位时，才允许接通交流电源。各控制器的触点情况见表 3-1～表 3-4。

由凸轮控制器 SA2、SA3、SA4 控制的四台电动机：副起升电动机 M2 桥架电动机 M4、M5 都设置了过电流保护，分别采用过电流继电器 KA2、KA3、KA4、KA5 实现。电源电路侧采用过电流继电器 KA0 实现过电流保护。限位开关 SQ6、SQ7、SQ8 分别是操作控制室门上的安全开关及起重机端梁栏杆门上的安全开关，任何一个门没有关好，电动机都不能启动运行。紧急开关 SA 用来在紧急情况下切断电源。小车限位开关 SQ3、SQ4 及副起升位置开关 SQ5 串接于接触器 KM 的自锁电路中。当小车行至极限位置和副起升机构上升至安全规定的高度时，相应的限位开关动断触点被压动而断开，使接触器 KM 断电，保证起重机安全可靠工作。要使机构退出极限位置，必须将手柄都退到零位，这时自锁电路中的动断触点 SA2、SA3 都闭合，可以重新启动接触器 KM，操作凸轮控制器，使机构反方向运动，退出极限位置。桥架的限位开关 SQ1、SQ2 分别串联在桥架拖动电动机正反接触器 KM10、KM11 电路中，在左行极限位置压动限位开关 SQ1，切断左行接触器 KM10，左行停止，但允许右行接触器 KM11 通电，控制大车向右退回，同样在极限位置 SQ2 动作，限制右行，可以左行退回。

副起升机构控制，采用凸轮控制器 SA2 操作，正向与反向控制是对称的。

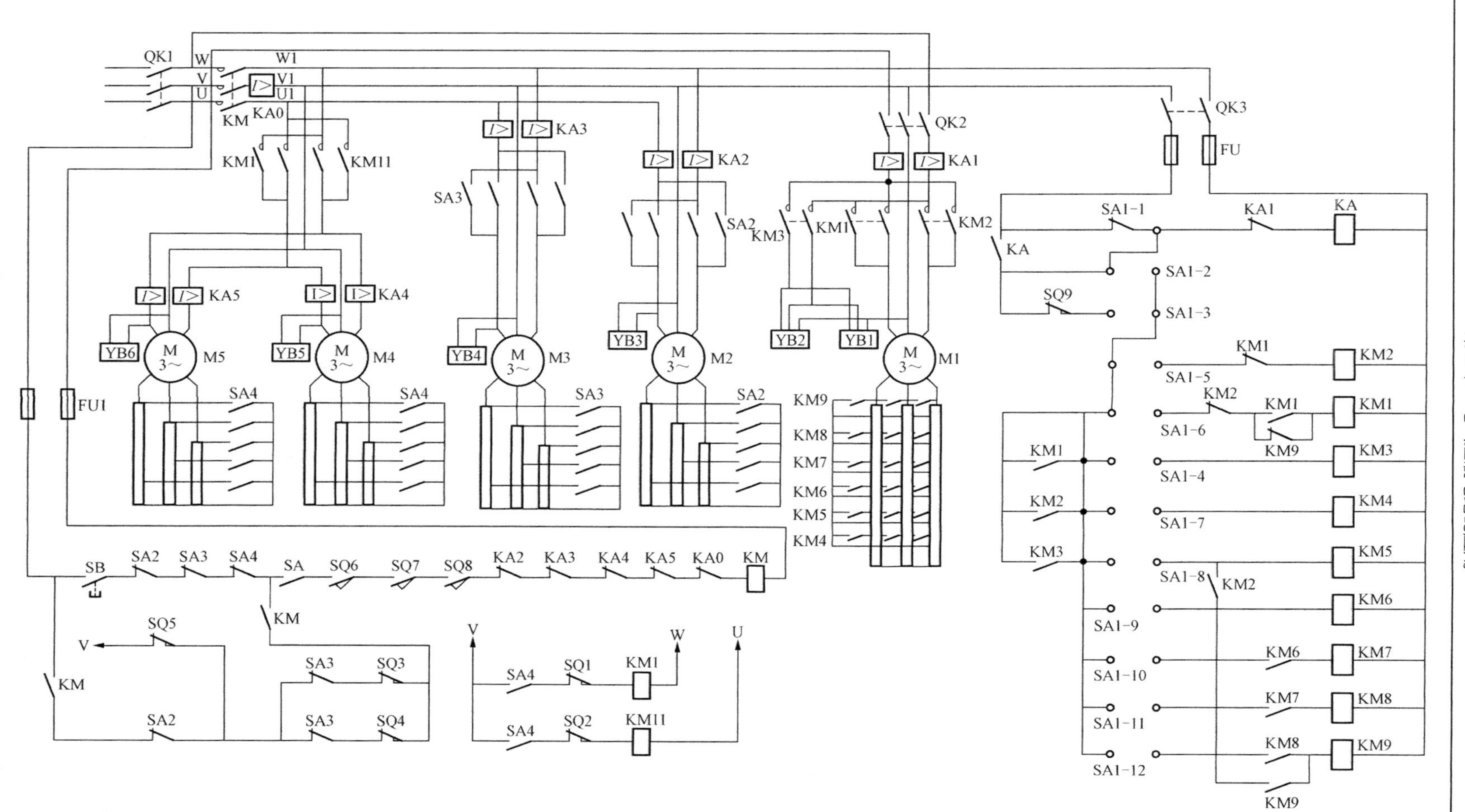

图 3-5　30/5t 桥式起重机电气原理图

表 3-1 **主起升主令控制器 SA1 触点闭合表**

触点	下降							起升					
	强力			制动									
	5	4	3	2	1	C	0	1	2	3	4	5	6
K1							×						
K2	×	×	×										
K3				×	×	×		×	×	×	×	×	×
K4	×	×	×	×	×			×	×	×	×	×	×
K5	×	×	×										
K6				×	×	×		×	×	×	×	×	×
K7	×	×	×		×	×		×	×	×	×	×	×
K8	×	×	×			×			×	×	×	×	×
K9	×	×								×	×	×	×
K10	×										×	×	×
K11	×											×	×
K12	×												×

表 3-2 **辅助起升凸轮控制器 SA2 触点闭合表**

触点	上升					零位	下降				
	5	4	3	2	1	0	1	2	3	4	5
K0						×					
K1						×	×	×	×	×	×
K2	×	×	×	×	×	×					
K3							×	×	×	×	×
K4	×	×	×	×	×						
K5							×	×	×	×	×
K6	×	×	×	×	×						
K7	×	×	×	×				×	×	×	×
K8	×	×	×						×	×	×
K9	×	×								×	×
K10	×										×
K11	×										×

表 3-3 **小车凸轮控制器 SA3 触点闭合表**

触点	向后					零位	向前				
	5	4	3	2	1	0	1	2	3	4	5
K0						×					
K1						×	×	×	×	×	×
K2	×	×	×	×	×	×					
K3							×	×	×	×	×
K4	×	×	×	×	×						
K5							×	×	×	×	×
K6	×	×	×	×	×						
K7	×	×	×	×				×	×	×	×
K8	×	×	×						×	×	×
K9	×	×								×	×
K10	×										×
K11	×										×

表 3-4　　大车凸轮控制器 SA4 触点闭合表

触点	向左					零位	向右				
	5	4	3	2	1	0	1	2	3	4	5
K0						×					
K1							×	×	×	×	×
K2	×	×	×	×	×						
K3							×	×	×	×	×
K4	×	×	×	×	×						
K5							×	×	×	×	×
K6	×	×	×	×	×						
K7	×	×	×	×				×	×	×	×
K8	×	×	×						×	×	×
K9	×	×								×	×
K10	×										×
K11	×										×
K12	×	×	×	×				×	×	×	×
K13	×	×	×						×	×	×
K14	×	×								×	×
K15	×										×
K16	×										×

当凸轮控制器 SA2 从零位扳到上升（下降）的某一位置时，接通电源，电动机正转（反转），拖动副起升机构上升（下降）。根据不同挡位位置，副起升电动机 M2 转子回路串接不同的电阻段数启动运行。在电动机通电的同时，电磁制动器 YB2 通电松闸，松开副起升机构的抱闸装置，允许副起升机构运行。

3. 主起升机构电气控制

主起升机构电气控制的电路如图 3-5 的右半部分所示。

合上刀开关 QK2、QK3，主令控制器 SA1 手柄处于零位，继电器 KA 通电，接通控制电路电源。

当主令控制器 SA1 扳到上升“1”挡时，主令控制器 SA1 的 SA1-3、SA1-4、SA1-6、SA1-7 触点闭合，接触器 KM1、KM3、KM4 通电，松开制动闸 YB1、YB2，电动机 M1 正向启动，切除转子回路的第一段电阻运行。

若扳到“2”挡或“3”挡时，接触器 KM5、KM6…逐个通电，电动机 M1 的转子的外接电阻逐段被切除，最后一段电阻为软化特性电阻，电动机正常运行。

触点 SA1-3 接通，使上升限位开关 SQ9 串接于控制电路的电源中，若 SQ9 动断触点断开，则切断了所有接触器电源，起到上升极限保护的作用。SA1 控制器手柄移至强力下降的 3～5 挡，可以重新启动电动机，使上升机结构退出上升极限位置。

下降机构共有 6 挡，图 3-5 中 C 挡除 SA1-3 触点接通电源外，SA1-6 触点闭合使接触器 KM1 通电，SA1-7 触点闭合使接触器 KM4 通电，SA1-8 触点闭合使接触器 KM5 通电，切除两段电阻，接触器 KM3 不通电，实现机械抱闸，其作用是当手柄由下降方向向零位扳动时，重物应由下降到停止，这时电动机反接制动，减轻机械抱闸的负担，避免溜钩，以实现准确停车。

控制手柄扳至“下降 1”挡、“下降 2”挡时，SA1-3 触点仍然接通电源，SA1-6 触点使接触器 KM1 通电，使电动机与电源接法和起升时相同，重物在位势转矩的作用下，强迫电动机反转，此时电动机工作在制动状态。

在轻载或空钩下放情况下，位势转矩不能使电动机向下运行，此时应将手柄扳至下降 3～5 挡，使之强力下放。下降 3～5 挡，SA1-2、SA1-5 触点闭合，使接触器 KM2 通电，电动机反转，将吊钩强力下放。SA1-7、SA1-8 触点闭合，接触器 KM4、KM5 通电，切除两段电阻。下降第三挡与上升第二挡相似。下降第四挡，SA1-9 触点闭合，使接触器 KM6 通电，切除第三段电阻。下降第五、四挡，SA1-9、SA1-10、SA1-11 触点闭合，使接触器 KM7、KM8、KM9 通电，切除最后三段电阻。

本章小结

本章主要介绍了在机加工或机修企业常用的车床、平面磨床、钻床和桥式起重机的电气控制电路，介绍了所采用的元器件和设备，重点分析其控制工作原理及运行的各种机械特性。

习题与思考题

3-1 起重机为何不采用熔断器和热继电器进行保护？

3-2 起重机主钩电动机能否只采用一个机械抱闸机构？试分析某些起重机同时采用两个机械制动器的原因。

3-3 分析桥式起重机主钩下放重物的工作情况。

3-4 试设计一用钻孔—倒角组合刀具加工零件的孔和倒角机床的电气自动控制电路，其工作过程如下：快进—工进—停留光刀（数秒）—快退—停。该机床共有 3 台电动机：主电动机 M1，4kW；工进电动机 M2，1.5kW；快退主电动机 M3，0.8kW。要求：

（1）工作台工进至终点或返回到原位后，均由行程开关使其自动停止，设限位保护。为保证工进准确定位，需采取制动措施。

（2）快速电动机可进行点动调整，但在工作时无效。

（3）设紧急停止按钮。

（4）应设短路和过载保护。

（5）应附有行程开关位置简图。

其他控制要求可根据加工工艺由设计者自己考虑进行添加和修改。

3-5 小型桥式吊车上有 3 台电动机，横梁电动机 M1 带动横梁在车间前后移动，小车电动机 M2 带动提升机构在横梁上左右移动，提升电动机 M3 升降重物，3 台电动机都采用笼型电动机拖动，直接启动，自由停车。要求如下：

（1）3 台电动机都能正常工作，也能点动工作。

（2）在升降过程中，横梁与小车不能移动。

（3）横梁具有前后极限保护，提升有上下极限保护。

试设计其主电路和控制电路。

第四章　PLC 概念及工作原理

第一节　PLC　概　述

一、PLC 的产生与发展

在可编程控制器出现以前，继电器控制在工业控制领域占主导地位。但继电器、接触器控制系统具有明显的缺点，即设备体积大、可靠性差、动作速度慢、功能弱，难以实现复杂的控制；特别是由于它是靠硬连线逻辑构成的系统，接线复杂烦琐，当生产工艺或对象需要改变时，原有的接线和控制柜就要更换，所以通用性和灵活性较差。

20 世纪 60 年代，由于小型计算机的出现和大规模生产的发展，人们曾试图用小型计算机来实现工业控制的要求，但由于价格高，输入、输出电路信号及容量不匹配，编程技术复杂等原因，当时未能得到广泛应用。

20 世纪 60 年代末期，美国的汽车制造业竞争激烈，各生产厂家的汽车型号不断更新，它必然要求生产线的控制系统亦随之改变，并且对整个控制系统重新配置。为了适应生产工艺不断更新的需要，1968 年美国通用汽车公司（GM）公开招标，对新的汽车流水线控制系统提出了新一代控制器应具备的十大条件，主要内容是：

（1）编程方便，可现场修改程序。

（2）维修方便，采用插件式结构。

（3）可靠性高于继电器控制系统。

（4）体积小于继电器控制系统。

（5）可将数据直接送入管理计算机。

（6）成本可与继电器控制盘竞争。

（7）输入可以是 AC 115V（美国电压标准）。

（8）输出可以是 AC 115V/2A 以上，可直接驱动电磁阀、接触器等。

（9）扩展时原系统改变最小。

（10）用户程序存储器容量至少能扩展到 4KB。

以上就是著名的“GM 十条”。这些要求的实质是提出了将继电器—接触器控制的简单易懂、使用方便、价格低廉的优点与计算机的功能完善、灵活性、通用性好的优点结合起来，将继电器—接触器控制的硬连线逻辑转变为计算机的软件逻辑编程的设想。

1969 年美国数字设备公司（DEC）根据上述要求，研制开发出世界上第一台可编程序控制器，并在 GM 公司汽车生产线上应用成功。这是世界上的第一台可编程序控制器，型号为 PDP-14。当时开发 PLC 的主要目的是用来取代继电器逻辑控制系统，只能进行计数、定时以及开关量的逻辑控制，所以通常称之为可编程序逻辑控制器（Programmable Logic Controller），简称 PLC。

随着微电子技术的发展，20 世纪 70 年代中期出现了微处理器和微型计算机，人们将微机技术应用到 PLC 中，使得它能更多地发挥计算机的功能，不仅用逻辑编程取代了硬连线逻辑，还增加了运算、数据传送和处理等功能，使其真正成为一种电子计算机工业控制设备。国外工业界在 1980 年正式将其命名为可编程序控制器（Programmable Controller，简称 PC）。但由于它和个人计算机（Personal Computer）的简称容易混淆，所以现在仍把可编程序控制器简称 PLC。

PLC 技术随着计算机和微电子技术的发展而迅速发展，由最初的一位机发展为 8 位机。进入 20 世纪 80 年代以来，随着大规模和超大规模集成电路等微电子技术的迅猛发展，以 16 位和 32 位微处理器构成的微机化 PLC 得到了惊人的发展，使 PLC 在概念、设计、性能价格比以及应用等方面都有了新的突破。不仅其控制功能增强，功耗、体积减小，成本降低，可靠性提高，编程和故障检测更为灵活方便，而且远程 I/O 和通信、数据处理以及人机界面（HMI）也有了长足的发展。现在 PLC 不仅能应用于制造业的自动化系统，而且还可以应用于连续生产的过程控制系统，PLC 已经成为现代工业自动化的三大技术支柱（PLC、机器人、CAD/CAM）之一。

经过几十年的发展，PLC 在机械、冶金、化工、轻工、纺织等部门得到了广泛的应用，在美、德、日等工业发达国家已成为重要的产业之一。世界总销售额不断上升，生产厂家不断涌现，品种不断翻新。目前，世界上比较著名的厂家有美国的 AB 公司（被 ROCKWELL 收购），通用电气（GE）公司、莫迪康（MODICON）公司（被 SCHNEIDER 收购），日本的三菱（MITSUBISHI）公司、富士（FUJI）公司、欧姆龙（OMRON）公司、松下电工公司等，德国的西门子（SIEMENS）公司，法国的 TE 公司、施耐德公司，韩国的三星（SAMSUNG）、LG 公司等。

在 20 世纪 70 年代末和 80 年代初，我国随国外成套设备、专用设备引进了不少国外的 PLC 。同时，我国许多科研单位和工厂也在研制和生产自己的品牌 PLC，这几年发展飞快，厂家和品牌不断增加，质量和功能在不断提高，例如德维深、和利时、KDN、浙大中控、浙大中自、信捷、爱默生、兰州全志、科威、科赛恩、南京冠德、智达、海杰、永宏、台达、士林等。

二、PLC 的特点

现代工业生产过程复杂多样，对控制的要求也各不相同，为了适应工业环境的使用，PLC 具有以下特点。

1. 抗干扰能力强、可靠性高

针对工业现场恶劣的环境因素，为提高抗干扰能力，PLC 主要模块均采用大规模与超大规模集成电路，I/O 系统设计有完善的通道保护与信号调整电路；在结构上对耐热、防潮、防尘、抗震等都有周到的考虑；在硬件上采用隔离、屏蔽、滤波、接地等以适应电网电压波动和过电压、欠电压的影响；在软件上设置实时监控、自诊断、信息保护与恢复等程序与硬件电路配合实现各种故障诊断、处理、报警显示及保护功能。 所有这些都使 PLC 具有较高的抗干扰能力。目前各生产厂家生产的 PLC，其平均无故障时间都大大超过了 IEC 规定的 10 万 h。而且为了适应特殊场合的需要，有的 PLC 生产商还采用了冗余设计（如德国 Pilz 公司的 PLC），进一步提高了其可靠性。

2. 控制系统结构简单，通用性强

PLC 及扩展模块品种多，可灵活组合成各种大小和不同要求的控制系统。在 PLC 控制系统中，只需在 PLC 的端子上接入相应的输入/输出信号线即可，不需要诸如继电器之类的物理电子器件和大量而又繁杂的硬接线电路。PLC 的输入/输出可直接与交流 220V、直流 24V 等负载相连，并有较强的带负载能力。同一个 PLC 装置用于不同的控制对象，只需对程序进行简单的修改，对硬件部分稍作改动即可，具有极高通用性。

3. 编程方便，易于使用

PLC 的编程可采用与继电器极为相似的梯形图语言，直观易懂，不需要专门的计算机知识和语言，只要具有一定的电气和工艺知识的人员都可在短时间学会。近年来又发展了面向对象的顺控流程图语言（Sequential Function Chart，SFC），也称功能图，使编程更简单、方便。

4. 功能强大，适应面广

目前，PLC 几乎能满足所有的工业控制领域的需要。PLC 控制系统规模可大可小，能轻松完成单机控制系统、批量控制系统、制造业自动化中的复杂顺序控制、流程工业中大量的模拟量控制，以及组成通信网络，进行数据处理和管理等任务。

5. 控制系统设计、施工及调试的周期短

目前 PLC 已实现了产品的系列化、标准化和通用化，用 PLC 组成控制系统，在设计、安装、调试和维修等方面，表现了明显的优越性。由于 PLC 采用了软件来取代继电器控制系统中大量的中间继电器、时间继电器、计数器等器件，控制柜的设计安装工作量大为减少，缩短了施工周期。同时，PLC 的用户程序可以在实验室模拟调试，模拟调试通过后再到生产现场进行联机调试，减少了现场的调试工作量，缩短了设计、调试周期。

6. 维护方便

PLC 的输入/输出端子能够直观地反映现场信号的变化状态，通过编程工具（装有编程软件的计算机等）可以直观地观察程序和控制系统的运行状态，如内部工作状态、通信状态、I/O 点状态、异常状态和电源状态等，极大地方便了维护人员查找故障，缩短对系统的维护时间。并且，PLC 的低故障率及很强的监视功能和模块化设计结构，使维修也极为方便。

第二节 PLC 的 组 成

一、PLC 的基本组成与基本结构

PLC 种类繁多，但其组成结构和工作原理基本相同。PLC 采用了典型的计算机结构，它主要是由 CPU、存储器、专门设计的 I/O 模块（也称输入/输出单元）、电源等主要部件组成，如图 4-1 所示。

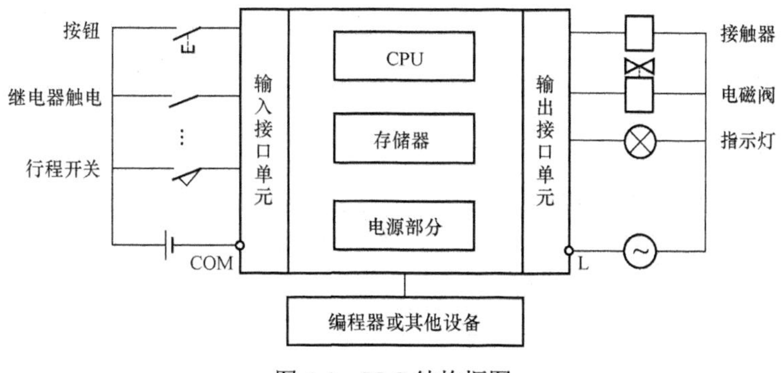

图 4-1 PLC 结构框图

二、PLC 各组成部分的作用

1. 中央处理单元（CPU）

中央处理单元一般由控制器、运算器和寄存器组成，是 PLC 的核心部件。它按 PLC 中系统程序赋予的功能控制 PLC 有条不紊地进行工作。CPU 主要任务是接收、存储由编程工具输入的用户程序和数据；用扫描方式通过 I/O 接口接收现场信号的状态或数据，并存入输入映像寄存器或数据存储器中；诊断 PLC 内部电路的工作故障和编程中的语法错误等；PLC 进入运行状态后，从存储器逐条读取用户指令，经过命令解释后按指令规定的任务进行数据传送、逻辑或算术运算等；根据运算结果更新有关标志位的状态和输出映像寄存器的内容，再经输出部件实现输出控制、制表打印或数据通信等功能。

不同型号 PLC 的 CPU 芯片是不同，有的采用通用 CPU 芯片，有的采用厂家自行设计的专用 CPU 芯片。CPU 芯片的性能关系到 PLC 处理控制信号的能力与速度，CPU 位数越高，系统处理的信息量越大，运算速度也越快。随着 CPU 芯片技术的不断发展，PLC 所用 CPU 芯片档次也越来越高，PLC 的功能也随着 CPU 芯片技术的发展而提高和增强。

2. 存储器

PLC 的存储器包括系统存储器和用户存储器两部分。

系统存储器用来存放由 PLC 生产厂家编写的程序，并固化在 ROM 内，用户不能更改。它使 PLC 具有基本功能，能够完成 PLC 设计者规定的各项工作。系统程序的内容主要包括系统管理程序、用户指令解释程序、标准程序模块与系统调用管理程序。

用户存储器包括用户程序存储器和用户数据存储器两部分。用户程序存储器用来存放用户针对具体控制任务，用规定的 PLC 编程语言编写的应用程序。用户程序存储器根据所选的存储器单元类型的不同，可以是 RAM、EPROM 或 EEPROM 存储器，其内容可以由用户任意修改和删除。用户数据存储器可以用来存放用户程序中使用器件的 ON/OFF 状态、数值和数据等。用户存储器的大小关系到用户程序容量大小，是反映 PLC 性能的重要指标之一。

3. I/O 模块

输入/输出模块包括两部分：一部分是与被控设备相连接的接口电路，另一部分是输入和输出的映像寄存器。输入接口模块接收和采集两种类型的输入信号，一类是开关量输入信号，如按钮、选择开关、行程开关、继电器触点、接近开关、光电开关等；另一类是模拟量输入信号，如电位器、测速发电机和各种变送器的信号。输入接口电路将这些信号转换成 CPU 能够识别和处理的信号，并存到输入映像寄存器。运行时 CPU 从输入映像寄存器读取输入信号并结合其他元器件的最新信息，按照用户程序进行计算，将有关输出的最新计算结果放到输出映像寄存器。输出映像寄存器由输出点相对应的触发器组成，输出接口电路将其弱电控制信号转换成现场需要的强电信号输出，以驱动电磁阀、接触器、指示灯、调节阀（模拟量）、调速装置（模拟量）等被控设备的执行元件。

4. 电源

PLC 一般使用 220V 的交流电源或 24V 直流电源，内部的开关电源为 PLC 的中央处理器、存储器等电路提供 5V、±12V、24V 等直流电源，整体式小型 PLC 还提供一定容量的直流 24V 电源，供外部有源传感器（如接近开关）等使用。

5. 扩展接口

扩展接口用于将扩展单元或功能模块与基本单元相连，使 PLC 的配置更加灵活。

6. 通信接口

为了实现“人机”或“机机”之间的对话，PLC配置有多种通信接口。PLC通过这些通信接口可以与触摸屏、打印机等相连，提供方便的人机交互途径；也可以与其他PLC、计算机以及现场总线网络相连，组成多机系统或工业网络控制系统。

7. 智能模块

为了满足更加复杂的控制功能的需要，PLC配有多种智能模块。如满足位置调节需要的位置闭环控制模块、对高速脉冲进行计数和处理的高速计数模块等，这类智能模块都有自己的处理器系统。

8. 编程设备

过去的编程设备一般是编程器，其功能仅限于用户程序读写和调试。现在PLC生产厂家不再提供编程器，取而代之是给用户配置在PC上运行的基于Windows的编程软件。使用编程软件可以在屏幕上直接生成和编辑梯形图、语句表、功能块图和顺序功能图程序，并可以实现不同编程语言的相互转换。程序被编译后下载到PLC，也可以将PLC中的程序上传到计算机。程序可以保存和打印，通过网络，还可以实现远程编程和传送。PLC的实时调试功能非常强大，不仅能监视PLC运行过程中的各种参数和程序执行情况，还能进行智能化的故障诊断。

9. 其他部件

PLC可配有存储器卡、电池卡等其他外部设备。

第三节 PLC的分类和应用

一、PLC的分类

PLC发展很快，类型很多，可从不同的角度进行分类，比较常见的是根据其控制规模和结构进行分类。

1. 按控制规模分类

控制规模主要指PLC可控制的最大I/O点数。通常而言，PLC能控制的I/O点数越多，其控制的对象就越复杂，控制系统的规模也越大。根据PLC的控制规模，可将PLC分为小型、中型、大型三类。

（1）小型PLC（含微型机）。可控制的最大I/O点数为256点以下。小型PLC一般以处理开关量逻辑控制为主，现在的小型PLC还具有较强的通信能力和一定的模拟量处理能力。其特点是价格低廉、体积小巧，适用于机电一体化设备或各种自动化仪表的单机控制。

（2）中型PLC。I/O点数为256～2048点，不仅具有极强的开关量逻辑控制功能，其通信联网功能和模拟量处理能力更加强大。中型机的指令比小型机更丰富，中型机适用于复杂的逻辑控制系统以及连续生产线的过程控制场合。

（3）大型PLC。大型PLC的I/O点数在2048点以上，程序和数据存储容量最高分别可达10MB，其性能已经与工业控制计算机相当，具有计算、控制、调节功能，还具有强大的网络结构和通信联网能力，有些大型PLC还具有冗余能力。它的监视系统能够表示过程的动态流程，记录各种曲线及PID调节参数等，它配备多种智能板，可构成多功能的控制系统。这种系统还可以和其他型号的控制器互联，并和上位机相连，组成一个集中分散的生产过程和产品质量监控系统。大型机适用于设备自动化控制，过程自动化控制和过程监控系统。

以上划分没有一个十分严格的界限，随着 PLC 技术的飞速发展，某些小型 PLC 也具有中型或大型 PLC 的功能，这也是 PLC 的发展趋势。

2. 按结构形式分类

根据 PLC 的结构形式，可将 PLC 分为整体式和模块式两类。

（1）整体式 PLC。微型和小型 PLC 一般为整体式结构。整体式结构的特点是将 PLC 的基本部件，如电源、CPU、存储器、I/O 接口等部件都集中装在一个机箱内，一个主机箱就是一台 PLC。在基本单元上设有扩展端口，通过扩展电缆可与扩展单元相连。小型 PLC 系统还提供许多专用的特殊功能模块，如模拟量输入/输出模块、热电偶、热电阻模块、通信模块等，可构成不同的配置，完成特殊的控制任务。整体式 PLC 结构紧凑、体积小、价格低、安装方便。

（2）模块式 PLC。大中型 PLC 多采用模块式结构，这也是大中型 PLC 要处理大量的 I/O 点数的性质所决定的，因为数百、上千个 I/O 点不可能集中在一个整体式的装置上。模块式结构的 PLC 由一些模块单元构成，这些标准模块有 CPU 模块、输入模块、输出模块、电源模块和各种功能模块等。各模块结构上相互独立，构成系统时，则根据具体要求，选择合适的模块组成。模块式结构的 PLC 配置灵活，故障诊断、安装、调试与维修方便。

二、PLC 的应用

初期的 PLC 主要在开关量居多的电气顺序控制系统中使用，随着 PLC 性能价格比的不断提高，其应用领域不断扩大。PLC 的主要应用范围大致可归纳为以下几方面。

1. 中小型单机电气控制

这是 PLC 应用最广泛的领域，如塑料机械、包装机械、切纸机械、组合机床、电镀流水线及电梯控制等。这些设备对控制系统的要求大都属于逻辑顺序控制，也是最适合 PLC 使用的领域。

2. 制造业自动化

制造业是典型的工业类型之一，主要是对物体进行品质处理、形状加工、组装，以位置、形状、力、速度等机械量和逻辑控制为主。其电气自动控制系统中的开关量占绝大多数，有些场合，数十台、上百台单机控制设备组合在一起形成大规模的生产流水线，如汽车制造和装配生产线等。PLC 性能的提高和通信功能的增强使得它在制造业领域中的大中型控制系统中也占绝对主导的地位。

3. 运动控制

为适应高精度的位置控制，现在的 PLC 制造商为用户提供了功能完善的运动控制功能。这一方面体现在功能强大的主机可以完成多路高速计数器的脉冲采集和大量的数据处理的功能；另一方面体现在能提供专门的单轴或多轴的控制步进电动机和伺服电动机的位置控制模块，这些智能化的模块可以实现任何对位置控制的任务要求。

4. 流程工业自动化

流程工业是工业类型中的重要分支，如电力、石油、化工、造纸等，其特点是对物流（气体、液体为主）进行连续加工。过程控制系统中以压力、流量、温度、物位等参数进行自动调节为主，大部分场合还有防爆要求。从 20 世纪 90 年代以后，PLC 具有了控制大量的过程参数的能力，对多路参数进行 PID 调节也变得非常容易和方便。PLC 控制系统在过程控制领域也占据了相当大的市场份额。

第四节 PLC的工作原理

一、PLC的工作过程

PLC是一种工业控制计算机，它的工作原理是建立在计算机工作原理基础之上，即通过执行反映控制要求的用户程序来实现。CPU是以分时操作方式来处理各项任务的，计算机在每一瞬间只能做一件事，所以程序的执行是按程序顺序依次完成相应各电器的动作，所以PLC属于串行工作方式。

PLC工作的全过程可用图4-2所示的运行框图来表示。

整个过程可分为三部分：

（1）第一部分是上电处理。机器上电后对PLC系统进行一次初始化，包括硬件初始化，I/O模块配置检查，停电保持范围设定，系统通信参数配置及其他初始化处理等。

（2）第二部分是扫描过程。PLC上电处理阶段完成以后进入扫描工作过程。先完成输入处理，其次完成与其他外设的通信处理，再次进行时钟寄存器、特殊寄存器更新。当PLC处于STOP方式时，转入执行自诊断检查。当PLC处于RUN方式时，还要完成用户程序的执行和输出处理，再转入执行自诊断检查。

（3）第三部分是出错处理。PLC每扫描一次，执行一次自诊断检查，确定PLC自身的动作是否正常，如CPU、电池电压、程序存储器、I/O和通信等是否异常或出错。如检查出异常时，CPU面板上的LED及异常继电器会接通，在特殊寄存器中会存入出错代码；当出现致命错误时，CPU被强制为STOP方式，所有的扫描便停止。

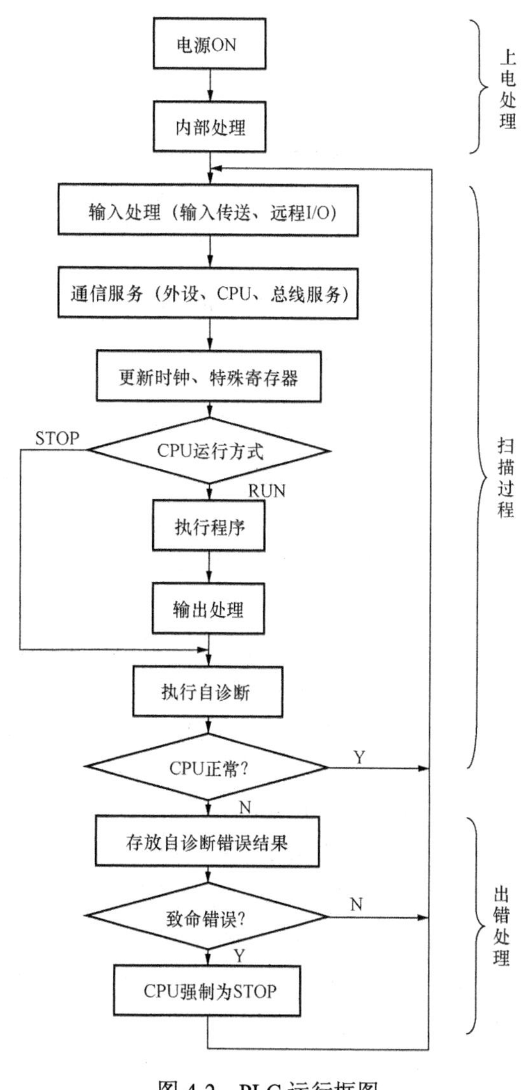

图4-2 PLC运行框图

PLC是按图4-2所示的运行框图工作的，当PLC处于正常运行时，它将不断重复图中的扫描过程，不断循环扫描地工作下去。分析上述扫描过程，如果对远程I/O特殊模块、更新时钟和其他通信服务等暂不考虑，这样扫描过程就只剩下“输入采样”“程序执行”“输出刷新”三个阶段。这三个阶段是PLC工作过程的核心内容，也是PLC工作原理的实质所在，彻底理解PLC工作过程的这三个阶段是学习好PLC的基础。下面对这三个阶段进行详细的分析，PLC典型扫描周期如图4-3所示（不考虑立即输入、立即输出的情况）。

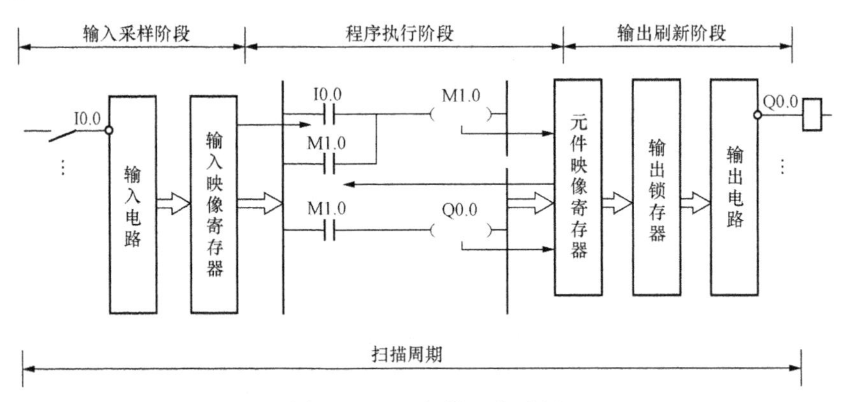

图 4-3　PLC 扫描工作过程

1. 输入采样阶段

PLC 在输入采样阶段，首先扫描所有输入端子，并将各输入状态存入相应的输入映像寄存器中，此时输入映像寄存器被刷新。接着系统进入程序执行阶段，在程序执行阶段和输出刷新阶段，输入映像寄存器与外界隔离，无论输入信号如何变化，其内容保持不变，直到下一个扫描周期的输入采样阶段，才重新写入输入端的新内容。所以，一般来说，输入信号的脉冲宽度要大于一个扫描周期，或者说输入信号的频率不能太高，否则很可能造成信号的丢失。

2. 程序执行阶段

进入程序执行阶段后，一般来说（因为还有子程序和中断程序的情况），PLC 按从左到右、从上到下的步骤顺序执行程序。当指令中涉及输入、输出状态时，PLC 就从输入映像寄存器中“读入”上个阶段采入的对应输入端子状态，从元件映像寄存器“读入”对应元件（软继电器）的当前状态，然后进行相应的运算，最新的运算结果马上再存入到相应的元件映像寄存器中。对于元件映像寄存器而言，每一个元件的状态会随着程序执行过程而刷新。

3. 输出刷新阶段

在所有指令执行完毕后，元件映像寄存器中所有输出继电器的状态（ON/OFF）在输出刷新阶段一起转存到输出锁存器中，通过一定方式集中输出，最后经过输出端子驱动外部负载。在下一个输出刷新阶段开始之前，输出锁存器的状态不会改变，从而相应输出端子的状态也不会改变。

概括而言，PLC 是按集中输入、集中输出，不断循环的顺序扫描方式工作的。每一次扫描所用的时间称为扫描周期或工作周期。PLC 正常运行时，扫描周期的长短与 CPU 的运算速度、I/O 点的情况、用户应用程序的长短及编程情况等有关。不同指令的执行时间是不同的，从零点几微秒到上百微秒不等，故选用不同指令所用的扫描周期将会不同。若用于高速系统，需要缩短扫描周期时，可从软硬件上同时考虑。考虑到现在的 CPU 速度高，所以像过去编程那样从用户软件使用指令上来精打细算地节省时间已显得不重要。

二、PLC 的编程语言

国际电工委员会（IEC）1994 年 5 月公布的 IEC61131-3 提供了五种 PLC 的标准编程语言，其中有三种图形语言，即梯形图（Ladder Diagram，LD）、功能块图（Function Block Diagram，FBD）和顺序功能图（Sequential Function Chart，SFC）；两种文本语言，即结构化文本（Structured Text，ST）和指令表（Instruction List，IL）。

不同的编程语言各有其特点和适用场合，世界上不同地区的电气工程师对它们的偏爱程度也不一样。在我国，人们对梯形图、指令表和顺序功能图比较熟悉，而很少有人使用功能块图。结构化文本是一种传统的 PLC 编程系统中没有的或很少见的编程语言，不过相信以后会越来越多的使用此语言。

1. 梯形图

梯形图是最早使用的一种 PLC 编程语言，也是现在最常用的编程语言。它是从继电器控制系统原理图的基础上演变而来的，继承了继电器控制系统中的基本工作原理和电气逻辑关系的表示方法，梯形图与继电器控制系统的基本思想是一致的，只是在使用符号和表达方式上有一定的区别，所以在逻辑顺序控制系统中得到了广泛的使用。

图 4-4 是典型的梯形图示意图。其中，左右两条垂直的线称作母线，分别称为左母线和右母线，右母线通常可省略。母线之间是触点的逻辑连接和线圈的输出。

梯形图的一个关键概念是“能流”，这只是概念上的“能流”。图 4-4 中把左母线假想为电源“火线”，而把右母线假想为电源“零线”。如果有“能流”从左到右流向线圈，则线圈被激励（ON）。如果没有“能流”，则线圈未被激励（OFF）。“能流”可以通过被激励的动合触点和未被激励的动断触点从左向右流，也可以通过并联触点中的一个触点流向右边。“能流”任何时候都不会通过触点自右向左流。图 4-4 中，当 I0.1、I0.2 触点都接通后，线圈 Q0.0 才能接通（被激励为 ON），只要其中一个触点不接通，线圈就不会接通；而 I0.3、I0.4 触点中任何一个接通，线圈 Q0.1 就接通（ON）。

要强调指出的是，引入“能流”概念，仅仅是用于帮助理解梯形图各输出点的动作，实际上并不存在这种“能流”。

在梯形图中，触点代表逻辑“输入”条件，如开关、按钮和内部条件等；线圈通常代表逻辑“输出”结果，如灯、接触器、中间继电器等。

梯形图语言直观、清晰，利于理解，是 PLC 的首选编程语言。

2. 指令表

指令表是一种用助记符来描述程序的一种编程语言。例如，图 4-5 是图 4-4 对应的指令表程序。过去没有基于 PC 的编程软件时，编制好的梯形图程序必须转换成指令表程序才能通过手持式编程器输入到 PLC 中。指令表就像汇编语言那样，机器的编码效率较高，但理解起来不方便，所以使用指令表编程的人不是很多。

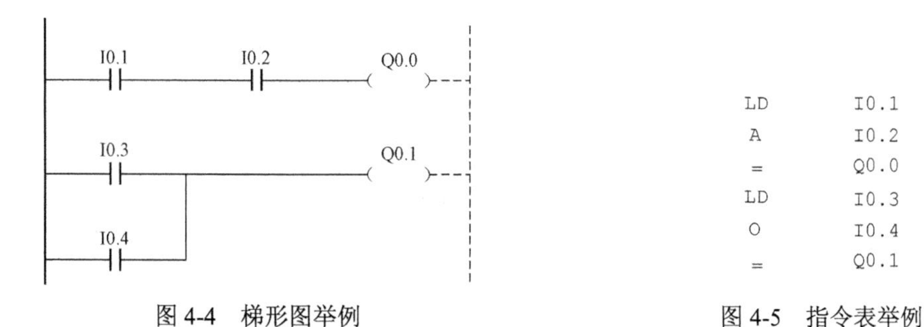

图 4-4 梯形图举例　　图 4-5 指令表举例

3. 顺序功能图

顺序功能图，亦称功能图。此编程方法是法国人开发的，它是一种真正的图形化的编程方法。使用它可以对具有并发、选择等复杂结构的系统进行编程，特别适合在复杂的顺序控制系统中使用。在功能图中，最重要的三个元素是状态（步）和状态相关的动作、转移。过去一般的 PLC 都提供了用于功能图编程的指令，但在 IEC 61131-3 中，功能图的使用更加灵活，它的转移条件可以使用多种语言实现，另外还提供了和步有关的多种元素供用户使用。以后会有越来越多的人使用功能图编程。

4. 功能块图

功能块图是另一种图形式的 PLC 编程语言。它使用像电子电路中的各种门电路，加上输入、输出，通过一定的逻辑连接方式来完成控制逻辑，它也可以把函数（FUN）和功能块（FB）连接到电路中，完成各种复杂的功能和计算。使用功能块图，用户可以编制出自己的函数和功能块。较早的 PLC 没有提供功能块图编程功能，另外由于使用习惯问题，在我国使用功能块图编程的人不多。

5. 结构化文本

目前，结构化文本是一种较新的编程语言，是一种用于 PLC 的结构化方式编程的语言。使用结构化文本可以编制出非常复杂的数据处理或逻辑控制程序。随着 IEC 61131-3 的推广和发展，相信使用结构化文本编程的人会越来越多。

三、PLC 的性能指标

PLC 的性能指标主要有以下几种。

1. 工作速度

工作速度是指 PLC 的 CPU 执行指令的速度。不同 PLC 的指令系统不同，每条指令执行的时间各不相同，通常以 CPU 执行一条基本指令的时间来衡量工作速度。工作速度越快，PLC 的响应速度越快，系统的控制就越及时、准确、可靠。

2. 存储容量

PLC 中的存储容量是由用户程序存储器和系统存储器组成。用户程序存储器越大，可存储的程序越大，可控制的系统规模也就越大。而系统存储器则指 CPU 内部寄存器等的数量，其容量越大，则程序编制越容易，执行速度也越快。

3. 控制规模

控制规模是指 PLC 能控制的输入、输出点数及模拟通道数。控制规模与速度、内存容量、输入/输出点数及指令系统均有关系。控制规模大，则要求 PLC 速度快，内存容量大，输入、输出点数多，指令系统复杂。

4. 指令数量和功能

用户编制的程序所完成的控制任务，取决于 PLC 指令的多少。指令的功能越多，编程越简单、方便，越可以完成复杂的控制任务。

5. 内部器件的种类和数量

PLC 内部器件包括继电器、计数器、定时器、数据存储器等。其种类越多、数量越大，存储各种信息的能力和控制能力就越强。

6. 特殊功能模块

一台 PLC 具有的特殊功能模块的种类越多，表明该 PLC 的功能越多。

7. 可靠性

可靠性是通过平均故障间隔时间和平均修复时间来衡量。平均故障间隔时间是指每次发生故障的间隔时间的平均值，该值越大越好。平均修复时间是指修复故障的平均时间，该值越小越好。

8. 经济指标

经济指标通常用价格、供货是否及时、技术服务是否完善等来衡量。

第五节 PLC的硬件基础

一、PLC 的 I/O 模块

I/O 模块（I/O 单元）是外部设备与 PLC 连接的桥梁，I/O 模块通常可以实现电平转换、输出驱动、A/D 转换、D/A 转换、串/并行转换等功能。下面介绍几种常用的 I/O 模块并说明其工作原理。

（一）输入接口模块

1. 开关量输入接口

PLC 的开关量输入接口按照输入端电源种类的不同，分为直流输入接口单元和交流输入接口单元。

直流输入接口外接直流电源，电路如图 4-6 所示。点画线框内为 PLC 内部输入电路，框外左侧为外部用户接线，图中只画出了对于一个输入点的输入电路，各个输入点对应的输入电路均相同。

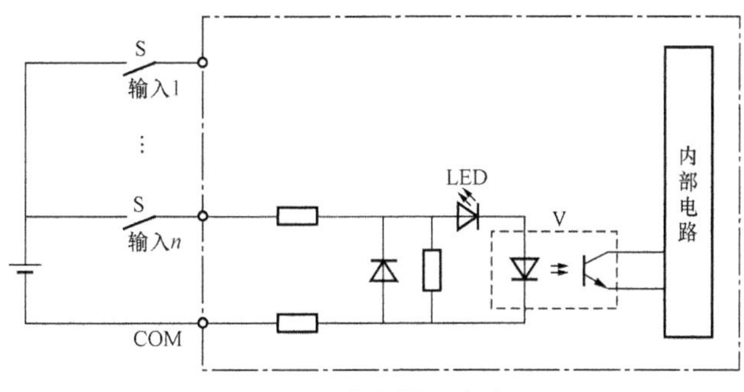

图 4-6 直流输入电路

图 4-6 中，V 为光耦合器，由发光二极管和光电三极管组成，可以防止强电信号干扰，起到隔离作用。其工作原理如下：当 S 闭合时，输入 LED 指示灯点亮，指示该点的输入状态；光耦合器 V 的输入发光二极管发光，经光耦合，光电三极管导通，使内部电路对应的输入映像寄存器置“1”。当 S 断开时，输入 LED 指示灯不发光；光耦合器 V 不导通，使内部电路对应的输入映像寄存器置“0”。

交流输入接口外接交流电源，电路如图 4-7 所示。其光耦合器中有两个反向并联的发光二极管，故可以接收外部交流输入电压，其工作原理与直流输入单元基本相同。

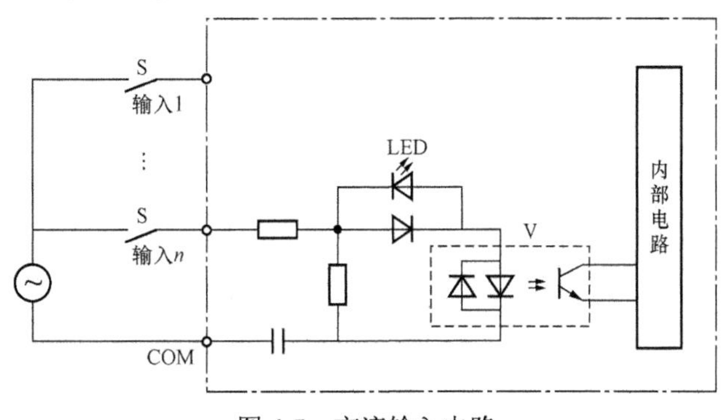

图 4-7 交流输入电路

2. 模拟量输入接口

模拟量输入接口的作用是将现场连续变化的模拟量标准信号转换成 PLC 能处理的若干位二进制数字信号。工业现场中模拟量信号的变化范围一般是不标准的，在送入模拟量单元时需经变送器变送处理才能使用。图 4-8 是模拟量输入接口单元的内部电路框图。模拟量信号输入后一般经运算放大器放大后进行 A/D 转换，再经光耦合后，为 PLC 提供一定位数的数字量信号。

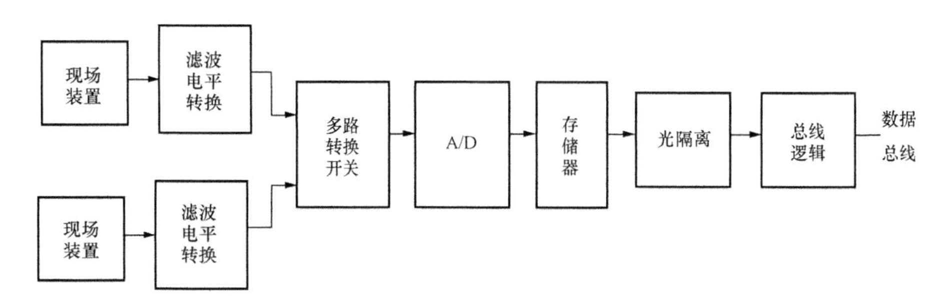

图 4-8 模拟量输入电路框图

（二）输出接口模块

1. 开关量输出接口

PLC 的开关量输出接口电路按输出电路所用的开关器件的不同，可分为继电器输出型、晶体管输出型和晶闸管输出型，具体见图 4-9。

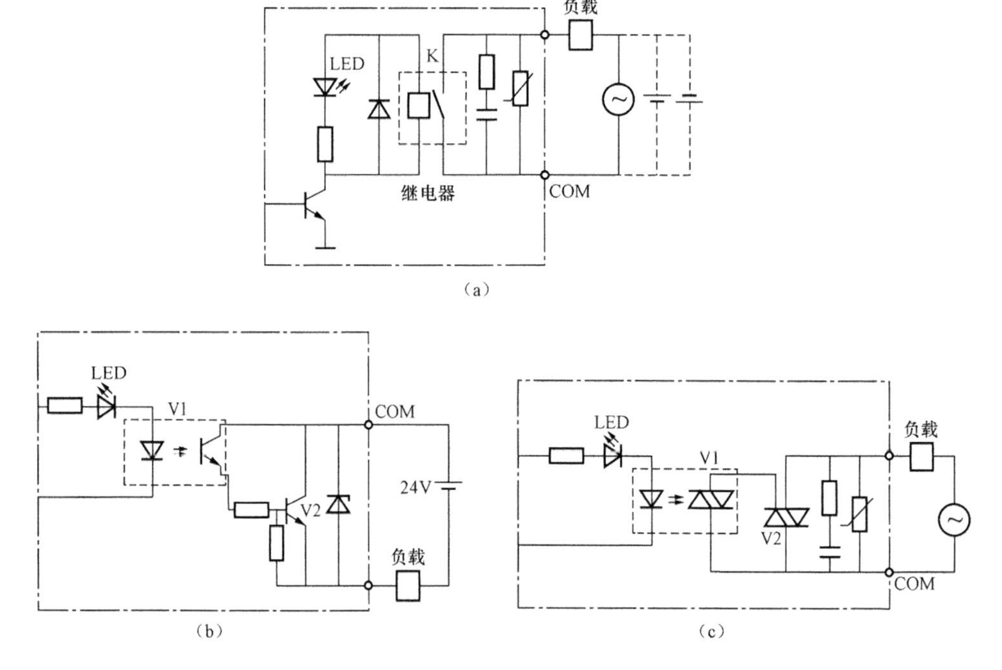

图 4-9 开关量输出单元电路图

（a）继电器输出电路；（b）晶体管输出电路；（c）晶闸管输出电路

在继电器输出电路中，采用的开关器件是继电器。电路如图 4-9（a）所示，点画线框内为 PLC 内部输出电路，框外右侧为外部用户接线。图中只画出对应于一个输出点的输出电路，各个输出点所对应的输出电路均相同。其工作原理如下：当对应该路的输出锁存器状态为“1”时，输出 LED 指示灯点亮，指示该点的输出状态；小型直流继电器 K 得电吸合，其动合触点闭合，负载得电。当对应该路的输出锁存器状态为“0”时，LED 指示灯灭，K 线圈失电，其动合触点断开，负载失电。

在晶体管输出电路中，采用的开关器件是三极管。电路如图 4-9（b）所示。工作原理如下：当对应该路的输出锁存器状态为“1”时，输出 LED 指示灯点亮，光耦合器 V1 导通，输出三极管 V2 饱和导通，负载得电。当对应该路的输出锁存器状态为“0”时，LED 指示灯灭，光耦合器 V1 截止，输出三极管 V2 截止，负载失电。

在晶闸管输出电路中，采用的开关器件是双向晶闸管。电路如图 4-9（c）所示。工作原理如下：当对应该路的输出锁存器状态为“1”时，输出 LED 指示灯点亮，光控双向晶闸管 V1 导通，输出双向晶闸管 V2 导通，负载得电。当对应该路的输出锁存器状态为“0”时，LED 指示灯灭，光控双向晶闸管 V1 截止，输出双向晶闸管 V2 截止，负载失电。

继电器输出型 PLC 最为常用，其输出接口可使用交流或直流两种电源。但输出信号的通断频率不能太高；晶体管输出型 PLC，其输出接口的通断频率高，适合在运动控制系统（控制步进电动机等）中使用，但只能使用直流电源，晶闸管输出型 PLC，也适合对输出接口的通断频率要求较高的场合，但使用电源为交流电。现在几乎所有生产企业的 PLC 只有继电器输出型和晶体管输出型这两种，晶闸管输出型 PLC 不常用。具体选用哪一种输出类型的 PLC 应根据负载的实际需要选择。

2. 模拟量输出接口

模拟量输出接口的作用是将 PLC 运算处理的若干位数字量转换为相应的模拟量信号输出，以满足生产过程连续控制信号的需要。模拟量输出接口一般由光隔离器、D/A 转换和信号驱动等环节组成。其原理框图如图 4-10 所示。模拟量输入/输出接口一般安装在专门的模拟量工作模块上。

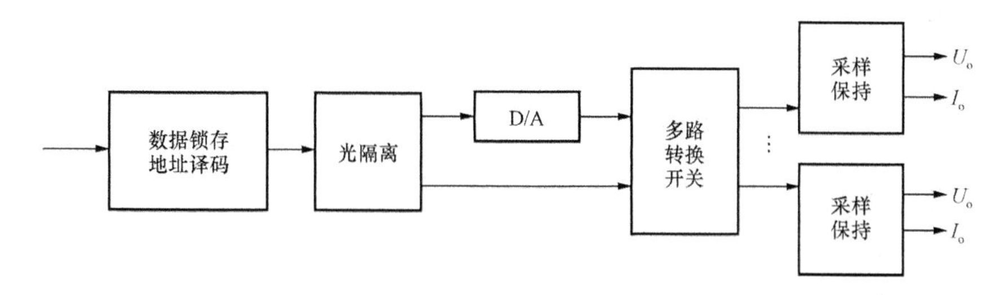

图 4-10 模拟量输出电路框图

二、PLC 的系统配置

PLC 的系统配置，就是从所配置 PLC 的用途、系统所需的 I/O 点数、特殊功能、使用环境及经济性等方面考虑来确定 PLC 硬件系统的构成。

（一）系统配置原则

1. 完整性原则

PLC 系统必须完整，如果丢项，在安装或使用时再追加，不仅将带来诸多麻烦，还将可能延误工期。

2. 可靠性原则

PLC系统的可靠性从四方面考虑：①PLC自身产品质量；②供货方的技术服务；③主要或特殊场合下的工作要求能否达到；④是否冗余配置。

3. 发展性原则

PLC的工作寿命较长，但技术寿命并不长。因此作PLC系统配置时要留有发展的余地，选型时尽可能选用新型号。

4. 继承性原则

系统配置还要考虑到曾经使用过PLC的历史情况。如果新配置的系统与原有系统有继承关系，那么所积累的宝贵经验也可派上用场，甚至有的程序模块还可移植。

5. 经济性原则

经济是否合算，也应作为是否采用PLC，选用什么样的PLC的重要评价标准。

（二）系统配置方法

系统配置可以用经验法、估算法、计算法及测试法。

1. 经验法

凭借经验与所要配置的系统作类比，初步确定选用哪个厂家的PLC，选用什么型号，用哪些模块等。要注意在选型时要考虑PLC的发展，应使用新的机型代替旧的机型。

2. 估算法

估算法主要用于估算PLC的I/O点数，以粗略确定是选用大型机、中型机还是小型机。

输入点数N_{i}的估算公式为

$$N_{\mathrm{i}}=\sum_{i=1}^{I} E_i \times (P_i-1)$$

式中 E_i——系统所使用的某类输入器件的总数，如用了6个按钮，则为6；

P_i——该类器件可能处于的工作状态，如按钮，一般处于按下与松开两种状态；如是多位开关可处于多种状态；

I——输入器件的类型总数。

输出点数N_{o}的估算公式为

$$N_{\mathrm{o}}=\sum_{i=1}^{I} E_i \times (P_i-1)$$

式中 E_i——系统所使用的某类输出元件的总数，如用了1台正、反转电机，则为1；

P_i——该类输出器件可能处于的工作状态，如要求正、反转的电动机则有3种状态，即正转、反转及停车；

I——输出器件的类型总数。

开关量总数 $N=N_{\mathrm{i}}+N_{\mathrm{o}}$

模拟量较好估算。有多少监视量就有多少路输入；有多少控制输出就有多少路输出。

估算出I/O点数及模拟量路数后，可依大、中、小型机划分的大致标准，估算要选用的PLC机型。

3. 计算法

一般要做四方面的计算。

（1）模块数计算。确定了I/O点数后，还要按输入/输出的物理要求，确定各用什么样的模块。

对于输入模块，要以输入信号电压区分是交流还是直流，信号间有什么隔离要求，还要确定选用多少种，各有多少输入点的模块等。

对于输出模块，要考虑输出形式是继电器、半导体，还是晶闸管；对于公共回路，一般点数多的模块，其公共回路就少，反之则多。选用公共回路多的模块便于电路配线，但用的模块多。

模拟量模块路数也各不相同，如有的是 4 路输入或 8 路输入，有的是 2 路输出或 1 路输出，有的有输入还有输出等。选了合适的模块后，再根据总的路数，计算模块数。

I/O 模块数计算之后，再计算要使用的机架槽位数，进而确定机架数。

（2）电源容量计算。整体式 PLC，电源容量一般为自动满足，可不考虑。只是在确定隔离变压器时，对变压器的容量要做计算。模块式 PLC 的电源种类较多，要作相应计算然后再选型。

（3）响应时间计算。有的 PLC 厂家提供有经验公式，大体关系是内存总量与要使用的点数有关，这既可以确定选多大容量的内存，也可大体确定循环时间，算出循环时间可进一步计算响应时间。特殊输入量的响应时间要分别计算，有的可查有关模块的特性。

（4）投入费用计算。在模块种类和数量确定后，一般还要以报价进行投入费用的计算。

4. 测试法

系统配置时，一些重要的数据不仅要计算，有的还要进行实际测试。如循环时间测试，可把编完的程序送入 PLC 进行实际测定。有的数据可由厂方提供，或委托厂方作测试。

（三）系统配置类型

1. 基本配置

这种配置规模小，对整体式 PLC，则仅用一个基本单元（CPU 模块）即可。对于模块式 PLC，基本配置选择的模块多，包括以下几种模块：

（1）CPU 模块。它确定了可进行控制的规模、工作速度、内存容量等。

（2）内存模块。它在 CPU 规定的范围选择，要满足存储程序与数据的要求。

（3）电源模块。多与其他模块相配套，其型号和规格要满足要求。

（4）I/O 模块。依据 I/O 点数确定 I/O 模块的规格和数量，I/O 模块数量可多可少，但其最大数受 CPU 所能管理的基本配置能力的限制。

（5）底板或机架。基本配置仅仅用一个底板或机架，也有的 PLC 不用底板。但底板也有不同规格，所以要以 I/O 模块数作不同选择。

2. 扩展配置

整体式 PLC 扩展配置是增加 I/O 扩展模块，I/O 扩展模块有不同的型号和规格，可按所需要增加的点数，选用相应的模块。

模块式 PLC 的扩展配置有两种：

（1）当地扩展配置。在基本配置基础上，在当地增加 I/O 模块及相应的底板和机架。

（2）远程扩展配置。此种配置所增加的机架可远离当地近百米或数千米。

3. 特殊配置

控制系统如需要某些特殊功能时，需配置特殊功能模块，如高速计数模块、位置控制模块、温度检测控制模块等。

更特殊的配置算是多CPU配置，即一个PLC系统或机架中可配置多个CPU单元，这些CPU可以是不同功能的，有的还可以是同一功能的。它们共享系统I/O总线，但各控制各的I/O模块和对象。同时，各CPU间又可方便地交换数据进行控制协调。这种系统将极大提升PLC控制规模与功能，是目前大型PLC发展的新动向。

4. 冗余配置

冗余配置是指除所需的模块外，还附加有多余模块的配置，目的是提高系统的可靠性。能否进行冗余配置，可进行什么样的冗余配置，代表着一种PLC适应特殊需要的能力，是高性能PLC的一个体现，一般的PLC不具备冗余性能。

5. 联网配置

目前PLC网络大体有三层：①设备网，用以与底层的设备、智能传感器、智能执行机构等通信；②控制网，用于PLC与PLC之间的通信；③信息网，用以与管理层的计算机通信，以及进入互联网。

要不要组网，如何组网，选用什么样的通信模块，配置PLC系统时需做好选择。联网是PLC技术发展中的活跃领域，内容非常丰富，并不断有新的技术及系统推出。

6. 附加配置

附加配置是为PLC配备外部设备所做的配置。目的是为PLC程序的编制、调试、存储以及数据的显示、打印等提供条件。

（四）系统配置步骤

PLC系统配置是一个从粗到细，一步步推进的过程，要分步进行。一个配置完成后，有可能再返回来逐步完善，直至从多个方案中挑选出一个最为满意的方案为止。PLC系统配置步骤大致可总结为以下几步：

（1）用经验法，大致确定哪个厂家的PLC及机型。

（2）用估算法，估算出I/O点数及模拟量的路数，并确定选用的PLC型号。

（3）用计算法，计算出所需的模块数。

（4）依据可靠性原则，考虑必要的冗余配置，若为一般系统，这个步骤可以省略。

（5）计算各个方案的投入费用，并依经济性原则选择其中最优方案。

（6）必要时再进一步作性能计算或进行实物测试，并对原有的配置进行最后修正。

第六节 PLC的软件基础

PLC作为一种专为工业环境下应用而设计的计算机，它必须具备相应的控制软件。PLC控制软件总体上讲，可以分为系统程序和应用程序两大部分，两者相对独立。系统程序和应用程序又包括若干不同用途的组成程序。

一、系统程序

PLC的系统程序一般由管理程序、指令译码程序、标准程序块三部分组成，其用途各不相同。

1. 管理程序

管理程序是系统程序的主体，主要功能是控制PLC进行正常工作，包括以下三方面：

（1）系统运行管理。如控制PLC输入采样、输出刷新、逻辑运算、自诊断、数据通信等的时间次序。

（2）系统内存管理。如规定各种数据、程序的存储区域与地址；将用户程序中使用的数据、存储地址转化为系统内部数据格式及实际的物理存储单元地址等。

（3）系统自诊断。PLC 自诊断包括系统错误检测、用户程序的语法检查、指令格式检查、通信超时检查等。当系统发生错误时，可进行相应的报警与提示。

2. 指令译码程序

由于计算机最终识别的是机器码，因此在 PLC 内部必须将编程语言编制的用户程序转变为机器码。指令译码程序的作用就是在执行指令过程前将用户程序逐条翻译成为计算机能够识别的机器码。

3. 标准程序块

在有些 PLC 中（如 SIEMENS PLC），为方便用户编程，PLC 生产厂家将一些实现标准动作或特殊功能的 PLC 程序段，以类似子程序的形式存储于系统程序中，这样的“子程序”称“标准程序块”。用户程序中如需完成“标准程序块”的动作或功能，只需通过调用相应的“标准程序块”并对其执行条件进行赋值即可。

二、应用程序

PLC 应用程序是指用户根据各种控制要求和控制条件编写的 PLC 控制程序，因此常称为用户程序。

应用程序的编制方法和采用的编程语言、用户程序的结构等取决于 PLC 的具体型号、生产厂家、使用的编程工具以及个人习惯等。

梯形图是目前最为常用的编程语言，其程序通俗易懂，编程直观方便。此外，指令表、功能块、顺序功能图、流程图以及其他高级语言也可以在不同的场合使用。

第七节　PLC 与其他工业控制装置的比较

一、PLC 与继电器控制系统的比较

梯形图是使用最多的 PLC 编程语言，其电路符号和表达方式与继电器电路原理图非常相似，主要原因是 PLC 梯形图大致上沿用了继电器控制的电路符号和术语，仅个别之处有些不同。同时，信号的输入/输出形式及控制功能基本上相同，但 PLC 的控制与继电器的控制又有根本不同之处，主要表现在以下几方面。

1. 控制逻辑

继电器控制采用硬接线逻辑，利用机械触点的串联和并联，以及时间继电器等组合成控制逻辑，其接线多而复杂且体积大、功耗大，一旦系统构成，若改变或增加功能都很困难。另外，物理继电器触点数目有限，每个继电器只有 4～8 对触点，因此灵活性和扩展性差。而 PLC 采用存储器逻辑，其控制逻辑以程序方式存储在内存中，要改变控制逻辑，只需改变程序即可，故称为“软接线”。PLC 中每一个继电器对应一个内部的一个寄存器位，由于可无限次读取某位寄存器的内容，所以认为 PLC 的继电器的触点个数为无限个。

2. 工作方式

电源接通时，继电器控制电路中各继电器线圈同时都处于受控状态，即该吸合的都应吸合，不该吸合的因受某种条件限制不能吸合，它属于并行工作方式。而 PLC 的控制逻辑中，各内部器件都处于周期性循环扫描过程中，各种逻辑、数值输出的结果都是按照在程序中的前后顺序计算得出的，所以属于串行工作方式。

3. 控制速度

继电器控制逻辑依靠触点的机械动作实现控制，工作频率低，触点的分合动作一般在几十毫秒数量级。另外，机械触点还会出现抖动问题。而 PLC 是由程序指令控制半导体电路来实现控制，属于无触点控制，速度极快，一般一条用户指令的执行时间在微秒数量级，且 PLC 内部还有严格的同步，不会出现抖动问题。

4. 可靠性和可维护性

继电器控制逻辑使用了大量的机械触点，连线也多，触点分合时会受到电弧的损害，并有机械磨损，寿命短，因此可靠性和可维护性差。而 PLC 采用微电子技术，大量的开关动作由无触点的半导体电路来完成，体积小、寿命长、可靠性高。PLC 还配有自检和监督功能，能检查出自身的故障，并随时显示给操作人员，还能动态地监视控制程序的执行情况，为现场调试和维护提供了方便。

5. 设计和施工

使用继电器控制逻辑完成一项工程，其设计、施工、调试必须依次进行，周期长，而且修改困难，工程越大，这些就越突出。而用 PLC 完成一项控制工程，在系统设计完成以后，现场施工和控制逻辑的设计（包括程序设计）可以同时进行，周期短，且调试和修改方便。

从以上几个方面的比较可知，PLC 在性能上比继电器控制逻辑优越，其可靠性高、通用性强、设计施工周期短、使用维护方便。但在很小的系统中使用时，价格高于继电器系统。

二、PLC 与集散控制系统（DCS）、现场总线控制系统（FCS）的比较

集散系统是从工业自动化仪表控制系统发展到以工业控制计算机为中心的，所以其在模拟量处理、回路调节方面具有一定优势，初期主要用在连续过程控制，侧重回路调节功能。其核心是通信，即数据公路。

PLC 是由继电器逻辑系统发展而来，主要用在离散制造、工序控制，初期主要是代替继电器控制系统，侧重于开关量顺序控制方面。近年来随着计算机技术和通信技术等的发展，PLC 在技术和功能上发生了飞跃。PLC 在初期逻辑运算的基础上，增加了数值运算、闭环调节等功能，还增加了模拟量和 PID 调节等功能模块，且运算速度提高，通信能力增强，发展了多种局部总线和网络（LAN），因而也可构成一个集散系统，所以在许多过程控制系统中 PLC 也得到了广泛应用。

现场总线是安装在制造和过程区域的现场装置与控制室内的自动控制装置之间的数字式、串行、多点通信的数据总线，是当前工业自动化的热点之一。现场总线采用总线通信的拓扑结构，整个系统处于全开放、全数字、全分散的控制平台上。现场总线控制系统的核心是总线协议，即总线标准。在现场总线控制系统中，增加了相关通信协议接口的 PLC，既可以作为 FCS 的主控制器，也可以作为智能化的从站实现分散式的控制，一些软 PLC 配合通信板卡也可以作为 FCS 的主站。

目前，PLC、DCS（Distributed Control System）与 FCS（Fieldbus Control System）三种控制系统之间相互融合。比如 PLC 在 FCS 中仍是主要角色，许多 PLC 都配置上了总线模块和接口，使得 PLC 不仅是 FCS 主站的主要选择对象，也是从站的主要装置。而 DCS 把现场总线技术包容了进来，对过去的 DCS I/O 控制站进行了彻底的改造，编程语言也采用标准化的 PLC 编程语言。目前 DCS 既保持了其可靠性高、高端信息处理功能强的特点，也使得底层真正实现了分散控制。目前在中小型项目中使用的控制系统比较单一和明确，但在大型工程项目中，使用的大多是 PLC、DCS 和 FCS 的混合系统。

三、PLC 与工业控制计算机（IPC）的比较

过去 PLC 处理过程控制任务的性价比较低，而 FCS 又处于使用的初级阶段，在小型的过程控制系统中，使用 DCS 确实是大马拉小车，这使基于 IPC+ISA/PCI 总线+Windows/NT 技术的控制系统得到了广泛的应用。现在嵌入式的 IPC（Industrial PC）已和原来的 IPC 有了天壤之别，一种结合 PLC 的高可靠性和 PC 机的高级软件功能的新产品应运而生，这就是 PAC（Programmable Automation Controller），它包括了 PLC 的主要功能，以及 PC-based 控制中基于对象的、开放的数据格式和网络能力。其主要特点是使用标准的 IEC61131-3 编程语言，具有多控制任务处理功能，兼具 PLC 和 PC 机的特点。而 PLC 和传统的 IPC 控制系统相比，由于 PLC 的硬件系统和软件系统都采用了许多抗干扰措施，所以其抗干扰能力比 IPC 控制系统强，梯形图编程语言也远比 IPC 的高级语言和汇编语言简单，操作也更简单和方便。

第八节　PLC 的发展趋势

根据全世界自动化市场的过去、现在和可以预见的未来而言，PLC 仍然处于一种核心地位，其发展趋势主要体现在如下几方面。

1. 向小型化、专用化、低成本方向发展

随着微电子技术的发展，新型器件的性能不断提高，价格却大幅降低，使得 PLC 的结构更为紧凑，功能不断增强，将原来大、中型 PLC 才有的功能部分移植到小型 PLC 上，如模拟量处理、复杂功能指令和网络通信等。而 PLC 的价格却不断下降，使 PLC 真正成为现代电气控制系统中不可替代的控制装置。据统计，小型和微型 PLC 的市场份额一直保持在 70%～80%之间，所以对 PLC 小型化的追求不会停止。

2. 向大容量、高速度、信息化方向发展

现在大中型 PLC 采用多 CPU 系统，有的 CPU 采用了 64B RISC 芯片，并集成了通信联网功能，可同时进行多任务操作，运算速度、数据交换速度及外设响应速度大幅度提高，存储器容量大大增加，特别是增强了过程控制和数据处理能力。为了适应工厂控制系统和企业信息管理系统日益有机结合的要求，信息技术也渗透到了 PLC 中，如设置开放的网络环境、支持 OPC（OLE for Process Control）技术等。

3. 智能化模块的发展

为了实现某些特殊功能，PLC 制造商开发了许多智能化的模块。这些模块本身带有 CPU，缩短了占用主 CPU 的时间，减少了对 PLC 扫描速度的影响，提高了整个 PLC 控制系统的性能。典型的智能化模块主要有高速计数模块、定位控制模块、温度控制模块、闭环控制模块、以太网通信模块和各种现场总线协议通信模块等。

4. 可靠性进一步提高

随着 PLC 进入过程控制领域，对 PLC 的可靠性要求进一步提高，硬件冗余的容错技术将进一步应用，不仅会有 CPU 单元冗余、通信单元冗余、电源单元冗余、I/O 单元冗余，甚至有整个系统冗余。此外，PLC 生产厂商都致力于研、发用于检测外部故障的专用智能模块，以增强外部故障的检测与处理能力，进一步提高系统的可靠性。

5. 编程语言多样化

在 PLC 系统结构不断发展的同时，PLC 的编程语言也越来越丰富，功能也不断提高。除了大多数 PLC 使用的梯形图语言外，为了适应各种控制要求，出现了面向顺序控制的功能图语言、面向过程控制的流程图语言、与计算机兼容的高级语言（BASIC、C 语言等）等。多种编程语言的并存、互补与发展是 PLC 编程语言发展的一种趋势。

本章小结

PLC 作为一种工业标准设备，虽然生产厂家众多，产品种类层出不穷，但它们在结构组成、工作原理和编程方法等许多方面是基本相同的。本章从多个层面介绍了有关 PLC 的基础知识，重点介绍了 PLC 的基本组成及工作原理。

（1）PLC 是计算机技术与继电接触器技术相结合的产物。它是专为工业环境下应用而设计的，其可靠性高，使用方便，应用范围广，且功能不断增强，应用领域不断扩大和延伸，应用方式也不断丰富。

（2）PLC 采用了典型的计算机结构，主要是由 CPU、存储器、专门设计的 I/O 模块、电源等主要部件组成。

（3）PLC 采用集中输入、集中输出、不断循环的顺序扫描工作方式。其 PLC 工作过程的核心内容包括输入采样、程序执行和输出刷新三个阶段。

（4）PLC 有多种编程语言，PLC 梯形图是由原电气控制系统的继电接触器原理图演变而来，其形象直观，是 PLC 最常用的编程语言。

习题与思考题

4-1 PLC 有什么特点？

4-2 构成 PLC 的主要部件有哪些？各部分的主要作用是什么？

4-3 PLC 是按什么样的工作方式进行工作的？其核心工作过程分几个阶段？每个阶段主要完成哪些控制任务？

4-4 什么是 PLC 的扫描周期？其长短与哪些因素有关系？

4-5 PLC 对输入信号的脉冲宽度及频率有什么要求？

4-6 采用集中输入、输出刷新方式时，PLC 的输出至少滞后输入多长时间？

4-7 说明 PLC 梯形图的“能流”概念。

4-8 PLC 输入、输出模块中为何要设光电隔离器？

4-9 PLC 的开关量输出模块各有什么特点？它们分别适合于什么场合？

4-10 PLC 配置原则有哪些？

4-11 PLC 工作方式和继电器工作方式有何不同？

4-12 PLC 的最新发展主要体现在哪些方面？

第五章　S7-200 系列 PLC

S7-200 系列 PLC 是德国西门子公司生产的一种小型 PLC，其许多功能达到大、中型 PLC 的水平，而价格却比较低廉，因此它一经推出便受到广泛的关注。近几年西门子公司在 S7-200 系列 PLC 基础上还开发出其他小型 PLC 产品，但初学者可从 S7-200 系列 PLC 的应用开始学起，其他系列产品在后期的使用中也会轻松掌握。本章介绍 S7-200 系列 PLC 的型号、系统构成、技术参数及内部继电器等基础知识。

第一节　概　　述

一、S7-200 系列 PLC 的型号

S7-200 系列 PLC 的基本型号通过基本单元（CPU 模块）进行区分，共有 CPU221、CPU222、CPU224、CPU224XP、CPU226 五种基本规格。每种规格中，根据 PLC 电源的不同，还可以分为 AC 电源供电/继电器输出与 DC 电源供电/晶体管输出两种类型。因此，S7-200 系列 PLC 共有 10 种产品供用户选择，详见表 5-1。

CPU 型号中各参数的基本含义如下：

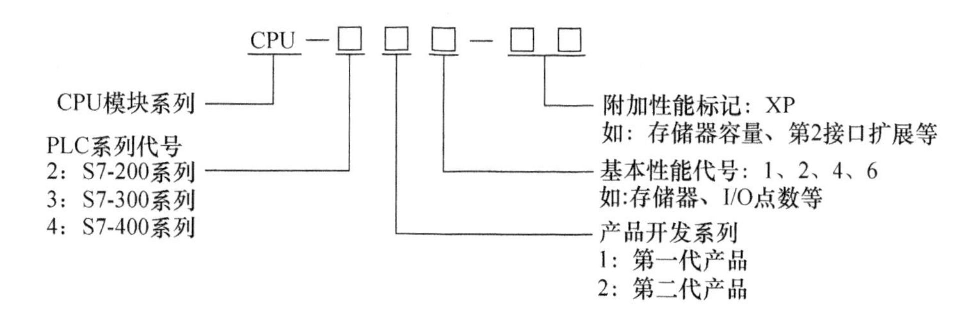

表 5-1　　S7-200 系列 PLC CPU 的型号

CPU 型号	电源与集成 I/O 点
CPU221	DC24V 电源、DC24V 输入、DC24V 晶体管输出
	AC120～240V 电源、DC24V 输入、继电器输出
CPU222	DC24V 电源、DC24V 输入、DC24V 晶体管输出
	AC120～240V 电源、DC24V 输入、继电器输出
CPU224	DC24V 电源、DC24V 输入、DC24V 晶体管输出
	AC120～240V 电源、DC24V 输入、继电器输出
CPU224XP	DC24V 电源、DC24V 输入、DC24V 晶体管输出
	AC120～240V 电源、DC24V 输入、继电器输出
CPU226	DC24V 电源、DC24V 输入、DC24V 晶体管输出
	AC120～240V 电源、DC24V 输入、继电器输出

二、基本单元、扩展单元及系统构成

S7-200 系列 PLC 系统构成主要包括基本单元、扩展单元、相关设备和工业软件等部分。

（一）基本单元

基本单元即 CPU 模块，S7-200 系列 PLC 可提供五种 CPU 供选择使用，CPU 模块包括 CPU、存储器、基本输入/输出点和电源等，是 PLC 系统的主要部分。

S7-200 系列 PLC 中五种基本单元的输入/输出点数分配见表 5-2。

表 5-2　　基本单元的输入/输出点数分配表

型　号		输入点	输出点	可带扩展模块数
CPU221	本机数字量	6	4	—
CPU222	本机数字量	8	6	2
CPU224	本机数字量	14	10	7
CPU224XP	本机数字量	14	10	7
	本机模拟量	2	1	
CPU226	本机数字量	24	16	7

（二）扩展单元

当 CPU 的 I/O 点数不够或需要完成某种特殊的功能时，就需要连接扩展单元模块。除 CPU221 外，其他 CPU 模块均可以连接多个扩展模块，连接时 CPU 模块放在最左侧，扩展模块用扁平电缆与左侧的模块相连。不同的 CPU 有不同的扩展规范，比如可连接的扩展模块的数量和种类等，这些主要受 CPU 的功能限制，在使用时可参考 SIEMENS 的系统手册。

1. 数字量 I/O 扩展模块

S7-200 系列 PLC 的主机本身提供一定数量的数字量 I/O，当 I/O 点数不够时，就必须增加 I/O 扩展模块，对 I/O 点数进行扩充。

S7-200 系列 PLC 可以选用的数字量 I/O 扩展模块种类见表 5-3。

表 5-3　　S7-200 系列 PLC 数字量扩展模块一览表

型　号	名　　称	主 要 参 数
EM221	数字量输入	8 点，DC24V 输入
		8 点，AC120/230V 输入
		16 点，DC24V 输入
EM222	数字量输出	8 点，DC24V/0.75A 输出
		8 点，2A 继电器接点输出
		8 点，AC120/230V 输出
		4 点，DC24V/5A 输出
		4 点，10A 继电器接点输出
EM223	数字量输入/输出混合模块	4 输入/4 输出，DC24V
		4 点 DC24V 输入/4 点继电器输出
		8 输入/8 输出，DC24V
		8 点 DC24V 输入/8 点继电器输出
		16 输入/16 输出，DC24V
		16 点 DC24V 输入/16 点继电器输出

2. 模拟量 I/O 扩展

S7-200 系列 PLC （CPU221 除外）可以通过选用模拟量 I/O 扩展模块（包括温度测量模块），增加 PLC 的温度、转速、位置等的测量、显示与调节功能。

（1）模拟量输入扩展模块 EM231。模拟量输入与温度测量模块共有三种规格可供选择，即模拟量输入、热电阻温度测量、热电偶温度测量模块。

模拟量输入可以电压信号也可以是电流信号，电压信号范围可以分为 0～10VDC、－5～＋5VDC、－10～＋10VDC 等，电流信号范围可以分为 0～20mA、4～20mA。具体模拟量输入的范围参照 PLC 技术说明。每个单个模拟模块最大 I/O 点数为 4 点，转换位数为 12 位，分辨率可以达到 2.5mV（电压）或 5μA（电流）。

热电阻、热电偶温度测量可以与多种形式的热电阻连接使用，测量精度为±0.1℃，转换位数为 16 位（包括符号位）。

（2）模拟量输出扩展模块 EM232。只有一种规格可供选择，输出可以是－10～＋10VDC 模拟电压或 0～20mA DC 模拟电流。模块 I/O 点数为 2 点，转换位数为 12 位（模拟电压）或 11 位（模拟电流）。

（3）模拟量输入/输出混合扩展模块。只有一种规格可供选择，可以是－10～＋10VDC 模拟电压，其一般规格为－5～＋5VDC、－10～＋10VDC 等，或 0～20mA 模拟电流输入。输出可以是－10～＋10VDC 模拟电压或 0～20mA DC 模拟电流。模块 I/O 点数为 4 点输入/2 点输出，输入转换位数为 12 位，输出转换位数为 12 位（电压）或 11 位（电流）。

模拟量输入/输出模块的型号和规格见表 5-4。

表 5-4　S7-200 系列 PLC 模拟量扩展模块一览表

型　号	名　称	主 要 参 数
EM231	模拟量输入	4 点，DC（0～10V/0～20mA）输入，12 位
		2 点，热电阻输入，16 位
		4 点，热电偶输入，16 位
EM232	模拟量输出	2 点，（－10～＋10V/0～20mA），12 位
EM235	模拟量输入/输出混合模块	4 输入/1 输出（占用 2 路输出地址）， DC（0～10V/0～20mA）输入； DC（－10～＋10V/0～20mA）输出

3. 定位扩展模块 EM253

S7-200 系列 PLC（CPU221 除外）可以通过选用定位扩展模块 EM253 实现高精度的运动控制。控制范围从微型步进电动机到智能伺服系统。集成的脉冲接口能产生高达 200kHz 的脉冲信号，并指定位置、速度和方向。集成的位置开关输入能够脱离 CPU 独立的完成任务。

4. SIWAREX MS 称重模块

该模块适用于所有简单称重和测力任务，其基本功能就是测量传感器电压，然后将电压值转换为重量值。该模块拥有两个串行接口，一个可用于连接数字式远程指示器，一个可用于和主机相连，进行串行通信。可借助于 S7-200 的编程软件将称重模块集成到设备软件中，与串行通信连接的称重仪表相比，该模块可省去连接到 PLC 所需要的成本昂贵的通信组件。

另外，SIWAREX MS 称重模块还可以和多个电子秤配合使用，这样在 S7-200 系列 PLC 控制系统中组成一个可任意编程的模块化称重系统。

5. 网络扩展模块

S7-200 系列 PLC（CPU221 除外）可以通过 CPU 模块的集成 RS-422/485 接口与外部设备进行通信外，还可以通过网络链接模块增加网络功能，以构成 PLC 网络控制系统。

（1）调制解调器模块 EM241。EM241 是用于 S7-200 系列 PLC 远程维护和远程诊断的通信接口模块，可通过电话线、Modbus 或 PPI 协议进行 CPU 到 PC 或 CPU 到 CPU 的通信。

（2）PROFIBUS-DP 总线链接模块 EM277。通过 EM277 模块 S7-200 可以成为 PLC 网络系统中的“从站”，并可与 PLC 网络中的 S7-300/400、编程器等“主站”设备间进行任意数据的通信。

（3）工业以太网链接模块。工业以太网（Ethernet）接口模块也称通信处理器，是将 S7-200 PLC 通过 RJ-45 接口链接到工业以太网的接口模块。S7-200 PLC 可以用于工业以太网链接的模块有 CP243-1 与 CP243-1IT 两种规格。

（4）远程 I/O 链接模块 CP243-2。远程 I/O 链接模块 CP243-2（也称 AS-i 接口模块），是用于 S7-200 PLC 远程 I/O 控制或分布式系统的接口模块，使 PLC 成为 AS-i 的“主站”。

（5）SINAUT MD720-3 调制解调器。该模块用于基于 S7-200 PLC 和 WinCC Flexible 的移动无线通信。它通过 GSM 网络进行基于 IP 的数据传输，可自动建立 GPRS 连接，可以切换到 CSD 方式。

扩展模块性能请参见 S7-200 系列 PLC 系统手册。

（三）相关设备

相关设备是为了方便利用系统的硬件和软件资源而开发的，主要包括编程设备、网络设备、人机操作界面等。

（四）工业软件

工业软件是为实现系统控制功能而开发的相关配套程序。对于 S7-200 系列 PLC 来讲，与其配套的软件主要有 STEP 7-Micro/WIN 编程软件和 HMI 人机界面的组态编程软件 ProTool、WinCC Flexible。

三、结构特点及技术参数

（一）结构特点

S7-200 系列 PLC 属于整体式结构，其特点是结构紧凑。它将 CPU 板、输入板、输出板、电源等所有模板都装入一个机体内，构成一个整体，这样体积小、成本低、安装方便。整体式 PLC 可以直接装入机床或电控柜中，它是机电一体化的特有产品。S7-200 系列 PLC 主机（CPU 模块）的外形如图 5-1 所示。

图中各部分功能如下：

（1）I/O LED 指示灯用于显示输入/输出端子的状态。

（2）状态 LED 指示灯用于显示 CPU 所处的工作状态，共三个指示灯，SF/DIAG（System Fault/Diagnose）为系统错误/诊断指示灯，RUN 为运行指示灯，STOP 为停止运行指示灯。

（3）可选卡插槽可以插入 EEPROM 卡、时钟卡和电池卡。

（4）通信口可以连接 RS-485 总线的通信电缆。

（5）顶部端子盖下边为输出端子和 PLC 供电电源端子。输出端子的运行状态可以由顶部端子盖下方一排指示灯显示（即 I/O LED 指示灯），ON 状态对应指示灯亮。

（6）底部端子盖下边为输入端子和传感器电源端子。输入端子的运行状态可以由底部端子盖上方一排指示灯显示（即 I/O LED 指示灯），ON 状态对应指示灯亮。

（7）前盖下面有运行、停止开关和接口模块插座。将开关拨向 STOP 位置时，PLC 处于停止状态，此时可以对其编写程序。将开关拨向 RUN 位置时，PLC 处于运行状态，此时不能对其编写程序。扩展端口用于连接扩展模块，实现 I/O 扩展或功能扩展。

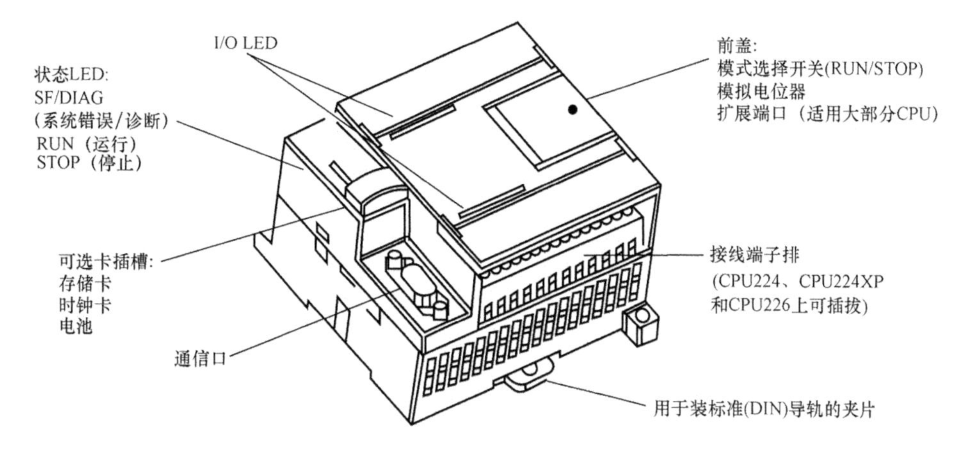

图 5-1 S7-200 系列 PLC 的主机外形图

（二）主要技术参数

S7-200 系列 PLC 五种基本规格的主要技术参数见表 5-5。

表 5-5　　S7-200 系列 PLC CPU 主要技术参数

主要参数	CPU221	CPU222	CPU224	CPU224XP	CPU226
PLC 结构类型	固定 I/O 型	基本单元＋扩展单元			
最大可连接的开关量 I/O 点数	10（6/4）	78	168	168	248
最大可连接的模拟量 I/O 点数	无	10	35	38	35
基本单元集成的 I/O 数量	10（6/4）	14（8/6）	24（14/10）	24（14/10）	40（24/16）
可增加的扩展模块数	无	2	7	7	7
用户程序存储容量	4KB	4KB	8KB	12KB	16KB
数据存储器容量	2KB	2KB	8KB	10KB	10KB
编程软件	STEP 7-Micro/WIN				
逻辑指令执行时间	0.22μs				
标志寄存器数量	256				
定时器数量	256				
计数器数量	256				
高速计数输入	4 点	4 点	6 点	6 点	6 点
高速脉冲输入	2 点	2 点	2 点	2 点	2 点
通信接口	1 个，RS-485	1 个，RS-485	1 个，RS-485	2 个，RS-485	2 个，RS-485
支持的通信协议	PPI、MPI、自由口	PPI、MPI、自由口、PROFIBUS-DP			
模拟电位器	1 点，8 位分辨率		2 点，8 位分辨率		

第二节 S7-200 系列 PLC 内部继电器

S7-200 系列 PLC 数据区可分为输入继电器区 I、输出继电器区 Q、变量寄存器区 V、辅助继电器区 M、特殊标志位 SM、定时器 T、计数器 C、高速计数器 HC、累加器 AC、顺序控制继电器 S、模拟量输入/输出（AIW/AQW）、局部存储器区 L，共 13 个区。

S7-200 系列 PLC 将信息存于不同的存储器单元中，每个单元都有唯一的地址，只要明确指出要存取的存储器地址，用户程序便可直接存取这个信息。若要存取存储器中的某一位（即一个软继电器）则需指定位地址。位地址的编址包括存储器标识符、字节地址和位号，其中位号采用八进制编码，字节地址和位地址之间用点号“.”相隔开，如图 5-2（a）是存储器中的一个输入继电器的表示方法，其中存储器标识符 I 代表输入继电器、1 为字节地址、3 为位号。其对应的输入映像寄存器区如图 5-2（b）所示。

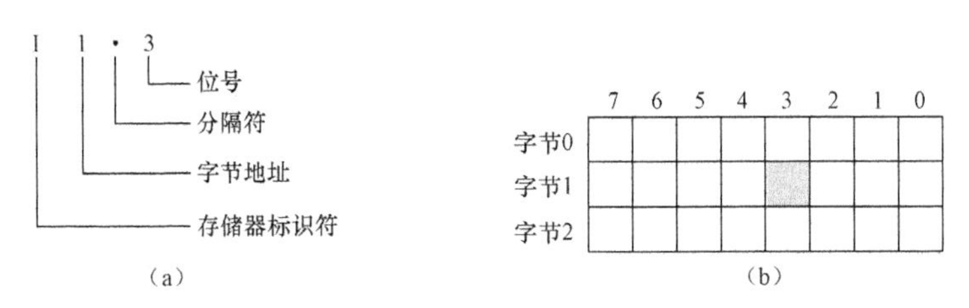

图 5-2 存储器中的位数据表示方法

S7-200 系列 PLC 除了可按位存取某个继电器外，还可以按照字节、字或双字来存取许多存储区，如 I、Q、V、M、SM、S、L。若要存取 CPU 中的一个字节、字或双字数据，则必须给出其对应的存储器地址，其地址的编址包括存储器标识符、数据类型大小（B 字节、W 字、D 双字）及该字节、字或双字的起始字节地址，如图 5-3 所示。

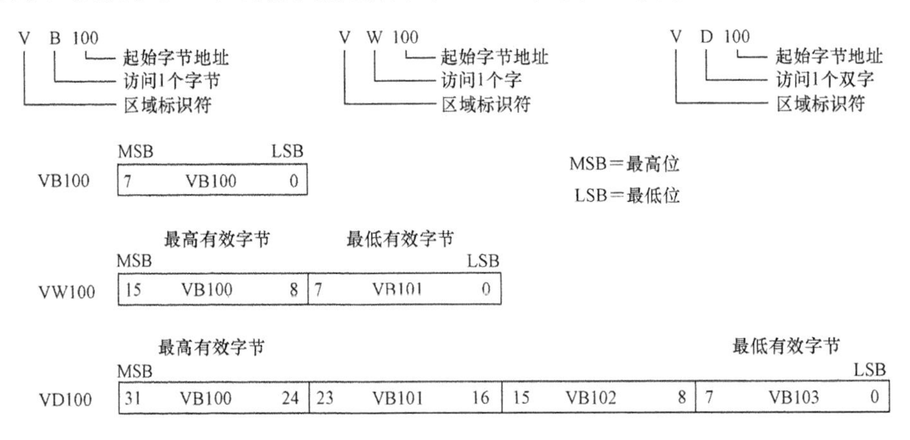

图 5-3 字节、字或双字寻址

T、C、HC 和累加器中存取数据使用的地址格式包括区域标识符和设备号，如 T20、C3、AC0 等。

一、输入继电器 I

输入继电器 I 位于 PLC 存储器的输入映像寄存器区，其外部有物理的输入端子与之对应。在每次扫描周期的开始，CPU 对物理输入点进行采样，并将采样值写入输入映像寄存器中。可以按位、字节、字或双字来存取输入映像寄存器中的数据。

存取格式：

位：I[字节地址].[位地址]，如 I0.5。

字节、字或双字：I[长度][起始字节地址]，如 IB0、IW0、ID2。

CPU221、CPU222、CPU224、CPU224XP、CPU226 五种 CPU 模块的输入映像寄存器范围均为 I0.0～I15.7。PLC 控制系统实际的输入点数不能超过 PLC 所提供的具有外部接线端子的输入继电器的数量。具有地址而未使用的输入映像寄存器可能有剩余，它们可以作为内部辅助继电器使用，但为了程序的可读性，建议不把这些未用的输入继电器另作他用。输入继电器由外部信号直接驱动，故在编程时只能使用其触点。

二、输出继电器 Q

输出继电器 Q 位于 PLC 存储器的输出映像寄存器区，其外部有物理的输出端子与之对应。在每次扫描周期的最后阶段，CPU 将输出映像寄存器中的数值送到输出锁存器，对输出点进行刷新。可以按位、字节、字或双字来存取输出映像寄存器中的数据。

存取格式：

位：Q[字节地址].[位地址]，如 Q0.0。

字节、字或双字：Q[长度][起始字节地址]，如 QB1、QW4、QD4。

CPU221、CPU222、CPU224、CPU224XP、CPU226 五种 CPU 模块的输出映像寄存器范围均为 Q0.0～Q15.7。PLC 控制系统实际的输出点数不能超过 PLC 所提供的具有外部接线端子的输出继电器的数量。未使用的输出映像寄存器可以另作他用，但为了程序的可读性，建议不使用这些未使用的输出继电器。

三、变量存储器 V

变量存储器 V 用来存储程序执行过程中控制逻辑操作的中间结果，也可以用来保存与工序或任务相关的其他数据。在进行数据处理或使用大量的存储单元时，变量存储器 V 会经常用到。可以按位、字节、字或双字来存取 V 存储区中的数据。

存取格式：

位：V[字节地址].[位地址]，如 V10.5。

字节、字或双字：V[长度][起始字节地址]，如 VW2。

CPU221、CPU222 变量存储器范围均为 VB0～VB2047，CPU224 变量存储器范围为 VB0～VB8191，CPU224XP、CPU226 变量存储器范围均为 VB0～VB10239。

四、辅助继电器 M

辅助继电器 M 的作用和继电器控制系统中的中间继电器作用类似，它在 PLC 中没有外部的输入端子或输出端子与之对应，常作为控制继电器来存储中间操作状态和控制信息。它可以按位、字节、字或双字来存取其中的数据。

存取格式：

位：M[字节地址].[位地址]，如 M31.7。

字节、字或双字：M[长度][起始字节地址]，如 MW6。

CPU221、CPU222、CPU224、CPU224XP、CPU226 五种 CPU 模块的辅助继电器范围均为 M0.0～M31.7。

五、特殊标志位 SM

SM 位为 CPU 与用户程序之间传递信息提供了一种手段。这些位可以用来选择和控制 S7-200 CPU 的一些特殊功能。例如，首次扫描标志位、按照固定频率开关的标志位或者显示数学运算或操作指令状态的标志位等。它可以按位、字节、字或双字来存取。

存取格式：

位：SM[字节地址].[位地址]，如 SM0.5。

字节、字或者双字：SM[长度][起始字节地址]，如 SMB28。

CPU221 特殊标志位 SM 的范围为 SM0.0～SM179.7，CPU222 SM 的范围为 SM0.0～SM299.7，CPU224、CPU224XP、CPU226 三种 CPU 模块 SM 的范围均为 SM0.0～SM549.7。其中五种 CPU 模块中的 SM0.0～SM29.7 均为只读区域，只读区域的特殊标志位，用户只能利用其触点。

主要的特殊继电器有以下几类：

（1）表示状态：SMB0、SMB1 和 SMB5。

（2）存储扫描时间：SMW22、SMW26。

（3）存储模拟电位器值：SMB28、SMB29。

（4）用于通信：

SMB2、SMB3、SMB30、SMB130 用于自由口通信。

SMB86～SMB94、SMB186～SMB194 接收信息控制。

（5）用于高速计数：SMB36～SMB65、SMB131～SMB165。

（6）用于脉冲输出：SMB66～SMB85、SMB166～SMB185。

（7）用于中断：SMB4、SMB34、SMB35。

常用的 SMB0 和 SMB1 的状态位信息见表 5-6。

表 5-6　常用特殊继电器 SMB0 和 SMB1 的位信息

SM0.0	该位始终为 1，即常 ON	SM1.0	当执行某些指令，其结果为 0 时，将该位置 1
SM0.1	该位在首次扫描时为 ON	SM1.1	当执行某些指令，其结果溢出或查出非法数值时，将该位置 1
SM0.2	若保持数据丢失，则该位在一个扫描周期中为 ON	SM1.2	当执行数学运算，其结果为负数时，将该位置 1
SM0.3	开机后进入 RUN 方式，该位将 ON 一个扫描周期	SM1.3	除以零时，将该位置 1
SM0.4	时钟脉冲，30s 为 ON，30s 为 OFF，周期为 1min	SM1.4	当执行 ATT 指令时，超出表范围时，将该位置 1
SM0.5	时钟脉冲，0.5s 为 ON，0.5s 为 OFF，周期为 1s	SM1.5	当执行 LIFO 或 FIFO 指令，从空表中读数时，将该位置 1
SM0.6	该位为扫描时钟，本次扫描时置 ON，下次扫描时置 OFF	SM1.6	当一个非 BCD 数转换为二进制数时，将该位置 1
SM0.7	该位指示 CPU 工作方式开关的位置，在 RUN 位置时该位为 1，在 TERM 位置时该位为 0	SM1.7	当 ASCII 码不能转换为有效的十六进制数时，将该位置 1

六、定时器 T

S7-200 系列 PLC 中，定时器与继电接触控制系统中的时间继电器作用类似，可进行时间控制。定时器的预设值由程序赋予，每个定时器有一个 16 位的当前值寄存器及一个状态位。它可以用定时器地址来存取这两种形式的定时器数据。

存取格式：T[定时器号]，如 T37。

究竟使用哪种形式的数据取决于所使用的指令，如果使用位操作指令则是存取定时器状态位，如果使用字操作指令则是存取定时器的当前值。

S7-200 系列 PLC 中为用户提供了三种类型的定时器，有记忆接通延时定时器（TONR）、接通延时定时器（TON）和断开延时定时器（TOF）。定时器的分辨率（或定时精度）有 1ms、10ms 和 100ms 三种。

CPU221、CPU222、CPU224、CPU224XP、CPU226 五种 CPU 模块均有 256 个定时器，定时器的类型及分辨率的编号分配见表 5-7。

表 5-7　　定时器的类型及分辨率和编号

定时器类型	分辨率	定 时 器 编 号
有记忆接通延时型	1ms	T0，T64
	10ms	T1～T4，T65～T68
	100ms	T5～T31，T69～T95
接通/断开延时型	1ms	T32，T96
	10ms	T33～T36，T97～T100
	100ms	T37～T63，T101～T255

七、计数器 C

计数器可以用于累计输入脉冲的个数，常用于对产品进行计数。计数器的设定值由程序赋予，每个计数器有一个 16 位的当前值寄存器及一个状态位。它可以用计数器地址来存取这两种形式的计数器数据。

存取格式：C[计数器号]，如 C10。

究竟使用哪种形式取决于所使用的指令：如果使用位操作指令则是存取计数器位，如果使用字操作指令则是存取计数器当前值。

CPU221、CPU222、CPU224、CPU224XP、CPU226 五种 CPU 模块均有 256 个计数器，其计数器范围为 C0～C255。

八、高速计数器 HSC

高速计数器的工作原理与普通计数器基本相同，只不过高速计数器是用来累计比主机扫描速率更快的高速脉冲。高速计数器当前值为一个 32 位的，有符号整数且为只读值。若要读取高速计数器中的值，则应给出高速计数器的地址，即存储器类型（HSC）加上计数器号，且仅可以作为双字（32 位）来寻址。

格式：HSC[高速计数器号]，如 HSC1。

CPU221、CPU222 有 4 个高速计数器，它们是 HSC0 和 HSC3～HSC5；CPU224、CPU224XP、CPU226 有 6 个高速计数器，其范围为 HSC0～HSC5。

九、累加器 AC

累加器是可以像存储器那样使用的读写设备。例如，可以用它来向子程序传递参数，也可以从子程序返回参数，以及用来存储计算的中间结果。S7-200 系列 PLC 提供 4 个 32 位累加器（AC0、AC1、AC2 和 AC3），并且可以按字节、字或双字的形式来存取累加器中的数值。被访问的数据长度取决于存取累加器时所使用的指令。当以字节或者字的形式存取累加器时，使用的是数值的低 8 位或低 16 位。当以双字的形式存取累加器时，使用全部 32 位。

存取格式：AC[累加器号]，如 AC0。

CPU221、CPU222、CPU224、CPU224XP、CPU226 五种 CPU 模块均有 4 个累加器，其范围为 AC0～AC3。

十、顺序控制继电器 S

顺序控制继电器又称作状态器，用于顺序控制或步进控制中。如果未被用于顺序控制中，也可以作为一般的辅助继电器使用，并且可以按位、字节、字或双字来存取。

存取格式：

位：S[字节地址].[位地址]，如 S1.2。

字节、字或者双字：S[长度][起始字节地址]，如 SB6。

CPU221、CPU222、CPU224、CPU224XP、CPU226 五种 CPU 模块顺序控制继电器的范围均为 S0.0～S31.7。

十一、模拟量输入/输出（AIW/AQW）

S7-200 系列 PLC 将模拟量值（如温度或电压）转换成 1 个字长（16 位）的数字量，可以用区域标识符（AI）、数据长度（W）及字节的起始地址来读取这些值。因为模拟输入量为 1 个字长，且从偶数位字节（如 0，2，4）开始，所以必须用偶数字节地址（如 AIW0，AIW2，AIW4）来读取这些值。模拟量输入值为只读数据。

格式：AIW[起始字节地址]，如 AIW2。

CPU222 模块的模拟量输入范围为 AIW0～AIW30，CPU224、CPU224XP、CPU226 三种 CPU 模块的模拟量输入范围均为 AIW0～AIW62。

S7-200 系列 PLC 可以将一个字长（16 位）数字值按比例转换为电流或电压，可以用区域标识符（AQ）、数据长度（W）及字节的起始地址来改变这些值。因为模拟量为一个字长，且从偶数字节（如 0，2，4）开始，所以必须用偶数字节地址（如 AQW0、AQW2、AQW4）来改变这些值。模拟量输出值是只写数据。

格式：AQW[起始字节地址]，如 AQW4。

CPU222 模块的模拟量输出范围为 AQW0～AQW30，CPU224、CPU224XP、CPU226 三种 CPU 模块的模拟量输出范围均为 AQW0～AQW62。

十二、局部变量存储器 L

局部存储器 L 和变量存储器 V 很相似，主要区别是变量存储器是全局有效的，而局部存储器只在局部有效。全局有效是指同一个变量可以被任何程序存取（包括主程序、子程序和中断服务程序），而局部有效是指变量只和特定的程序相关联。

S7-200 系列 PLC 提供了 64 个字节的局部变量存储器，不同程序的局部变量存储器不能互相访问。其可以按位、字节、字或双字来存取。

存取格式：

位：L[字节地址].[位地址]，如 L0.0。

字节、字或双字：L[长度][起始字节地址]，如 LB30。

CPU221、CPU222、CPU224、CPU224XP、CPU226 五种 CPU 模块局部存储器的范围均为 LB0～LB63。

S7-200 系列 PLC 存储器范围及存取格式见表 5-8。

表 5-8　S7-200 系列 PLC 存储器范围及存取格式

<table>
<tr><th colspan="2" rowspan="2">描　述</th><th colspan="5">范　围</th><th colspan="4">存 取 格 式</th></tr>
<tr><th>CPU221</th><th>CPU222</th><th>CPU224</th><th>CPU224XP</th><th>CPU226</th><th>位</th><th>字节</th><th>字</th><th>双字</th></tr>
<tr><td colspan="2">输入映像寄存器</td><td colspan="5">I0.0～I15.7</td><td>Ix.y</td><td>IBx</td><td>IWx</td><td>IDx</td></tr>
<tr><td colspan="2">输出映像寄存器</td><td colspan="5">Q0.0～Q15.7</td><td>Qx.y</td><td>QBx</td><td>QWx</td><td>QDx</td></tr>
<tr><td colspan="2">变量存储器</td><td colspan="2">VB0～VB2047</td><td>VB0～VB8191</td><td colspan="2">VB0～VB10239</td><td>Vx.y</td><td>VBx</td><td>VWx</td><td>VDx</td></tr>
<tr><td colspan="2">辅助寄存器</td><td colspan="5">M0.0～M31.7</td><td>Mx.y</td><td>MBx</td><td>MWx</td><td>MDx</td></tr>
<tr><td colspan="2" rowspan="2">特殊存储器</td><td>SM0.0～SM179.7</td><td>SM0.0～SM299.7</td><td colspan="3">SM0.0～SM549.7</td><td rowspan="2">SMx.y</td><td rowspan="2">SMBx</td><td rowspan="2">SMWx</td><td rowspan="2">SMDx</td></tr>
<tr><td colspan="5">SM0.0～SM29.7 只读</td></tr>
<tr><td rowspan="6">定时器</td><td rowspan="3">有记忆接通延时</td><td colspan="2">1ms</td><td colspan="3">T0，T64</td><td rowspan="6">Tx</td><td rowspan="6">—</td><td rowspan="6">Tx</td><td rowspan="6">—</td></tr>
<tr><td colspan="2">10ms</td><td colspan="3">T1～T4，T65～T68</td></tr>
<tr><td colspan="2">100ms</td><td colspan="3">T5～T31，T69～T95</td></tr>
<tr><td rowspan="3">接通/关断延时</td><td colspan="2">1ms</td><td colspan="3">T32，T96</td></tr>
<tr><td colspan="2">10ms</td><td colspan="3">T33～T36，T97～T100</td></tr>
<tr><td colspan="2">100ms</td><td colspan="3">T37～T63，T101～T255</td></tr>
<tr><td colspan="2">计数器</td><td colspan="5">C0 ～ C255</td><td>Cx</td><td>—</td><td>Cx</td><td>—</td></tr>
<tr><td colspan="2">高速
计数器</td><td colspan="2">HSC0、HSC3～HSC5</td><td colspan="3">HSC0～HSC5</td><td>—</td><td>—</td><td>—</td><td>HCx</td></tr>
<tr><td colspan="2">累加器</td><td colspan="5">AC0～AC3</td><td>—</td><td>ACx</td><td>ACx</td><td>ACx</td></tr>
<tr><td colspan="2">顺序控制继电器</td><td colspan="5">S0.0～S31.7</td><td>Sx.y</td><td>SBx</td><td>SWx</td><td>SDx</td></tr>
<tr><td colspan="2">模拟量输入（只读）</td><td>—</td><td>AIW0～AIW30</td><td colspan="3">AIW0～AIW62</td><td>—</td><td>—</td><td>AIWx</td><td>—</td></tr>
<tr><td colspan="2">模拟量输出（只写）</td><td>—</td><td>AQW0～AQW30</td><td colspan="3">AQW0～AQW62</td><td>—</td><td>—</td><td>AQWx</td><td>—</td></tr>
<tr><td colspan="2">局部存储器</td><td colspan="5">LB0～LB63</td><td>Lx.y</td><td>LBx</td><td>LWx</td><td>LDx</td></tr>
</table>

第三节　S7-200 系列 PLC 的寻址方式

一、数据类型

S7-200 系列 PLC 的数据类型可以是 BOOL（0 或 1）、整数、实数和字符串。其中整数按字长度（16 位）来存取；实数（浮点数）按照双字长度（32 位）来存取，可精确到小数点后第六位；字符串的每个字符以字节的形式存储，字符串的第一个字节定义字符串的长度，也就是字符的个数，一个字符串的长度可以是 0～254 个字符，再加上长度字节，一个字符串的最大长度为 255 个字节。

二、常数

在 S7-200 系列 PLC 的许多指令中，都可以使用常数值。常数可以是字节、字或者双字类型。PLC 内部以二进制数的形式存储常数，但可以分别用二进制数、十进制数、十六进制数、ASCII 码或实数等格式书写常数。常数表示方法见表 5-9。

表 5-9　　常数表示方法

数制	格式	举例
二进制	2#［二进制数］	2#1000_0100_1011_0111
十进制	［十进制数］	1050
十六进制	16#［十六进制数］	16#5A4F
ASCII 码	‘［ASCII 码文本］’	‘ABCD’
实数	ANSI/IEEE 754—1985 标准	＋1.175495E－38（正数）
		－1.175495E－38（负数）
字符串	“［字符串文木］”	“Start”

三、寻址方式

1. 直接寻址

S7-200 系列 PLC 中每个存储单元都有唯一的地址，在指令中直接指出存储单元地址（元件名称）的寻址方式称作直接寻址。它可以按位、字节、字或双字格式存取数据，如 I0.5、QB0、SMW28、VD8 等，各种存储区的直接寻址的存取格式详见表 5-8。

2. 间接寻址

间接寻址是指数据存放在存储单元中，而在指令中给出的是存放数据所在存储单元地址的地址，存储单元地址的地址又叫指针。指针以双字的形式存储其他存储区的地址。只能用 V 存储器、L 存储器或者累加器寄存器（AC1、AC2、AC3）作为指针。要建立一个指针，必须以双字的形式，将需要间接寻址的存储器地址移动到指针中。

S7-200 系列 PLC 允许指针访问以下存储区：I、Q、V、M、S、AIW、AQW、T（仅限于当前值）和 C（仅限于当前值）。无法用间接寻址的方式访问单独的位，也不能访问 HSC 或者 L 存储区。

要使用间接寻址，必须用“&”符号加上要访问的存储区地址来建立一个指针。指令的输入操作数应该以“&”符号开头来表明是存储区的地址，而不是将其内容移动到指令的输出操作数（指针）中。

当指令中的操作数是指针时，应该在操作数前面加上“*”号。如图 5-4 所示，输入*AC1 指定 AC1 是一个指针，MOVW 指令决定了指针指向的是一个字长的数据。在本例中，存储在 VB200 和 VB201 中的数值被移动到累加器 AC0 中。

可以用简单的数学运算，如加法指令或者递增指令，改变一个指针的数值。由于指针是一个 32 位的数据，故要用双字指令来改变指针的数值。建立指针、存取数据及修改指针举例如图 5-4 所示。

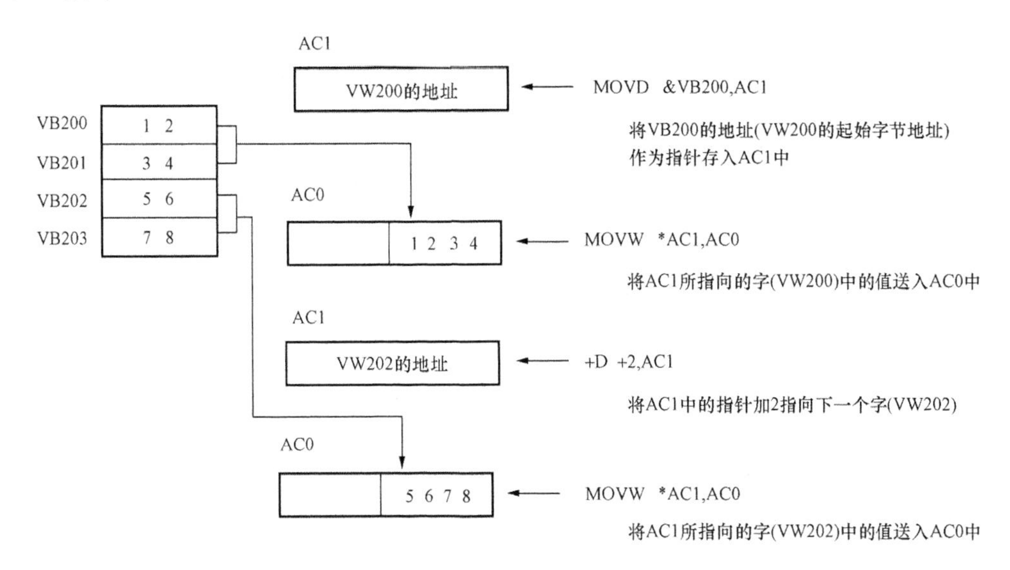

图 5-4　建立指针、存取数据及修改指针举例

本章小结

本章以 S7-200 系列 PLC 为对象，介绍了其型号、系统构成、硬件结构及主要技术参数，并对 S7-200 系列 PLC 内部软继电器及寻址方式作了详细的介绍。

（1）S7-200 系列 PLC 属于小型机，是整体式结构，有五种基本规格可供选用，除了 CPU221 外，都可以进行 I/O 扩展和特殊功能扩展。

（2）S7-200 系列 PLC 提供了 13 类存储区，每一个存储区都有唯一的地址与之相对应，可以采用直接寻址的方式存取某个继电器位，或某些字节、字或双字存储区域，也可按间接寻址的方式存取某些存储区域。

习题与思考题

5-1　S7-200 系列 PLC 有几种基本单元，各基本单元的输入、输出点数分别是多少？

5-2　S7-200 系列 PLC 基本单元有几种输出类型？各有什么特点？

5-3　S7-200 系列 PLC 可连接的最大 I/O 点数为多少？

5-4　叙述 S7-200 系列 PLC 主机面板的各个端子和端口的作用。

5-5　S7-200 系列 PLC 主要有哪些扩展模块？各扩展模块的主要功能是什么？

5-6　S7-200 系列 PLC 中有哪些软继电器？各类软继电器的主要功能是什么？

5-7　为什么 PLC 中软继电器的触点可以使用无限次？

5-8　说明特殊继电器 SMB0 和 SMB1 各位的功能及主要用途。

5-9　若一个控制系统需要 12 点数字量输入，30 点数字量输出，试问：选用哪种 CPU 单元最合适？如何选择扩展模块？请画出连接图。

第六章　S7-200系列PLC基本指令及应用

S7-200系列PLC的基本指令分为布尔指令和程序控制指令，该指令多用于开关量逻辑控制。本章着重介绍梯形图（LAD）和指令表（STL），并讨论基本指令的功能及编程方法。

第一节　PLC的布尔指令

S7-200系列PLC约有35条布尔指令，现按用途分类说明指令的含义，梯形图的编程方法及对应的指令表形式。

一、装载及线圈驱动指令

（1）LD（load）：动合触点逻辑运算开始（装载指令）。

（2）LDN（load not）：动断触点逻辑运算开始（取反后装载指令）。

（3）＝（out）：线圈驱动（输出指令）。

图6-1所示梯形图及指令表表示上述三条基本指令的用法。

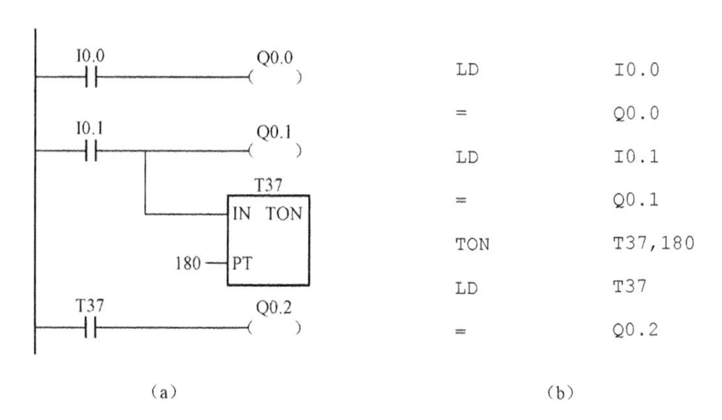

图6-1　LD、LDN、＝指令

（a）梯形图；（b）指令表

LD、LDN、＝指令使用说明如下：

（1）LD、LDN指令用于与输入公共线（输入左母线）相连的触点，也可以与OLD、ALD指令配合使用于分支回路的开始触点。

（2）＝指令用于输出继电器、辅助继电器、定时器及计数器等，但不能用于输入继电器。

（3）并联的＝指令可以连续使用任意次。

（4）LD、LDN的操作数：I，Q，M，SM，T，C，V，S；＝的操作数：Q，M，SM，T，C，V，S。

二、触点串联指令

（1）A（And）：动合触点串联连接（与指令）。

（2）AN（And Not）：动断触点串联连接（取反后与指令）。

图 6-2 所示梯形图及指令表表示了上述两条基本指令的用法。

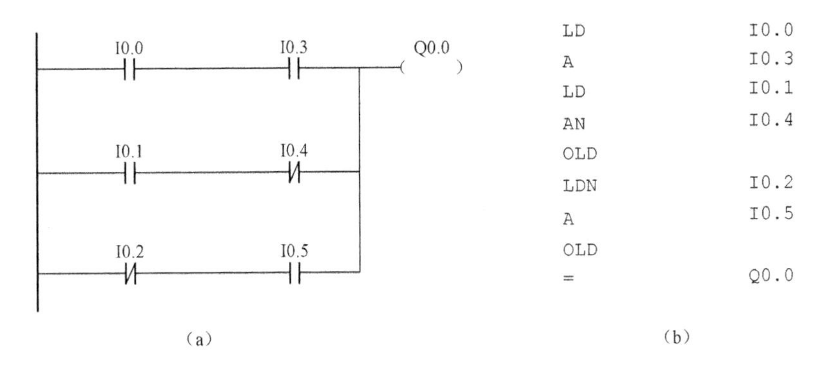

图 6-2　A、AN 指令

（a）梯形图；（b）指令表

A、AN 指令使用说明如下：

（1）A、AN 是单个触点串联连接指令，可连续使用。

（2）A、AN 的操作数：I，Q，M，SM，T，C，V，S。

三、触点并联指令

（1）O（or）：动合触点并联连接（或指令）。

（2）ON（or not）：动断触点并联连接（取反后或指令）。

图 6-3 所示梯形图及指令表表示了 O 及 ON 指令的用法。

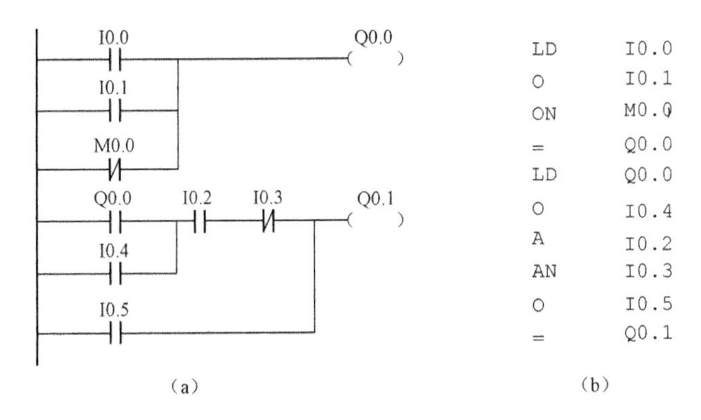

图 6-3　O、ON 指令

（a）梯形图；（b）指令表

O、ON 指令使用说明如下：

（1）O、ON 指令可作为一个接点的并联连接指令，可以连续使用。

（2）O、ON 的操作数：I，Q，M，SM，T，C，V，S。

四、串联电路块的并联指令

OLD（or load）：用于串联电路块的并联连接（或装载指令）。OLD 指令的用法如图 6-4 所示。

OLD 指令使用说明如下：

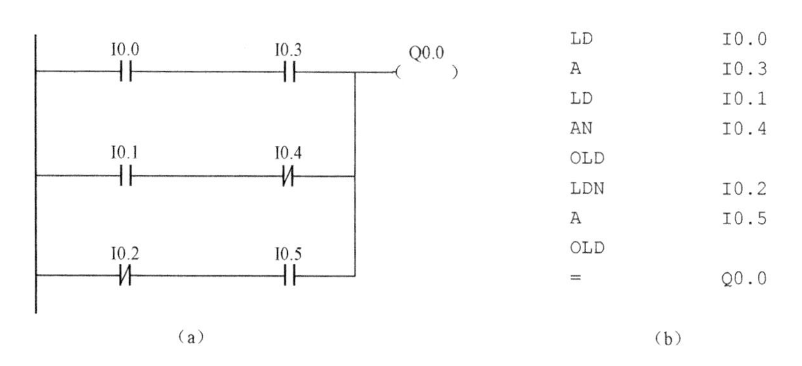

图 6-4　OLD 电路

（a）梯形图；（b）指令表

（1）几个串联支路并联连接时，其支路的起点以 LD，LDN 开始，支路的终点用 OLD 指令。

（2）如需将多个支路并联，从第二条支路开始，在每一支路后面加 OLD 指令。用这种方法编程，对并联支路的个数不限。

（3）OLD 指令无操作数。

五、并联电路块的串联指令

ALD（And Lood）：用于并联电路块的串联连接（与装载指令）。ALD 指令的用法如图 6-5 所示。

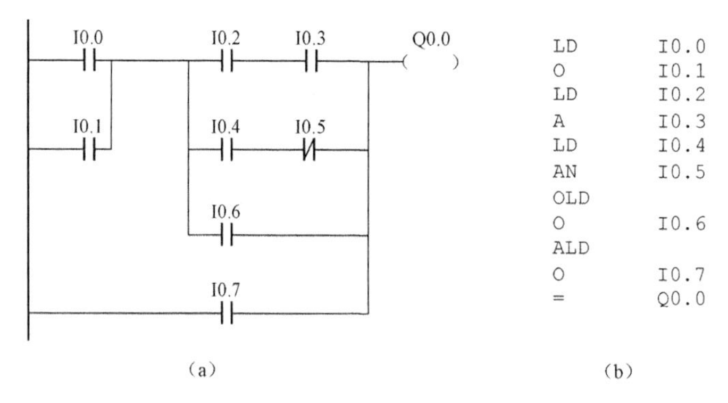

图 6-5　ALD 电路

（a）梯形图；（b）指令表

ALD 指令使用说明如下：

（1）分支电路（并联电路块）间的串联连接时，使用 ALD 指令。

（2）如果有多个并联电路块串联，顺次以 ALD 指令与前面支路连接，支路数量不限。

（3）ALD 指令无操作数。

六、置位指令（S）和复位指令（R）

置位即置 1，复位即置 0。置位和复位指令可以将位存储区的某一位开始的一个或多个（最多可达 255 个）同类存储器位置 1 或置 0。这两条指令在使用时需指明三点：操作性质、开始位和位的数量。置位和复位指令功能见表 6-1。

图 6-6 为 S、R 指令应用示例，从 I0.0 的上升沿令 Q0.0 接通并保持，即使 I0.0 断开也不再影响 Q0.0。I0.1 的上升沿使 Q0.0 断开并保持，直到 I0.0 的下一个脉冲到来。

表 6-1　置位和复位指令功能

STL	LAD	功　能
S S-bit，N	S-bit ——(S) N	从 S-bit 开始的 N 个元件置 1 并保持
R S-bit，N	S-bit ——(R) N	从 S-bit 开始的 N 个元件置 0 并保持

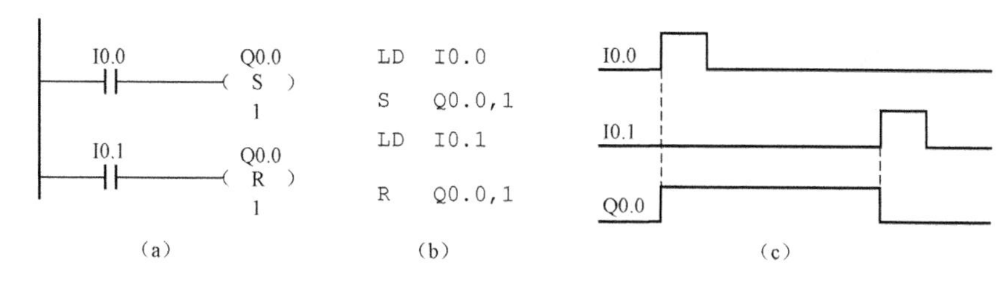

图 6-6　S、R 指令应用示例

（a）梯形图；（b）指令表；（c）时序图

S、R 指令使用说明如下：

（1）由于是扫描工作方式，故写在后面的指令有优先权。在上例 S-R 触发器（把次序反过来可组成 R-S 触发器）中，当 I0.0 和 I0.1 同时为 1，则 Q0.0 为 0。R 指令写在后，因而有优先权。

（2）S、R 指令必须成对使用而且使用的器件号应相同。

（3）S、R 指令的操作数：Q，M，SM，V，S。

七、立即指令

立即指令允许对输入和输出点进行快速和直接存取。当用立即指令读取输入点的状态时，相应的输入映像寄存器中的数值并未发生更新；用立即指令访问输出点时，访问的同时，相应的输出寄存器的内容也被刷新。只有输入继电器 I 和输出继电器 Q 可以使用立即指令。

1. 立即触点指令

在每个标准触点指令的后面加“I”。指令执行时，立即读取物理输入点的值，但是不刷新相应映像寄存器的值。

这类指令包括 LDI，LDNI，AI，ANI，OI 和 ONI。

图 6-7 所示梯形图及指令表表示立即触点指令的用法。

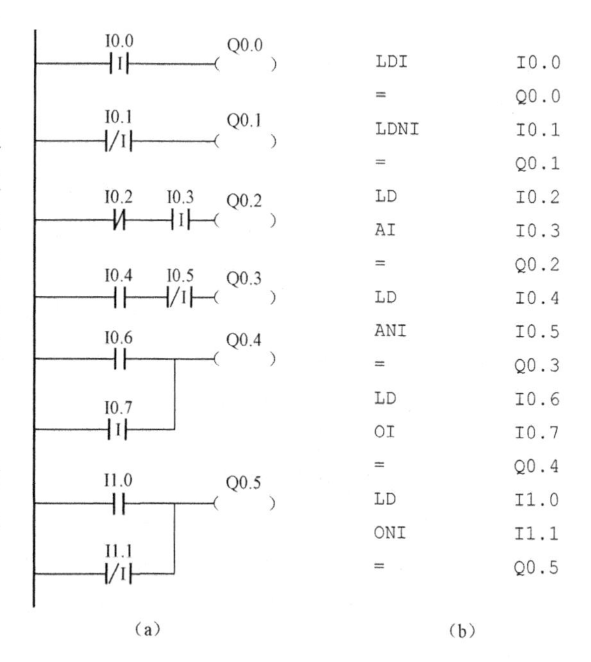

图 6-7　立即触点指令电路

（a）梯形图；（b）指令表

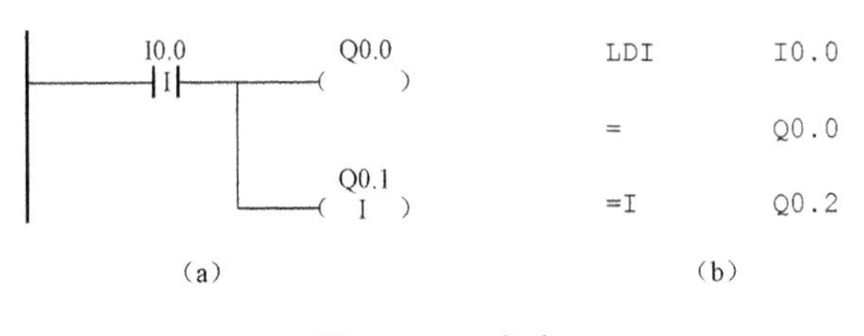

图 6-8　=I 电路

（a）梯形图；（b）指令表

2. 立即输出指令

=I：立即输出指令。

图 6-8 所示梯形图及指令表表示立即输出指令的用法。

3. 立即置位和立即复位指令

（1）SI：立即置位指令。

（2）RI：立即复位指令。

用立即置位指令（或立即复位指令）访问输出点时，从指令所指出的位（bit）开始的 N 个（最多为 128 个）物理输出点被立即置位（或立即复位），同时，相应的输出映像寄存器的内容也被刷新。

图 6-9 所示的梯形图及指令表表示上述两条立即指令的用法。

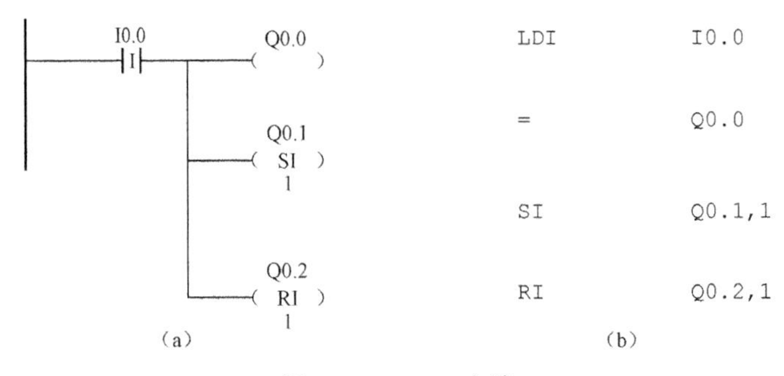

图 6-9　SI、RI 电路

（a）梯形图；（b）指令表

八、正负跳变指令

正负跳变指令在梯形图中以触点形式使用。用于检测脉冲的正跳变（上升沿）或负跳变（下降沿），利用跳变让能流接通一个扫描周期，即可产生一个扫描周期长度的微分脉冲，驱动后面的输出线圈。

（1）EU（Edge Up）：正跳变指令（检测上升沿指令）。

正跳变触点检测到脉冲的每一次正跳变后，产生一个微分脉冲。

指令格式：EU（无操作数）。

（2）ED（Edge Down）：负跳变指令（检测下降沿指令）。

负跳变触点检测到脉冲的每一次负跳变后，产生一个微分脉冲。

指令格式：ED（无操作数）。

正负跳变触点指令编程举例如图 6-10 所示。

九、逻辑堆栈操作指令

S7-200 系列 PLC 有一个 9 层堆栈，用于处理所有逻辑操作，称为逻辑堆栈。

（1）ALD 指令：栈装载“与”指令，用于将并联电路块进行串联连接。执行 ALD 指令，将逻辑堆栈第一、第二级的值进行逻辑“与”操作，结果置于栈顶，并将堆栈中其余各级的内容依次上弹一级。

（2）OLD 指令：栈装载“或”指令，用于将串联电路块进行并联连接。执行 OLD 指令，将逻辑堆栈第一、第二级的值进行逻辑“或”操作，结果置于栈顶，并将堆栈中其余各级的内容依次上弹一级。

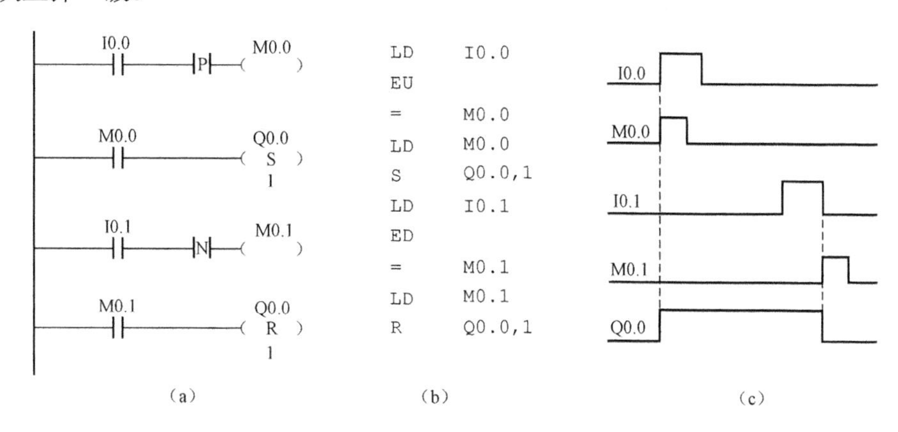

图 6-10　正负跳变触点指令编程

（a）梯形图；（b）指令表；（c）时序图

（3）LPS 指令：逻辑压栈指令（分支或主控指令），用于将栈顶值复制后压入堆栈，栈底值压出丢失。在梯形图中的分支结构中，用于生成一条新的母线，左侧为主控逻辑块时，第一个完整从逻辑行由此开始。

（4）LRD 指令：逻辑读栈指令。LRD 指令把逻辑堆栈第二级的值复制到栈顶，堆栈没有压入和弹出。

（5）LPP 指令：逻辑弹出栈指令（分支结束或主控复位指令），LPP 指令把堆栈弹出一级，原第二级的值变为新的栈顶值。在梯形图中的分支结构中，用于将 LPS 指令生成的一条新母线进行恢复。应注意，LPS 和 LPP 必须配对使用。

（6）LDS n 指令：装入堆栈指令，复制堆栈中的第 n 级的值到栈顶。原栈中各级栈值依次下压一级，栈底值丢失。

图 6-11 所示为逻辑指令的操作。

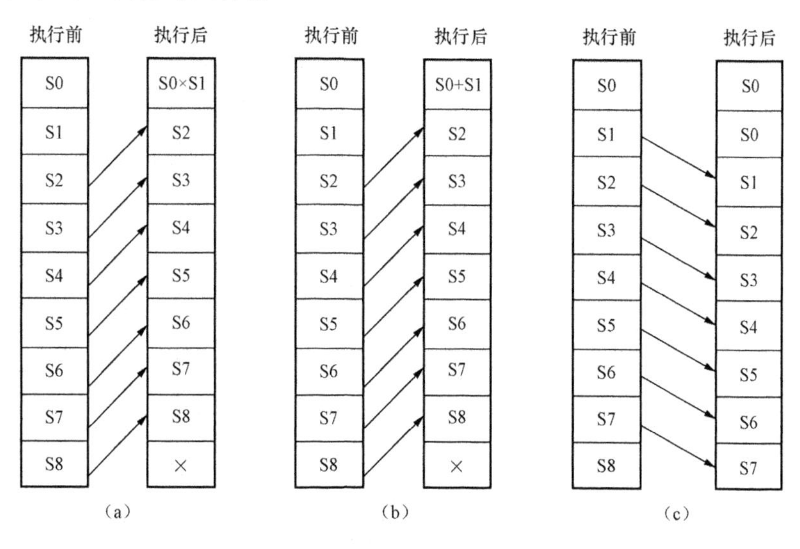

图 6-11　执行逻辑堆栈操作指令对逻辑堆栈的影响（一）

（a）ALD；（b）OLD；（c）LPS

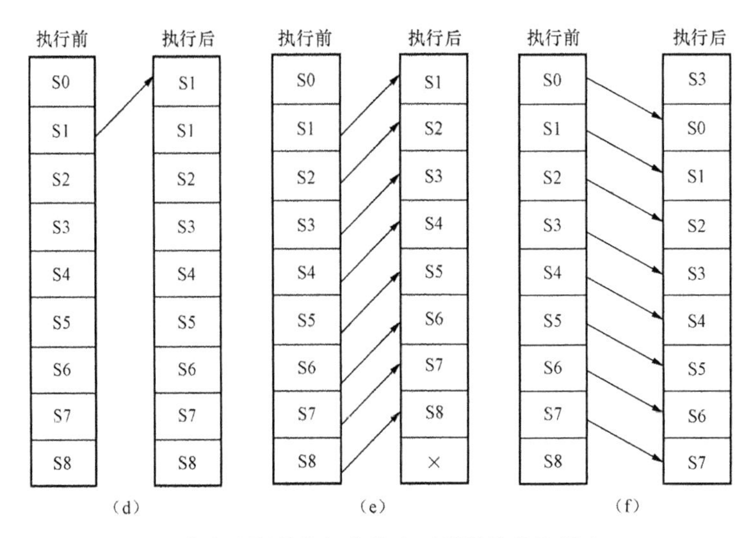

图 6-11 执行逻辑堆栈操作指令对逻辑堆栈的影响（二）
（d）LRD；（e）LPP；（f）LDS3

图 6-12 所示的例子可以说明这几条指令的作用。其中仅用了 2 层栈，实际上因为逻辑堆栈有 9 层，故可以连续使用多次 LPS，形成多层分支。

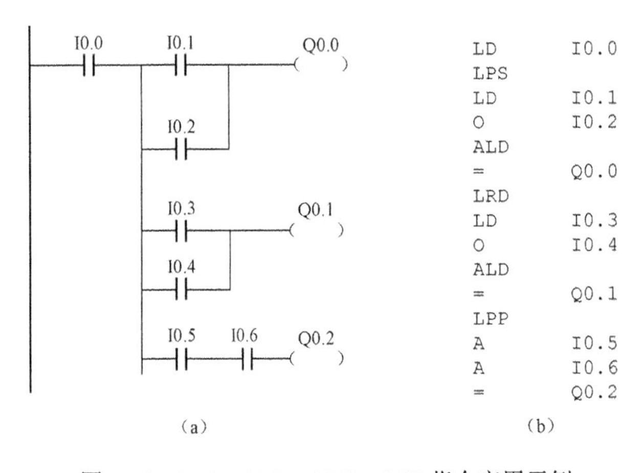

图 6-12 LPS、ALD、LRD、LPP 指令应用示例
（a）梯形图；（b）指令表

十、定时器指令

定时器是由集成电路构成，是 PLC 中的重要硬件编程元件。定时器编程时提前输入时间预设值，在运行时当定时器的输入条件满足时开始计时，当前值从 0 开始按一定的时间单位增加，当定时器的当前值达到预设值时，定时器发出中断请求，使 PLC 响应作出相应的动作。此时它对应的动合触点闭合，动断触点断开。利用定时器的输入与输出触点就可以得到控制所需的延时时间。

系统提供三种定时指令：TON（通电延时），TONR（有记忆通电延时），TOF（断电延时）。图 6-13 为延时通定时器指令应用示例。

图 6-13 延时通定时器指令应用示例
（a）梯形图；（b）指令表；（c）时序图

每个定时器均有一个16bit当前值寄存器及一个1bit的状态位，即T-bit（反映其触点状态）。在图6-13所示举例中，当I0.0接通时，即驱动T33开始计时基脉冲数，计时时间是时基脉冲分辨率与计时基脉冲数的乘积；计时到预设值PT时，T33状态bit置“1”，其动合触点接通，驱动Q0.0有输出；其后当前值仍增加但不影响状态bit。当I0.0分断时，T33复位，当前值、状态bit清零，即恢复原始状态。若I0.0接通时间未到预设值就断开，则T33跟随复位，Q0.0不会有输出。

当前值寄存器为16bit时，最大计数值为32767，由此可推算不同分辨率的定时器的预设时间范围。

按时基脉冲分，有1ms、10ms、100ms三种定时器。详细定时器类型与编号对应关系见表5-7。

图6-14为有记忆通电延时定时器指令应用示例。

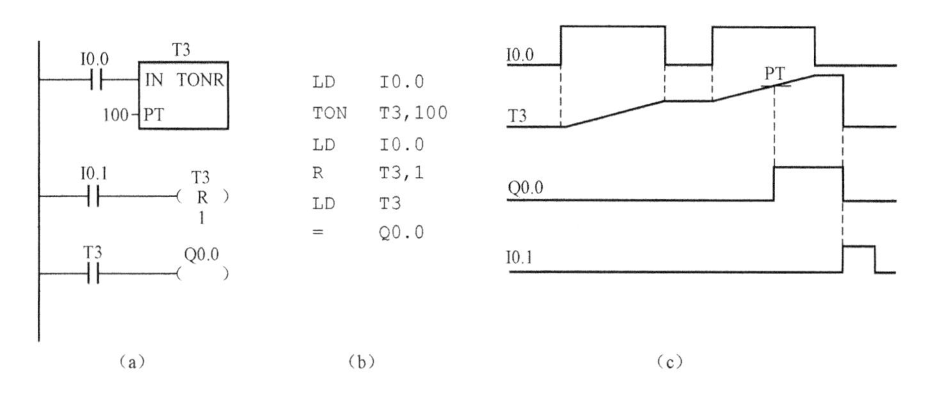

图6-14 有记忆通电延时定时器指令应用示例

（a）梯形图；（b）指令表；（c）时序图

对于有记忆通电延时定时器T3，当IN输入端的条件满足为“1”时，定时器计时（计时基脉冲数）；当IN输入端的条件不满足为“0”时，其当前值保持；下次IN再为“1”时，T3从保持值开始再计时，当前值大于等于预设值时，T3状态bit置“1”，驱动Q0.0有输出；以后即使IN再为“0”也不会使T3复位，要使T3复位必须用复位指令。指令表及时序图如图6-14（b）、（c）所示。

图6-15为断开延时定时器指令应用示例。

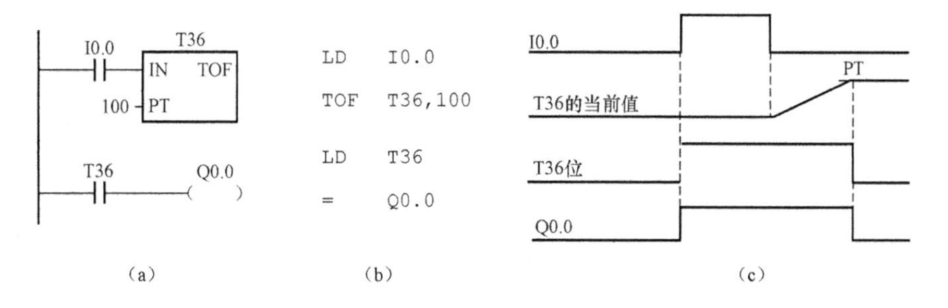

图6-15 断开延时定时器指令应用示例

（a）梯形图；（b）指令表；（c）时序图

断开延时定时器指令用于断开后的单一间隔定时。上电周期或首次扫描，定时器 bit 为 OFF，当前值为“0”。当 I0.0 接通时，定时器 bit 为 ON，当前值为“0”，当 I0.0 由接通到断开时，定时器开始计时，当前值达到预设值时（10ms×100＝1s），定时器位为 OFF 并停止计时。

对于 S7-200 系列 PLC 定时器，必须注意的是：1ms、10ms、100ms 定时器的刷新方式是不同的。

1ms 定时器由系统每隔 1ms 刷新一次，与扫描周期及程序处理无关，即采用中断刷新方式。在扫描周期较长时，一个周期内可能被多次刷新，其当前值在一个扫描周期内不一定保持一致。

10ms 定时器则由系统在每个扫描周期开始时自动刷新。由于是每个扫描周期只刷新一次，故在每次程序处理期间当前值为常数。

100ms 定时器则在定时器执行该指令时被刷新。使用时应注意指令的位置，可能出现两种定时不准的情况，一是计时时间过长，二是时间过短。如定时器线圈被激励而定时器指令在某个扫描周期并不执行，那么该定时器不能及时刷新，丢失时基脉冲，造成计时失准；如同一个 100ms 定时器指令在一个扫描周期中多次被执行，则该定时器就会多数时基脉冲，此时相当于时钟走快了。

图 6-16（a）所示例子中，当使用定时器本身的动断触点为本定时器的激励输入时，因为三种分辨率的定时器刷新方式不同，所以程序的运行结果会不同。

对于 1ms 定时器，若其当前值刚好在处理 T32 的动断触点和处理 T32 的动合触点之间的时间内被刷新，则 Q0.0 可以接通一个扫描周期，但是这种情况的概率是很小的。

对于 10ms 定时器，由于其当前值在扫描周期的开始被刷新，因而 Q0.0 永远不可能为 ON。

对于 100ms 定时器，Q0.0 总可以在 T32 计时（300ms）到时接通一个扫描周期。

若换成图 6-16（b）的梯形图，则可正常工作。

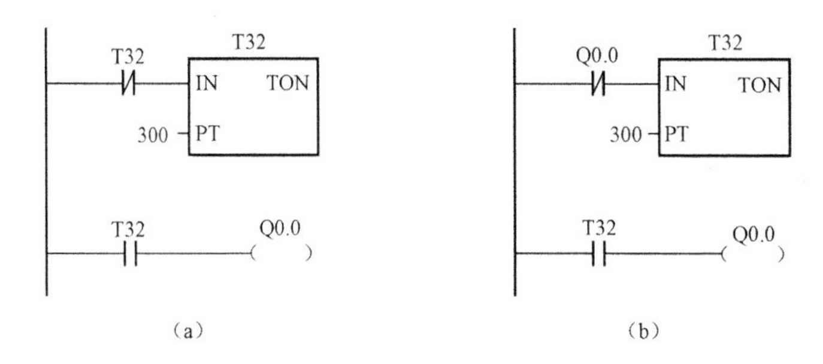

图 6-16　1ms、10ms、100ms 定时器应用示例

十一、计数器指令

计数器用来累计输入脉冲的次数。计数器也是由集成电路构成，是应用非常广泛的编程元件，经常用来对产品进行计数。

计数器与定时器的结构和使用基本相似，编程时输入它的预设值 PV（计数的次数），计数器累计它的脉冲输入端电位上升沿（正跳变）个数，当计数器达到预设值 PV 时，发出中断请求信号，以便 PLC 做出相应的处理。

计数器指令有三种，即加计数 CTU、加减计数 CTUD、减计数 CTD。

计数器的 STL、LAD 形式见表 6-2。

表 6-2　　计数器的 STL、LAD 形式

STL	LAD	操　作　数
CTU　C XXX，PV	C XXX CU　CTU R PV	C XXX　　0　255 PV：VW，T，C，IW，QW，MW，SMW，AC，AIW，K，*AD，*AC，SW。 CTU/CTUD 指令使用要点： （1）在 STL 形式中，CU、CD、R 的顺序不能错。 （2）CU、CD、R 信号可为复杂逻辑关系。 （3）复位输入有效或执行复位指令，计数器自动复位，即计数器位 OFF，当前值为 0。 CTD 指令使用要点： （1）首次扫描，计数器位 OFF，当前值为预设值 PV。 （2）复位输入有效或执行复位指令，计数器自动复位，即计数器位 OFF，当前值为预设值。
CTUD　C XXX，PV	C XXX CU　CTUD CD R PV	
CTU　C XXX，PV	C XXX CD　CTD R PV	

每个计数器有一个 16bit 的当前值寄存器及一个 1bit 的状态位，即 C-bit。CU 为加计数脉冲输入端，CD 为减计数脉冲输入端，R 为复位端，PV 为设定值。当 R 端为“0”时，计数脉冲有效；当 CU 端（或 CD 端）有上升沿输入时，计数器当前值加 1（或减 1）。当加、加/减计数器当前值大于或等于设定值（减计数当前值为 0）时，C-bit 置“1”，即其动合触点闭合。R 端为“1”时，计数器复位。计数范围为－32768～32767，当达到最大值 32767 时，再来一个加计数脉冲，则当前值转为－32768。同样，当达到最小值－32768 时，再来一个减计数脉冲，则当前值为最大值 32767。加计数器的程序及时序图如图 6-17 所示。

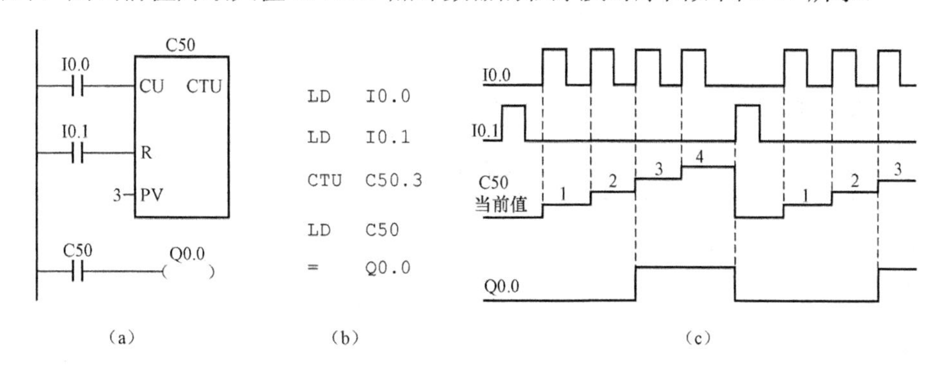

图 6-17　加计数器电路

（a）梯形图；（b）指令表；（c）时序图

加/减计数器的程序及时序图如图 6-18 所示。

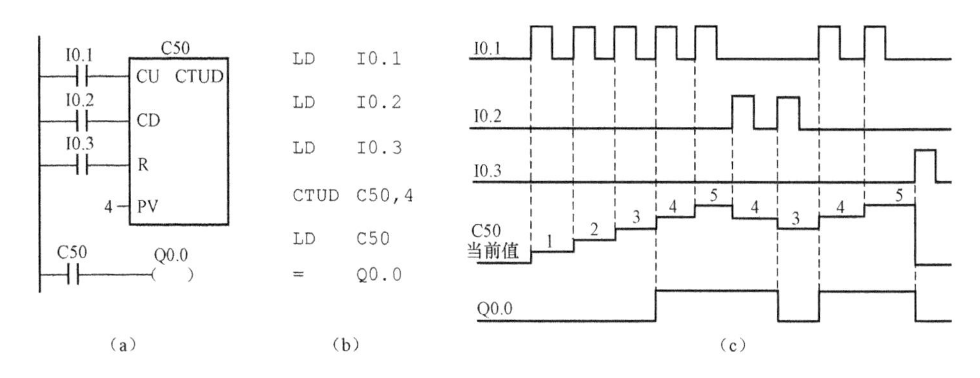

图 6-18 加/减计数器电路

（a）梯形图；（b）指令表；（c）时序图

减计数器的程序及时序如图 6-19 所示。

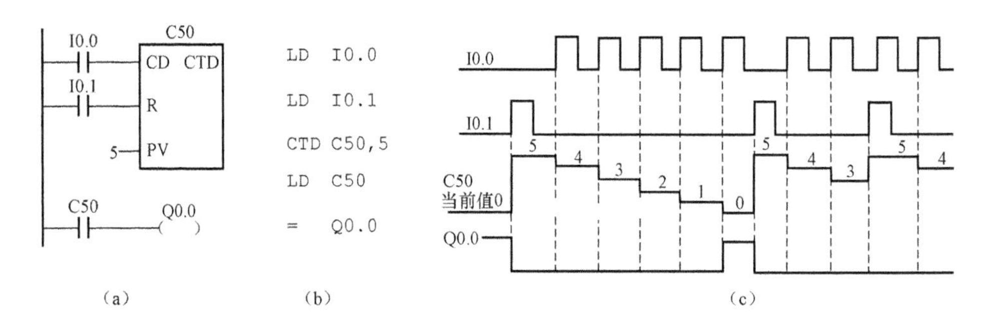

图 6-19 减计数器电路

（a）梯形图；（b）指令表；（c）时序图

应用计数器指令应注意的问题：

（1）可以用复位指令来对三种计数器复位，复位指令的执行结果是：使计数器位变为 OFF；计数器当前值为“0”（CTD 变为预设值 PV）。

（2）在一个程序中，同一个计数器只能使用一次。

（3）脉冲输入和复位输入同时存在时，优先执行复位操作。

十二、NOT 及 NOP 指令

NOT 及 NOP 指令的形式及功能见表 6-3。

表 6-3 **NOT 及 NOP 指令**

STL	LAD	功　　能	操 作 数
NOT	—|NOT|—	逻辑结果取反	无
NOP	n —[NOP]	空操作	0～225

（1）NOT：逻辑结果取反指令，在复杂逻辑结果取反时为用户提供方便。

（2）NOP：空操作，对程序没有实质影响。

十三、比较指令

比较指令是将两个操作数按指定的条件作比较，条件成立时，触点就闭合。其 STL、LAD 形式及功能见表 6-4。比较指令为上、下限控制等提供了极大方便。

比较指令的类型有：字节比较、整数比较、双字整数比较和实数比较。

比较运算符有：＜，＜＝，＝，＞＝，＞，＜＞（＜＞表示不等于）。

表 6-4　　比较指令的 STL、LAD 形式及功能

STL	LAD	功能
LD□X　n_1，n_2	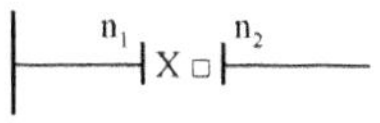 n_1 ┤X□├ n_2	比较触点接母线
LD　n A□X　n_1，n_2	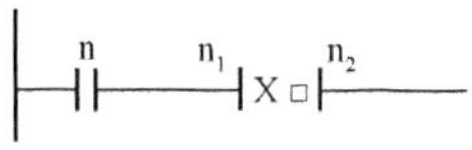 n ┤├ n_1 ┤X□├ n_2	比较触点的“与”
LD　n O□X　n_1，n_2	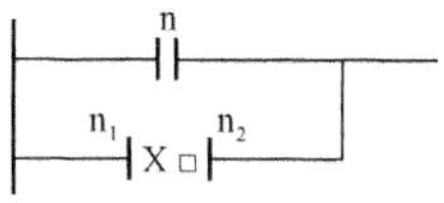 n ┤├ n_1 ┤X□├ n_2	比较触点的“或”

表 6-4 中，“x”表示比较运算符 n_1，n_2 所需满足的条件：

（1）＝，等于比较：如 LD□＝n_1，n_2，即 n_1＝n_2 时触点闭合。

（2）＞＝，大于等于比较：如 n_1 ┤>=□├ n_2，即 n_1＞＝n_2 时触点闭合。

（3）＜＝，小于等于比较：如 n_1 ┤<=□├ n_2，即 n_1＜＝n_2 时触点闭合。

（4）＜，小于比较：如 n_1 ┤< □├ n_2，即 n_1＜n_2 时触点闭合。

（5）＞，大于比较：如 n_1 ┤> □├ n_2，即 n_1＞n_2 时触点闭合。

（6）＜＞，不等于比较：如 n_1 ┤<>□├ n_2，即 n_1＜＞n_2 时触点闭合。

“□”表示操作数 n_1，n_2 的数据类型及范围：

（1）B Byte，字节比较，如 LDB＝IB2，MB2。

（2）W Word，字的比较，如 AW＞＝MW2，VW2。

（3）D Double Word，双字的比较，如 OD＜＝VD24，MD24。

（4）R Real，实数的比较，如 LDR＝VD10，VD18。

第二节　程序控制指令

一、跳转及标号指令

（1）JMP：跳转指令，将程序的执行跳转到指定的标号。执行跳转后，逻辑堆栈顶总为 1。

（2）LBL：指定跳转的目标标号。

操作数 n：0～255。

表 6-5 为跳转及标号指令形式，图 6-20 为跳转及标号指令的例子。

表 6-5　　跳级及标号指令形式

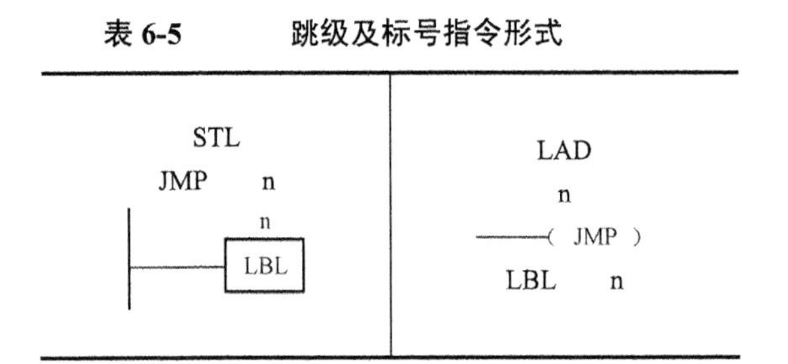

STL	LAD
JMP　n n LBL	n —(JMP) LBL　n

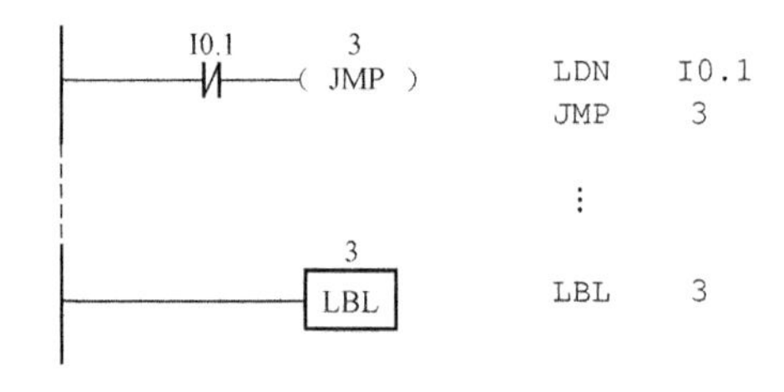

图 6-20　跳转及标号指令的例子

二、结束指令

（1）END：条件结束指令，执行条件成立时结束主程序，返回主程序起点。

（2）MEND：无条件结束指令，结束主程序，返回主程序起点。

表 6-6 为结束指令的形式及功能。

表 6-6　　结束指令的形式及功能

LAD	STL	功　　能	操作元件
—(END)	END	用在条件结束指令前结束主程序	无
├—(END)	MEND	用户程序必须以无条件结束指令结束主程序	无

MEND 为无条件结束指令，在调试程序时，在程序的适当位置插入 MEND 指令可以实现程序的分段调试。

三、停止指令

STOP：停止指令，执行条件成立时停止执行用户程序，令 CPU 状态由 RUN 切换到 STOP 模式，无操作数。

表 6-7 为停止指令形式。

四、警戒时钟刷新指令

WAD：警戒时钟刷新指令，该指令把警戒时钟刷新，以延长扫描周期。

表 6-8 为 WDR 指令形式，无操作数。

表 6-7　　停 止 指 令 形 式

LAD	STL
—(STOP)	STOP

表 6-8　　WDR 指 令 形 式

LAD	STL
—(WDR)	WDR

使用警戒时钟刷新指令（WDR）时应注意，若在 FOR、NEXT 循环中使用了 WDR 指令，则可能使一次扫描的时间拖得很长。而在一次扫描结束之前，有些处理是被禁止的，例如：

（1）通信（自由口通信除外）。

（2）I/O 刷新（直接 I/O 除外）。

（3）强制刷新。

（4）特殊标志位刷新（SM0、SM5～SM29 均不可刷新）。

（5）运行时间诊断。

（6）扫面时间超过 25s 时，10ms、100ms 定时器不能正确计时。

（7）不处理中断程序中的 STOP 指令。

注：若希望扫描周期超过 300ms，或希望中断时间超过 300ms，则必须用 WDR 指令。将模式开关拨到 STOP 位置，则 CPU 在 1.4s 内转到 STOP 状态。

STOP、WDR、END 指令应用实例如图 6-21 所示。

（1）当检测到 I/O 出错时，强制转到 STOP 状态。

（2）当 M5.6 为 ON 时，刷新警戒时钟，延长扫描时间。

（3）当 M5.0 为 ON 时，结束主程序。

SM5.0 —| |— (STOP)
M5.6 —| |— (WDR)
M5.0 —| |— (END)

```
LD    SM5.0
STOP
  ⋮
LD    M5.6
WDR
  ⋮
LD    M5.0
END
```

图 6-21　STOP、WDR、END 指令应用实例

五、子程序调用、子程序入口和子程序返回指令

（1）CALL：转子程序调用指令，CALL 将程序执行转到子程序 n 处。

（2）SBR：子程序入口指令，SBR 标示 n 号子程序的开始位置。

（3）CRET：子程序条件返回指令，CRET 条件成立时，结束该子程序，返回原调用处。

（4）RET：子程序无条件返回指令，RET 无条件结束该子程序，返回原调用处。子程序必须以本指令作结束。

表 6-9 为 CALL、SBR、CRET、RET 指令形式。操作数 n：0～63。

表 6-9　CALL、SBR、CRET、RET 指令形式

LAD	STL
n ——(CALL)	CALL　n
n ——[SBR]	SBR　n
——(CRET)	CRET
├——(RET)	RET

图 6-22 为 CALL、SBR、CRET、RET 指令应用示例。

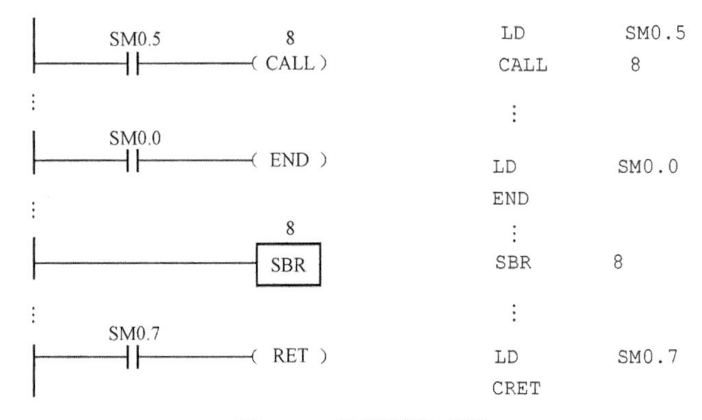

图 6-22　转子程序示例

需要指出的是，STEP7-MICRO/WIN32 没有子程序无条件返回指令，但它会自动加上无条件返回指令到每一个子程序的结尾。

当子程序结束时，程序执行 CALL 原调用指令的下一条指令。子程序可以嵌套，嵌套层数可达 8 层。不禁止自调用（子程序调用自己）。

当一个子程序被调用时，整个逻辑堆栈另存别处，然后栈顶置 1，其余栈置 0，程序执行转到被调用的子程序。子程序执行结束时，逻辑堆栈恢复原调用点的值，程序执行返回到主调用程序。因为调用子程序后，栈顶为 1，所以跟随 SBR 指令后的输出线圈或功能框可直接接到梯形图左边母线上，在指令表中，跟在 SBR 后的 Load 指令可省略。

累加器值可在主、子程序间自由传递，调用子程序时无需对累加器作存储及重装操作。

第三节　PLC 初步编程指导

一、梯形图设计规则

（1）触点应画在水平线上，不能画在垂直分支上。如图 6-23（a）中触点 3 被画在垂直线上，通过触点 3 的“能流”是双向的，而不是单向的，所以图 6-23（a）所示梯形图属于不可编程梯形图。对不可编程梯形图可按逻辑关系不变的原则进行处理，处理后的梯形图如图 6-23（b）所示。

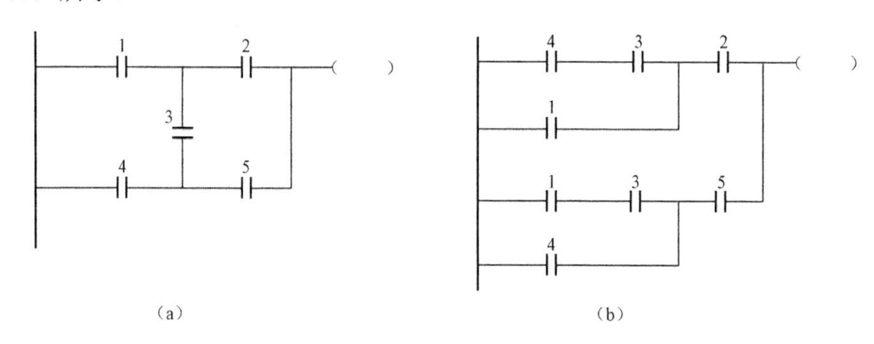

图 6-23　不可编程梯形图的处理

（a）不正确；（b）正确

（2）不含触点的分支应画在垂直方向，不可画在水平位置，以便于识别触点的组合和对输出线圈的控制路径，如图 6-24 所示。

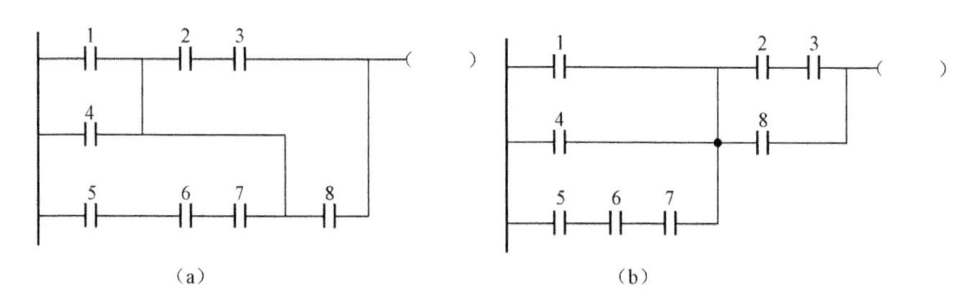

图 6-24　不含触点分支梯形图的画法

（a）不正确；（b）正确

（3）在有几个串联回路相并联时，触点最多的那个串联回路画在梯形图的最上面；在有几个并联回路相串联时，触点最多的并联回路画在梯形图的最左面。这种安排所编制的程序简洁明了，指令减少，如图 6-25 所示。

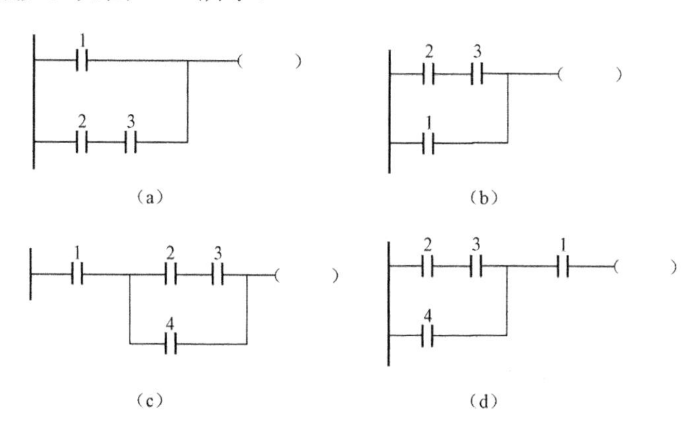

图 6-25　减少程序指令的梯形图

（a）、（c）不正确；（b）、（d）正确

二、指令表编程规则

利用 PLC 基本指令对梯形图编程时，必须按从左到右，自上而下的原则进行。图 6-26 阐明了所示梯形图的编程顺序。

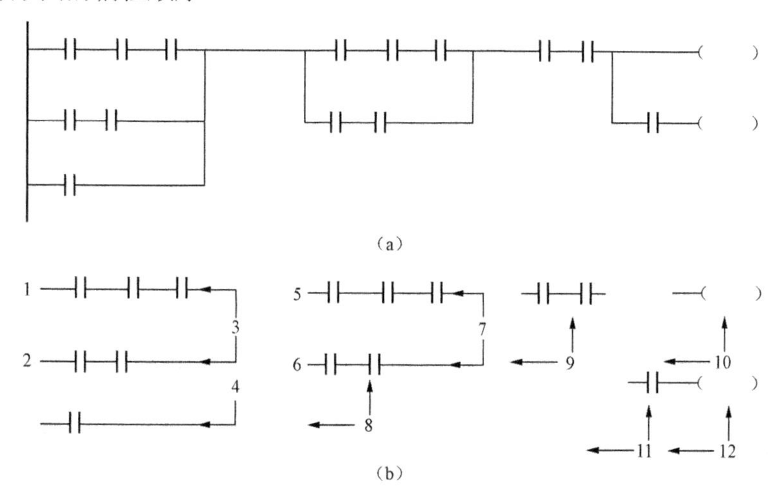

图 6-26　指令表编程规则

（a）梯形图；（b）编程顺序

第四节　典型简单电路和环节的 PLC 程序设计

一、延时断开电路

控制要求：当输入 I0.0 接通时，Q0.0 有输出；当 I0.0 断开时，则 Q0.0 延时一定时间后才断开。

图 6-27 所示是延时断开的梯形图、指令表和时序图。

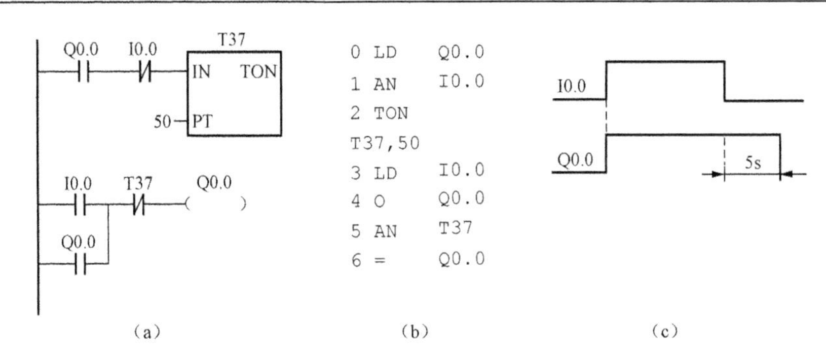

图 6-27 延时断开电路

（a）梯形图；（b）指令表；（c）时序图

在梯形图中，定时器 T37 定时 5s。当输入 I0.0 接通时，Q0.0 有输出并自锁保持，当 I0.0 断开时，T37 开始计时，5s 时 T37 定时时间到使 Q0.0 断开，接着 T37 复位。也可使用 TOF 进行设计，请读者自己完成。

二、分频电路

在许多控制场合，需要对控制信号进行分频。图 6-28 所示是二分频电路的梯形图、指令表和时序图。

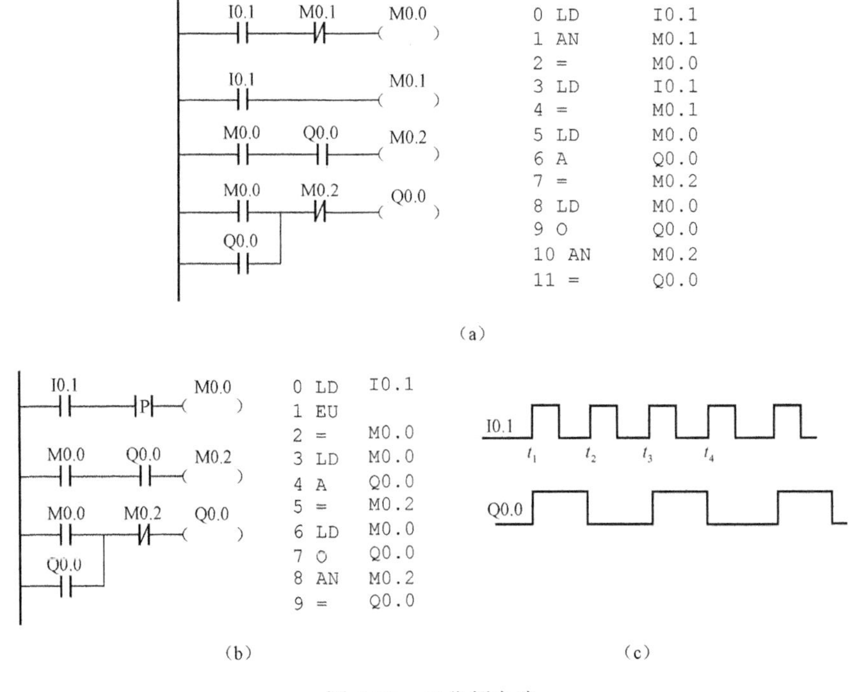

图 6-28 二分频电路

（a）示例 1 梯形图和指令表；（b）示例 2 梯形图和指令表；（c）时序图

图 6-28（a）中，当输入 I0.1 在 t_1 时刻接通（ON），此时内部辅助继电器 M0.0 上将产生单脉冲。然而输出线圈 Q0.0 在此之前并未得电，其对应的动合触点处于断开状态。因此，扫描程序至第 3 行时，尽管 M0.0 得电，内部辅助继电器 M0.2 也不可能得电。扫描至第 4 行时，

Q0.0得电自锁。此后这部分程序虽多次扫描，但由于M0.0仅接通一个扫描周期，M0.2不可能得电。Q0.0对应的动合触点闭合，为M0.2的得电做好了准备。

等到 t_2 时刻，输入I0.1再次接通（ON），M0.0上再次产生单脉冲。因此，在扫描第3行时，内部辅助继电器M0.2条件满足得电。M0.2对应的动断触点断开。执行第4行程序时，输出线圈Q0.0失电，输出信号消失。以后，虽然多次扫描第4行，输出Q0.0也不可能得电。在 t_3 时刻，输入I0.1第三次出现（ON），M0.0上又产生单脉冲，输出Q0.0再次接通；t_4 时刻，Q0.0再次失电，等等，循环往复。输出刚好是输入信号的二分频。

图6-28（b）所示梯形图是将图6-28（a）中的第1、2行利用脉冲生成指令EU改为图6-28（b）中的1行，其工作原理分析完全相同，时序图如图6-28（c）所示。

三、振荡电路

图6-29（a）为一振荡电路。当输入I0.0接通时，输出Q0.0闪烁，接通和断开交替进行。接通时间为1s，由定时器T33设定；断开时间为2s，由定时器T34设定。改变T33、T34的设定时间，就可改变Q0.0的占空比，此电路又称脉冲宽度可调电路。

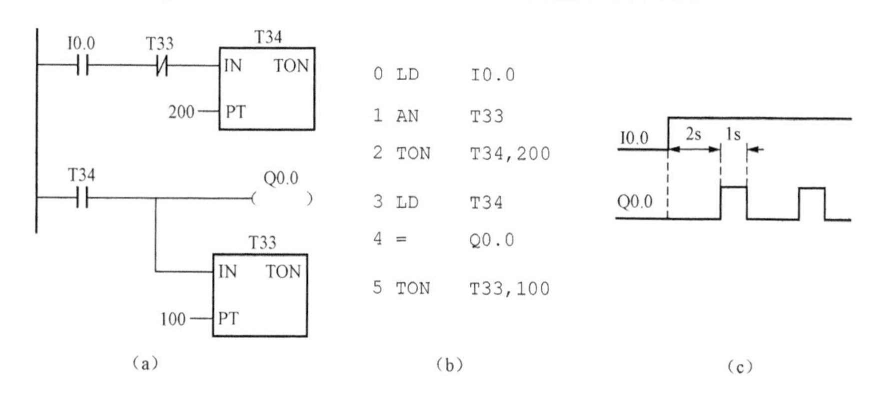

图6-29　振荡电路

（a）梯形图；（b）指令表；（c）时序图

四、定时器、计数器的扩展

1. 自复式定时器

图6-30（a）为自复式定时器电路。当I0.0接通时，输出Q0.0每秒输出一个脉冲，Q0.0输出脉冲的持续时间为一个扫描周期。改变T37的预设值就可改变Q0.0的输出频率。

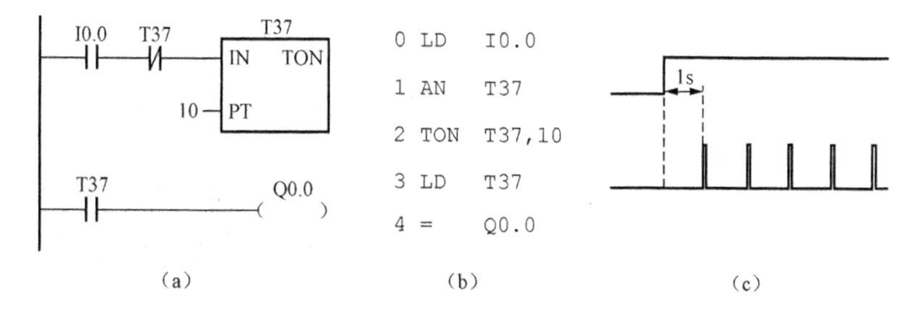

图6-30　自复式定时器电路

（a）梯形图；（b）指令表；（c）时序图

2. 自复式计数器

图 6-31（a）为自复式计数器电路。当脉冲输入信号 I0.1 接通时，C47 每计 3 个脉冲就自动复位一次，即 Q0.0 每当 C47 计 3 个脉冲时就有输出，输出的持续时间为一个扫描周期，时序图如图 6-31（c）所示。

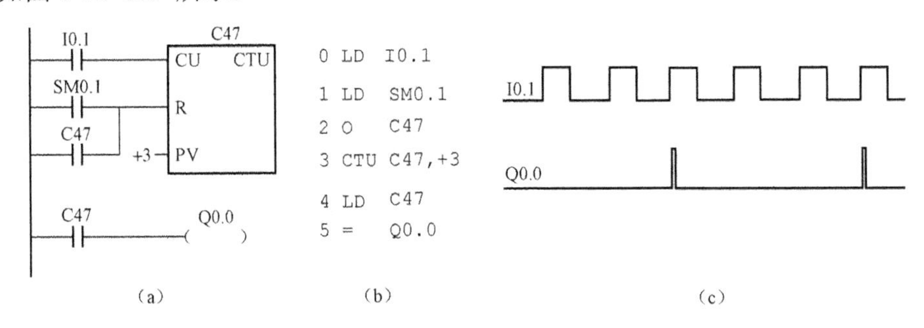

图 6-31 自复式计数器电路

（a）梯形图；（b）指令表；（c）时序图

3. 定时器的扩展

定时器的扩展是定时器采用级联工作方式。如图 6-32 所示为两个定时器的级联，T37 定时 600s，T38 定时 600s，当 I0.0 接通到 Q0.0 有输出，延时时间为 600s＋600s＝1200s。

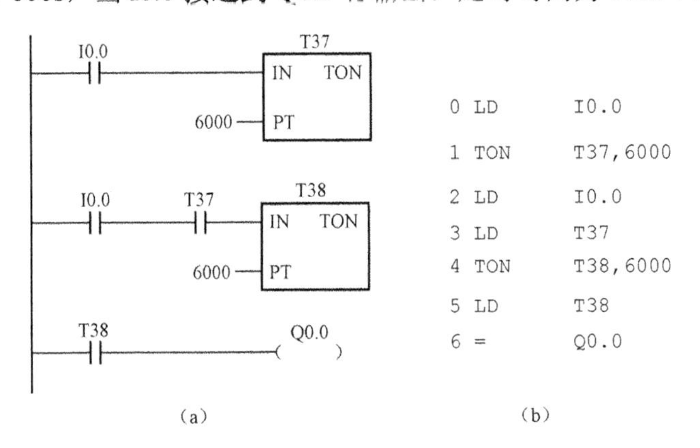

图 6-32 两个定时器的级联

（a）梯形图；（b）指令表

4. 计数器的扩展

计数器的扩展是计数器采用级联工作方式。图 6-33 为两个计数器加法的级联，C47 预设值为 100，即 C47 计满 100 时，C47 有输出，其 C47 动合触点闭合。C48 开始计输入脉冲，当 C48 计满 200 时，Q0.0 有输出，计入脉冲数为 100＋200－1＝299（个）。

图 6-34 为两个计数器的级联，C47 预设值为 100，即 C47 每计 100 个脉冲输出一个脉冲，为自复式计数器。C48 预设值为 200。从 I0.1 输入脉冲开始到 Q0.0 有输出，计入脉冲数为 200×100＝20000 个。

5. 定时器与计数器的扩展

图 6-35 为定时器与计数器的级联电路。定时器 T37 为自复式定时器，定时时间为 1s，计数器 C47 预设值为 60，当 I0.0 接通到 Q0.0 有输出延时时间为 1min。

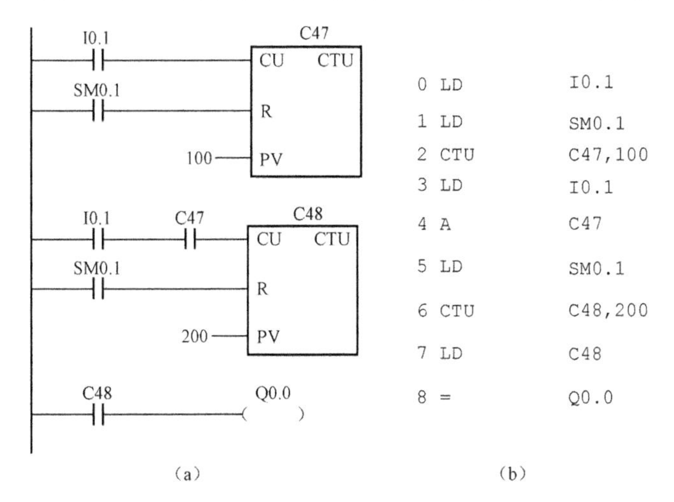

图 6-33 两个计数器加法的级联

(a) 梯形图；(b) 指令表

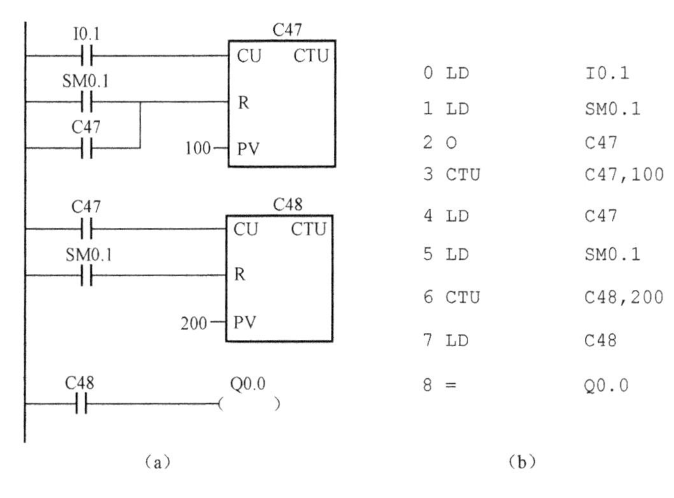

图 6-34 两个计数器乘法的级联

(a) 梯形图；(b) 指令表

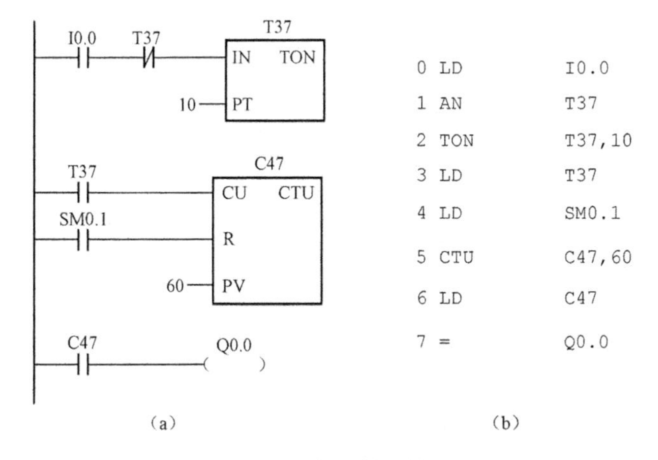

图 6-35 定时器与计数器的级联电路

(a) 梯形图；(b) 指令表

五、长延时电路

许多控制场合需用到长延时，这里介绍的长延时电路可以以 h、min 为单位来设定。本例输出 Q0.1 在输入 I0.0 接通 4 小时 20 分钟后才接通。图 6-36 为该长延时电路的梯形图，指令表和时序图。

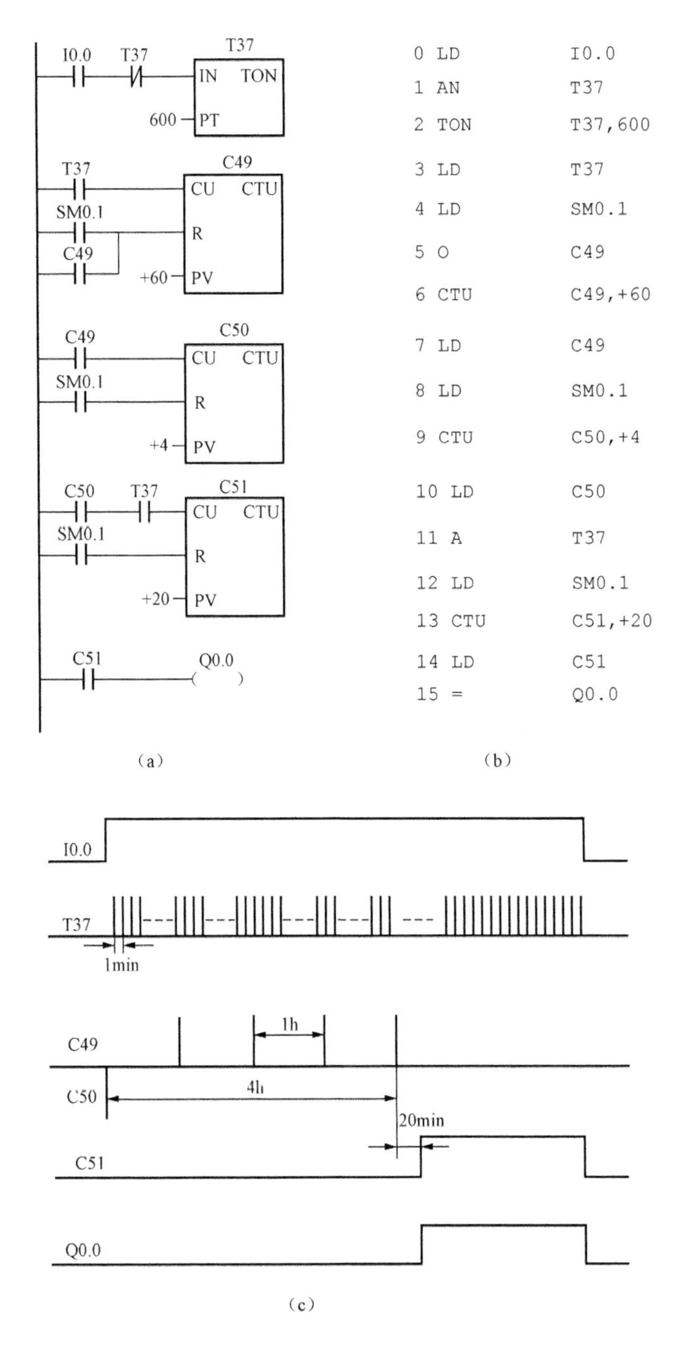

图 6-36　长延时电路

（a）梯形图；（b）指令表；（c）时序图

本章小结

本章主要介绍了 S7-200 系列 PLC 的逻辑指令和程序控制指令，并简介了各指令的含义、梯形图的编制方法及对应的指令表形式。

在逻辑指令的应用中，应重点掌握延时断开电路、分频电路、振荡电路、自复式定时器、自复式计数器、定时器的级联、计数器的级联、定时器计数器的级联及长延时电路的编程方法和分析。

习题与思考题

6-1　设计一电路，控制要求为：当 I0.0 接通时，输出 Q0.0 闪烁，其频率为 1Hz，占空比为 1/2，闪烁 10s，后停止。试画出梯形图并写出相应的指令表。

6-2　设计一个 4 人抢答器。出题人提出问题，答题人按动按钮开关，仅最早按的能输出。出题人按复位按钮，引出下一个问题。试设计其梯形图。

6-3　有一台电动机，要求按下启动按钮后，运行 5s，停止 5s，重复执行 5 次后停止。试设计其梯形图并写出相应的指令表。

6-4　试设计一个定时 8 小时 25 分钟的长延时电路（提示：用定时器和计数器组合来实现），当定时时间到，Q0.0 接通有输出。试画出梯形图并写出相应的指令表。

6-5　试用两个计数器的组合，构成一个能计数 1650 次的计数电路。当计数次数达到时，Q0.1 的线圈接通。试设计其梯形图。

6-6　设计一个两昼夜计数器（提示和要求：用定时器和计数器组合来实现。其中 C46 计数器用作小时计数器，每分钟计数 1 次，1h 接通 1 次。C47 作昼夜计数器，一昼夜接通一次，C48 计时两昼夜时间到，接通 Q0.0）。

6-7　试设计梯形图和指令表，要求：第一台电动机启动 15s 后，第二台电动机自行启动，运行 10s 后，第一台电动机停止，同时第三台电动机自行启动，运行 20s 后，全部电动机停止。

6-8　设计一个能计时一周的计时器，当计时时间到 Q0.0 有输出。

6-9　为两台异步电动机设计一个梯形图和指令表，其要求如下：

（1）两台电动机互不影响的独立操作。

（2）同时控制两台电动机的启动和停止。

（3）当一台电动机发生过载时，两台电动机均停车。

6-10　设计一小车运行的梯形图和指令表，小车由异步电动机拖动，其动作程序如下：

（1）小车由原位开始前进，到终端后自动停止。

（2）在终端停留 4min 后自动返回原位停止。

（3）要求能在前进或后退图中任意位置都能停止或启动。

6-11　M1、M2 均为笼型异步电动机，可直接启动，按下列要求设计梯形图和指令表。

（1）M1 先启动，经 20s 时间后 M2 自行启动。

（2）M2 启动后，M1 立即停车。

（3）M2 能单独停车。

（4）M1、M2 均能点动。

6-12　现有三台电动机 M1、M2、M3，要求启动顺序为：先启动 M1，经 10s 后启动 M2，再经 20s 后启动 M3；而停车时要求：首先停 M3，经 20s 后停 M2，再经 10s 后停 M1。试设计该三台电动机的启动、停车梯形图和指令表。

第七章　功能图与顺序控制指令

第一节　概　　述

一、功能图

前面提到编程方法有梯形图和指令助记符编程方法，在有些时候为了简化编程过程，提出了第三种编程方法，功能图编程。前者对顺序控制设计程序很困难，电路工作也不易理解，且编程难度大。功能图编程就是针对这些问题而诞生的。

二、顺序控制指令

S7-200 系列 PLC 有三条简单顺序控制指令，指令格式如下简述。

1. 顺控状态开始

指令助记符：LSCR　Sx.y

梯形图如图 7-1 所示。

顺控状态开始指令定义一个顺序控制继电器段的开始。操作数为顺序控制继电器位 Sx.y，Sx.y 作为本段的段标志位。当 Sx.y 位为 1 时，允许该 SCR 段工作。

2. 顺控状态转移

指令助记符：SCRT　Sx.y

梯形图如图 7-2 所示。

该指令用来实现本段和另一段之间的切换。操作数为顺序控制继电器位 Sx.y，Sx.y 是下一个 SCR 段的标志位。当使能输入有效时，一方面对 Sx.y 置位，以便让下一个 SCR 段开始工作，另一方面同时对本 SCR 段的标志位进行复位，以便本段停止工作。

3. 顺控状态结束

指令助记符：SCRE

梯形图如图 7-3 所示。

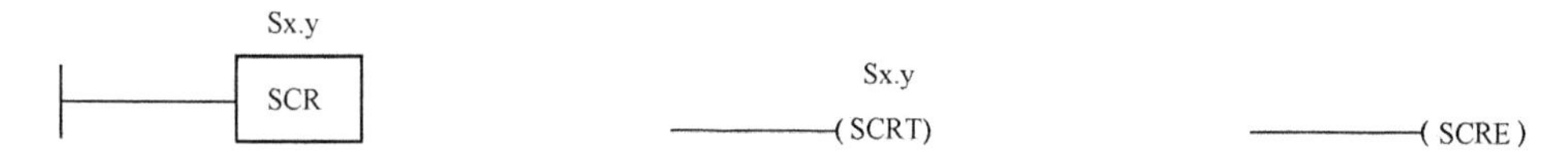

图 7-1　顺控状态开始梯形图　　图 7-2　顺控状态转移梯形图　　图 7-3　顺控状态结束梯形图

一个 SCR 段必须用该指令来结束。

注意：（1）段开始是无条件的，梯形图直接连到左母线上。

（2）只能使用顺序控制继电器 S。

（3）操作数是 Sx.y，要使用“位”。

（4）对整个顺序控制开始时要使用置位方式，定义顺序控制的开始。

（5）在整个顺序控制中顺序控制继电器 Sx.y 只能使用一次，在其他程序（子程序、中断程序、主程序其他地方）中不能出现。

（6）在一个 SCR 段中不能出现跳入和跳出、段内跳转、段内循环、条件结束等程序结构，即在段中不能使用 JMP 和 LBL、FOR 和 NEXT、END 指令。

（7）三条指令必须成对使用，不能单独使用，但是也不是必须一一对应。

第二节 功能图主要类型

功能图主要类型有单支流程、选择分支与连接、并联分支与连接、跳步与循环四种类型。下面就四种类型给出其功能图、梯形图和指令助记符，帮助大家理解。但是这些编程方法是可以相互转换的，在西门子 S7-200 编程软件中可以单击编程方法进行转换的。

一、单支流程

单支流程是按照一定顺序执行，也就是说，加工或者控制是按照一定步骤顺序执行。在使用中顺序控制继电器的编号可以是不连续的，但是不能重复使用。其功能图、梯形图和指令表如图 7-4 所示。

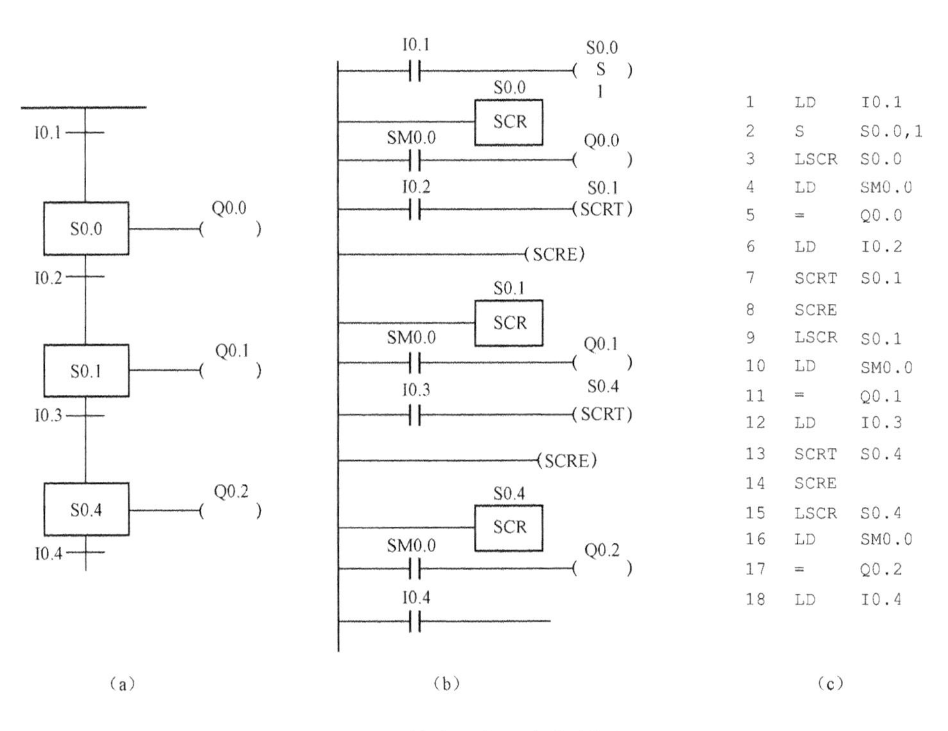

图 7-4 单支流程顺序控制图

（a）功能图；（b）梯形图；（c）指令表

二、选择分支与连接

选择分支与连接在顺序控制中有多个控制途径，实际控制时只能选择一条控制路径进行，即根据工艺要求进行选择。其功能图、梯形图和指令表如图 7-5 所示。

三、并联分支与连接

并联分支与连接是在顺序控制中有多个并联控制路径，必须所有并联路径完成后，才可以进行下一步的控制。其功能图、梯形图和指令表如图 7-6 所示。

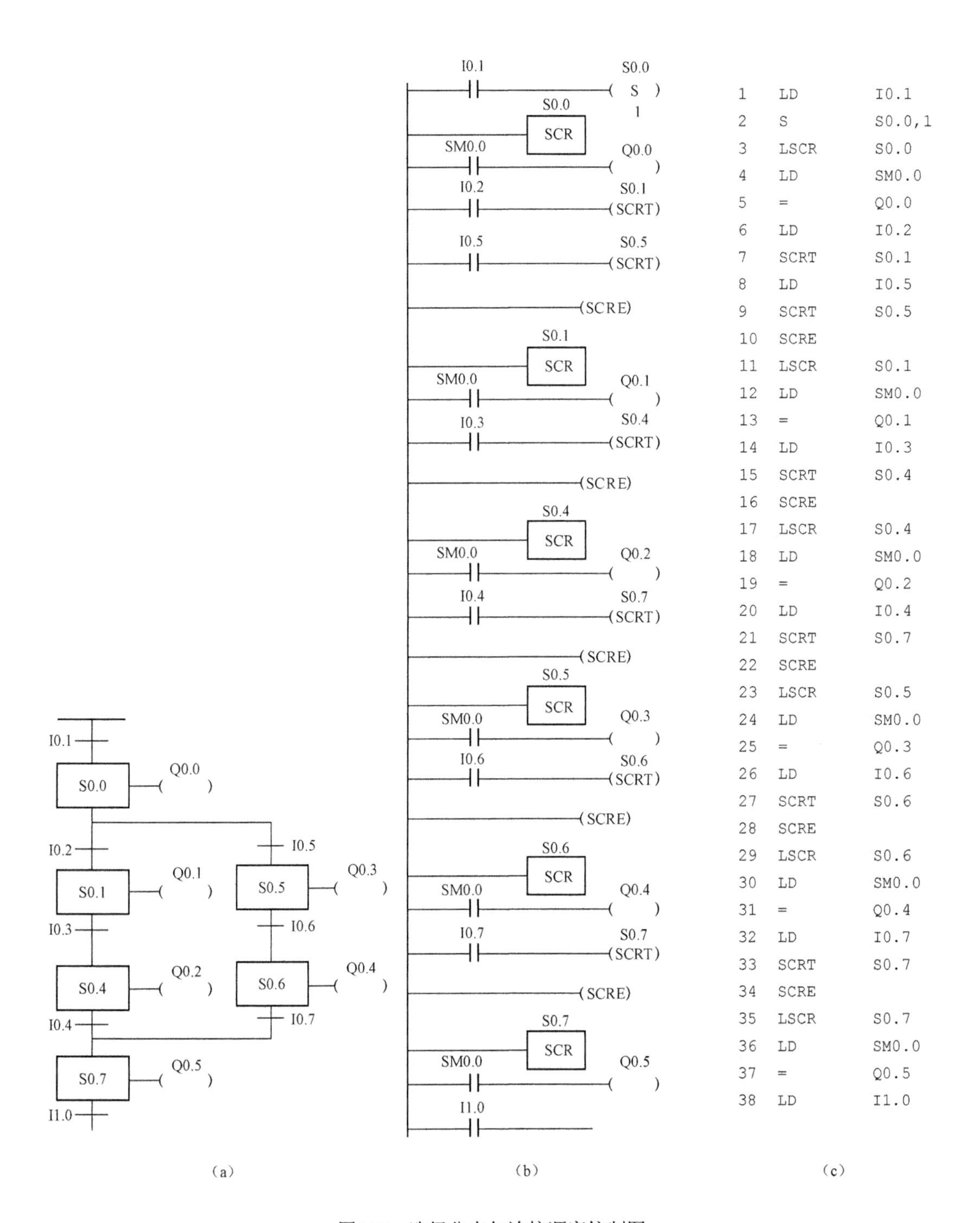

图 7-5　选择分支与连接顺序控制图

（a）功能图；（b）梯形图；（c）指令表

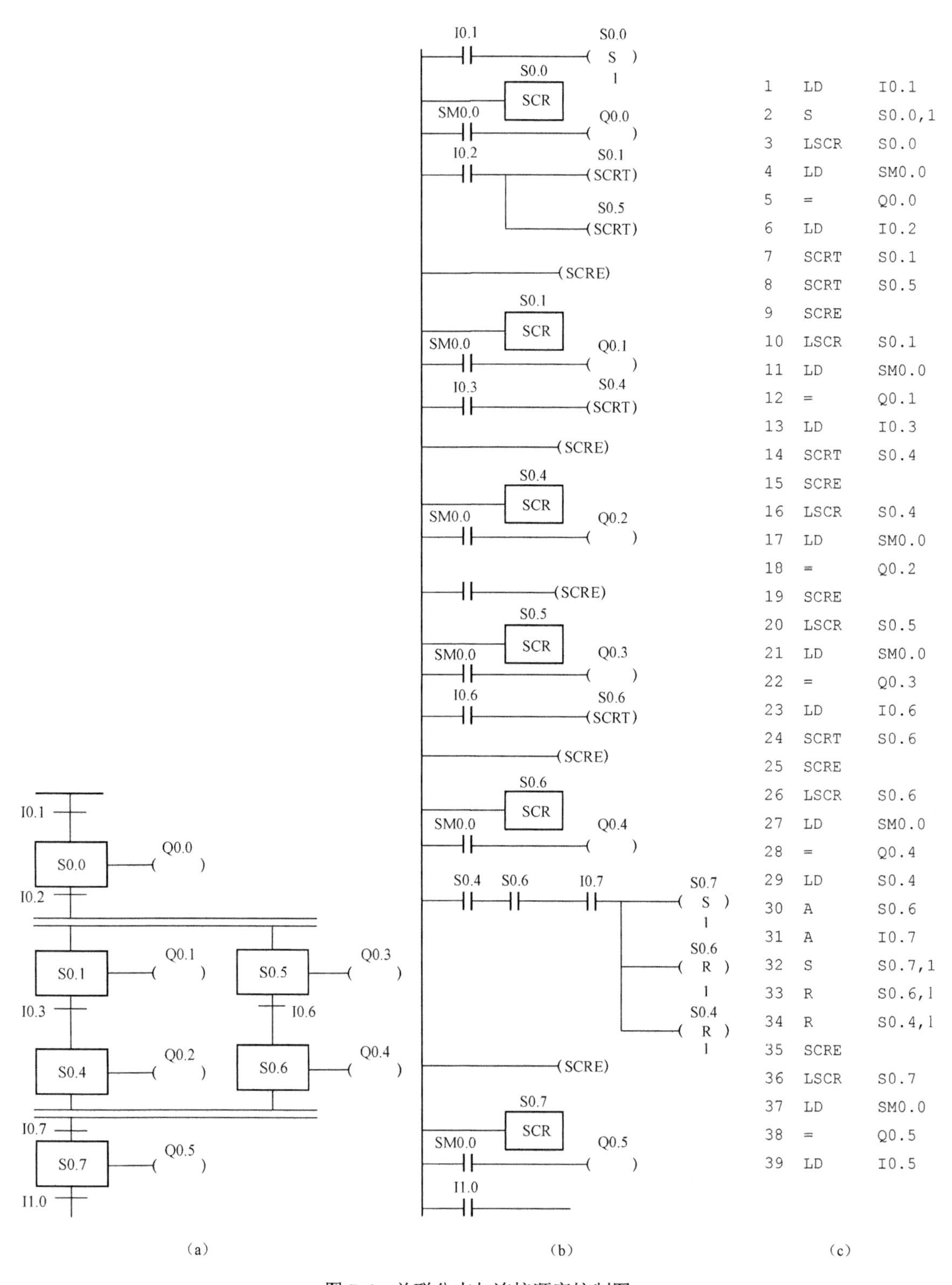

图 7-6 并联分支与连接顺序控制图

(a) 功能图；(b) 梯形图；(c) 指令表

注意：在每个并联分支结束时，没有转移指令，只有结束指令，什么时候结束，要看外部途径，在此例题中要看 I0.7，只有 I0.7 满足时，给 S0.4 和 S0.6 复位，使之结束，同时给 S0.7 置位，从而进行下一步的工作。

四、跳步与循环

前面说明在一个 SCR 段中不能使用跳入和跳出、段内跳转、段内循环、条件结束等指令，但是一段与另一段之间可以使用跳转和循环指令，具体应用如图 7-7 所示。这里只给出其功能图，梯形图和指令助记符大家可以自行画出和编写。

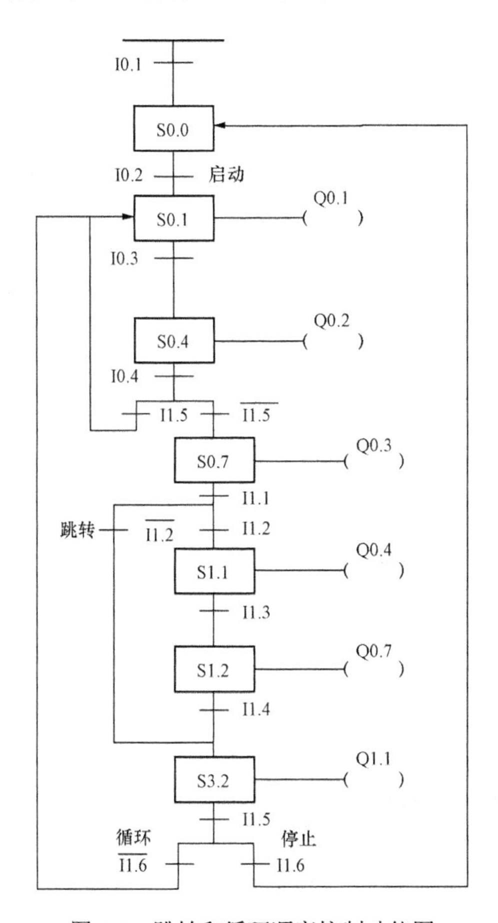

图 7-7　跳转和循环顺序控制功能图

第三节　功能图及顺序控制指令的应用

一、混合液体装置的控制

（一）装置结构

混合液体装置结构如图 7-8 所示。

（二）控制要求

SL1、SL2、SL3 为液面传感器，液面淹没时接通，液体 A、液体 B 和混合液体由电磁阀 YV1、YV2、YV3 控制。

具体要求如下：

（1）初始状态。当装置投入运行时，A、B 阀门关闭，混合阀门打开 20s，放空后关闭。

（2）启动操作。按 SB1，液体 A 阀门打开，流入液体 A；当液面达到 SL2 时，液面传感器 SL2 动作，液体 A 阀门关闭，同时液体 B 阀门打开；当液面达到 SL1 时，液面传感器 SL1 动作，液体 B 阀门关闭，同时搅匀电动机 M 开启，搅拌 1min，关闭搅匀电动机，混合液体阀打开；当液面达到 SL3 时，液面传感器 SL3 动作，开启定时装置，20s 后放空，关闭混合液体阀门，重新开始下一周期。

（3）停止操作。按 SB2，在本周期结束后，停在原始状态上。

（三）控制系统设计

1. I/O 连接图（见图 7-9）

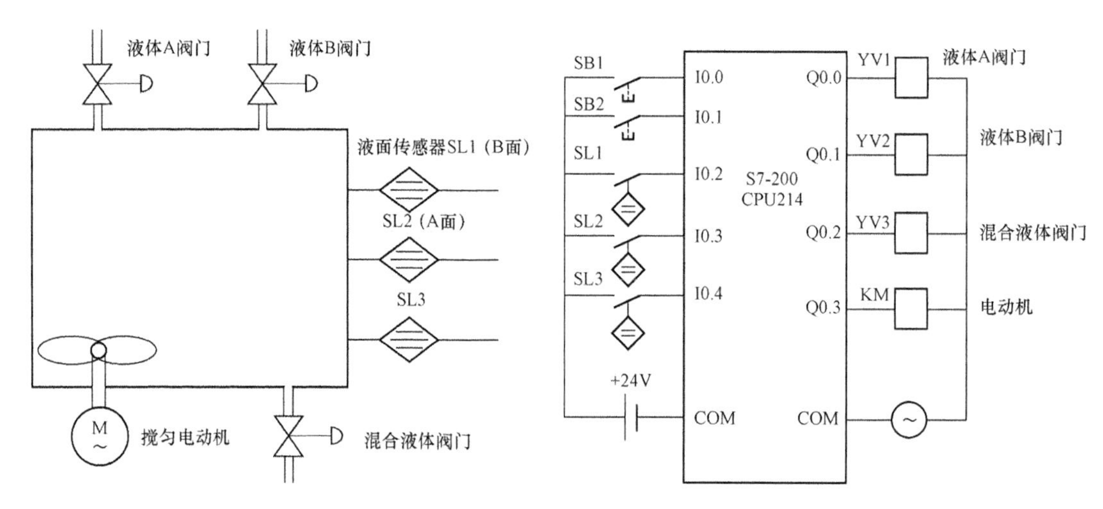

图 7-8 混合液体装置结构示意图

图 7-9 混合液体装置的 PLC I/O 连接图

2. 功能图和梯形图设计

功能图和梯形图的设计如图 7-10 所示。

二、十字路口交通信号灯的控制

十字路口的交通灯指挥信号灯布置如图 7-11 所示。

（一）利用布尔指令编程方法设计十字路口交通信号灯的控制

1. 控制要求

信号灯采用一个启动开关控制，当启动开关接通时，信号系统开始工作，且先南北红灯亮，东西绿灯亮。当启动开关断开时，所有信号灯熄灭。具体要求如下：

（1）南北绿灯和东西绿灯不能同时亮。如果同时亮应关闭信号灯系统，并立即报警。

（2）南北红灯维持 25s。在南北红灯亮的同时东西绿灯也亮，并维持 20s。到 20s 时，东西绿灯闪亮 3s 后熄灭。在东西绿灯熄灭时，东西黄灯亮，并维持 2s，2s 后东西黄灯熄灭，东西红灯亮。同时，南北红灯熄灭，南北绿灯亮。

（3）东西红灯亮维持 30s。南北绿灯亮维持 25s，然后闪亮 3s 后熄灭。同时南北黄灯亮，维持 2s 后熄灭，这时南北红灯亮，东西绿灯亮。

（4）周而复始，循环往复。

2. 时序图

根据控制要求，采用时间控制原则，特绘出其对应的时序图，如图 7-12 所示。

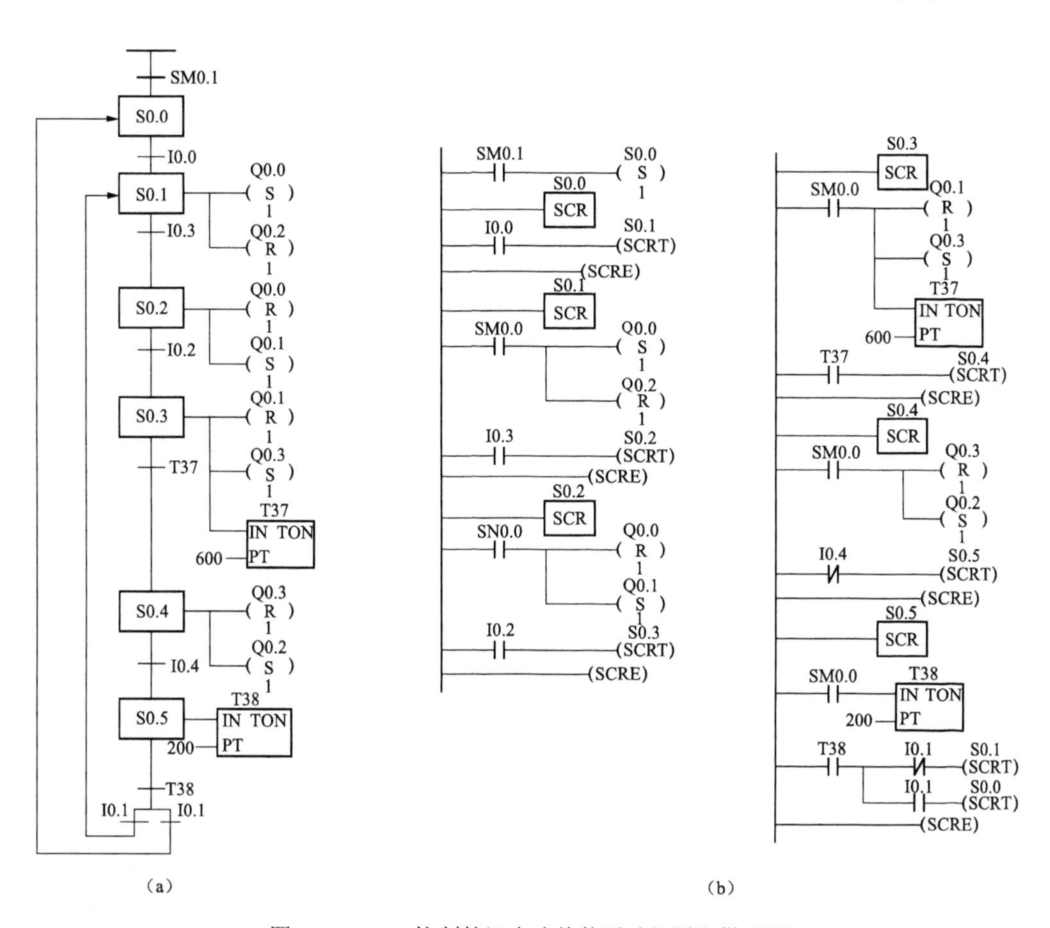

图 7-10　PLC 控制的混合液体装置功能图和梯形图

（a）功能图；（b）梯形图

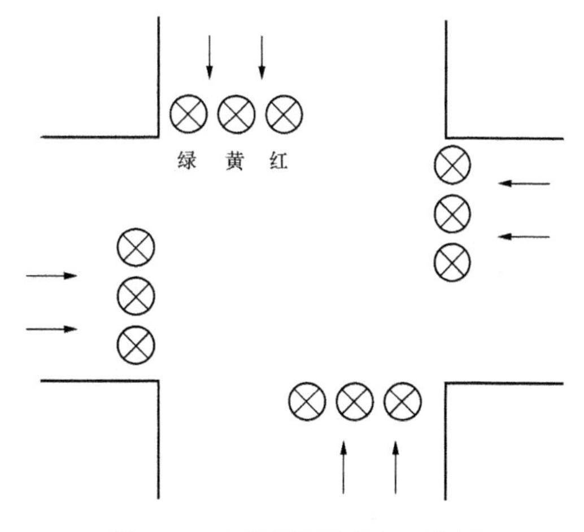

图 7-11　交通指挥信号灯示意图

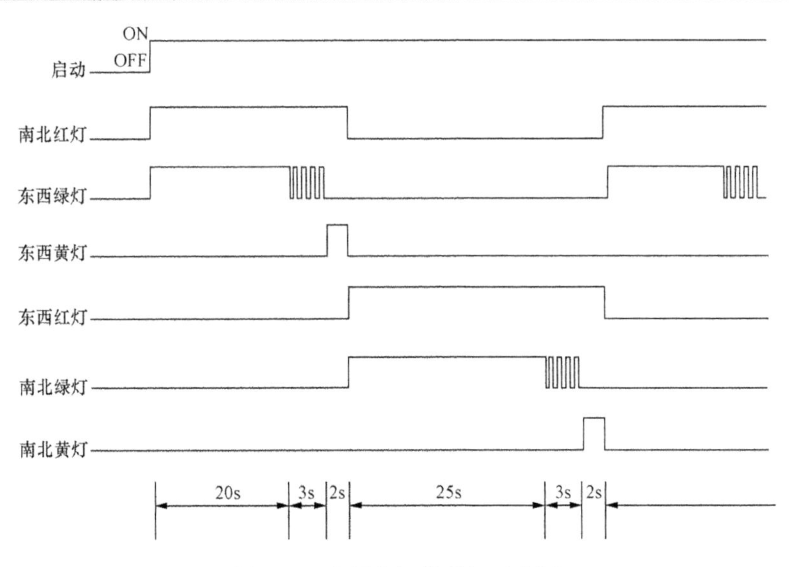

图 7-12　交通指挥信号灯时序图

3. PLC 的地址分配

交通信号灯控制系统选用 PLC 为 S7-200 系列 CPU224，具体见表 7-1。

表 7-1　　PLC 输入、输出地址分配

PLC 输入地址	定义	PLC 输出地址	定义
I0.0	启动	Q0.0	报警灯
		Q0.1	南红和北红
		Q0.2	东绿和西绿
		Q0.3	东黄和西黄
		Q0.4	东红和西红
		Q0.5	南绿和北绿
		Q0.6	南黄和北黄

4. PLC 的连线图

PLC 的连接图如图 7-13 所示。

5. 程序设计

程序设计如图 7-14 所示。

（二）十字路口交通信号灯的控制

利用顺序控制指令编程实现十字路口交通信号灯的控制如图 7-15 所示。

（三）十字路口交通信号灯的控制

利用功能块图编程实现十字路口交通信号灯的控制如图 7-16 所示。

三、小车运动控制

具体控制要求如下：小车处于后端，按下启动按钮，小车向前运行。压下前限位开关，翻门打开，7s 后小车向后运行，达到后端后压下后限位开关，打开小车底门 5s，完成一次动作，见图 7-17。

要求：控制小车的运行，并具有以下几种方式：①手动；②自动单周期；③自动循环。

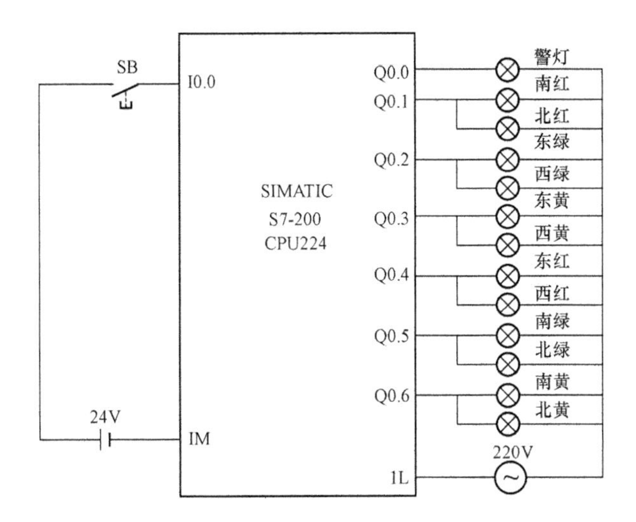

图 7-13　交通指挥信号灯 PLC 控制的连线图

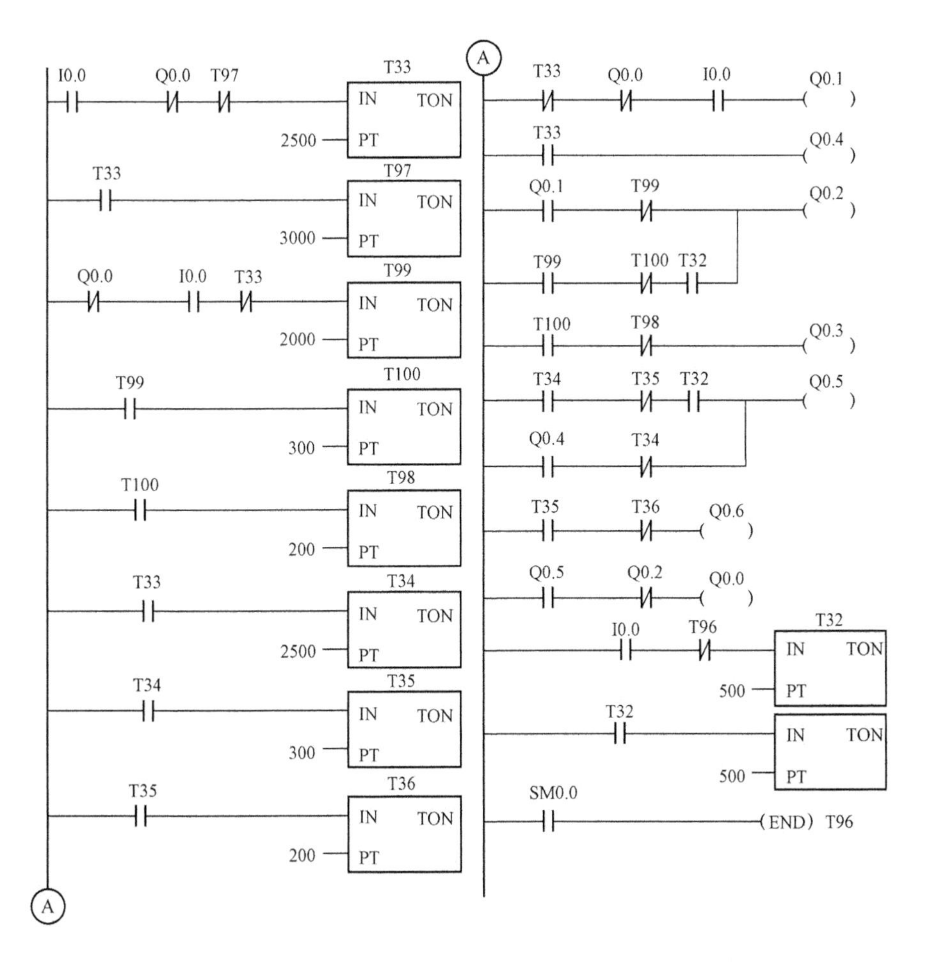

图 7-14　交通信号灯控制的梯形图

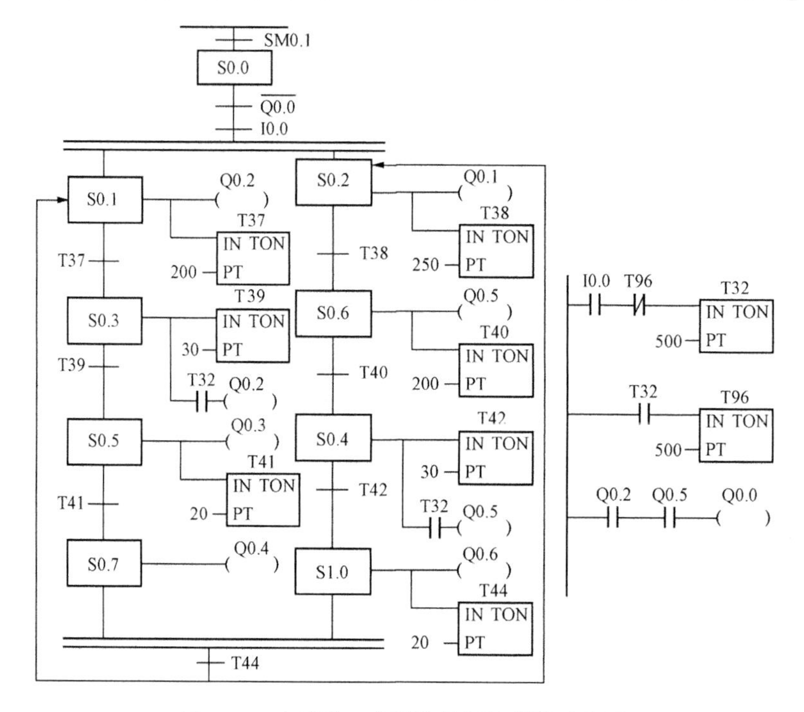

图 7-15 十字路口交通信号灯控制的功能图

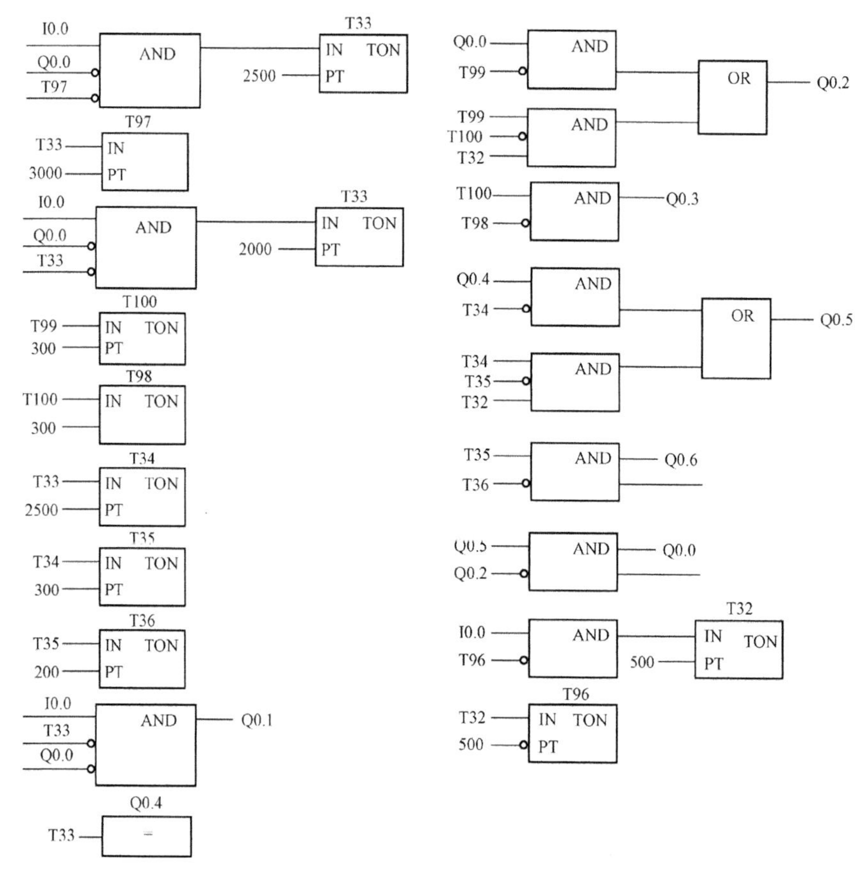

图 7-16 十字路口交通信号灯控制的功能块图

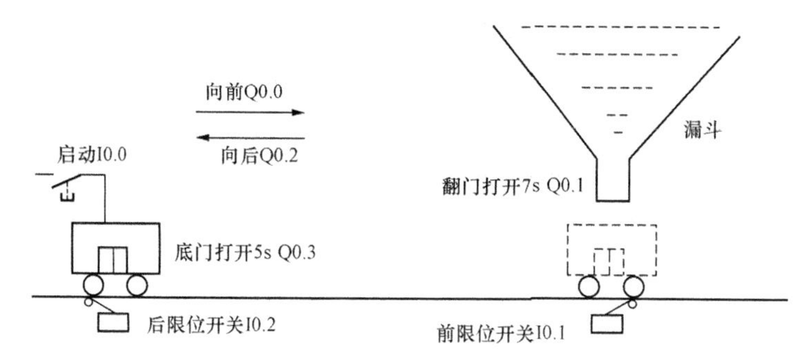

图 7-17　小车运动示意图

（一）具体控制系统分析

1. 手动控制

（1）手动向前按钮 I0.6 接通且小车底门关闭，向前运行直到前限位开关 I0.1 接通。

（2）开翻门按钮 I1.0 接通，翻门打开，货料卸下，7s 后自动关闭翻门。

（3）手动向后按钮 I0.7 接通，小车向后运行至后限位开关 I0.2 接通。

（4）开底门按钮 I1.1 接通，底门打开 5s 将货物卸下。

2. 自动控制

单周期 I0.4，自动循环 I0.5。

单周期：按下按钮 I0.0 小车向前，完成一个周期停在原位。

自动循环：多周循环，按下按钮 I0.0 小车向前，完成多个周期。

3. 输入和输出

选择 PLC 的容量为 CPU224 系列，AC/DC/继电器共有 10 个输入 4 个输出，满足设计要求。具体 I/O 地址分配见表 7-2。

表 7-2　　I/O 地址分配表

I0.0	启动	I1.0	翻门打开
I0.1	前限位开关	I1.1	底门打开
I0.2	后限位开关	I1.2	热继电器 FR
I0.3	手动	Q0.0	向前运动
I0.4	自动单循环	Q0.1	翻门打开
I0.5	自动循环	Q0.2	向前运动
I0.6	小车向前	Q0.3	底门打开
I0.7	小车向后		

（二）控制系统设计

1. 主电路设计

考虑小车的运动为往返运动，需要电动机正反转，长期运行，需加过载保护和短路保护。主电路设计如图 7-18 所示。

2. I/O 连接图

I/O 连接图如图 7-19 所示。

3. 主程序设计

主程序设计如图 7-20 所示。

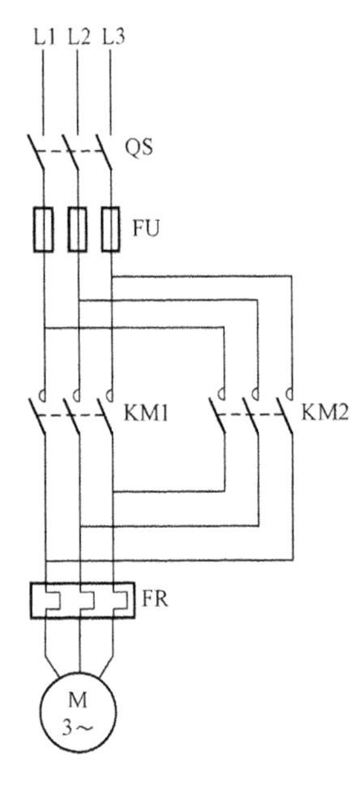

图 7-18 小车运动主电路

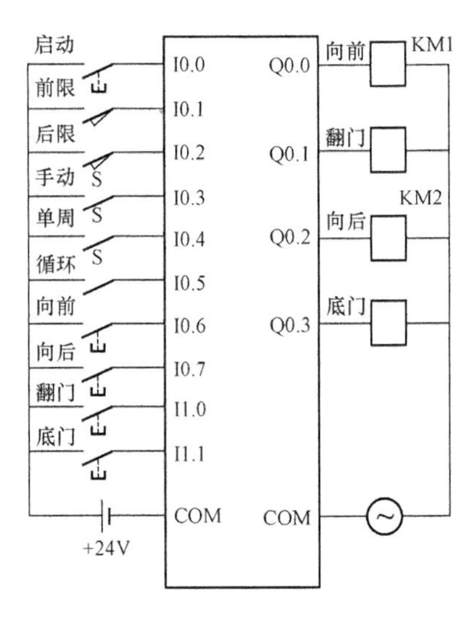

图 7-19 PLC 的 I/O 连接图

4. 手动操作梯形图

手动操作梯形图如图 7-21 所示。

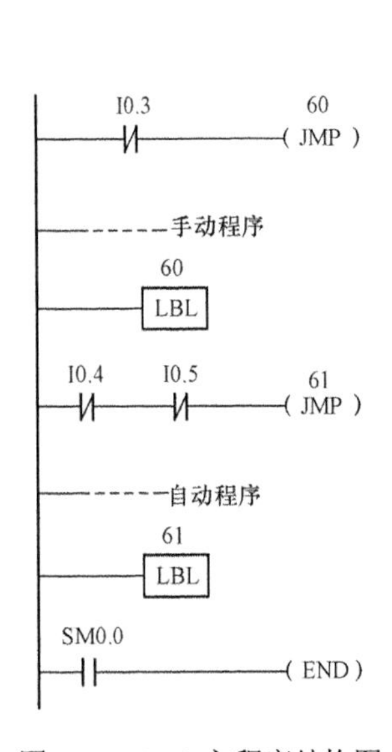

图 7-20 PLC 主程序结构图

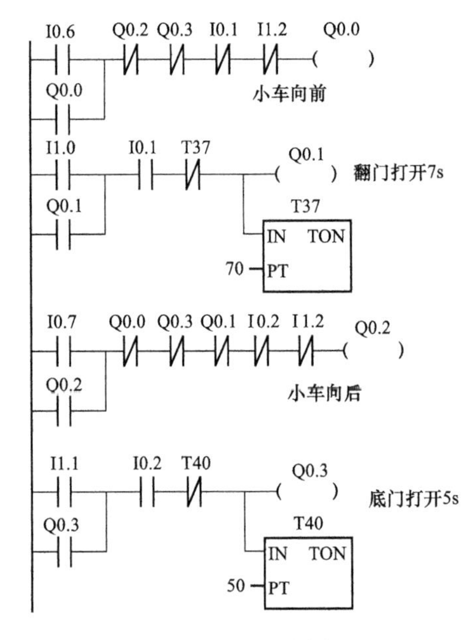

图 7-21 手动操作梯形图

5. 自动运行功能图

在自动运行的功能图（见图 7-22）中虚线内加上计数功能，即小车运行多少次后停止。

也就是说控制要求可以根据实际需要随时可以变更的，指令表自行转换。

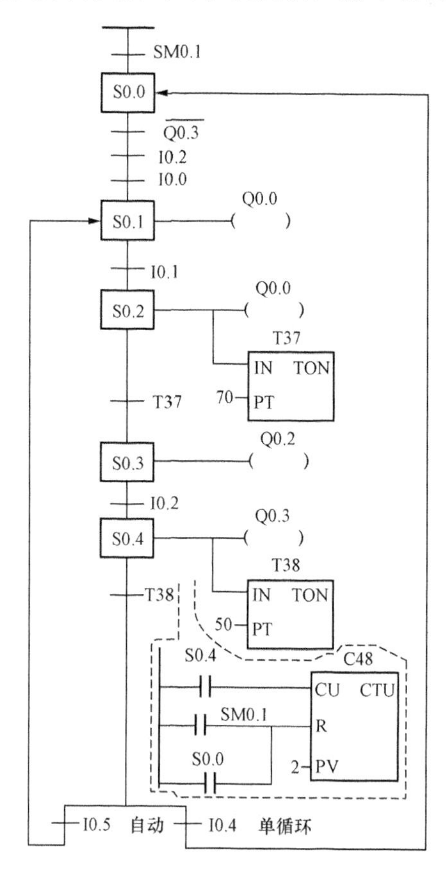

图 7-22　自动操作梯形图

本章小结

本章主要介绍了顺序控制的三条基本指令，顺序功能图的种类以及与梯形图、指令助记符之间的如何相互转换。然后重点介绍利用顺序功能图如何进行程序的设计方法和步骤，在某种控制要求的情况下，可采用多种程序设计方法。重点介绍了利用布尔指令编程方法、利用功能图与顺序控制指令编程、利用功能块图对十字路口交通信号灯的控制的程序设计的方法和步骤。

习题与思考题

7-1　功能图的四种基本形式。

7-2　多个传送带启动和停止如图 7-23 所示。按下启动按钮后，电动机 M1 启动。I0.1 接通后电动机 M2 启动，当 I0.2 接通后，电动机 M1 停止。其他传送带动作依此类推。试设计其功能图、梯形图。

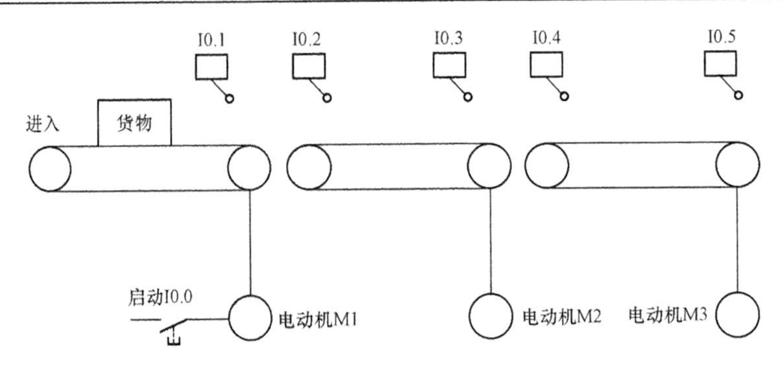

图 7-23 多个传送带控制示意图

7-3 图 7-24 所示为分捡大小球的分捡装置控制示意图。工作顺序为：向下，抓球，向上，向右运动，向下，释放球，向上和向左运动至原点。抓球和释放球的时间为 1s。当机械臂向下，电磁铁吸住大球，极限开关 SQ2 处于断开状态，电磁铁吸住小球，极限开关 SQ2 处于接通状态。试设计其功能图、梯形图。

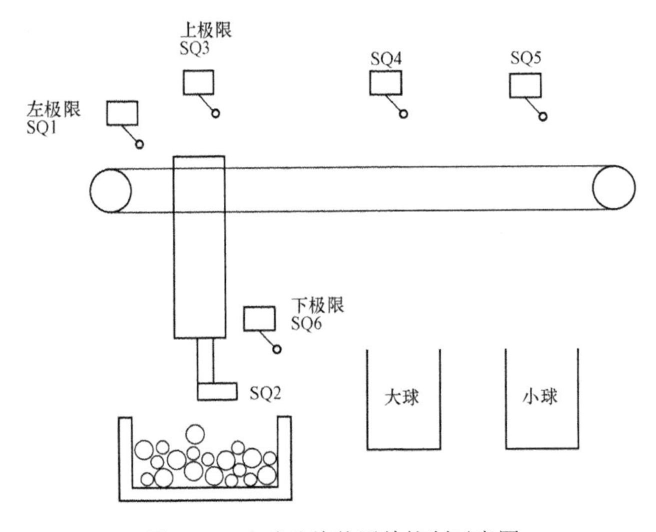

图 7-24 小球分捡装置的控制示意图

7-4 设计一个四级皮带运输机，皮带机由四台电动机 M1、M2、M3、M4 拖动，要求：

（1）四台电动机按 M1、M2、M3、M4 顺序启动。

（2）四台电动机按 M4、M3、M2、M1 顺序停止。

（3）任何一台电动机出现故障时，前面立即停止，后面延时停止，例如 M2 故障时，M1 立即停止，M3、M4 延时停止。

（4）对电动机施加必要的保护措施。

试设计其功能图、梯形图。

第八章　S7-200 系列 PLC 的功能指令简介

PLC 的功能指令也称应用指令，是指令系统中应用于复杂控制的指令。S7-200 系列 PLC 的功能指令极其丰富，主要包括以下几个方面：传送指令，移位、循环、填充指令，转换指令，数学函数指令，FOR/NEXT 指令，高速计数指令，中断指令，PID 指令，通信指令，实时时钟指令。

第一节　传　送　指　令

一、数据传送

数据传送指令是将输入字节（IN）移至输出字节（OUT），不改变原来的数值。

数据传送指令包括字节传送（MOVB）、字传送（MOVW）、双字传送（MOVD）、实数传送（MOVR）指令。其梯形图和语句表格式如图 8-1 所示。

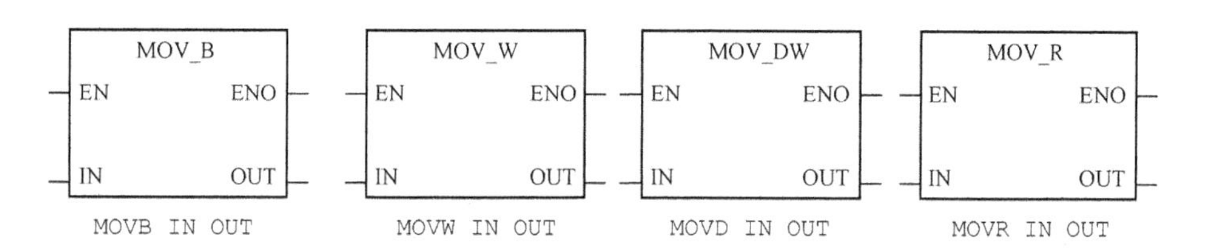

图 8-1　数据传送指令图、语句表

数据传送指令的操作数范围如下。

1. 字节传送指令（MOVB）

IN：VB，IB，QB，MB，SB，SMB，LB，AC，常数，*VD，*LD，*AC

OUT：VB，IB，QB，MB，SB，SMB，LB，AC，*VD，*LD，*AC

2. 字传送指令（MOVW）

IN：VW，IW，QW，MW，SW，SMW，LW，T，C，AIW，常数，AC，*VD，*AC，*LD

OUT：VW，T，C，IW，QW，SW，MW，SMW，LW，AC，AQW，*VD，*AC，*LD

3. 双字传送指令（MOVD）

IN：VD，ID，QD，MD，SD，SMD，LD，HC，&VB，&IB，&QB，&MB，&SB，&T，&C，&SMB，&AIW，&AQW AC，常数，*VD,*LD，*AC

OUT：VD，ID，QD，MD，SD，SMD，LD，AC，*VD，*LD，*AC

4. 实数传送指令（MOVR）

IN：VD，ID，QD，MD，SD，SMD，LD，AC，常数，*VD，*LD，*AC

OUT：VD，ID，QD，MD，SD，SMD，LD，AC，*VD，*LD，*AC

例如：

```
LD SM0.1               //上电 ON 一个扫描周期
MOVB 10 VB10           //将 10 送到字节 VB10 中
MOVW VW0 AC0           //将 VW0 中数据送到 AC0 中
MOVD 100 VD20          //将 100 送到双字 VD20 中
MOVR 20.0 VD30         //将实数 20.0 送到双字 VD30 中
```

二、数据块传送指令

数据块传送指令是将字节（或字、双字）数目（N）从输入地址（IN）移至输出地址（OUT）。N的范围为1～255。

数据块传送指令包括字节块移动（BMB）、字块移动（BMW）、双字块移动（BMD）指令。其梯形图和语句表格式如图8-2所示。

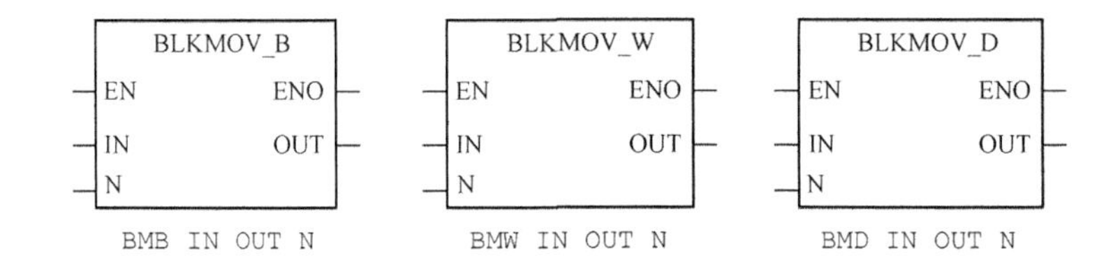

图8-2 数据块传送指令梯形图、语句表

数据块传送指令的操作数范围如下。

1．字节块移动指令（BMB）

IN：VB，IB，QB，MB，SB，SMB，LB，*VD，*AC，*LD

N：VB，IB，QB，MB，SB，SMB，LB，AC，常数，*VD，*AC，*LD

OUT：VB，IB，QB，MB，SB，SMB，LB，*VD，*AC，*LD

2．字块移动指令（BMW）

IN：VW，IW，QW，MW，SW，SMW，LW，T，C，AIW，*VD，*LD，*AC

N：VB，IB，QB，MB，SB，SMB，LB，AC，常数，*VD，*LD，*AC

OUT：VW，IW，QW，MW，SW，SMW，LW，T，C，AQW，*VD，*LD，*AC

3．双字块移动指令（BMD）

IN：VD，ID，QD，MD，SD，SMD，LD，*VD，*AC，*LD

OUT：VD，ID，QD，MD，SD，SMD，LD，*VD，*AC，*LD

N：VB，IB，QB，MB，SB，SMB，LB，AC，常数，*VD，*AC，*LD

例如，当I0.1有效时，使用块传送指令，将VB100到VB105六个字节的内容传送到VB200到VB205的单元中，注意每次只进行一次有效传送。

梯形图和语句表如图8-3所示。

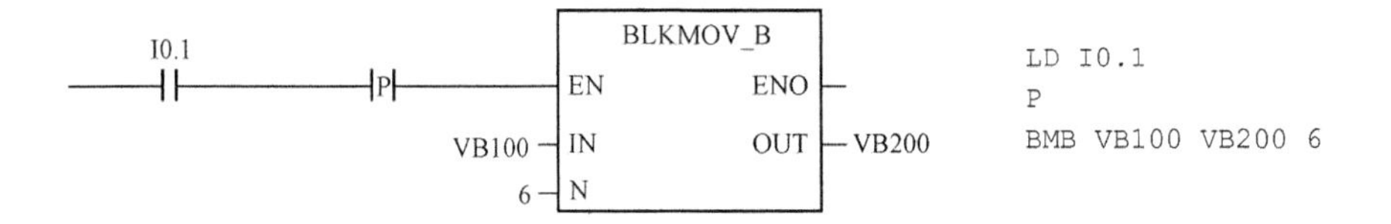

图8-3 块传送指令梯形图、语句表

第二节　移位、循环、填充指令

一、移位指令

移位指令包括字节移位、字移位、双字移位。

1. 字节移位指令

字节移位指令包括右移字节（SRB）、左移字节（SLB）。

右移字节（SRB）和左移字节（SLB）指令是将输入数值（IN）根据移位计数（N）向右或向左移动，并将结果载入输出字节（OUT）。移位指令对每个移出位补0。如果移位数目（N）大于或等于8，则数值最多被移位8次。如果移位数目大于0，溢出内存位（SM1.1）采用最后一次移出位的数值。如果移位操作结果为0，则设置0内存位（SM1.0）。其梯形图和语句表格式如图8-4所示。

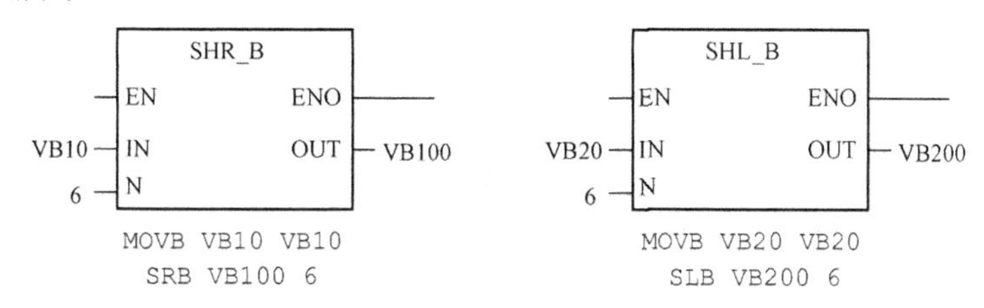

图8-4　右移字节（SRB）、左移字节（SLB）指令梯形图、语句表

字节移位指令的操作数范围如下。

IN：　VB，IB，QB，MB，SB，SMB，LB，AC，常数，*VD，*LD，*AC

N：　VB，IB，QB，MB，SB，SMB，LB，AC，常数，*VD，*LD，*AC

OUT：　VB，IB，QB，MB，SB，SMB，LB，AC，*VD，*LD，*AC

2. 字移位指令

字移位指令包括右移字、左移字。

右移字（SRW）和左移位字（SLW）指令是将输入字（IN）数值向右或向左移动N位，并将结果载入输出字（OUT）。移位指令对每个移出位补0。如果移位数目（N）大于或等于16，则数值最多被移位16次。如果移位数目大于0，则溢出内存位（SM1.1）采用最后一次移出位数值。如果移位操作结果为0，则设置0内存位（SM1.0）。其梯形图和语句表格式如图8-5所示。

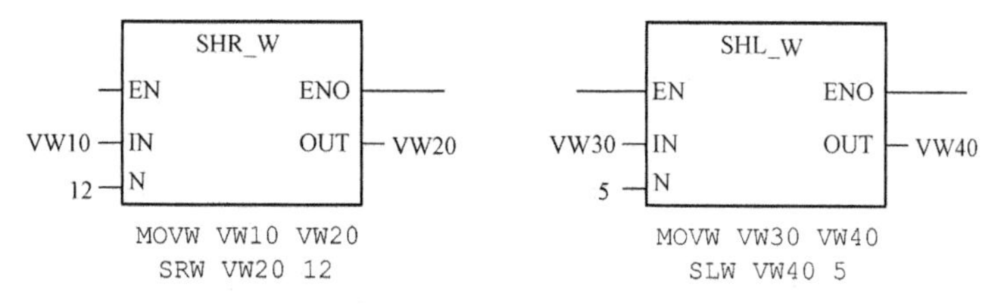

图8-5　右移字、左移字指令梯形图、语句表

字移位指令的操作数范围如下。

IN：VW，IW，QW，MW，SW，SMW，LW，T，C，AIW，AC，常数，*VD,*LD，*AC

N：VB，IB，QB，MB，SB，SMB，LB，AC，常数，*VD，*LD，*AC

OUT：VW，IW，QW，MW，SW，SMW，LW，T，C，AC，*VD，*LD，*AC

3. 双字移位指令

双字移位指令包括右移双字、左移双字指令。

右移双字（SRD）和左移双字（SLD）指令是将输入双字数值（IN）向右或向左移动 N 位，并将结果载入输出双字（OUT）。移位指令对每个移出位补 0。如果移位数目（N）大于或等于 32，则数值最多被移位 32 次。如果移位数目大于 0，溢出内存位（SM1.1）采用最后一次移出位数值。如果移位操作结果为 0，设置 0 内存位（SM1.0）。其梯形图和语句表格式如图 8-6 所示。

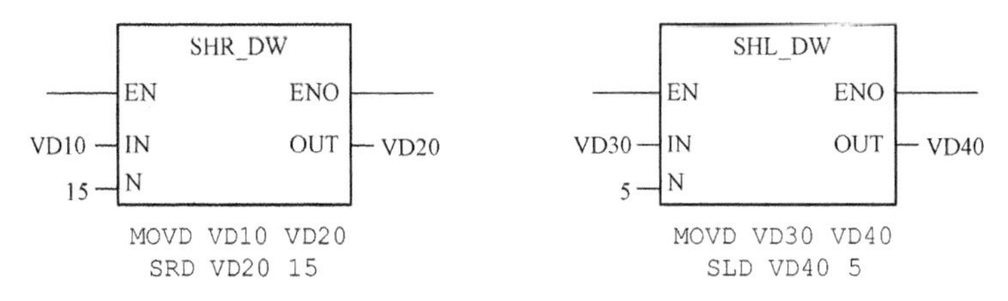

图 8-6 右移双字、左移双字指令梯形图、语句表

双字移位指令的操作数范围如下。

IN：VD，ID，QD，MD，SD，SMD，LD，AC，HC，常数，*VD，*LD，*AC

N：VB，IB，QB，MB，SB，SMB，LB，AC，常数，*VD，*LD，*AC

OUT：VD，ID，QD，MD，SD，SMD，LD，AC，*VD，*LD，*AC

二、循环移位指令

1. 字节循环移位

字节循环移位指令包括循环右移字节、循环左移字节指令。

循环右移字节（RRB）和循环左移字节（RLB）指令是将输入字节数值（IN）向右或向左旋转 N 位，并将结果载入输出字节（OUT）。旋转具有循环性。如果移位数目（N）大于或等于 8，执行旋转之前先对位数（N）进行模数 8 操作，从而使位数在 0～7 之间。如果移动位数为 0，则不执行旋转操作。如果执行旋转操作，旋转的最后一位数值被复制至溢出位（SM1.1）。

字节循环移位指令操作数范围同字节移位指令，其梯形图、语句表格式如图 8-7 所示。

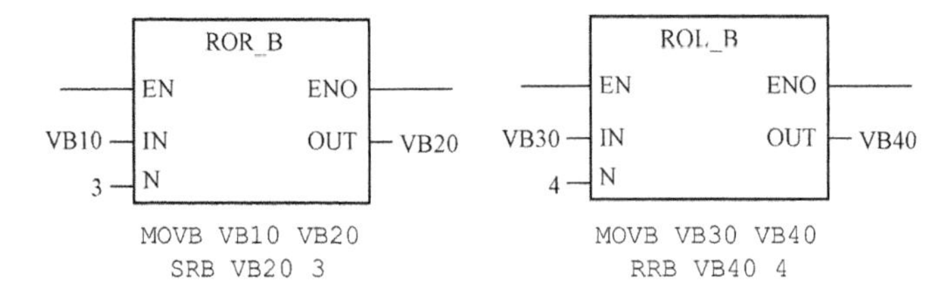

图 8-7 字节循环移位指令梯形图、语句表

2. 字循环移位

字循环移位指令包括循环右移字、循环左移字指令。

循环右移字（RRW）和循环左移字（RLW）指令是将输入字数值（IN）向右或向左旋转

N 位，并将结果载入输出字（OUT）。旋转具有循环性。如果移动位数（N）大于或等于 16，在旋转执行之前的移动位数（N）上执行模数 16 操作。从而使移动位数在 0～15 之间。如果移动位数为 0，则不执行旋转操作。如果执行旋转操作，旋转的最后一位数值被复制至溢出位（SM1.1）。操作数范围同字移位指令。

3. 双字循环移位

双字循环移位包括循环右移双字、循环左移双字指令。

循环右移双字（RRD）和循环左移双字（RLD）指令是将输入双字数值（IN）向右或向左旋转 N 位，并将结果载入输出双字（OUT）。旋转具有循环性。如果移位数目（N）大于或等于 32，执行旋转之前在移动位数（N）上执行模数 32 操作。从而使位数在 0～31 之间。如果移动位数为 0，则不执行旋转操作。如果执行旋转操作，旋转的最后一位数值被复制至溢出位（SM1.1）。如果移动位数不是 32 的整倍数，旋转出的最后一位数值被复制至溢出内存位（SM1.1）。如果旋转数值为 0，设置 0 内存位（SM1.0）。操作数范围同双字移位指令。梯形图、语句表格式如图 8-8 所示。

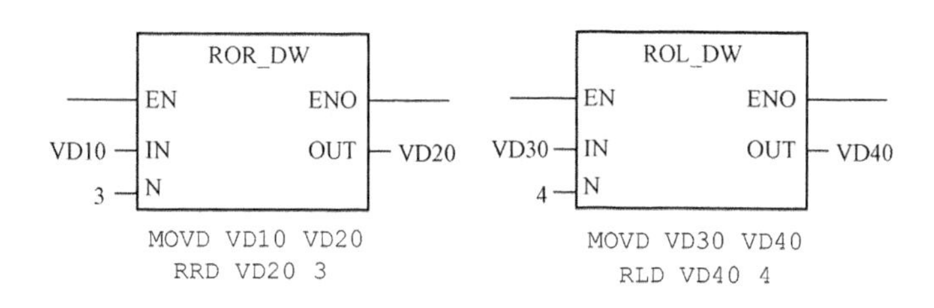

图 8-8　双字循环移位指令梯形图、语句表

移位指令工作原理如图 8-9 所示。

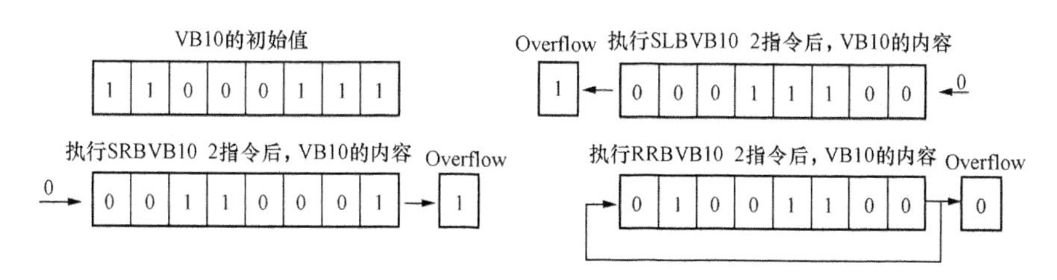

图 8-9　移位指令工作原理图

三、表指令

1. 内存填充（FILL）指令

指令用包含在地址 IN 中的字值写入到 N 个连续字，N 个连续字从地址 OUT 开始。N 的范围是 1～255。多用于寄存器清零等。例如，当 EN 有效时，将 0 送到从 VW100～VW118 连续的 10 个字中。其梯形图、语句表如图 8-10 所示。

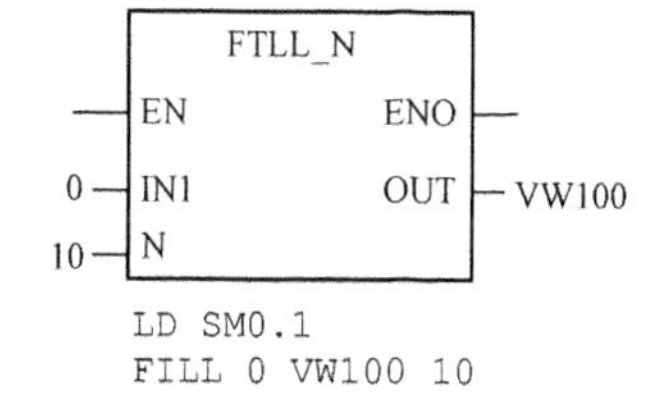

图 8-10　内存填充（FILL）指令梯形图、语句表

表指令的操作数范围：

IN：VW，IW，QW，MW，SW，SMW，LW，T，C，AIW，AC，常数，*VD，*LD，*AC

N：VB，IB，QB，MB，SB，SMB，LB，AC，常数，*VD，*LD，*AC

OUT：VW，IW，QW，MW，SW，SMW，LW，T，C，AQW，*VD，*LD，*AC

2. 增加至表格（ATT）指令

增加至表格（ATT）指令是向表格（TBL）中加入字值（DATA）。表格中的第一个数值是表格的最大长度（TL）。第二个数值是条目计数（EC），指定表格中的条目数。新数据被增加至表格中的最后一个条目之后。每次向表格中增加新数据后，条目计数加 1。表格最多可包含 100 个条目，不包括指定最大条目数和实际条目数的参数。

第三节 字节交换指令

一、BCD 至整数、整数至 BCD 转换（BCDI IBCD）

BCD 至整数指令是将二进制编码的十进制值 IN 转换成整数值，并将结果载入 OUT 指定的变量中。IN 的有效范围是 0～9999BCD。整数至 BCD 指令是将输入整数值 IN 转换成二进制编码的十进制数，并将结果载入 OUT 指定的变量中。IN 的有效范围是 0～9999BCD。其梯形图、语句表如图 8-11 所示。

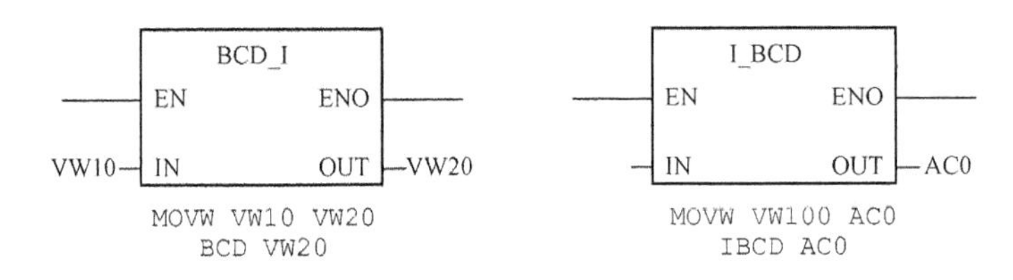

图 8-11 BCD 至整数、整数至 BCD 转换（BCDI IBCD）梯形图、语句表

BCDI、IBCD 指令的操作数范围：

IN：VW，IW，QW，MW，SW，SMW，LW，T，C，AIW，AC，常数，*VD，*AC，*LD

OUT：VW，IW，QW，MW，SW，SMW，LW，T，C，AC，*VD，*LD，*AC

二、双整数至实数（DTR）、取整（ROUND）指令

双整数至实数指令是将 32 位带符号整数 IN 转换成 32 位实数，并将结果置入 OUT 指定的变量中。取整指令将实值（IN）转换成双整数值，并将结果置入 OUT 指定的变量中。如果小数部分等于或大于 0.5，则进位为整数。其梯形图、语句表如图 8-12 所示。

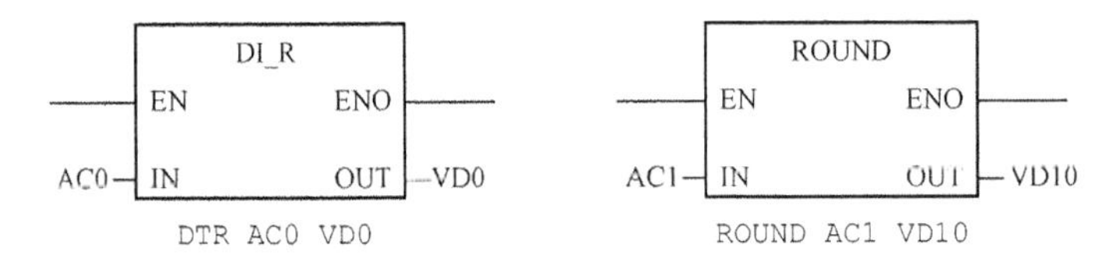

图 8-12 双整数至实数（DTR）、取整（ROUND）指令梯形图、语句表

DTR 指令的操作数范围：

IN：VD，ID，QD，MD，SD，SMD，LD，HC，AC，常数，*VD，*AC，*LD

OUT：VD，ID，QD，MD，SD，SMD，LD，AC，*VD，*LD，*AC

ROUND 指令的操作数范围：

IN：VD，ID，QD，MD，SD，SMD，LD，AC，常数，*VD，*LD，*AC

OUT：VD，ID，QD，MD，SD，SMD，LD，AC，*VD，*LD，*AC

三、双整数至整数（DTI）

双整数至整数指令是将双整数值（IN）转换成整数值，并将结果置入 OUT 指定的变量中。其梯形图、语句表如图 8-13 所示。

DTI 指令的操作数范围：

IN：VD，ID，QD，MD，SD，SMD，LD，HC，AC，常数，*VD，*LD，*AC

OUT：VW，IW，QW，MW，SW，SMW，LW，AQW，T，C，AC，*VD，*LD，*AC

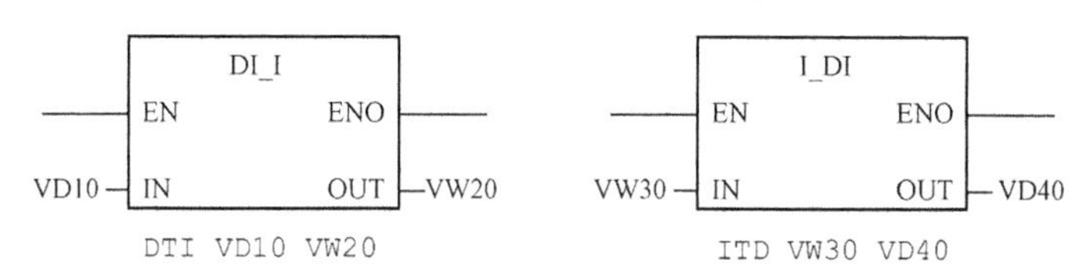

图 8-13　双整数至整数（DTI）梯形图、语句表

四、整数至双整数（ITD）

整数至双整数指令是将整数值（IN）转换成双整数值，并将结果置入 OUT 指定的变量中。其梯形图、语句表如图 8-13 所示。

DTI 指令的操作数范围：

IN：VW，IW，QW，MW，SW，SMW，LW，T，C，AIW，AC，常数，*VD，*LD，*AC

OUT：VD，ID，QD，MD，SD，SMD，LD，AC，*VD，*LD，*AC

五、字节至整数、整数至字节（BTI、ITB）

字节至整数指令是将字节数值（IN）转换成整数值，并将结果置入 OUT 指定的变量中。

整数至字节指令将字值（IN）转换成字节值，并将结果置入 OUT 指定的变量中。其梯形图、语句表如图 8-14 所示。

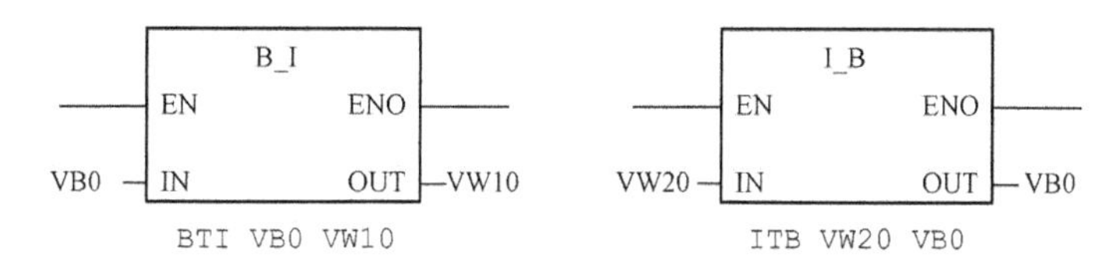

图 8-14　字节至整数、整数至字节指令梯形图、语句表

BTI 指令的操作数范围：

IN：VB，IB，QB，MB，SB，SMB，LB，AC，常数，*AC，*VD，*LD

OUT：VW，IW，QW，MW，SW，SMW，LW，AQW，T，C，AC，*VD，*LD，*AC

ITB 指令的操作数范围：

IN：VW，IW，QW，MW，SW，SMW，LW，T，C，AIW，AC，常数，*VD，*LD，*AC

OUT：VB，IB，QB，MB，SB，SMB，LB，AC，*VD，*AC，*LD

六、截断指令（TRUNC）

截断指令是将 32 位实数（IN）转换成 32 位双整数，并将结果的整数部分置入 OUT 指定的变量中。只有实数的整数部分被转换，小数部分被丢弃。其梯形图、语句表如图 8-15

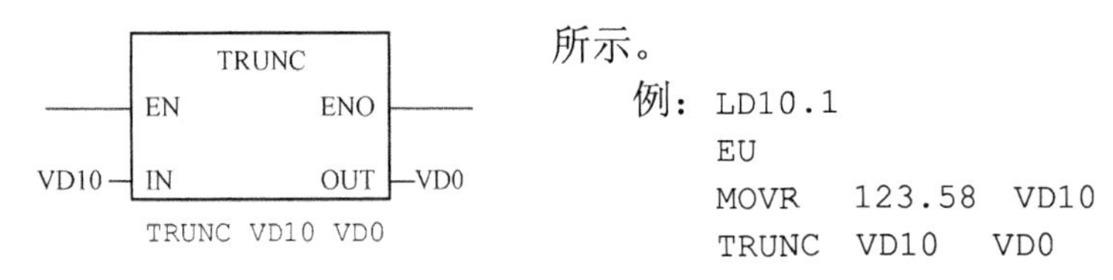

图 8-15 截断指令梯形图、语句表

所示。

例：
```
LD10.1
EU
MOVR   123.58  VD10
TRUNC  VD10   VD0
```

执行指令后 VD10 的内容为 123，格式为双整数。

TRUNC 指令的操作数范围：

IN：VD，ID，QD，MD，SD，SMD，LD，AC，常数，*VD，*LD，*AC

OUT：VD，ID，QD，MD，SD，SMD，LD，AC，*VD，*AC，*LD

七、码制转换指令

1. 段译码指令（SEG）

段码指令（SEG）是将字节数据转换成七段段码输出。当转换允许时，字节数据 IN 被转换成七段段码，其结果传送到 OUT 中。

格式：SEG IN　OUT

段码指令中 IN/OUT 的关系见表 8-1 和表 8-2。

表 8-1　段码输出对应表

IN	0	1	2	3	4	5	6	7	8	9	A	B	C	D	E	F
OUT	3F	06	5B	4F	66	6D	7D	07	7F	63	77	7C	39	5E	79	71

SEG 指令的操作数范围：

IN：VB，IB，QB，MB，SB，SMB，LB，AC，常数，*VD，*AC，*LD

OUT：VB，IB，QB，MB，SMB，LB，AC，*VD，*AC，SB，*LD

表 8-2　七段码码制表

输入 LSD	七段码 显示器	输出 -gfe dcba	图示	输入 LSD	七段码 显示器	输出 -gfe dcba
0	0	0011 1111	a b c d e f g	8	8	0111 1111
1	1	0000 0110		9	9	0110 0111
2	2	0101 1011		A	A	0111 0111
3	3	0100 1111		B	b	0111 1100
4	4	0110 0110		C	C	0011 1001
5	5	0110 1101		D	d	0101 1110
6	6	0111 1101		E	E	0111 1001
7	7	0000 0111		F	F	0111 0001

2. 整数至 ASCII、双整数至 ASCII、实数至 ASCII

（1）整数至 ASCII（ITA）指令是将整数字（IN）转换成 ASCII 字符数组。格式 FMT 指定小数点右侧的转换精确度，以及是否将小数点显示为逗号还是点号。转换结果置于从 OUT 开始的 8 个连续字节中。ASCII 字符数组总是 8 个字符。

格式操作数（FMT）的定义见表8-3。

表8-3　格式操作数（FMT）定义表

MSB							LSB
0	0	0	0	C	n	n	n

输出缓冲区的尺寸总是8个字节。输出缓冲区中小数点右侧的位数由nnn域指定。nnn域的有效范围是0～5。指定小数点右侧的数字为0会使显示的数值无小数点。对于大于5的nnn数值，用ASCII空格填充输出缓冲区。C位指定是使用逗号（C=1）还是使用小数点（C=0）作为整数和小数之间的分隔符。上方4个位必须为0。其梯形图和语句表如图8-15所示。

例，如图8-16所示，其指令语句为：

```
LD      I2.3
ITA     VW2 VB10 16#0B
```

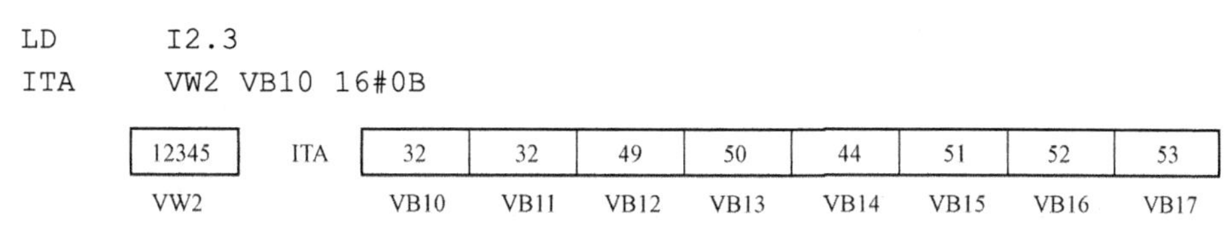

图8-16　ITA指令工作原理图

ITA指令的操作数范围：

IN：VW，IW，QW，MW，SW，SMW，LW，AIW，T，C，AC，常数，*VD，*LD，*AC

FMT：VB，IB，QB，MB，SB，SMB，LB，AC，常数，*VD，*LD，*AC

OUT：VB，IB，QB，MB，SB，SMB，LB，*VD，*LD，*AC

（2）双整数至ASCII（DAT）是指令将双字（IN）转换成ASCII字符数组。格式FMT指定小数点右侧的转换精确度。转换结果置于从OUT开始的12个连续字节中，其梯形图、语句表如图8-17所示。

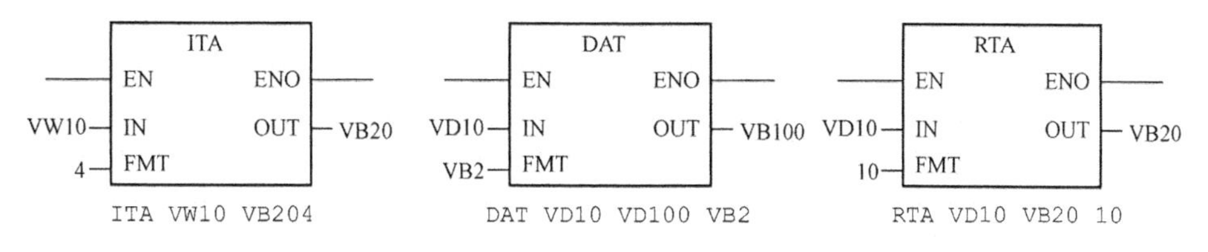

图8-17　整数、双整数、实数至ASCII指令梯形图、语句表

格式操作数（FMT）定义同上。

（3）实数至ASCII（RTA）指令是将实数值（IN）转换成ASCII字符。格式FMT指定小数点右侧的转换精确度，以及是否将小数点表示为逗号或点号及输出缓冲区尺寸。转换结果置于从OUT开始的输出缓冲区中。结果ASCII字符的数目（或长度）相当于输出缓冲区的尺寸，指定的尺寸范围为3～15个字符。其梯形图、语句表如图8-17所示。

格式操作数（FMT）见表8-4。

输出缓冲区的大小由SSSS域指定。0、1或2个字节无效。输出缓冲区中小数点右面的位数由nnn域指定。nnn域的有效范围是0～5。将小数点右面的位数指定为0会使值显示为不带小数点。当nnn值大于5时或当指定的输出字符串长度太小，无法存储转换的值时，输出缓冲区用 ASCII 空格字符填充。C 位指定是使用逗号（C＝1）还是使用小数点（C＝0）作为整数和小数之间的分隔符。

表 8-4　　格式操作数（FMT）

MSB							LSB
S	S	S	S	C	n	n	n

第四节　数学、函数指令

一、加法运算指令

加法运算指令包括整数加法、双整数加法、实数加法。

（1）整数加法（＋I）指令是将两个 16 位整数相加，并产生一个 16 位的结果（OUT）。

（2）双整数加法（＋D）指令是将两个 32 位整数相加，并产生一个 32 位结果（OUT）。

（3）实数加法（＋R）指令是将两个 32 位实数相加，并产生一个 32 位实数结果（OUT）。

在 LAD 和 FBD 中：IN1＋IN2＝OUT。

转换成 STL 指令时，先将 IN1 送到 OUT 中，然后完成 IN2＋OUT＝OUT。其梯形图、语句表如图 8-18 所示。

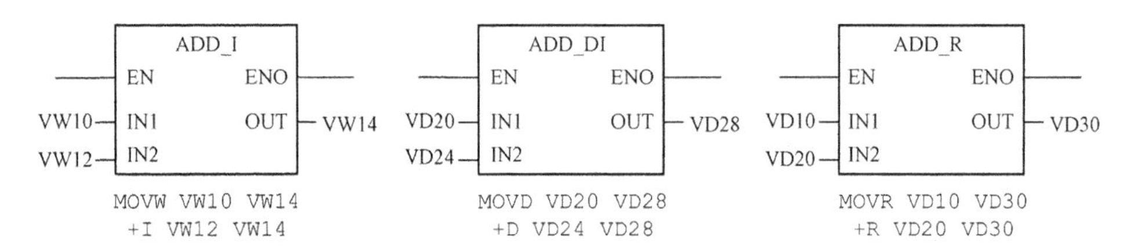

图 8-18　加法指令梯形图、语句表

加法运算指令的操作数范围：

（1）整数加法：

IN1/IN2：VW，IW，QW，MW，SW，SMW，T，C，AC，LW，AIW，常数，*VD，*LD，*AC

OUT：VW，IW，QW，MW，SW，SMW，T，C，LW，AC，*VD，*LD，*AC

（2）双整数加法：

IN1/IN2：VD，ID，QD，MD，SMD，SD，LD，AC，HC，常数，*VD，*LD，*AC

OUT：VD，ID，QD，MD，SMD，SD，LD，AC，*VD，*LD，*AC

（3）实数加法：

IN1/IN2：VD，ID，QD，MD，SD，SMD，LD，AC，常数，*VD，*LD，*AC

OUT：VD，ID，QD，MD，SD，SMD，LD，AC，*VD，*LD，*AC

二、减法运算指令

减法运算指令包括整数减法、双整数减法、实数减法。

（1）整数减法（－I）指令是将两个 16 位整数相减，并产生一个 16 位的结果（OUT）。

（2）双整数减法（－D）指令是将两个 32 位整数相减，并产生一个 32 位结果（OUT）。

（3）实数减法（－R）指令是将两个 32 位实数相减，并产生一个 32 位实数结果（OUT）。

在 LAD 指令中：IN1－IN2＝OUT。

转换成 STL 指令时，先将 IN1 送到 OUT 中，然后完成 OUT－IN2＝OUT。其梯形图和语句表如图 8-19 所示。

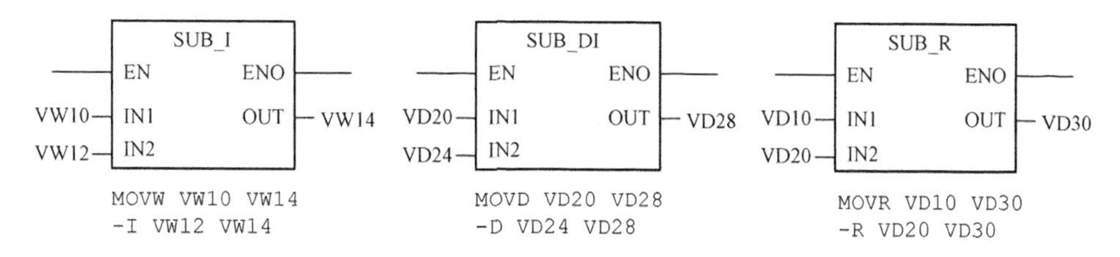

图 8-19　减法指令梯形图、语句表

减法运算指令的操作数范围同加法运算指令。

三、乘法运算指令

乘法运算指令包括整数乘法、双整数乘法、实数乘法、整数与双整数乘法指令。

（1）整数乘法（*I）指令是将两个 16 位整数相乘，并产生一个 16 位乘积。

（2）双整数乘法（*D）指令是将两个 32 位整数相乘，并产生一个 32 位乘积。

（3）实数乘法（*R）指令是将两个 32 位实数相乘，并产生一个 32 位实数结果（OUT）。

（4）整数与双整数相乘（MUL）指令是将两个 16 位整数相乘，得出一个 32 位乘积，在 STL 乘法指令中，32 位 OUT 的低位字（16 位）被用作乘数之一。

在 LAD 和 FBD 中：IN1 * IN2＝OUT。

转换成 STL 指令时，先将 IN1 送到 OUT 中，然后完成 IN2 * OUT＝OUT。其梯形图、语句表如图 8-20 所示。

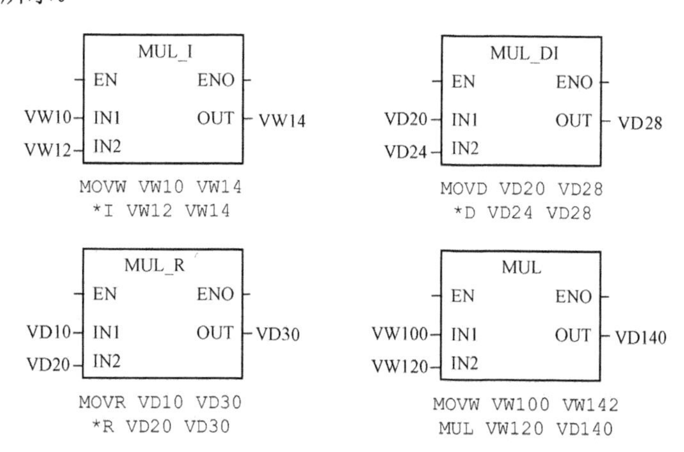

图 8-20　乘法运算指令梯形图、语句表

乘法运算指令的操作数范围：

（1）整数乘法：

IN1/IN2：VW，IW，QW，MW，SW，SMW，T，C，LW，AC，AIW，常数，*VD，*LD，*AC

OUT：VW，IW，QW，MW，SW，SMW，LW，T，C，AC，*VD，*LD，*AC

（2）双整数乘法：

IN1/IN2：VD，ID，QD，MD，SMD，SD，LD，HC，AC，常数，*VD，*LD，*AC

OUT：VD，ID，QD，MD，SMD，SD，LD，AC，*VD，*LD，*AC

（3）实数乘法：

IN1/IN2：VD，ID，QD，MD，SMD，SD，LD，AC，常数，*VD，*LD，*AC

OUT：VD，ID，QD，MD，SMD，SD，LD，AC，*VD，*LD，*AC

（4）整数与双整数相乘：

IN1/IN2：VW，IW，QW，MW，SW，SMW，T，C，LW，AC，AIW，常数，*VD，*LD，*AC

OUT：VD，ID，QD，MD，SMD，SD，LD，AC，*VD，*LD，*AC

四、除法运算指令

除法运算指令包括整数除法、双整数除法、实数除法、整数与双整数除法指令。

（1）整数除法（/I）指令是将两个 16 位整数相除，并产生一个 16 位商，不保留余数。

（2）双整数除法（/D）指令是将两个 32 位整数相除，并产生一个 32 位商，不保留余数。

（3）实数除法（/R）指令是将两个 32 位实数相除，并产生一个 32 位实数结果（OUT）。

（4）整数与双整数相除（MUL）指令是将两个 16 位整数相除，得出一个 32 位结果，其中包括一个 16 位余数（高位）和一个 16 位商（低位），在 STL 除法指令中，32 位 OUT 的低位字（16 位）被用作除数。

在 LAD 和 FBD 中：IN1/IN2＝OUT。

转换成 STL 指令时，先将 IN1 送到 OUT 中，然后完成 OUT/IN2＝OUT。

除法运算指令操作数范围与乘法运算指令相同。其梯形图、语句表如图 8-21 所示。

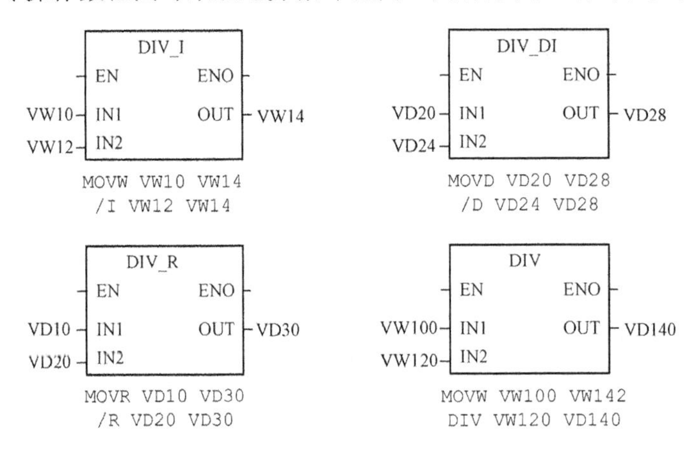

图 8-21　除法运算指令梯形图、语句表

五、递增、递减运算指令

递增、递减运算指令包括字节递增和递减、字递增和递减、双字递增和递减。其功能是在输入字节（字或双字）（IN）上加 1 或减 1，并将结果置入 OUT。

其梯形图、语句表如图 8-22 所示。

LAD 和 FBD 中：IN＋1＝OUT，IN－1＝OUT。

在 STL 中：OUT+1=OUT，OUT－1=OUT。

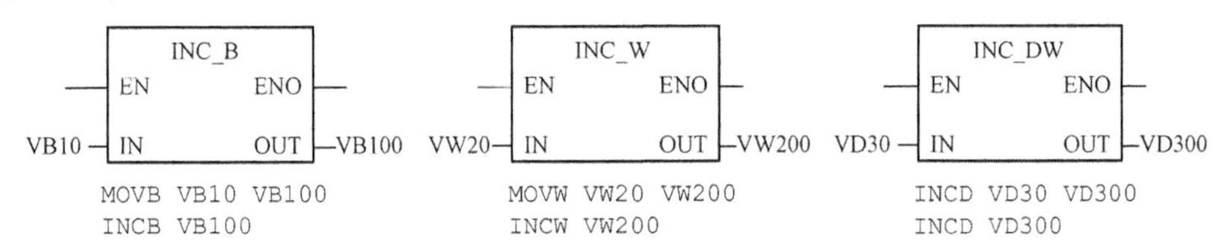

图 8-22　递增递减运算指令梯形图、语句表

操作数范围：

字节递增和递减指令操作数范围：

IN：VB，IB，QB，MB，SB，SMB，LB，AC，常数，*VD，*LD，*AC

OUT：VB，IB，QB，MB，SB，SMB，LB，AC，*VD，*LD，*AC

字递增和递减指令操作数范围：

IN：VW，IW，QW，MW，SW，SMW，AC，AIW，LW，T，C，常数，*VD，*LD，*AC

OUT：VW，IW，QW，MW，SW，SMW，LW，AC，T，C，*VD，*LD，*AC

双字递增和递减指令操作数范围：

IN：VD，ID，QD，MD，SD，SMD，LD，AC，HC，常数，*VD，*LD，*AC

OUT：VD，ID，QD，MD，SD，SMD，LD，AC，*VD，*LD，*AC

六、函数运算指令

函数运算指令包括正弦函数、余弦函数、正切函数、对数函数、指数函数。

正弦（SIN）指令是对角度值 IN 进行三角运算，并将结果放置在 OUT 中。

余弦（COS）指令是对角度值 IN 进行三角运算，并将结果放置在 OUT 中。

正切（TAN）指令是对角度值 IN 进行三角运算，并将结果放置在 OUT 中。

以上三角函数运算指令的输入角以弧度为单位。欲将输入角从角度转换成弧度，用角度乘以 1.745329E－2（约等于 $\pi/180$）。其梯形图、语句表如图 8-23 所示。

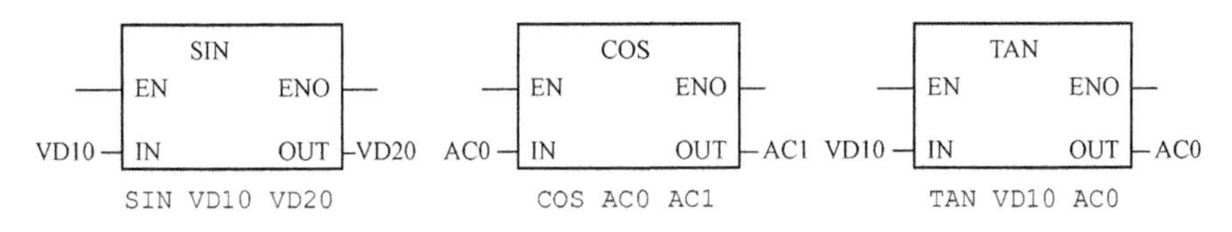

图 8-23　三角函数运算指令梯形图、语句表

正弦、余弦、正切指令的操作数范围：

IN：VD，ID，QD，MD，SMD，SD，LD，AC，常数，*VD，*LD，*AC

OUT：VD，ID，QD，MD，SMD，SD，LD，AC，*VD，*LD，*AC

【例 8-1】　试编写程序，求 30°的正弦、余弦、正切值，并将结果存在 VD10、VD20、VD30 中。

程序设计：

```
LD     SM0.0
MOVR   30.0,AC0
*R     0.01745329,AC0                //转换为弧度
```

```
SIN    AC0,VD10                        //正弦
COS    AC0,VD20                        //余弦
TAN    AC0,VD30                        //正切
```

自然对数（LN）指令是对 IN 中的数值进行自然对数计算，并将结果置于 OUT 中。如果想利用自然对数指令求得以 10 为底数的对数，则用自然对数除以 2.302585（约等于 10 的自然对数）。欲求任一个实数 x 的 y 次方（包括分数指数），则将“自然指数”指令与“自然对数”指令相结合。例如，欲将 X^y，输入以下指令：EXP (Y * LN (X))。

自然指数（EXP）指令：进行 e 的 x 次方指数计算，并将结果置于 OUT 中。其梯形图、语句表如图 8-24 所示。

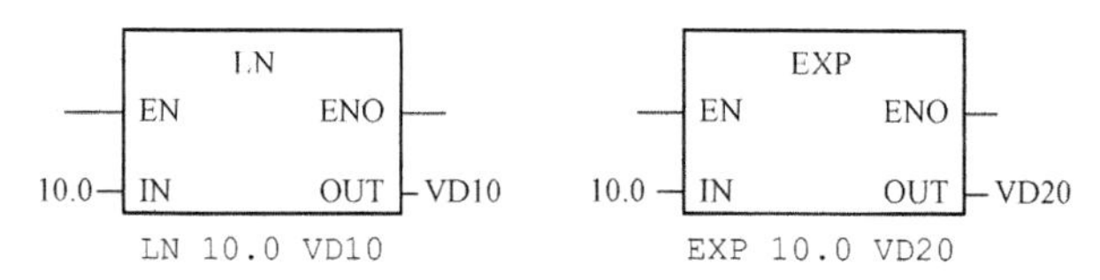

图 8-24 自然指数运算指令梯形图、语句表

对数函数、指数函数的操作数范围：

IN：VD，ID，QD，MD，SMD，SD，LD，AC，常数，*VD，*LD，*AC

OUT：VD，ID，QD，MD，SMD，SD，LD，AC，*VD，*LD，*AC

【例 8-2】 编写程序分别求：5^3，$\sqrt[3]{125}$，$5^{3/2}$。

思路分析：

5 的立方＝5^3＝EXP（3*LN（5））＝125

125 的立方根＝125^（1/3）＝EXP（1/3）*LN（125））＝5

5 的立方的平方根 ＝ 5^（3/2）＝EXP（3/2*LN（5））＝11.18034

程序设计：

```
// 求 5 的立方
LD     SM0.0
LN     5.0,AC0                  //求 5 的自然对数
*R     3.0,AC0                  //5 的自然对数的 3 倍
EXP    AC0,VD100                //5 的 3 次方值
// 求 125 的立方根
LD     SM0.0
LN     125.0,AC1                //求 5 的自然对数
/R     3.0,AC1                  //5 的自然对数的 1/3 倍
EXP    AC1,AC2                  //125 的立方根值
// 求 5 的立方的平方根
LD     SM0.0
LN     5.0,VD10                 //求 5 的自然对数
*R     3.0,VD10                 //5 的自然对数的 3 倍
/R     2.0,VD10                 //5 的自然对数的 2/3 倍
EXP    VD10,VD20                //5 的立方的平方根值
```

第五节 FOR/NEXT 指令

FOR/NEXT 指令是用来描述需重复进行一定次数的循环体。每条 FOR 指令必须对应一

条 NEXT 指令。FOR/NEXT 循环嵌套（一个 FOR/NEXT 循环在另一个 FOR/NEXT 循环之内）深度可达 8 层。FOR/NEXT 指令执行 FOR 指令和 NEXT 指令之间的指令。必须指定计数值或者当前循环次数（INDX）、初始值（INIT）和终止值（FINAL）。NEXT 指令标志着 FOR 循环的结束。其梯形图、语句表如图 8-25 所示。

使用 FOR/NEXT 循环指南：

如果允许 FOR/NEXT 循环，除非在循环内部修改了终值，循环体就一直循环执行直到循环结束。FOR/NEXT 循环执行的过程中可以修改这些值。当循环再次允许时，它把初始值拷贝到 INDX 中（当前循环次数）。当下一次允许时，FOR/NEXT 指令复位自身。

例如，假定 INIT 值等于 1，FINAL 值等于 10，FOR 与 NEXT 之间的指令被执行 10 次，INDX 值递增：1、2、3、…、10。如果起始值大于结束值，则不执行循环。每次执行 FOR 和 NEXT 之间的指令后，INDX 值递增，并将结果与结束值比较。如果 INDX 大于结束值，循环则终止。

FOR/NEXT 循环指令格式如图 8-25 所示。

【例 8-3】 试编写程序，当 I0.1 有效时完成加法 1＋2＋3＋…＋50，并将结果存入 VD20 中。

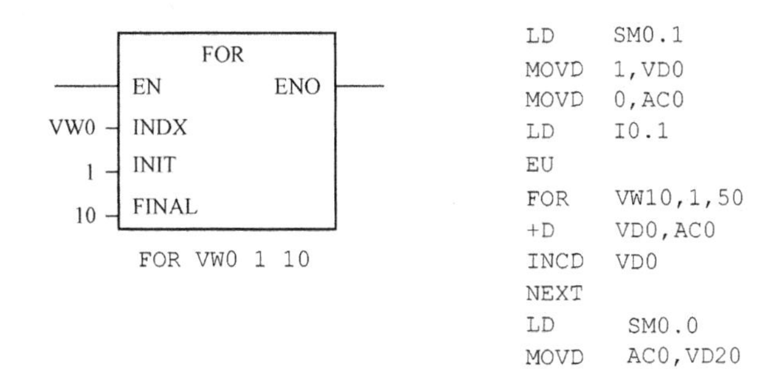

图 8-25　FOR/NEXT 梯形图、语句表

FOR/NEXT 指令的操作数范围：

IND：VW，IW，QW，MW，SW，SMW，LW，T，C，AC，*VD，*LD，*AC

INIT：VW，IW，QW，MW，SW，SMW，T，C，AC，LW，AIW，常数，*VD，*LD，*AC

FINAL：VW，IW，QW，MW，SW，SMW，LW，T，C，AC，AIW，常数，*VD，*LD，*AC

第六节　高速计数器指令

高速计数器可以对 CPU 扫描速度无法控制的高速事件进行计数，可设置多种不同操作模式。高速计数器的最大计数频率决定于 CPU 类型。S7-200 系列 PLC 的 CPU 内置 4～6 个高速计数器（HSC0～HSC5，其中 PLC CPU221 及 PLC CPU222 不支持 HSC1 及 HSC2）。这些高速计数器工作频率可达到 20kHz，有 12 种工作模式，而且不影响 CPU 的性能。高速计数器对所支持的计数、方向控制、重新设置及启动均有专门输入。对于双相计数器，两个计数都可以以最大速率运行。对于正交模式，可以选择单倍（1×）或 4 倍（4×）最大计数速率工作。HSC1 和 HSC2 互相完全独立，并不影响其他的高速功能。全部计数器均可以以最大

速率运行，互不干扰。

高速计数器经常被用于距离检测和电机转速检测。当计数器的当前值等于预设值或发生重置时，计数器提供中断。因为中断的发生速率远远低于高速计数器的计数速率，所以可对高速操作进行精确控制，这样对 PLC 的整体扫描循环的影响相对较小。高速计数器允许在中断程序内装载新的预设值，使程序简单易懂。

一、高速计数器工作模式

高速计数器大体可以分为四种。第一种是带内部方向控制的单相计数器。这种计数器的计数或者是增计数，或者是减计数，只能是其中一种方式。这种计数器只有一个计数输入端。其控制计数方向由内部继电器控制。这种计数器的工作模式为模式 0、1、2。第二种是带外部方向控制的单相计数器。这种计数器的计数或者是增计数，或者是减计数，只能是其中一种方式。这种计数器只有一个计数输入端。由外部输入控制其计数方向。这种计数器的工作模式为模式 3、4、5。第三种计数器是既可以增计数也可以减计数的双相计数器。这种计数器有两个计数输入端，一个增计数输入端，一个减计数输入端。这种计数器的工作模式为模式 6、7、8。第四种计数器是正交计数器。这种计数器有两个时钟脉冲输入端，一个输入端叫 A 相，一个输入端叫 B 相。当 A 相时钟脉冲超前 B 相时钟脉冲时，计数器进行增计数。当 A 相时钟脉冲滞后 B 相时钟脉冲时，计数器进行减计数。这种计数器的工作模式为模式 9、10、11。在正交模式下，可选择 1 倍（1×）或 4 倍（4×）最大计数速率。

对于相同的操作模式，全部计数器的运行方式均相同，共有 12 种模式。请注意并非每种计数器均支持全部操作模式。HSC0、HSC3、HSC4、HSC5 高速计数器的工作模式见表 8-5。

表 8-5　　高速计数器操作模式（一）

高速计数器名称	HSC0			HSC3	HSC4			HSC5
模式	I0.0	I0.1	I0.2	I0.1	I0.3	I0.4	I0.5	I0.4
0 带内部方向控制的单相计数器	计数			计数	计数			计数
1 带内部方向控制的单相计数器	计数		复位		计数		复位	
2 带内部方向控制的单相计数器								
3 带外部方向控制的单相计数器	计数	方向			计数	方向		
4 带外部方向控制的单相计数器	计数	方向	复位		计数	方向	复位	
5 带外部方向控制的单相计数器								
6 带增减计数输入的双相计数器	增计数	减计数			增计数	减计数		
7 带增减计数输入的双相计数器	增计数	减计数	复位		增计数	减计数	复位	
8 带增减计数输入的双相计数器								
9 A/B 相正交计数器	A 相	B 相			A 相	B 相		
10 A/B 相正交计数器	A 相	B 相	复位		A 相	B 相	复位	
11 A/B 相正交计数器								

HSC1、HSC2 高速计数器的工作模式见表 8-6。

表 8-6　　高速计数器操作模式（二）

高速计数器名称	HSC1				HSC2			
模式	I0.6	I0.7	I1.0	I1.1	I1.2	I1.3	I1.4	I1.5
0 带内部方向控制的单相计数器	计数				计数			
1 带内部方向控制的单相计数器	计数		复位		计数		复位	
2 带内部方向控制的单相计数器	计数		复位	启动	计数		复位	启动
3 带外部方向控制的单相计数器	计数	方向			计数	方向		
4 带外部方向控制的单相计数器	计数	方向	复位		计数	方向	复位	
5 带外部方向控制的单相计数器	计数	方向	复位	启动	计数	方向	复位	启动
6 带增减计数输入的双相计数器	增计数	减计数			增计数	减计数		
7 带增减计数输入的双相计数器	增计数	减计数	复位		增计数	减计数	复位	
8 带增减计数输入的双相计数器	增计数	减计数	复位	启动	增计数	减计数	复位	启动
9 A/B 相正交计数器	A 相	B 相			A 相	B 相		
10 A/B 相正交计数器	A 相	B 相	复位		A 相	B 相	复位	
11 A/B 相正交计数器	A 相	B 相	复位	启动	A 相	B 相	复位	启动

二、高速计数器的中断描述

全部高速计数器模式均支持当前数值等于预设数值中断，使用外部重置输入的计数器模式支持外部重置被激活中断。除模式 0、1 及 2 以外的全部高速计数器模式均支持计数方向改变中断。可以单独启动或关闭这些中断。使用外部重置中断时，不要装载新当前数值，或者在该事件的中断程序中先关闭再启动高速计数器，否则将引起 CPU 严重错误。高速计数器的中断描述见表 8-7。

表 8-7　　高速计数器中断事件

中断事件号	中　断　描　述	优先级别（在整个中断事件中排序）
12	HSC0　CV＝PV（当前值＝设定值）	10
27	HSC0　计数方向改变	11
28	HSC0　外部复位	12
13	HSC1　CV＝PV（当前值＝设定值）	13
14	HSC1　计数方向改变	14
15	HSC1　外部复位	15
16	HSC2　CV＝PV（当前值＝设定值）	16
17	HSC2　计数方向改变	17
18	HSC2　外部复位	18
32	HSC3　CV＝PV（当前值＝设定值）	19
29	HSC4　CV＝PV（当前值＝设定值）	20
30	HSC4　计数方向改变	21
31	HSC4　外部复位	22
33	HSC5　CV＝PV（当前值＝设定值）	23

三、高速计数器的状态字

每一个高速计数器都有一个状态字节，该字节的每一位都反映了这个计数器的工作状态。状态字的高三位分别表示当前计数方向以及当前数值是否大于或等于预设数值。高速计数器的状态字见表 8-8。

表 8-8 高速计数器状态字

HSC0	HSC1	HSC2	HSC3	HSC4	HSC5	说明
SM36.0	SM46.0	SM56.0	SM136.0	SM146.0	SM156.0	未使用
SM36.1	SM46.1	SM56.1	SM136.1	SM146.1	SM156.1	未使用
SM36.2	SM46.2	SM56.2	SM136.2	SM146.2	SM156.2	未使用
SM36.3	SM46.3	SM56.3	SM136.3	SM146.3	SM156.3	未使用
SM36.4	SM46.4	SM56.4	SM136.4	SM146.4	SM156.4	未使用
SM36.5	SM46.5	SM56.5	SM136.5	SM146.5	SM156.5	当前为向上计数：0＝向下计数、1＝向上计数
SM36.6	SM46.6	SM56.6	SM136.6	SM146.6	SM156.6	当前值等于预设值：0＝不等于、1＝等于
SM36.7	SM46.7	SM56.7	SM136.7	SM146.7	SM156.7	当前值大于预设值：0＝不大于、1＝大于

注 只有在执行高速计数器中断程序时，状态位才有效。监控高速计数器状态的目的在于启动正在进行的操作所引发的中断程序。

四、高速计数器的控制字

定义计数器及计数器模式后，可对计数器动态参数进行编程。各高速计数器均有控制字节，可启动或关闭计数器、控制方向（只用于模式 0、1 及 2）或其他全部模式的初始计数方向、装载当前数值及预设数值。执行 HSC 指令可检查控制字节及相关当前及预设值。高速计数器的控制字见表 8-9。

表 8-9 高速计数器控制字

HSC0	HSC1	HSC2	HSC3	HSC4	HSC5	说明（0、1、2 位仅在 HDEF 指令中用）
SM37.0	SM47.0	SM57.0		SM147.0		复位控制：0＝高电平复位，1＝低电平复位
SM37.1	SM47.1	SM57.1		SM147.1		启动控制：0＝高电平启动，1＝低电平启动
SM37.2	SM47.2	SM57.2		SM147.2		正交速率：0＝4 倍速率，1＝1 倍速率
SM37.3	SM47.3	SM57.3	SM137.3	SM147.3	SM157.3	计数方向：0＝向下计数，1＝向上计数
SM37.4	SM47.4	SM57.4	SM137.4	SM147.4	SM157.4	方向更新：0＝无更新，1＝更新方向
SM37.5	SM47.5	SM57.5	SM137.5	SM147.5	SM157.5	预设值更新：0＝无更新、1＝更新预设值
SM37.6	SM47.6	SM57.6	SM137.6	SM147.6	SM157.6	当前值更新：0＝无更新、1＝更新当前值
SM37.7	SM47.7	SM57.7	SM137.7	SM147.7	SM157.7	允许控制：0＝禁止 HSC，1＝允许 HSC

五、高速计数器的当前值

各高速计数器均有 32 位当前值，当前值为带符号整数值。欲向高速计数器装载新的当前值，必须设定包含当前值的控制字节及特殊内存字节。然后执行 HSC 指令，使新数值传输至高速计数器。表 8-10 列举了用于装入新当前值的特殊内存字节。

表 8-10 高速计数器的当前值

高速计数器	HSC0	HSC1	HSC2	HSC3	HSC4	HSC5
新当前值	SMD38	SMD48	SMD58	SMD138	SMD148	SMD158

六、高速计数器的预设值

每个高速计数器均有一个 32 位的预设值。预设值为带符号整数值。欲向计数器内装载新的预设值，必须设定包含预设值的控制字节及特殊内存字节。然后执行 HSC 指令，将新数值传输至高速计数器。表 8-11 描述了用于容纳预设值的特殊内存字节。

表 8-11 高速计数器的预设值

高速计数器	HSC0	HSC1	HSC2	HSC3	HSC4	HSC5
新预设值	SMD42	SMD52	SMD62	SMD142	SMD152	SMD162

七、定义高速计数器指令

定义高速计数器的 HDEF 指令：使用高速计数器之前必须选择计数器模式，读者可利用 HDEF 指令（高速计数器定义）选择计数器模式。HDEF 提供高速计数器（HSC n）及计数器模式之间的联系。对每个高速计数器只能采用一条 HDEF 指令定义高速计数器。高速计数器中的四个计数器拥有三个控制位，用于配置重置（复位）、起始输入（启动）的激活状态和选择 1×或 4×计数模式（只用于正交计数器）。这些位处于计数器的控制字节内，只有在执行 HDEF 指令时才被使用。执行 HDEF 指令之前，必须将这些控制位设定成要求状态。否则，计数器对所选计数器模式采用默认配置。重置输入及起始输入的默认设定是高电平有效，正交计数速率为 4×（或输入时钟频率的四倍）。一旦执行 HDEF 指令后，不可改变计数器设定，除非首先将 PLC 置于停止模式。

定义高速计数器指令的表示：定义高速计数器指令由助记符 HDEF、定义高速计数器允许端 EN、高速计数器编号 HSC、高速计数器工作模式 MODE 构成。其梯形图、语句表如图 8-26 所示。

定义高速计数器指令的操作：在高速计数器定义指令允许时，高速计数器的计数器号（HSC）、高速计数器的工作模式（MODE）被确定。要注意的是 HDEF 指令只能用一次，HSC 的编号和 MODE 号要符合表 8-10 和表 8-11 的规定。

高数计数器指令数据范围如下。

高速计数器允许端 EN：I、Q、M、SM、T、C、V、S、L

高速计数器编号 HSC：常量（0、1、2、3、4、5）

工作模式 MODE：常量（0、1、2、…、10、11）

八、高速计数器编程指令

高速计数器编程的 HSC 指令：高速计数器在定义之后，高速计数器在重置（复位）、更新当前值、更新预置值时，都要应用高速计数器编程的 HSC 指令对其编程。执行 HSC 指令的目的就是使 S7-200 系列 PLC 对高速计数器进行编程。只有经过编程，高速计数器才能运行。

高速计数器编程指令的表示：高速计数器编程指令由高速计数器编程指令允许端 EN、高速计数器编程指令助记符 HSC 和对高速计数器进行编程的计数器编号 N 构成。高速计数器编程指令的梯形图、语句表如图 8-26 所示。

高速计数器编程指令的操作：当高速计数器编程指令有效时，对高速计数器 N 进行的一系列新的操作，将被 S7-200 系列 PLC 编程。高速计数器新的功能生效。

高速计数器指令的数据范围如下。

编程指令允许端 EN：I、Q、M、SM、T、C、V、S、L

计数器编号 N：常量（0、1、2、3、4、5）

例：上电初始化时，定义高速计数器 HSC1 允许启动、允许当前值更新、允许预设值更新、允许计数方向更新，计数方向为向上计数，正交 4 倍频，高电平计数，高电平复位，HSC1 的当前值等于 100 时产生中断，指向中断程序 INT1。

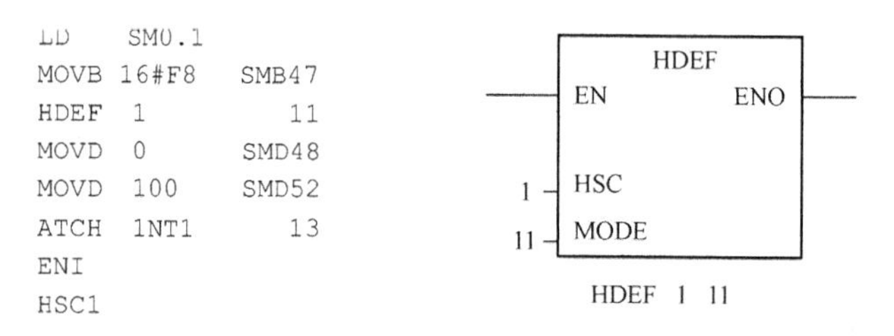

图 8-26 高速计数器指令梯形图、语句表

第七节 中 断 指 令

一、中断指令概述

中断指令包括：

（1）从中断（INT）有条件返回：CRETI。

（2）开放中断：ENI。

（3）禁止中断：DISI。

（4）连接中断：ATCH INT EVENT。

（5）分离中断：DTVH EVENT。

（6）清除中断事件：CEVNT EVENT。

1. 中断允许和中断禁止

中断允许指令（ENI）全局地允许所有被连接的中断事件。中断禁止指令全局地禁止处理所有中断事件。

当进入 RUN 模式时，中断被禁止。在 RUN 模式，可以执行全局中断允许指令（ENI），允许所有中断。全局中断禁止指令（DISI）不允许处理中断服务程序，但中断事件仍然会排队等候。

使 ENO＝0 的错误条件：

0004（试图在中断服务程序中执行 ENI、DISI 或者 HDEF 指令）

2. 中断条件返回

中断条件返回指令（CRETI）可以用来根据逻辑操作的条件，从中断服务程序中返回。

3. 中断连接

中断连接指令（ATCH）是将中断事件 EVNT 与中断服务程序号 INT 相关联，并使能该中断事件。

使 ENO＝0 的错误条件：

0002（与 HSC 的输入分配相冲突）

4. 中断分离

中断分离指令（DTCH）是将中断事件 EVNT 与中断服务程序之间的关联切断，并禁止该中断事件。

中断连接和中断分离指令的有效操作数见表 8-12。

表 8-12 中断连接和中断分离指令的有效操作数

输入/输出	数据类型	操作数
INT	BYTE	常数（0～127）
EVNT	BYTE	常数 CPU221 和 CPU222：0～12，19～23 和 27～33 CPU224：0～23 和 27～33 CPU226 和 CPU226XM：0～33

在激活一个中断程序前，必须在中断事件和该事件发生时希望执行的那段程序间建立一种联系。中断连接指令（ATCH）指定某中断事件（由中断事件号指定）所要调用的程序段（由中断程序号指定）。多个中断事件可调用同一个中断程序，但一个中断事件不能同时指定调用多个中断程序。在中断允许时，某个中断事件发生，只有为该事件指定的最后一个中断程序被执行。当为某个中断事件指定其所对应的中断程序时，该中断事件会自动被允许。如果用全局中断禁止指令（DISI）禁止所有中断，则每个出现的中断事件就进入中断队列，直到用全局中断允许指令（ENI）重新允许中断。

当将中断事件和中断程序连接时，自动允许中断。如果采用禁止全局中断指令不响应所有中断，每个中断事件进行排队，直到采用允许全局中断指令重新允许中断。

可以用中断分离指令（DTCH）截断中断事件和中断程序之间的联系，以单独禁止中断事件。中断分离指令（DTCH）使中断回到不激活或无效状态。

二、S7-200 系列 PLC 对中断服务程序的处理和中断程序间共享数据

执行中断服务程序用于响应与其相关的内部或者外部事件。一旦执行完中断服务程序的最后一条指令，控制权会回到主程序。此时可以执行中断条件返回指令（CRETI）退出中断服务程序。表中对于在应用程序中使用中断服务程序给出了一些指导和限定。

S7-200 系列 PLC 可以在主程序和一个或多个中断程序间共享数据。例如，用户主程序的某个地方可以为某个中断程序提供需要的数据，反之亦然。如果用户程序共享数据，必须考虑中断事件异步特性的影响，这是因为中断事件会在用户主程序执行的任何地方出现。共享数据一致性问题的解决要依赖于主程序被中断事件中断时中断程序的操作。

下面介绍几种可以确保在用户主程序和中断程序间正确共享数据的编程技巧。这些技巧或限制共享存储器单元的访问方式，或让使用共享存储器单元的指令序列不会被中断。

（1）STL 程序共享单个变量：如果共享数据是单个字节、字或双字变量，而且用户程序用 STL 编写，那么通过把对共享数据操作得到的中间值只存储到非共享的存储器单元或累加器中，可以保证正确的共享访问。

（2）LAD 程序共享单个变量：如果共享数据是单个字节、字或双字变量，而且用户程序用梯形图编写，那么通过建立只用 MOVE 指令（MOVB、MOVW、MOVD、MOVR）访问共享存储器单元的约定，可以保证正确的共享访问。这些 MOVE 指令由执行时不受中断事件影响的单条 STL 指令组成，而且许多梯形图指令是由可被中断的 STL 指令序列组成的。

（3）STL 或 LAD 程序共享多个变量：如果共享数据由一些相关的字节、字或双字组成，那么可以用中断禁止/允许指令（DISI 和 ENI）来控制中断程序的执行。在用户程序开始对共享存储器单元操作的地方禁止中断，一旦所有影响共享存储器单元的操作完成后，再允许中断。在访问共享存储器单元期间，中断被禁止，中断程序不能执行，因而也无法访问共享存储器单元，但这种方法导致了对中断事件响应的延迟。中断事件见表 8-13。

表 8-13　　S7-200 系列 PLC CPV 中断事件表

事件号	中断描述	CPU221 CPU222	CPU224	CPU226 CPU226XM
0	上升沿，I0.0	Y	Y	Y
1	下降沿，I0.0	Y	Y	Y
2	上升沿，I0.1	Y	Y	Y
3	下降沿，I0.1	Y	Y	Y
4	上升沿，I0.2	Y	Y	Y
5	下降沿，I0.2	Y	Y	Y
6	上升沿，I0.3	Y	Y	Y
7	下降沿，I0.3	Y	Y	Y
8	端口 0：接收字符	Y	Y	Y
9	端口 0：发送字符	Y	Y	Y
10	定时中断 0，SMB34	Y	Y	Y
11	定时中断 1，SMB35	Y	Y	Y
12	HSC0　CV＝PV（当前值＝预置值）	Y	Y	Y
13	HSC1　CV＝PV（当前值＝预置值）		Y	Y
14	HSC1 输入方向改变		Y	Y
15	HSC1 外部复位		Y	Y
16	HSC2　CV＝PV（当前值＝预置值）		Y	Y
17	HSC2 输入方向改变		Y	Y
18	HSC2 外部复位		Y	Y
19	PLS0 脉冲数完成中断	Y	Y	Y
20	PLS1 脉冲数完成中断	Y	Y	Y
21	定时器 T32　CT＝PT 中断	Y	Y	Y
22	定时器 T96　CT＝PT 中断	Y	Y	Y
23	端口 0：接收信息完成	Y	Y	Y
24	端口 1：接收信息完成			Y
25	端口 1：接收字符			Y

续表

事件号	中　断　描　述	CPU221 CPU222	CPU224	CPU226 CPU226XM
26	端口1：发送字符			Y
27	HSC0输入方向改变	Y	Y	Y
28	HSC0外部复位	Y	Y	Y
29	HSC4　CV=PV（当前值=预置值）	Y	Y	Y
30	HSC4输入方向改变	Y	Y	Y
31	HSC4外部复位	Y	Y	Y
32	HSC3　CV=PV（当前值=预置值）	Y	Y	Y
33	HSC5　CV=PV（当前值=预置值）	Y	Y	Y

三、在中断服务程序中调用子程序

在中断服务程序中可以调用一个子程序。中断服务程序与被调用的子程序共享累加器和逻辑堆栈。

S7-200系列PLC CPU支持以下中断类型：

（1）通信口中断：S7-200系列PLC产生的事件允许使用程序控制通信端口。

（2）I/O中断：S7-200系列PLC对I/O点状态的各种变化产生中断事件。这些事件允许对高速计速器、脉冲输出以及输入点的上升沿和下降沿作出响应。

（3）时基中断：S7-200系列PLC以指定的时间间隔产生中断事件。

1. 通信口中断

PLC的串行通信口可由LAD或STL程序来控制。通信口的这种操作模式称为自由端口模式。在自由端口模式下，用户可用程序定义波特率、每个字符位数、奇偶校验和通信协议。利用接收和发送中断可简化程序对通信的控制。请参看发送/接收指令以了解更多的信息。

2. I/O中断

I/O中断包含了上升沿或下降沿中断、高速计速器中断和脉冲串输出（PTO）中断。S7-200系列PLC的CPU可用输入I0.0～I0.3的上升沿或下降沿产生中断。表9-21给出了允许中断的输入，上升沿事件和下降沿事件可被这些输入点捕获。这些上升沿或下降沿事件可被用来指示当某个事件发生时必须引起注意的错误条件。

高速计速器中断允许响应，诸如当前值等于预置值、相应于轴转动方向变化的计数方向改变和计数器外部复位等事件而产生的中断。每种高速计速器可对高速事件实时响应，而PLC扫描速率对这些高速事件是不能控制的。

脉冲串输出中断给出了已完成指定脉冲数输出的指示。脉冲串输出的一个典型应用是步进电机。

可以通过将一个中断程序连接到相应的I/O事件上来允许上述的每一个中断。

3. 时基中断

时基中断包括定时中断和定时器T32/T96中断。CPU可以支持定时中断，可以用定时中断指定一个周期性的活动。周期以1ms为增量单位，周期时间范围为5～255ms。对于定时中断0，把周期时间写入SMB34；对于定时中断1，把周期时间写入SMB35。

每当定时器溢出时，定时中断事件把控制权交给相应的中断程序。通常可用定时中断以固定的时间间隔去控制模拟量输入的采样或者执行一个 PID 回路。

当将某个中断程序连接到一个定时中断事件上，如果该定时中断被允许，那就开始计时。在连接期间，系统捕捉周期时间值，因而后来的变化不会影响周期。为改变周期时间，首先必须修改周期时间值，然后重新把中断程序连接到定时中断事件上。当重新连接时，定时中断功能清除前一次连接时的任何累计值，并用新值重新开始计时。

一旦允许，定时中断就连续地运行，指定时间间隔的每次溢出时执行被连接的中断程序。如果退出 RUN 模式或分离定时中断，则定时中断被禁止。如果执行了全局中断禁止指令，定时中断事件会继续出现，每个出现的定时中断事件将进入中断队列（直到中断允许或队列满）。请参见定时中断的例子程序。

定时器 T32/T96 中断允许及时地响应一个给定的时间间隔。这些中断只支持 1ms 分辨率的延时接通定时器（TON）和延时断开定时器（TOF）T32 和 T96。T32 和 T96 定时器在其他方面工作正常。一旦中断允许，当有效定时器的当前值等于预置值时，在 CPU 的正常 1ms 定时刷新中，执行被连接的中断程序。首先将一个中断程序连接到 T32/T96 中断事件上，然后允许该中断。

四、中断优先级和中断队列

在各个指定的优先级之内，CPU 按先来先服务的原则处理中断。任何时间点上，只有一个用户中断程序正在执行。一旦中断程序开始执行，它要一直执行到结束。而且不会被别的中断程序，甚至是更高优先级的中断程序所打断。当另一个中断正在处理中，新出现的中断需排队等待，以待处理。

表 8-14 给出了 3 个中断队列以及它们能够存储的中断个数。

表 8-14　　每个中断队列的最大数目

队列	CPU221、CPU222、CPU224	CPU226、CPU226XM
通信中断队列	4	8
I/O 中断队列	16	16
定时中断队列	8	8

有时，可能有多于队列所能保存数目的中断出现，因而，由系统维护的队列溢出存储器位表明丢失的中断事件的类型。中断队列溢出位见表 8-15。应当只在中断程序中使用这些位，因为在队列变空或控制返回到主程序时，这些位会被复位。

表 8-15　　中断事件的优先级顺序

事件号	中断描述	优先级	优先组中的优先级
8	端口 0：接收字符	通信（最高）	0
9	端口 0：发送完成		0
23	端口 0：接收信息完成		0
24	端口 1：接收信息完成		1
25	端口 1：接收字符		1
26	端口 1：发送完成		1

续表

事件号	中断描述	优先级	优先组中的优先级
19	PTO 0 完成中断	I/O（中等）	0
20	PTO 1 完成中断		1
0	上升沿，I0.0		2
2	上升沿，I0.1		3
4	上升沿，I0.2		4
6	上升沿，I0.3		5
1	下降沿，I0.0		6
3	下降沿，I0.1		7
5	下降沿，I0.2		8
7	下降沿，I0.3		9
12	HSC0 CV=PV（当前值=预置值）		10
27	HSC0 输入方向改变		11
28	HSC0 外部复位		12
13	HSC1 CV=PV（当前值=预置值）		13
14	HSC1 输入方向改变		14
15	HSC1 外部复位		15
16	HSC2 CV=PV		16
17	HSC2 输入方向改变		17
18	HSC2 外部复位		18
32	HSC3 CV=PV（当前值=预置值）		19
29	HSC4 CV=PV（当前值=预置值）		20
30	HSC4 输入方向改变		21
31	HSC4 外部复位		22
33	HSC5 CV=PV（当前值=预置值）		23
10	定时中断 0	定时（最低）	0
11	定时中断 1		1
21	定时器 T32 CT=PT 中断		2
22	定时器 T96 CT=PT 中断		3

中断程序设计举例，如图 8-27 所示。

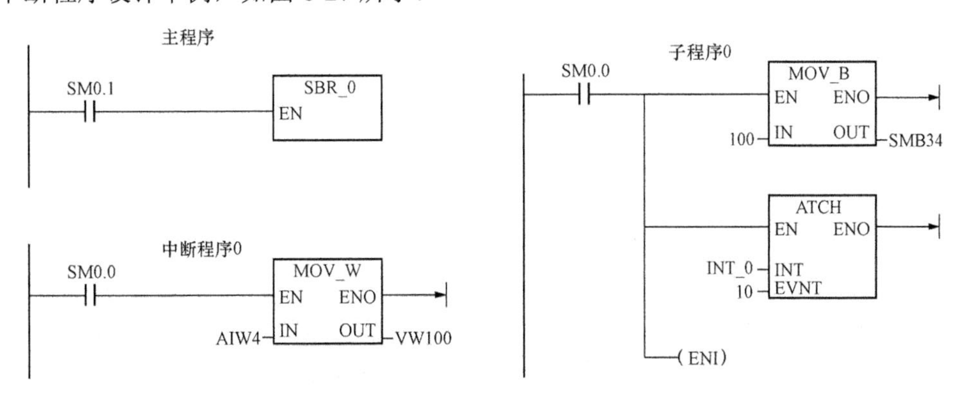

图 8-27　中断程序设计举例梯形图

对应的STL（语句表）如下：

```
ORGANIZATION_BLOCK 程序块：OB1
LD      SM0.1
CALL    SBR0                         // 在首次扫描时,调用子程序 SBR0
LD      SM0.0
MOVB    100,SMB34                    // 将间隔设为定时中断 0～100ms
ATCH    INT0,10                      // 将定时中断 0(事件 10)附加在 INT_0 上
ENI                                  // 全局中断启用
LD      SM0.0
MOVW    AIW4,VW100                   // 每 100ms 读取 AIW4 数值
END_INTERRUPT_BLOCK
```

第八节　PID　指　令

S7-200系列PLC CPU提供PID回路指令（成比例、积分、微分循环），进行PID计算。PID回路的操作取决于存储在36字节回路表内的9个参数。

一、PID算法

PID 控制器管理输出数值，以便使偏差（e）为零，系统达到稳定状态。偏差是给定值SP和过程变量PV的差。PID控制原则以下列公式为基础，其中将输出$M(t)$表示成比例项、积分项和微分项的函数

$$M(t)=K_{\mathrm{p}}e+K_{\mathrm{i}}\int_{0}^{t}e\mathrm{d}t+K_{\mathrm{d}}\frac{\mathrm{d}e}{\mathrm{d}t}+M_{\mathrm{ini}}$$

式中　$M(t)$——PID运算的输出，是时间的函数；

K_{p}——PID回路的比例系数；

K_{i}——PID回路的积分系数；

K_{d}——PID回路的微分系数；

e——PID回路的偏差（给定值和过程变量之差）；

M_{ini}——PID回路输出的初始值。

为了在数字计算机内运行此控制函数，必须将连续函数化成为偏差值的间断采样。数字计算机使用下列相应公式为基础的离散化PID运算模式，即

$$M_n=K_{\mathrm{p}}e_n+K_{\mathrm{i}}\sum_{l=1}^{n}e_l+M_{\mathrm{ini}}+K_{\mathrm{d}}(e_n-e_{n-1})$$

式中　M_n——采样时刻n的PID运算输出值；

e_n——采样时刻n的PID回路的偏差；

e_{n-1}——采样时刻$n-1$的PID回路的偏差；

e_l——采样时刻l的PID回路的偏差。

在此公式中，第一项称为比例项，第二项由两项的和构成，称为积分项，最后一项称为微分项。比例项是当前采样的函数，积分项是从第一采样至当前采样的函数，微分项是当前采样及前一采样的函数。在数字计算机内，既不可能也没有必要存储全部偏差项的采样。因为从第一采样开始，每次对偏差采样时都必须计算其输出数值，因此，只需要存储前一次的

偏差值及前一次的积分项数值。利用计算机处理的重复性，可对上述计算公式进行简化。简化后的公式为

$$M_n = K_p e_n + (K_i e_n + MX) + K_d(e_n - e_{n-1})$$

式中　MX——积分项前值。

计算回路输出值时，CPU 实际使用对上述简化公式略微修改的格式。修改后的公式为

$$M_n = MP_n + MI_n + MD_n$$

式中　MP_n——采样时刻 n 的回路输出比例项值；

MI_n——采样时刻 n 的回路输出积分项值；

MD_n——采样时刻 n 的回路输出微分项值。

1. 比例项

比例项 MP 是 PID 回路的比例系数 K_p 及偏差 e 的乘积，其中比例系数控制输出计算的敏感性，而偏差是采样时刻设定值 SP 及过程变量 PV 之间的差。为了方便计算取 $K_p=K_c$。CPU 采用的计算比例项的公式为

$$MP_n = K_c(SP_n - PV_n)$$

式中　K_c——回路的增益；

SP_n——采样时刻 n 的设定值；

PV_n——采样时刻 n 的过程变量值。

2. 积分项

积分项 MI 与偏差和成比例。为了方便计算取 $K_i=K_cT_s/T_i$。CPU 采用的积分项公式为

$$MI_n = K_c T_s / T_i (SP_n - PV_n) + MX$$

式中　MX——采样时刻 $n-1$ 的积分项（又称为积分项前值）。

积分项 MX 是积分项全部先前数值的和。每次计算出 MI_n 以后，都要用 MI_n 去更新 MX。其中 MI_n 可以被调整或被限定。MX 的初值通常在第一次计算出输出之前被置为 M_{ini}（初值）。其他几个常量也是积分项的一部分，如增益、采样时刻（PID 循环重新计算输出数值的循环时间），以及积分时间（用于控制积分项对输出计算影响的时间）。

3. 微分项

微分项 MD 与偏差的改变成比例，为方便计算，取 $K_d=K_cT_d/T_s$。计算微分项的公式为

$$MD_n = K_c \frac{T_d}{T_s}[(SP_n - PV_n) - (SP_{n-1} - PV_{n-1})]$$

为了避免步骤改变或由于对设定值求导而带来的输出变化，对此公式进行修改，假定设定值为常量（$SP_n=SP_{n-1}$），因此将计算过程变量的改变，而不计算偏差的改变，计算公式可以改进为

$$MD_n = K_c \frac{T_d}{T_s}(SP_n - PV_n - SP_{n-1} + PV_{n-1})$$

或

$$MD_n = K_c \frac{T_d}{T_s}(PV_{n-1} - PV_n)$$

式中　T_d——微分时间；

SP_{n-1}——采样时刻 $n-1$ 的设定值；

PV_{n-1}——采样时刻 $n-1$ 的过程变量值。

为了下一次计算微分项的值，必须保存过程变量而非偏差项。第一次采样时刻，初始化为 $PV_{n-1}=PV_n$。

二、回路控制的选择

在许多控制系统内，可能有必要只采用一种或两种回路控制方法。例如，可能只要求比例控制或比例与积分控制。通过设定常量参数的数值对所要回路控制类型进行选择。

如果不需要积分运算（即在 PID 计算中不需要积分运算），则应将积分时间 T_i 指定为无限大，由于积分和 MX 的初始值，即使没有积分运算，积分项的数值也可能不为零。这时积分系数

$$K_i=0.0$$

如果不需要求导运算（即在 PID 计算中不需要微分运算），则应将求导时间 T_d 指定为零。这时微分系数

$$K_d=0.0$$

如果不需要比例运算（即在 PID 计算中不需要比例运算），而需要积分（I）或积分微分（ID）控制，则应将回路增益数值 K_c 指定为 0.0，这时比例系数 $K_p=0.0$。因为回路增益 K_c 是计算积分及微分项公式内的系数，把回路增益设定为 0.0，将影响积分及微分项的计算。因而，当回路增益取为 0.0 时，在 PID 算法中，系统自动地将在积分和微分运算中的回路增益取为 1.0，此时

$$K_i=T_s/T_i$$

$$K_d=T_d/T_s$$

三、回路输入转换及标准化

一个回路具有两个输入变量，设定值 SP 及过程变量 PV。设定值通常为固定数值，类似汽车定速控制的速度设定。过程变量是与回路输出相关的量，因此可测量回路输出对被控制系统的影响。在汽车定速驾驶的例子中，过程变量为测量轮胎转速的转速输入。

设定值及过程变量均为实际数值，它们的大小、范围及工程单位可能不同。在这些实际数值可用于 PID 指令之前，必须将其转换成标准化的、浮点数表示形式。

（1）实际数值转换成实数。第一步是将实际数值从 16 位整数数值转换成浮点或实数数值。下面提供下列指令序列，说明如何将整数数值转换成实数。

```
XORD      AC0,AC0            //清除累加器
MOVW      AIW0,AC0           //在累加器内保存模拟数值
LDW>=     AC0,0              //如果模拟数值为正或者为零
JMP       0                  //将其转换成实数
NOT                          //否则
ORD       16#FFFF0000,AC0    //对 AC0 内的数值进行符号扩展
LBL       0                  //跳转指令的入口
DTR       AC0,AC0            //将 32 位整数转换成实数
```

（2）数值标准化。下一步是将数值的实数表示转换成位于 0.0～1.0 之间的标准化数值。可采用下列公式对设定值及过程变量实现这种转换。

$$R_n=(R_{raw}/S_{pan})+Offset$$

式中　R_n——实际数值的标准化表示；

R_{raw}——实际数值的非标准化或原值表示；

Offset——对单极数值为 0.0，对双极数值为 0.5；

S_{pan}——值域，等于最大可能数值减去最小可能数值，对于单极性为 32000（典型值），对于双极性为 64000（典型值）。

下列指令说明如何对 AC0 内的双极性数值（间距为 64000）进行标准化（是上一指令序列的继续）：

```
/R          64000.0,AC0           //对累加器内的数值进行标准化
+R          0.5,AC0               //数值距离范围 0.0～1.0 的偏移量
MOVR        AC0,VD100             //将标准化的数值存储在回路表内
```

四、数据转换

回路输出转换成比例的整数数值：回路输出是控制变量，例如汽车定速驾驶控制中的调速气门的设定。回路输出是标准化的、位于 0.0～1.0 之间的实数数值。在回路输出可用于驱动模拟输出之前，回路输出必须被转换成 16 位的、成比例的整数数值。这一过程是将 *PV* 及 *SP* 转换成标准化数值的反过程。

第一步是利用下面给出的公式将回路输出转换成成比例的实数，即

$$R_{scal}=(M_n-Offset)S_{pan}$$

式中　R_{scal}——与回路输出成比例的实数数值；

M_n——回路输出标准化的实数数值；

Offset——对于单极性数值为 0.0，对于双极性数值为 0.5；

S_{pan}——值域，等于最大可能数值减去最小可能数值，对单极性数值为 32000（典型值），对双极性数值为 64000（典型值）。

下列指令说明如何使回路输出完成这个转换：

```
MOVR     VD108,AC0                //将回路输出移至累加器
-R       0.5,AC0                  //只有在双极性数值的情况下才包括此语句
*R       64000.0,AC0              //使累加器内的数值与回路输出成比例
```

然后，代表回路输出的成比例的实数数值必须被转换成 16 位整数。

下列指令序列说明如何进行此转换：

```
ROUND    AC0,AC0                  //将实数转换成 32 位整数
MOVW     AC0,AQW0                 //将 16 位整数数值写入模拟输出
```

正向及反向回路：如果增益为正，即为正向回路，如果增益为负，即为反向回路（对于增益为 0 的积分或微分控制，将积分及求导时间设定为正值，将产生正向回路，对其设定为负值，将产生反向回路）。

变量及范围：过程变量及设定值是 PID 计算的输入值，因此 PID 只能读取而不改变这些变量的回路表字段。输出值是由 PID 计算生成的，因此每次 PID 计算完成后，需要更新回路表内的输出值字段。输出值被固定在 0.0～1.0 之间。在从手动控制方式转变到 PID 指令自动方式时，用户可将输出值字段用作输入指定初始输出值。

如果使用积分控制，积分项前值要根据 PID 运算结果更新，而且更新后的数值被用作下一 PID 计算的输入。当计算输出值超出范围时（输出小于 0.0 或大于 1.0），将根据下列公式

调节偏差

$$MX=1.0-(MP_n+MD_n) \quad 输出值 \quad M_n>1.0$$

或

$$MX=-(MP_n+MD_n) \quad 输出值 \quad M_n<0.0$$

这样调整积分项前值，当计算输出值返回适当范围时，即可实现对系统响应能力的改善。而积分项前值也被固定在 0.0～1.0 之间，然后每次完成 PID 计算时被写入回路表的积分项前值字段。回路表内存储的数值用于下一次 PID 计算。在执行 PID 指令之前，用户可修改回路表内的积分项前值，以便解决某些应用环境中的由于积分项前值引起的问题。手工调节积分项前值时，必须格外小心，而且写入回路表的任何积分项前值必须是 0.0～1.0 之间的实数。

在回路表内保存对过程变量的比较，用于 PID 计算的求导部分，不应改动此数值。

五、控制方式

S7-200 系列 PLC 的 PID 回路没有内装的自动和手动控制方式，只要 PID 块有效，就可以执行 PID 运算。从这种意义上说，PID 运算存在一种自动运行方式。当 PID 运算不被执行时，则可以说那是一种手动运行方式。

同其他指令相似，PID 指令有一个使能位（即允许位）。当允许位检测到一信号出现正跳变时，PID 指令将进行一系列运算，实现从手动方式到自动方式的转变。为了顺利转变为自动方式，在转换至自动方式之前，由手动方式所设定的输出值必须作为 PID 指令的输入写入回路表。PID 指令对回路表内的数值进行下列运算，保证当检测到 0～1 过渡时从手动方式顺利转换成自动方式：

置设定值 SP_n＝过程变量 PV_n

置过程变量前值 PV_{n-1}＝过程变量现值 PV_n

置积分项前值 MX＝输出值 M_n

六、警报检查及特殊操作

PID 指令是进行 PID 计算的简单而有力的指令。如果要求其他处理，例如警报检查或对回路变量的特殊计算，则必须采用 CPU 支持的基本指令进行。

七、错误条件

编译时，如果回路表的起始地址或指令内指定的 PID 回路数操作数超出范围，CPU 将生成编译错误（范围错误），编译将因此失败。PID 指令对某些回路表输入值不进行范围检查。必须保证进程变量及设定值（以及偏差及作为输入的先前过程变量）是位于 0.0～1.0 之间的实数。

如果进行 PID 计算的数学操作时发生任何错误，将使 SM1.1（溢出或非法数值）为“1”，并将终止 PID 指令的执行（对回路表内输出数值的更新可能不完全，因此应该忽略这些数值，并在下一次执行循环的 PID 指令之前改正引起数学错误的输入数值）。

八、回路表

PID 指令根据表（TBL）内的输入、输出配置信息对引用回路（LOOP）执行 PID 计算。PID 指令有两个操作数，表示循环表起始地址的 TBL 地址以及回路号 LOOP，回路号是 0～7 的常量。程序内可使用 8 条 PID 指令。如果两个或多个 PID 指令使用相同回路号（即使它们的表地址不同），PID 计算将互相干扰，结果难以预料。循环表存储 9 个参数，用于控制及监控循环操作，包括过程变量、设定值、输出、增益、采样时间、积分时间、微分时间、积分前项以及过程变量前值。在 PID 指令块内输入的表（TBL）起始位置开始为回路表分配 36

个字节的空间，见表8-16。

欲按所要采样速率进行PID计算，必须按定时器控制的速率从定时中断程序或从主程序执行PID指令。采样时间必须通过回路表作为PID指令输入提供。

表8-16　　PID的回路表

偏移地址	域	格　式	类　型	说　明
0	过程变量 PV_n	双字—实数	输入	过程变量，在0.0～1.0之间
4	设定值 SP_n	双字—实数	输入	设定值，在0.0～1.0之间
8	输出 M_n	双字—实数	输入/输出	输出，在0.0～1.0之间
12	增益 K_c	双字—实数	输入	增益，可为正数或负数
16	采样时间 T_s	双字—实数	输入	采样时间，以秒为单位，必须为正数
20	积分时间 T_i	双字—实数	输入	积分时间，以分钟为单位，必须为正数
24	微分时间 T_d	双字—实数	输入	微分时间，以分钟为单位，必须为正数
28	积分前项 MX	双字—实数	输入/输出	积分项前值，在0.0～1.0之间
32	过程变量前值 PV_{n-1}	双字—实数	输入/输出	最近一次PID运算的过程变量

注　表中的偏移地址是相对于表（TBL）的首地址的偏移量。

九、PID指令

PID指令的表示：PID指令由PID指令助记符PID、指令的启动条件输入端EN、PID运算的回路表TBL和PID指令的回路号LOOP构成。其梯形图和语句表如图8-28所示。

PID指令的操作：PID指令必须用在定时发生的中断程序中。当PID指令被允许时，PID指令根据回路表中的数据进行PID（比例、积分和微分）运算，并得到输出控制量。

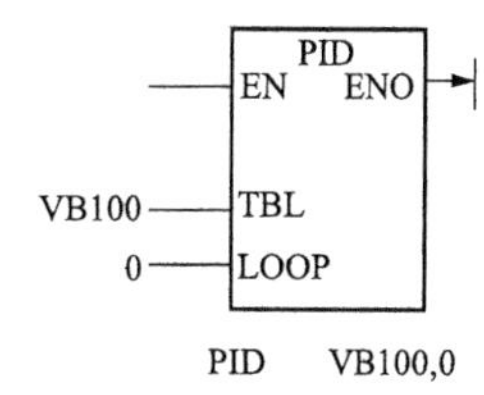

图8-28　功能图和指令表

PID指令操作数范围：

回路表TBL：VB；

回路号LOOP：常数（0～7）。

十、PID的编程步骤

1. 设定回路输入及输出选项

回路输入选项：循环进程变量可指定为字地址或已经定义的符号。在回路计算之前，应选好缩放比例。

回路输出选项：确定PID回路输出变量是数字量还是模拟量。如果是模拟量输出，可能指定为字地址或已经定义的符号。如果是数字量输出，可指定为位地址或已经定义的符号。在循环计算之后，应选好缩放比例。

2. 设定回路参数

在PID指令中，必须指定内存区内的36个字节参数表的首地址。其中，要选定过程变量、设定值、回路增益、采样时间、积分时间和微分时间，并转换成标准值存入回路表中。

不建议为参数表地址创建符号名。PID向导生成的代码使用此参数表地址创建操作数，作为参数表内的相对偏移量。如果为参数表地址创建符号名，然后改变为该符号指定的地址，由PID向导生成的代码将不能正确执行。

3. 设定循环报警选项

是否应设定低数值警报？如果是，可以为警报设定地址，输入位地址或已经定义符号，并指定低警报限制值。

是否应设定高数值警报？如果是，可以为警报设定地址，输入位地址或已经定义符号，并指定高警报限制值。

是否应设定位表示模拟输入模块内的错误？如果回答是，可以为错误指示器设定输入位地址或已经定义符号，而且必须输入模块在何处加在 PLC 上。

4. 为计算指定内存区域

PID 计算需要一定的存储空间，存储暂时结果。需要指定此计算区域的起始 V 内存字节地址。

是否增加 PID 手动控制？（可选）

5. 指定初始化子程序及中断程序

应该为 PID 运算指定初始化子程序及执行 PID 运算的定时中断程序。

最后生成 PID 程序。

第九节 通 信 指 令

一、网络读写指令

网络读指令（NETR）初始化一个通信操作，根据表（TBL）的定义，通过指定端口从远程设备上采集数据。网络写指令（NETW）初始化一个通信操作，根据表（TBL）的定义，通过指定端口向远程设备写数据。

使 ENO＝0 的错误条件：

0006（间接寻址）。

如果功能返回出错信息，会置位表状态字节中的 E。

网络读指令可以从远程站点读取最多 16 个字节的信息，网络写指令可以向远程站点写最多 16 个字节的信息。在程序中，可以使用任意条网络读写指令，但是在同一时间，最多只能有 8 条网络读写指令被激活。例如，在所给的 S7-200 系列 PLC CPU 中，可以有 4 条网络读指令和 4 条网络写指令，或者 2 条网络读指令和 6 条网络写指令在同一时间被激活。也可以使用网络读写向导程序。要启动网络读写向导程序，在命令菜单中选择 Tools > Instruction Wizard，并且在指令向导窗口中选择网络读写。

网络读写指令梯形图、语句表如图 8-29 所示。

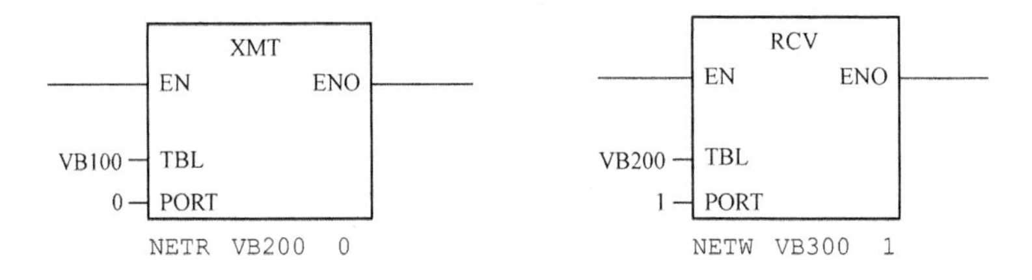

图 8-29 网络读写指令梯形图、语句表

操作数范围如下。

TBL：VB，MB，*VD，*LD，*AC

PORT：常数（0 用于 CPU 221/222/224；0 或 1 用于 CPU 226 / 226XM）

二、发送和接收指令

发送指令（XMT）用于在自由口模式下依靠通信口发送数据，接收指令（RCV）启动或者终止接收信息功能。发送和接收指令梯形图、语句表如图 8-30 所示。必须为接收操作指定开始和结束条件。从指定的通信口接收到的信息被存储在数据缓冲区（TBL）中。数据缓冲区的第一个数据指明了接收到的字节数。

使 ENO＝0 的错误条件：

（1）0006（间接寻址）。

（2）0009（在 Port0 同时发送和接收）。

（3）000B（在 Port1 同时发送和接收）。

（4）RCV 参数错误，置位 SM86.6 或者 SM186.6。

（5）S7-200 系列 PLC CPU 没有处于自由口模式。

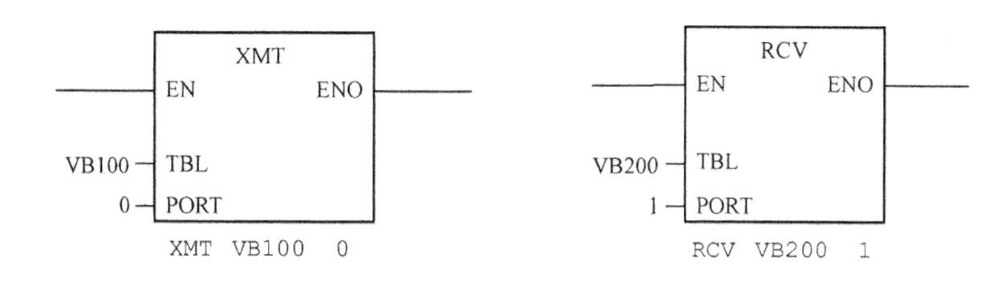

图 8-30　发送和接收指令梯形图、语句表

操作数范围如下。

TBL：IB、QB、VB、MB、SMB、SB、*VD、*LD、*AC

PORT：常数：对于 CPU221、CPU222、CPU224：0；对于 CPU224XP 和 CPU226：0 或 1

三、使用自由口模式控制串行通信口

通过编程，可以选择自由口模式来控制 S7-200 系列 PLC 的串行通信口。当选择了自由口模式，用户程序通过使用接收中断、发送中断、发送指令和接收指令来控制通信口的操作。当处于自由口模式时，通信协议完全由梯形图程序控制。SMB30（对于端口 0）和 SMB130（对于端口 1，若 PLC 有两个端口的话）被用于选择波特率和校验类型。当 PLC 处于 STOP 模式时，自由口模式被禁止，重新建立正常的通信（例如：编程设备的访问）。

在最简单的情况下，可以只用发送指令（XMT）向打印机或者显示器发送信息。其他例子包括与条码阅读器、称重计和焊机的连接。在每种情况下，都必须编写程序，来支持在自由口模式下与 PLC 通信的设备所使用的协议。只有当 PLC 处于 RUN 模式时，才能进行自由口通信。要使能自由口模式，应该在 SMB30（端口 0）或者 SMB130（端口 1）的协议选择区中设置 01。处于自由口通信模式时，不能与编程设备通信。

将 PPI 通信转变为自由口模式。

SMB30 控制通信口 0 的自由口通信，SMB130 控制通信口 1 的自由口通信，设置 SMB30（或者 SMB130），可以选择自由口，改变自由口操作提供波特率、校验和数据位数的选择。

SMB30/SMB130 控制字：

MSB（7）	P	P	D	B	B	B	M	M	LSB(0)

SM30.7、SM30.6/SM130.7、SM130.6＝P P 奇偶选择位：

00＝无奇偶

01＝偶奇偶

10＝无奇偶

11＝奇奇偶

SM30.5/SM130.5＝D 每个字符的数据位选择位：

0＝8 位/字符

1＝7 位/字符

SM30.4～SM30.2/ SM130.4～SM130.2＝BBB 自由口波特率设置：

000＝38400 “bit/s”

001＝19200 “bit/s”

010＝9600 “bit/s”

011＝4800 “bit/s”

100＝2400 “bit/s”

101＝1200 “bit/s”

110＝600 “bit/s”

111＝300 “bit/s”

SM30.1～SM30.0/ SM130.1～SM130.0＝MM 协议选择：

00＝PPI 从站模式

01＝自由口协议

10＝PPI 主站模式

11＝保留

发送指令：（XMT）指令在自由端口模式中使用，通过通信端口传送数据。

发送指令能够发送一个字节或多个字节的缓冲区，最多为 255 个。如果有一个中断服务程序连接到发送结束事件上，在发送完缓冲区中的最后一个字符时，则会产生一个中断（对端口 0 为中断事件 9，对端口 1 为中断事件 26）。

接收指令：（RCV）指令开始或终止“接收信息”服务。必须指定一个开始条件和一个结束条件，“接收”方框才能操作。通过指定端口（PORT）接收的信息存储在数据缓冲区（TBL）中。数据缓冲区中的第一个条目指定接收的字节数目。

接收指令能够接收一个字节或多个字节的缓冲区，最多为 255 个。如果有一个中断服务程序连接到接收信息完成事件上，在接收完缓冲区中的最后一个字符时，PLC 会产生一个中断（对端口 0 为中断事件 23，对端口 1 为中断事件 24）。

以下列程序为例说明接收与传送指令的使用：

```
LD SM0.1                        // 首次扫描时，
MOVB 16#09 SMB30                // 初始化自由端口：
 // - 选择 9600 波特
 // - 选择 8 个数据位
 // - 选择无校验
```

```
MOVB 16#B0 SMB87                    // 初始化 RCV 信息控制字节：
 // - RCV 被启用
 // - 检测到信息字符结束
 // - 将空闲行条件检测为
 // 信息开始条件
MOVB 16#0A SMB89                    // 将信息字符结束设为 hex OA(换行符)
MOVW +5 SMW90                       // 将空闲行超时设为 5ms
MOVB 100 SMB94                      // 将最大字符数设为 100
ATCH INT_0 23                       // 将中断附加在接收完成事件上
ATCH INT_2 9                        // 将中断 2 附加在传送完成事件上
ENI                                 // 启用用户中断
RCV VB100 0                         // 为端口 0 在 VB100 位置启用带缓冲区的接收方框
```

第十节　实时时钟指令

S7-200 系列 PLC 实时时钟指令包括读取实时时钟（TODR）指令、设置实时时钟（TODW）指令。

读取实时时钟（TODR）指令从硬件时钟读取当前时间和日期，并将其载入以地址 T 起始的 8 个字节的时间缓冲区。

设置实时时钟（TODW）指令将当前时间和日期写入用 T 指定的在 8 个字节的时间缓冲区开始的硬件时钟。

所有日期和时间值必须采用 BCD 格式编码（例如，16#97 代表 2002 年），请参阅表 8-17。

表 8-17　　8 个字节时间缓冲区格式（T）

T 字节	说明	字节数据
0	年（0～99）	当前年份（BCD 值）
1	月（1～12）	当前月份（BCD 值）
2	日期（1～31）	当前日期（BCD 值）
3	小时（0～23）	当前小时（BCD 值）
4	分钟（0～59）	当前分钟（BCD 值）
5	秒（0～59）	当前秒（BCD 值）
6	00	保留，始终设置为 00
7	星期几（1～7）	当前是星期几，1=星期日（BCD 值）

长时间掉电或内存丢失后，实时时钟会被初始化为以下日期和时间：

日期：90 年 1 月 1 日；

时间：00:00:00；

星期几：星期日。

S7-200 系列 PLC CPU 不会根据日期核实星期几是否正确。无效日期，例如 2 月 30 日，可能被接受。所有应当确保您输入了正确的日期。S7-200 系列 PLC 中的当日时间时钟仅使用年份的最后两位数字，因此 2000 年表示为 00。S7-200 系列 PLC 不以任何方式使用年份信息。但是，使用算术或与年份值相比较的用户程序必须考虑两位数的表示法和世纪变化。2096 年之前的闰年均可正确显示。在执行TODW指令时，当输入的年、月、日、时、分、秒为非法数值时，则TODW指令不执行。时钟操作指令有效操作数见表8-18。

读出/设置实时时钟指令操作数的范围如下。

输入/输出	数据类型	操作数
TODR/TODW	BYTE	IB、QB、MB、SMB、SB、*VD、*LD、*AC

表8-18 时钟指令的有效操作数

T	T+1	T+2	T+3	T+4	T+5	T+6	T+7
年	月	日	时	分	秒	空	星期
00～99	01～12	01～31	00～23	00～59	00～59	0	0～7

注 1=星期日，7=星期六，0禁止星期表示法。

读、写时钟程序举例：

```
// 初始化,设定时间为09年10月1号星期4
LD      SM0.1
MOVW    16#0910, VW810               //年、月初始化为09年10月
MOVW    16#0110, VW812               //日、时初始化为01日10时
MOVW    16#0, VW814                  //分、秒初始化为00分00秒
MOVW    16#04, VW816                 //初始化为星期四
LD      SM0.5                        //分脉冲
EU
TODR    VB700                        //将时钟读到VB700开始的连续单元
LD      SM0.0
BMB     VB700, VB800, 8              //将时钟传送到VB800的连续单元
LD      SM0.0
BCDI    VW800                        //将年、月BCD码转换成二进制形式保存
BCDI    VW802                        //将日、时BCD码转换成二进制形式保存
BCDI    VW804                        //将分、秒BCD码转换成二进制形式保存
BCDI    VW806                        //将星期几BCD码转换成二进制形式保存
LD      I0.1
EU
TODW    VB810                        //当I0.1有效时,将时间改为09年10月1号星期四
```

本章小结

功能指令是PLC完成复杂控制的主要指令，指令功能强大，应用灵活，相比其他编程软件使编程更加简单，是本书的重要组成部分，也是PLC编程人员必须掌握的基本程序。本章主要介绍了S7-200系列PLC的功能指令的指令格式、操作数范围，并有一些简单的应用举例。

（1）数据处理类指令。该类指令主要有传送指令，移位、循环指令，填充指令。

（2）算术运算类指令。该类指令主要有加法、减法、乘法、除法、函数等指令。

（3）程序控制类指令。该类指令主要有循环指令、跳转指令。

（4）特殊功能类指令。该类指令主要有高速计数器指令、中断指令、PID 指令、通信指令、时钟指令。

习题与思考题

8-1　编制程序完成以下算术运算[126+339.2×(278+567.2)]/22.23 将结果四舍五入后保存到 VW200 中。

8-2　采用移位和定时指令，每 2s，依次循环点亮 Q0.0～Q0.7，每一时刻只有一个灯点亮，编写控制程序。

8-3　采用循环和填充指令，在 PLC 上电的第一个扫描周期，将内存单元 VW100～VW200 内容清零，编写控制程序。

8-4　采用函数指令计算 2578.3°的余弦函数值。

8-5　I0.0 输入点输入的是脉冲信号，采用中断程序精确记录 I0.0 输入点的高电平信号的时间长度，并将最近 5 次记录的时间值分别存入 VW10、VW12、VW14、VW16、VW18 单元中，编写控制程序。

第九章　S7-200 系列 PLC 的应用举例

第一节　PLC 的系统设计

一、一般设计法

（一）问题提出

可编程控制器技术最主要是应用于自动化控制工程中，如何综合地运用前面学过的知识点，根据实际工程要求合理组合成控制系统，在此介绍组成可编程控制器控制系统的一般方法。

（二）可编程控制器控制系统设计的基本步骤

1. 系统设计的主要内容

（1）拟定控制系统设计的技术条件。技术条件一般以设计任务书的形式来确定，它是整个设计的依据。

（2）选择电气传动形式和电动机、电磁阀等执行机构。

（3）选定 PLC 的型号。

（4）编制 PLC 的输入/输出分配表或绘制输入/输出端子接线图。

（5）根据系统设计的要求编写软件规格说明书，然后再用相应的编程语言（常用梯形图）进行程序设计。

（6）了解并遵循用户认知心理学，重视人机界面的设计，增强人与机器之间的友善关系。

（7）设计操作台、电气柜及非标准元器件。

（8）编写设计说明书和使用说明书。

根据具体任务，上述内容可适当调整。

2. 系统设计的基本步骤

（1）深入了解和分析被控对象的工艺条件和控制要求。

1）被控对象就是受控的机械、电气设备、生产线或生产过程。

2）控制要求主要是指控制的基本方式、应完成的动作、自动工作循环的组成、必要的保护和联锁等。对于较复杂的控制系统，还可将控制任务分成几个独立部分，这样可化繁为简，有利于编程和调试。

（2）确定 I/O 设备。根据被控对象对 PLC 控制系统的功能要求，确定系统所需的用户输入、输出设备。常用的输入设备有按钮、选择开关、行程开关、传感器等，常用的输出设备有继电器、接触器、指示灯、电磁阀等。

（3）选择合适的 PLC 类型。根据已确定的用户 I/O 设备，统计所需的输入信号和输出信号的点数，选择合适的 PLC 类型，包括机型的选择、容量的选择、I/O 模块的选择、电源模块的选择等。

（4）分配 I/O 点。分配 PLC 的输入输出点，编制出输入/输出分配表或者画出输入/输出端子的接线图。接着就可以进行 PLC 程序设计，同时可进行控制柜或操作台的设计和现场施工。

（5）设计应用系统梯形图程序。根据工作功能图表或状态流程图等设计出梯形图即编程。这一步是整个应用系统设计的最核心工作，也是比较困难的一步，要设计好梯形图，首先要十分熟悉控制要求，同时还要有一定的电气设计的实践经验。

（6）将程序输入 PLC。当使用简易编程器将程序输入 PLC 时，需要先将梯形图转换成指令助记符，以便输入。当使用可编程序控制器的辅助编程软件在计算机上编程时，可通过上下位机的连接电缆将程序下载到 PLC 中去。

（7）进行软件测试。程序输入 PLC 后，应先进行测试工作。因为在程序设计过程中，难免会有疏漏的地方。因此在将 PLC 连接到现场设备上去之前，必须进行软件测试，以排除程序中的错误，同时也为整体调试打好基础，缩短整体调试的周期。

（8）应用系统整体调试。在 PLC 软硬件设计和控制柜及现场施工完成后，就可以进行整个系统的联机调试，如果控制系统是由几部分组成，则应先作局部调试，然后再进行整体调试；如果控制程序的步序较多，则可先进行分段调试，然后再连接起来总调。调试中发现的问题，要逐一排除，直至调试成功。

（9）编制技术文件。系统技术文件包括说明书、电气原理图、电器布置图、电气元件明细表、接线图等。

二、PLC 软件系统设计方法及步骤

在了解了 PLC 程序结构之后，就可具体编制程序。编制 PLC 控制程序的方法很多，这里主要介绍几种典型的编程方法。

1. 图解法编程

图解法是靠画图进行 PLC 程序设计。常见的主要有梯形图法、逻辑流程图法、时序流程图法和步进顺控法。

（1）梯形图法。梯形图法是用梯形图语言编制 PLC 程序。这是一种模仿继电器控制系统的编程方法。其图形甚至元件名称都与继电器控制电路十分相近。这种方法很容易就可以将原继电器控制电路移植成 PLC 的梯形图语言。这对于熟悉继电器控制的人员而言，是最方便的编程方法之一。

（2）逻辑流程图法。逻辑流程图法是用逻辑框图表示 PLC 程序的执行过程，反映输入与输出的关系。逻辑流程图法是把系统的工艺流程，用逻辑框图表示出来形成系统的逻辑流程图。这种方法编制的 PLC 控制程序逻辑思路清晰、输入与输出的因果关系及联锁条件明确。逻辑流程图会使整个程序脉络清楚，便于分析控制程序，便于查找故障点，便于调试程序和维修程序。有时对一个复杂的程序，直接用语句表和用梯形图编程可能觉得难以下手，则可以先画出逻辑流程图，再为逻辑流程图的各个部分用语句表和梯形图编制 PLC 应用程序。

（3）时序流程图法。时序流程图法是首先画出控制系统的时序图（即到某一个时间应该进行哪项控制的控制时序图），再根据时序关系画出对应的控制任务的程序框图，最后将程序框图写成 PLC 程序。时序流程图法很适合于以时间为基准的控制系统的编程方法。

（4）步进顺控法。步进顺控法是在顺控指令的配合下设计复杂的控制程序。一般比较复杂的程序，都可以分成若干个功能比较简单的程序段，一个程序段可以看成整个控制过程中的一步。从整体角度去看，一个复杂系统的控制过程是由这样若干个步组成的。系统控制的任务实际上可以认为在不同时刻或者在不同进程中去完成对各个步的控制。为此，不少 PLC

生产厂家在自己的 PLC 中增加了步进顺控指令。在画完各个步进的状态流程图之后，可以利用步进顺控指令方便地编写控制程序。

2. 经验法编程

经验法是运用自己的或别人的经验进行设计。多数是设计前先选择与自己工艺要求相近的程序，将这些程序看成是自己的“试验程序”。结合自己工程的情况，对这些“试验程序”逐一修改，使之适合自己的工程要求。这里所说的经验，有的是来自自己的经验总结，有的可能是别人的设计经验，这需要日积月累，善于总结。

3. 计算机辅助设计编程

计算机辅助设计是通过 PLC 编程软件在计算机上进行程序设计、离线或在线编程、离线仿真和在线调试等。使用编程软件可以十分方便地在计算机上离线或在线编程、在线调试，使用编程软件可以十分方便地在计算机上进行程序的存取、加密以及形成 EXE 运行文件。

第二节 PLC 应用程序的典型环节及设计技巧

一、电动机联锁控制的 PLC 编程设计

要求利用 PLC 完成电动机的启动运行与停止控制，其输入/输出分配表见表 9-1。

表 9-1 电动机联锁控制的 PLC 输入/输出分配表

PLC 输入/输出点	对应图中器件	PLC 输入/输出点	对应图中器件
I0.0	启动按钮 SB1	I0.2	热继电器动合触点
I0.1	停止按钮 SB2	Q0.0	KM

程序设计如图 9-1 所示。

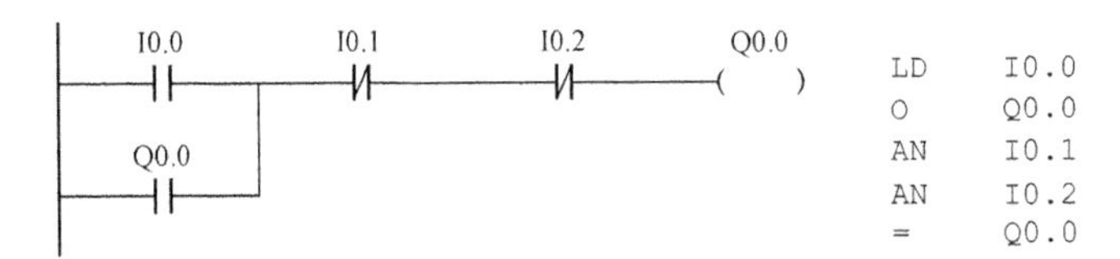

图 9-1 电动机联锁控制的 PLC 程序设计

二、电动机连续运行与点动控制的 PLC 编程设计

要求利用 PLC 完成电动机的连续运行与点动运行的控制，其输入/输出分配表见表 9-2。

表 9-2 电动机连续运行与点动控制的 PLC 输入/输出分配表

PLC 输入/输出点	对应图中器件	PLC 输入/输出点	对应图中器件
I0.0	启动按钮 SB1	I0.2	热继电器动合触点
I0.1	停止按钮 SB2	Q0.0	KM
I0.3	点动按钮 SB3		

注 本设计既可以在停止状态下进入点动状态，也可以连续运行状态下直接进入电动状态，但只有退出点动状态后才能进入连续运行状态。

程序设计如图 9-2 所示。

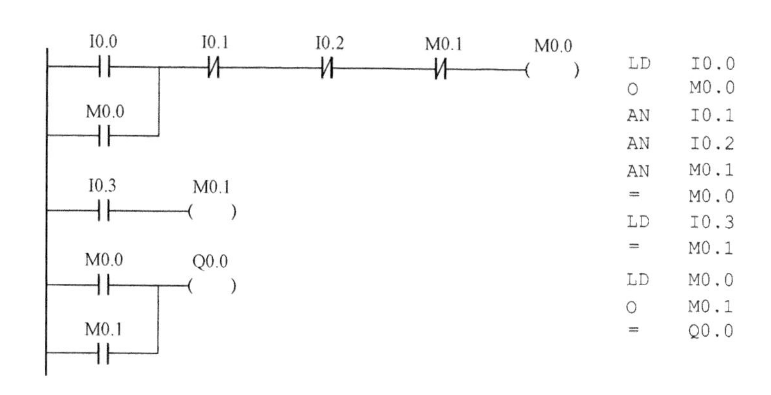

图 9-2　电动机连续运行与点动控制的 PLC 程序设计

三、电动机正反转控制电路的 PLC 编程设计

要求利用 PLC 完成电动机的正反转运行的控制，其输入/输出分配表见表 9-3。

表 9-3　　电动机正反转控制电路的 PLC 输入/输出分配表

PLC 输入/输出点	对应图中器件	PLC 输入/输出点	对应图中器件
I0.1	正转按钮 SB1	I0.4	热继电器动合触点
I0.2	反转按钮 SB2	Q0.0	正转接触器 KM1
I0.3	停止按钮 SB3	Q0.1	反转接触器 KM2

程序设计如图 9-3 所示。

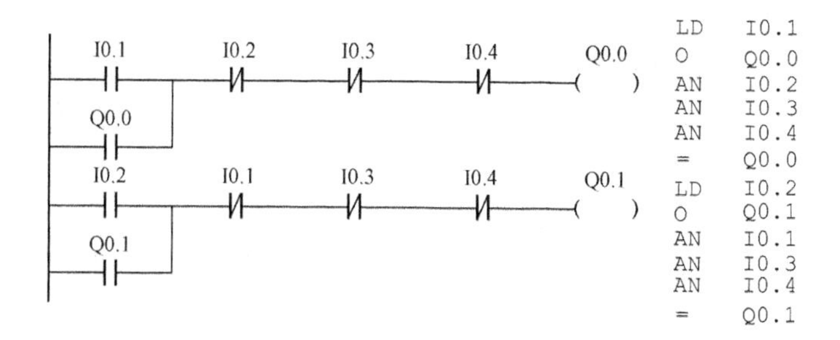

图 9-3　电动机正反转控制电路的 PLC 程序设计

在电动机正反转控制硬件接触器接线中的要求：

应将 KM1、KM2 的动断触点串接在对方的控制线圈回路中，避免 KM1、KM2 同时处于闭合状态时电源的相间短路。若不串接则在 PLC 编程中正、反转之间必须加时间继电器延时。由于 PLC 运行速度极快，在正反转控制状态下若没有必要的外围联锁，将会造成短路。如果只靠 PLC 内部的联锁是不行的。这一点初学者一定要记住。

四、电动机变极调速控制的 PLC 编程设计

要求利用 PLC 完成电动机变极速运行控制，其输入/输出分配表见表 9-4。

表 9-4 **电动机变极调速控制的 PLC 输入/输出分配表**

PLC 输入/输出点	对应图中器件	PLC 输入/输出点	对应图中器件
I0.0	低速按钮 SB1	Q0.0	KM3
I0.1	高速按钮 SB2	Q0.1	KM1
I0.2	停止按钮 SB3	Q0.2	KM2
I0.3	过载保护 FR		

程序设计如图 9-4 所示。

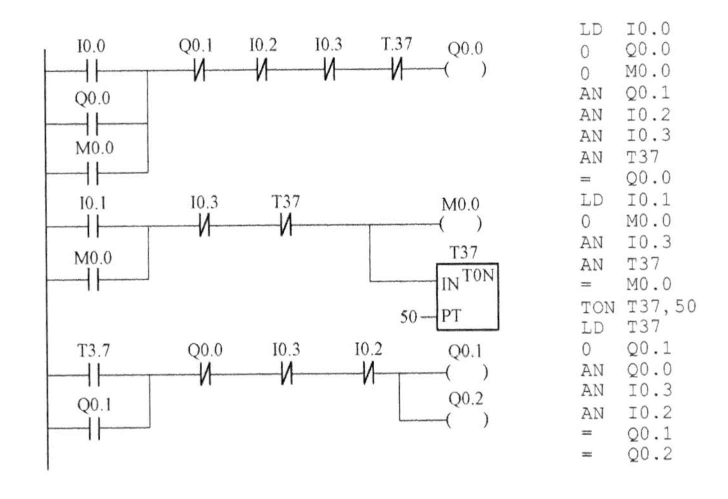

图 9-4 电动机变极调速控制的 PLC 程序设计

工作过程如下：按下低速启动按钮 I0.0（SB1），Q0.0 接通，接触器 KM3，电动机三角形（星形），电动机处于低速运行。当按下高速启动 I0.1（SB2），辅助继电器 M0.0 和时间继电器接通，M0.0 辅助触点接通 Q0.0 电动机低速启动，延时时间到，低速断开，同时接通高速输出 Q0.1 和 Q0.2 电动机接成双星形，电动机高速运行。I0.2 和 I0.3 分别为停止按钮和热继电器的动合触点。

五、电动机Y/△启动控制的 PLC 程序设计

要求利用 PLC 完成电动机的Y/△启动运行控制，其输入/输出分配表见表 9-5。

表 9-5 **电动机Y/△启动控制的 PLC 输入/输出分配表**

PLC 输入/输出点	对应图中器件	PLC 输入/输出点	对应图中器件
I0.0	启动按钮 SB1	Q0.0	接触器 KM
I0.1	停止按钮 SB2	Q0.1	Y形接触器 KM1
I0.2	热继电器动合	Q0.2	△形接触器 KM2

控制要求：按下启动按钮后 KM、KM1 得电，电动机Y形启动。经过 10s 延时，电动机由Y连接变成△连接，KM、KM2 得电，电动机正常运行。为防止 KM1、KM2 的触点同时闭合引起相间短路，应接有硬件的电气互锁。

程序设计如图 9-5 所示。

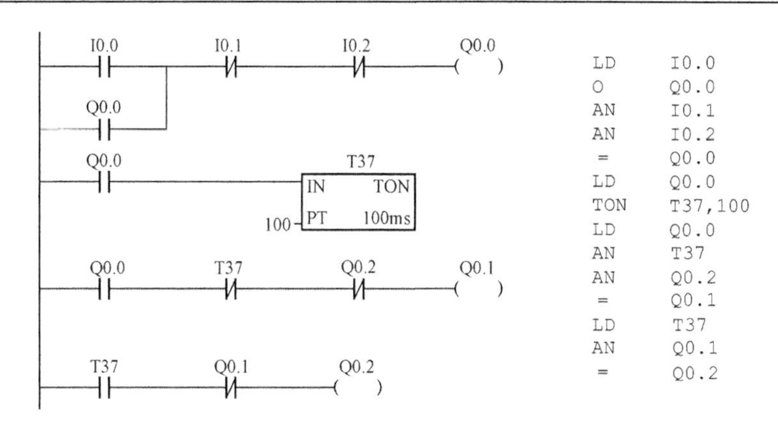

图 9-5　电动机Y/△启动控制的 PLC 程序设计

第三节　PLC 数字量控制系统的设计应用

一、四台电动机顺序启停控制

1. 工艺过程及控制要求

现有四台电动机 M1、M2、M3、M4 要求启动循序为：先启动 M1，经 10s 后启动 M2，再延时 15s 后启动 M3，在延时 20s 后启动 M4，停车时与启动时的顺序正好相反。若在启动过程中途时按下停止按钮，停车顺序为先立即停止最后一台启动的电机，然后再按停车顺序停止其他已启动的电动机。

2. 系统总体设计

（1）PLC 的 I/O 资源配置见表 9-6。

表 9-6　　四台电动机顺序启停控制的 PLC 输入/输出分配表

输入/输出地址	输入/输出设备	输入/输出地址	输入/输出设备
I0.0	启动按钮	Q0.2	KM2
I0.1	停止按钮	Q0.3	KM3
Q0.1	KM1	Q0.4	KM4

注　M1、M2、M3、M4 四台电动机分别由 KM1、KM2、KM3、KM4 四个接触器控制选择 S7-200 系列 PLC CPU222。

（2）硬件接线图如图 9-6 所示。

3. 软件系统设计

（1）系统设计分析。分析整个系统要求可知该系统为顺序控制系统，采用顺序启停控制指令编程能使编程更简单。控制图如图 9-7 所示。

在初始化程序将字 SW0 清零，然后置位 S0.0。

在 S0.0 状态判断启动条件，条件满足转入 S0.1。

在 S0.1 状态，启动 M1，启动定时器延时 10s。

在 S0.2 状态，启动 M2，启动定时器延时 15s。

在 S0.3 状态，启动 M3，启动定时器延时 20s。
在 S0.4 状态， 启动 M4。
在 S0.5 状态，停止 M4，启动定时器延时 20s。
在 S0.6 状态，停止 M3，启动定时器延时 15s。
在 S0.7 状态，停止 M2，启动定时器延时 10s。
在 S.0 状态， 停止 M1。

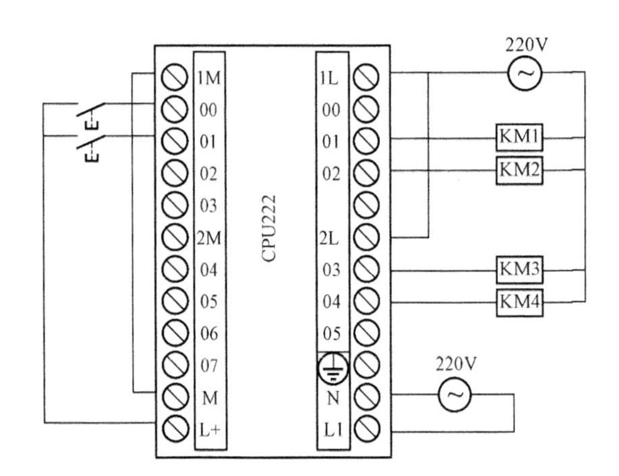

图 9-6 四台电动机顺序启停控制的接线图

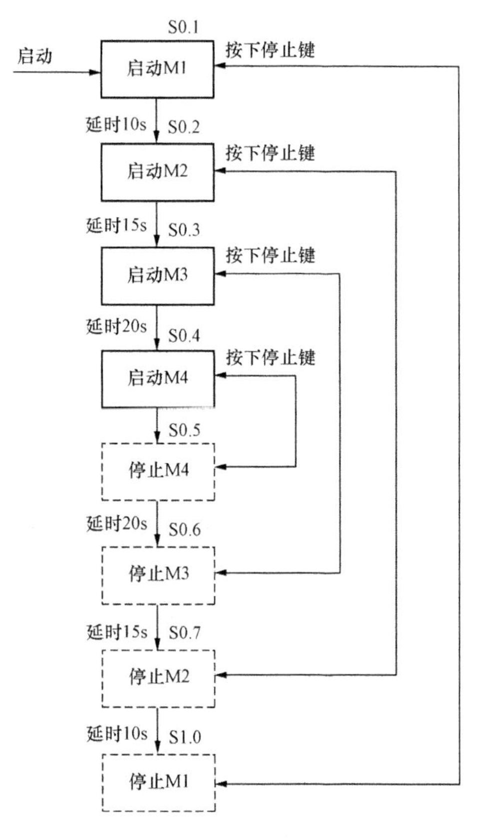

图 9-7 四台电动机顺序启停控制的顺序控制图

（2）软件设计如下：

```
LD      SM0.1
FILL    0,SW0,1
S       S0.0,1
LSCR    S0.0
LD      I0.0                    //启动信号
SCRT    S0.1
SCRE
LSCR    S0.1
LD      SM0.0
S       Q0.1,1                  //1#电动机启动
AN      I0.1
TON     T37,30                  //延时 3s
LD      I0.1                    //只启动 1#电动机时停车处理
SCRT    S1.0
LD      T37                     //延时启动 2#电动机
SCRT    S0.2
SCRE
LSCR    S0.2
LD      SM0.0
S       Q0.2,1                  //2#电动机启动
AN      I0.1
```

```
TON     T38,40          //延时 4s
LD      I0.1            //只启动 1#、2#电动机时停车处理
SCRT    S0.7
LD      T38             //延时启动 3#电动机
SCRT    S0.3
SCRE
LSCR    S0.3
LD      SM0.0
S       Q0.3,1          //3#电动机启动
AN      I0.1
TON     T39,50          //延时 5s
LD      I0.1            //只启动 1#、2#、3#电动机时停车处理
SCRT    S0.6
LD      T39             //延时启动 4#电动机
SCRT    S0.4
SCRE
LSCR    S0.4
LD      SM0.0
S       Q0.4,1          //4#电动机启动
LD      I0.1            //停车处理
SCRT    S0.5
SCRE
LSCR    S0.5
LD      SM0.0
R       Q0.4,1          //4#电动机停车
TON     T40,50          //延时 5s
LD      T40             //延时停止 3#电动机
SCRT    S0.6
SCRE
LSCR    S0.6
LD      SM0.0
R       Q0.3,1          //3#电动机停止
TON     T41,40          //延时 4s
LD      T41             //延时停止 2#电动机
SCRT    S0.7
SCRE
LSCR    S0.7
LD      SM0.0
R       Q0.2,1          //2#电动机停止
TON     T42,30          //延时 3s
LD      T42             //延时停止 1#电动机
SCRT    S1.0
SCRE
LSCR    S1.0
LD      SM0.0
R       Q0.1,1          //1#电动机停止
LDN     Q0.1
SCRT    S0.0            //返回 S0.0 等待启动信号
SCRE
```

二、抢答器控制装置的设计

1. 系统控制要求

控制要求：

（1）竞赛者若要回答主持人所提问题时，须抢先按下桌上的抢答按钮。

（2）如果竞赛者在主持人按下开始按钮后抢先按下按钮，则对应绿色指示灯点亮，同时封锁其他指示灯。若竞赛者在主持人按下抢答按钮之前按下自己的抢答键，则不能点亮绿色指示灯，其他人抢答有效。

（3）绿色指示灯亮后，须等主持人按下复位按钮后，指示灯才熄灭。

（4）若主持人打开抢答按钮 10s 内无人抢答，红色指示灯亮，以示竞赛者放弃该题。

（5）在竞赛者抢答成功后，应限定一定的时间回答问题（如 2min）；当主持人按下答题按钮后记时开始，如果竞赛者在回答问题时超出设定时限，则红色指示灯亮。

2. 系统总体设计

（1）PLC 的 I/O 资源配置及选型见表 9-7。

表 9-7 抢答器控制装置的 PLC 输入/输出分配表

输入/输出地址	输入/输出设备	输入/输出地址	输入/输出设备
I0.0	启动按钮	Q0.0	备用
I0.1	1#抢答按钮	Q0.1	1#绿灯
I0.2	2#抢答按钮	Q0.2	2#绿灯
I0.3	3#抢答按钮	Q0.3	3#绿灯
I0.4	4#抢答按钮	Q0.4	4#绿灯
I0.5	开始答题按钮	Q0.5	红灯
I0.6	复位按钮		

（2）硬件接线图如图 9-8 所示。

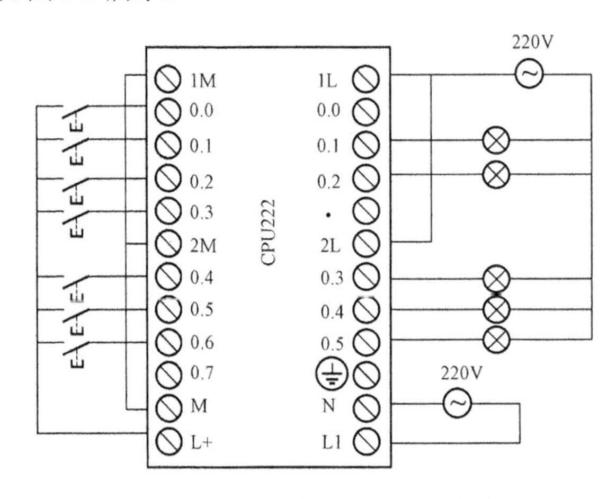

图 9-8 抢答器控制装置的接线图

3. 系统软件设计

（1）系统设计分析：

1）设置抢答开始按钮并记录开始时间 T37，设置答题开始按钮记录开始时间 T38，当

T37 或 T38 延时时间到时，红色指示灯亮。

2）要想使按下抢答开始按钮后抢答有效，首先，开始前要屏蔽选手的抢答按钮；其次，采用前沿微分指令使在抢答开始按钮按下之前按下的抢答键无效。

3）先按下抢答按钮有效，对应绿灯亮且保持，须同时封锁其他回路。

4）按下复位按钮式，所有状态复位。

（2）程序设计如下：

```
LD      SM0.1
R       M0.0,2                  //初始化 M0.0 M0.1 清零
R       Q0.0,5                  //初始化熄灭 1#~5#灯
LD      I0.0                    //主持人开始按钮
S       M0.0,1                  //开始按钮状态记忆
LD      I0.1                    //1#抢答按钮
ON      M0.0                    //
AN      Q0.2                    //2#抢答绿色指示灯
AN      Q0.3                    //3#抢答绿色指示灯
AN      Q0.4                    //4#抢答绿色指示灯
AN      T37                     //10s 抢答时限时间继电器
EU
S       Q0.1,1                  //1#抢答绿色指示灯
LD      I0.2                    //2#抢答按钮
ON      M0.0
AN      Q0.1                    //2#抢答绿色指示灯
AN      Q0.3                    //3#抢答绿色指示灯
AN      Q0.4                    //4#抢答绿色指示灯
AN      T37                     //10s 抢答时限时间继电器
EU
S       Q0.2,1                  //2#抢答绿色指示灯
LD      I0.3                    //3#抢答按钮
ON      M0.0
AN      Q0.1                    //1#抢答绿色指示灯
AN      Q0.2                    //2#抢答绿色指示灯
AN      Q0.4                    //4#抢答绿色指示灯
AN      T37                     //10s 抢答时限时间继电器
EU
S       Q0.3,1                  //3#抢答绿色指示灯
LD      I0.4                    //4#抢答按钮
ON      M0.0
AN      Q0.1                    //1#抢答绿色指示灯
AN      Q0.2                    //2#抢答绿色指示灯
AN      Q0.3                    //3#抢答绿色指示灯
AN      T37                     //10s 抢答时限时间继电器
EU
S       Q0.4,1                  //4#抢答绿色指示灯
LD      M0.0                    //开始按钮状态记忆
AN      Q0.1                    //1#抢答绿色指示灯
AN      Q0.2                    //2#抢答绿色指示灯
AN      Q0.3                    //3#抢答绿色指示灯
AN      Q0.4
TON     T37,100                 //10s 抢答时限时间继电器
```

```
LD    I0.5                    //开始答题按钮
S     M0.1,1                  //状态记忆
LD    M0.1
TON   T38,600                 //答题时间 1min 时间继电器
LD    T37                     //抢答时间到
O     T38                     //答题时间到
S     Q0.0,1                  //红灯
LD    I0.6                    //主持人复位按钮
R     M0.0,2                  //记忆状态位清零
R     Q0.0,5                  //1#～5#灯全熄灭
```

三、电镀生产线的 PLC 控制

1. 电镀生产线简介

电镀生产线采用专用行车，行车架上装有可升降的吊钩，行车和吊钩各由一台电动机拖动。行车的进退和吊钩的升降均由相应的限位开关 SQ 定位。该生产线上现有三个槽位，也可以根据生产需要和工艺要求方便地扩展。

工艺要求为：

在原点（工作台）将工件吊起，前进到 1#槽位放入镀槽，电镀 300s 后提起，空中停放 29s，让镀液从工件上回流到镀槽。然后放入回收槽中浸 28s，提起后停 16s，接着放入清水槽中清洗 30s，最后提起停 16s 后，行车返回原位，电镀一个工件的全过程结束。为了节能，必须是镀件进入镀槽后，才能接通电流排。要求电镀生产线有点动和自动循环两种工作方式。电镀生产工艺流程如图 9-9 所示。

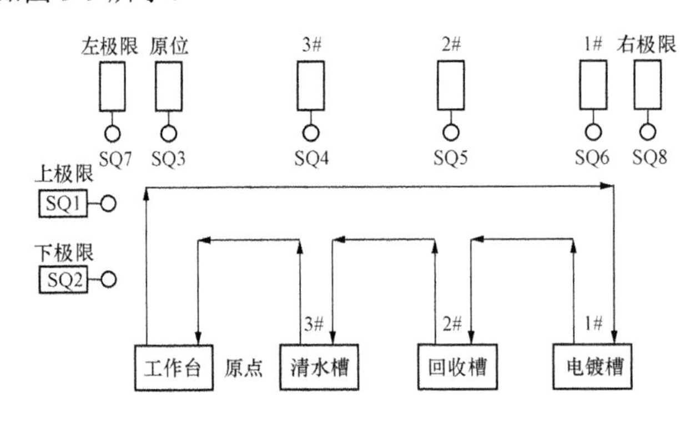

图 9-9　电镀生产线工作示意图

从控制要求分析可知，行车和吊钩的动作是按工步方式进行的。吊钩的上移和下行有上极限、下极限，由限位开关控制；行车左右移动有左极限、右极限限位，由限位开关控制。有上升、下降、前进、后退接触器，由 PLC 的输出端口控制，接触器控制行车和吊钩。极限位置有声光报警器，工作方式有指示灯。

2. 控制要求

操作方式分为手动操作和自动操作方式两种。

（1）手动操作：用按钮通过 PLC 对行车或钩具的每一种运动单独进行控制。

（2）自动操作：从原点开始，按一次启动按钮后，行车和钩具将自动地连续不断周期性循环工作。

在自动操作中，若按一下停止按钮，运动体将继续完成一个周期的动作，回到原点后自动停止。

在自动操作过程中，若按下紧急停车按钮或压下左右两个极限位开关，则自动控制立即停止，即所有工步复位，等候处理故障，同时故障指示灯闪烁。当处理完故障后，只能手动操作。

3. 输入/输出点分配（见表 9-8）

表 9-8　电镀生产线的 PLC 输入/输出点分配表

输入/输出地址	输入/输出设备	输入/输出地址	输入/输出设备
I0.0	手动选择按钮	Q0.0	选择手动指示灯
I0.1	上升极限位 SQ1	Q0.1	吊钩上升接触器
I0.2	下降极限位 SQ2	Q0.2	吊钩下降接触器
I0.3	原位行程开关 SQ3	Q0.3	行车前进接触器
I0.4	3#位行程开关 SQ4	Q0.4	行车后退接触器
I0.5	2#位行程开关 SQ5	Q0.5	手动工作指示灯
I0.6	1#位行程开关 SQ6	Q0.6	自动工作指示灯
I0.7	右极限位 SQ8	Q0.7	选择自动指示灯
I1.0	自动选择按钮	Q1.0	左极限位报警
I1.1	启动按钮	Q1.1	右极限位报警
I1.2	停止按钮		
I1.3	手动前上升钮		
I1.4	手动后下降钮		
I1.5	手动前进按钮		
I1.6	手动后退按钮		
I1.7	左极限位 SQ7		
I2.0	紧急停车按钮		

硬件选择：选择 S7-200 系列 PLC CPU226，再扩展一个数字量模块 EM221。

4. 控制程序设计

程序设计如下：

```
ORGANIZATION_BLOCK 主程序:OB1
LD      I0.0                    //手动选择按钮
AN      M0.3                    //启动状态
O       M0.0                    //自锁
AN      M0.1                    //自动状态
LDN     I1.0                    //自动选择按钮
O       M0.3                    //启动状态
ALD
=       M0.0                    //手动状态
LD      I1.0                    //自动选择按钮
AN      M0.3                    //启动状态
O       M0.1                    //自锁
```

```
AN      M0.0            //手动状态
LDN     I0.0            //手动选择按钮
O       M0.3            //启动状态
ALD
=       M0.1            //自动状态
LD      M0.0            //手动状态
O       M0.1            //自动状态
A       I1.1            //启动按钮
O       M0.3            //自锁
AN      I1.2            //停止按钮
=       M0.3            //启动状态 M0.3=1
LD      M0.0            //手动状态
=       Q0.0            //选择手动指示灯
LD      M0.1            //自动状态
=       Q0.7            //选择自动指示灯
LD      M0.3
A       M0.0
=       Q0.5            //手动工作时 Q0.5=1
LD      M0.3
A       M0.1
=       Q0.6            //自动工作时 Q0.6=1
LD      Q0.5
CALL    SBR0
LD      Q0.6
CALL    SBR1
// 手动、自动输出控制
LD      M1.1            //手动控制上升时为 1
A       M2.1            //自动控制上升时为 1
=       Q0.1            //接上升接触器
LD      M1.2            //手动控制下降时为 1
A       M2.2            //自动控制下降时为 1
=       Q0.2            //接下降接触器
LD      M1.3            //手动控制前进时为 1
A       M2.3            //自动控制前进时为 1
=       Q0.3            //接前进接触器
LD      M1.4            //手动控制后退时为 1
A       M2.4            //自动控制后退时为 1
=       Q0.4            //节后退接触器
// 紧急停车处理
// 紧急停车处理
LD      I2.0            //紧急停车按钮
O       I0.7            //有极限位按钮
O       I1.7            //左极限为按钮
EU
R       M0.0,7          //紧急停车时复位控制状态选择
R       M1.0,7          //复位手动操作
R       M2.0,7          //复位自动操作
R       M3.0,7          //复位个定时器操作
LD      I0.7            //压下右极限位开关时 I0.7=1
A       SM0.5           //秒脉冲
=       Q1.1            //右极限位报警
```

```
LD      I1.7                              //压下左极限位开关时 I1.7=1
A       SM0.5                             //秒脉冲
=       Q1.0                              //左极限位报警
END_ORGANIZATION_BLOCK
SUBROUTINE_BLOCK 手动控制子程序:SBR0
// 手动上升控制
LD      I1.3                              //手动上升按钮
N       I0.1                              //上升极限位
AN      M1.2                              //下降命令
=       M1.1                              //上升命令
// 手动下降控制
LD      I1.4                              //手动下降按钮
AN      I0.2                              //下降极限位
AN      M1.1                              //上升命令
=       M1.2                              //下降命令
LD      I1.5                              //手动向前按钮
AN      I0.7                              //前进极限位
AN      M1.4                              //后退命令
=       M1.3                              //前进命令
LD      I1.6                              //手动向后按钮
AN      I1.7                              //后退极限位
AN      M1.3                              //前进命令
=       M1.4                              //后退命令
END_SUBROUTINE_BLOCK
SUBROUTINE_BLOCK 自动控制子程序:SBR1
// 原位行车提升
LD      I0.2                              //行车在原位下限时 I0.2=1
A       Q0.6
A       T37                               //自动进入下一个循环定时器
EU
LD      I0.2                              //吊钩在下限位时 I0.2=1
A       Q0.6                              //自动启动时 Q0.6=1
EU
OLD
S       M2.1,1                            //启动吊钩上升
// 在原位上升工步停止转前进工步
LD      M2.1                              //进行上升过程时 M2.1=1
A       I0.3                              //行车在原位时 I0.3=1
A       I0.1                              //上升过程压下行程开关 SQ1,转前进工步
EU
R       M2.1,1                            //上升工步停止
S       M2.3,1                            //前进工步启动
LD      M2.3                              //行车前进时 M2.3=1
A       I0.6                              //行车在 1#槽位时 I0.6=1
EU
R       M2.3,1                            //1#位行车前进停止
S       M2.2,1                            //1#位启动吊钩下降
LD      I0.6                              //行车在 1#槽位时 I0.6=1
A       M2.2                              //吊钩下降时 M2.2=1
A       I0.2                              //吊钩下降到下限位时 I0.2=1
EU
```

```
R      M2.2,1        //1#槽位吊钩下降停止
S      M3.1,1        //1#槽位电镀电源开启
LD     M3.1          //1#槽位电镀时 M3.1=1
TON    T38,3000      //1#槽位电镀计时 300s
LD     T38
EU
R      M3.1,1        //1#槽位电镀电源关闭
S      M2.1,1        //1#槽位电镀后上升
LD     I0.6          //在 1#槽位时 I0.6=1
A      I0.1          //吊钩提起压下上限位开关 I0.1=1
A      M2.1          //吊钩上升过程时 M2.1=1
EU
R      M2.1,1        //在 1#槽位吊钩上升停止
S      M3.2,1        //在 1#槽位电镀上升后计时标记
LD     M3.2          //1#槽位镀液回流时 M3.2=1
TON    T39,290       //计时 29s
LD     T39
EU
R      M3.2,1        //29s 计时停止
S      M2.4,1        //行车后退到 2#槽
// 2#回收槽下放动作
LD     M2.4          //行车后退时 M2.4=1
A      I0.5          //压下 2#槽 SQ5 时 I0.5=1
EU
R      M2.4,1        //行车后退停止
S      M2.2,1        //行车 2#位下降
LD     I0.5          //在 2#槽位时 I0.5=1
A      I0.2          //吊钩下降到下限位时 I0.2=1
EU
R      M2.2,1        //2#槽下放动作停止
S      M3.3,1        //2#槽浸洗计时信号置 1
LD     M3.3          //2#槽浸洗计时 M3.3=1
TON    T40,280       //回收槽浸洗 28s
LD     T40
EU
R      M3.3,1        //2#槽浸洗计时信号复位
S      M2.1,1        //2#槽位浸洗结束,吊钩上升
LD     I0.5          //在 2#槽位时 I0.5=1
A      M2.1          //吊钩上升过程时 M2.1=1
A      I0.1          //吊钩提起压下上限位开关 I0.1=1
EU
R      M2.1,1        //2#槽吊钩上升结束
S      M3.4,1        //行车 2#槽空中停留 16s 标志位
LD     M3.4          //2#槽位回流时 M3.4=1
TON    T41,160       //行车 2#槽空中停留 16s 定时器 T41
LD     T41           //2#槽工艺结束时 T41=1
EU
S      M2.4,1        //行车从 2#位后退
R      M3.4,1        //清 2#工艺结束标志
```

```
LD     M2.4                          //后退时 M2.4=1
A      I0.4                          //行车到 3#位时 I0.4=1
EU
R      M2.4,1                        //行车后退停止
S      M2.2,1                        //行车在 3#槽下降
LD     I0.4                          //行车到 3#位时 I0.4=1
A      I0.2                          //吊钩下降到下限位时 I0.2=1
EU
R      M2.2,1                        //吊钩 3#位下降结束
S      M3.5,1                        //工件在 3#位清洗 30s 标志位
// 3#
LD     M3.5                          //工件在 3#位清洗 30s 时 M3.5=1
TON    T42,300                       //3#槽计时器 T42=30s
LD     T42
EU
R      M3.5,1                        //3#位清洗结束
S      M2.1,1                        //3#槽吊钩上升
LD     I0.4                          //行车在 3#位时 I0.4=1
A      M2.1                          //吊钩上升时 M2.1=1
EU
R      M2.1,1                        //吊钩 3#位上升结束
S      M2.4,1                        //吊钩从 3#位后退
LD     M2.4                          //行车后退时 M2.4=1
A      I0.3                          //行车在原位时 I0.3=1
EU
R      M2.4,1                        //行车后退结束
S      M2.2,1                        //行车在原位下降
LD     M2.2                          //吊钩下降时 M2.2=1
A      I0.2                          //吊钩下降到下限位时 I0.2=1
EU
R      M2.2,1                        //吊钩原位下降结束
S      M3.6,1                        //一个循环周期结束标记值 1
LD     M3.6                          //一个循环结束时 M3.6=1
TON    T37,200                       //一个循环结束回到原位后延时 20s,自动启动下一个循环
LD     T37
EU
R      M3.6,1                        //复位一个循环周期结束标记
END_SUBROUTINE_BLOCK
```

四、教室电铃的 PLC 自动控制装置

1. 系统控制要求

上课时间安排见表 9-9，具体安排如下：

（1）上午、下午和晚上第一节课开始前 10min 响预备铃。

（2）上课、下课和预备铃响铃时间持续 10s。

（3）每天上、下课响铃能自动循环控制。

（4）能进行手动控制，但手动控制时不影响自动循环控制程序的运行。

（5）计时准确，可靠性高。

（6）24h 制时钟有手动校时功能。

表 9-9 **上课时间安排表**

上午		下午		晚上	
节次	时间	节次	时间	节次	时间
预备铃	7:50	预备铃	14:20	预备铃	19:20
第一节	8:00～8:50	第五节	14:30～15:20	第九节	19:30～20:20
第二节	9:00～9:50	第六节	15:30～16:20	第十节	20:30～21:20
第三节	10:05～10:55	第七节	16:30～17:20	第十一节	21:30～22:20
第四节	11:05～11:55	第八节	17:30～18:20		

2. 系统总体设计

（1）PLC 的 I/O 资源配置及选型见表 9-10。

表 9-10 **教室电铃的 PLC 输入/输出分配表**

输入/输出地址	输入/输出设备	输入/输出地址	输入/输出设备
I0.0	启动按钮	I0.5	手动打铃按钮
I0.1	停止按钮	Q0.0	工作指示
I0.2	功能按钮	Q0.1	停止指示
I0.3	校时增加按钮	Q0.2	打铃继电器
I0.4	校时减少按钮		

硬件选择：选用 S7-200 系列 PLC CPU222。

（2）硬件接线图与图 9-8 所示类似（略）。

3. 系统软件设计

（1）系统设计分析：

第一种设计方案为流水账式编程方案，即从早上第一节课依次到晚上最后一节课按时序编程，这种方案条理清楚、容易理解、调试简单，缺点是所用计数器定时器和中间继电器等较多。

第二种设计方案为采用 S7-200 系列 PLC 内部 24h 制时钟，读出时钟后经时间比较，对各个打铃时间进行译码，最后打铃输出。该方案优点是程序简单使用时间继电器少，但修改时间程序处理烦琐，编程技巧性较强，理解难些。

第三种设计方案为自己编程一个 24h 的时钟，比较出各个时间段的开启和结束时间，最后打铃输出，采用 4 个计数器即可。优点程序简单易懂，校时方便。

经三种方案比较选用第三种方案。

（2）软件设计如下：

```
LD      SM0.5
LD      M0.2
LD      SM0.1
O       C0
CTUD    C0,60                   //秒计数器
```

```
LD      C0
LD      M8.1                    //分校时有效位
A       I0.3                    //分校时有效位
EU
OLD
LD      M8.1                    //分校时有效位
A       I0.4                    //校时减少按钮
EU
LD      SM0.1
O       C1
CTUD    C1,60                   //分计数器
LD      C1
LD      M8.2                    //时校时有效位
A       I0.3                    //分校时有效位
EU
OLD
LD      M8.2                    //时校时有效位
A       I0.4                    //校时减少按钮
EU
LD      SM0.1
O       C2
CTUD    C2,24                   //时计数器
LD      I0.0
O       Q0.0
AN      I0.1
=       Q0.0                    //启动状态位
NOT
=       Q0.1                    //停止状态位
LD      I0.2                    //功能按钮
EU
LD      SM0.1
O       C4
CTU     C4,3                    //功能计数器
LDW=    C4,1
=       M8.1                    //分校时有效位
LDW=    C4,2
=       M8.2                    //时校时有效位
LDW=    C1,0
=       M1.0                    //00 分译码
LDW=    C1,5
=       M1.1                    //05 分译码
LDW=    C1,20
=       M1.2                    //20 分译码
LDW=    C1,30
=       M1.3                    //30 分译码
LDW=    C1,50
=       M1.4                    //50 分译码
LDW=    C1,55
=       M1.5                    //55 分译码
LDW=    C2,7
=       M2.0                    //7 点译码
```

```
LDW=    C2,8
=       M2.1                    //8 点译码
LDW=    C2,9
=       M2.2                    //9 点译码
LDW=    C2,10
=       M2.3                    //10 点译码
LDW=    C2,11
=       M2.4                    //11 点译码
LDW=    C2,14
=       M2.5                    //14 点译码
LDW=    C2,15
=       M2.6                    //15 点译码
LDW=    C2,16
=       M2.7                    //16 点译码
LDW=    C2,17
=       M3.0                    //17 点译码
LDW=    C2,18
=       M3.1                    //18 点译码
LDW=    C2,19
=       M3.2                    //19 点译码
LDW=    C2,1820
=       M3.3                    //20 点译码
LDW=    C2,21
=       M3.4                    //21 点译码
LDW=    C2,22
=       M3.5                    //22 点译码
LD      M2.0
A       M1.4
=       M4.1
LD      M2.1
A       M1.0
=       M4.2
LD      M2.1
A       M1.4
=       M4.3
LD      M2.2
A       M1.0
=       M4.4
LD      M2.2
A       M1.4
=       M4.5
LD      M2.3
A       M1.1
=       M4.6
LD      M2.3
A       M1.5
=       M4.7
LD      M2.4
A       M1.1
=       M5.1
LD      M2.4
```

```
A       M1.5
=       M5.2
LD      M2.5
A       M1.2
=       M5.3
LD      M2.5
A       M1.3
=       M5.4
LD      M2.6
A       M1.2
=       M5.5
LD      M2.6
A       M1.3
=       M5.6
LD      M2.7
A       M1.2
=       M5.7
LD      M2.7
A       M1.3
=       M6.1
LD      M3.0
A       M1.2
=       M6.2
LD      M3.0
A       M1.3
=       M6.3
LD      M3.1
A       M1.2
=       M6.4
LD      M3.2
A       M1.2
=       M6.5
LD      M3.2
A       M1.3
=       M6.6
LD      M3.3
A       M1.2
=       M6.7
LD      M3.3
A       M1.3
=       M7.1
LD      M3.4
A       M1.2
=       M7.2
LD      M3.4
A       M1.3
=       M7.3
LD      M3.5
A       M1.2
```

```
=       M7.4
LD      M4.1
O       M5.3
O       M6.5
O       M4.2
O       M4.4
O       M4.6
O       M5.1
O       M5.4
O       M5.6
O       M6.1
O       M6.3
O       M6.6
O       M7.1
O       M7.3
O       M4.3
O       M4.5
O       M4.7
O       M5.2
O       M5.5
O       M5.7
O       M6.2
O       M6.4
O       M6.7
O       M7.2
O       M7.4
A       Q0.0
EU
S       M8.0,1
LD      M8.0
TON     T37,100                 //打铃 10s 时间继电器
LD      T37
LD      Q0.1
EU
OLD
R       M8.0,1
LD      M8.0                    //自动打铃
O       I0.5                    //手动打铃
=       Q0.2                    //打铃输出
```

第四节　PLC模拟量控制系统的设计及应用

一、汽轮机自动控制系统

如图9-10所示为一电厂汽轮机带动水泵循环水控制系统，运行中要求自动控制，保证汽轮机转速稳定。压力变化、负载变化、汽轮机进气阀开度变化都能引起汽轮机转速的变化，当汽轮机转速变化时通过控制电动阀门执行器调整汽轮机的进气阀的开度，从而保证汽轮机转速的稳定。检测压力、温度是了解汽轮机的运行状况，当超过设定值时，输出报警信号，

以保护汽轮机的安全运行。

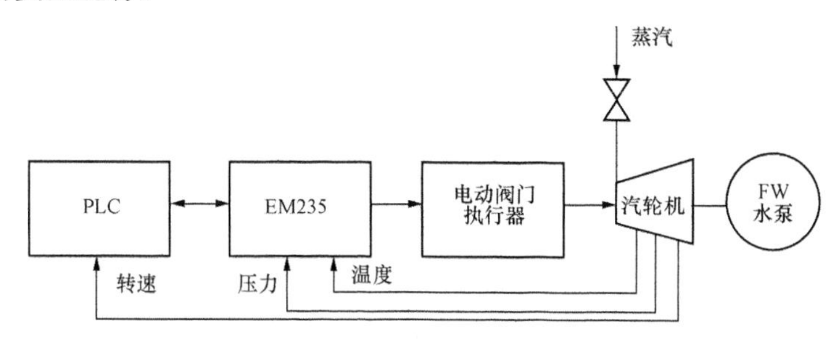

图 9-10　汽轮机自动控制系统框图

1. 系统控制要求

（1）检测温度、压力、转速当前值。

（2）具有自动/手动两种控制方式。

（3）自动控制方式下能根据设定值自动完成转速控制，保证稳定运行。

（4）手动控制方式下设有升速、降速两个控制按钮。

（5）当压力、温度超过设定值时输出报警信号。

2. 系统总体设计

（1）PLC 的 I/O 资源配置及选型见表 9-11。

表 9-11　汽轮机自动控制系统的 PLC 输入/输出分配表

输入/输出地址	输入/输出设备	输入/输出地址	输入/输出设备
I0.0	启动按钮	Q0.0	自动工作指示
I0.1	停止按钮	Q0.1	手动工作指示
I0.2	自动/手动选择	Q0.2	超温指示灯
I0.3	手动升速按钮	Q0.3	超压指示灯
I0.4	手动降速按钮		

温度、压力、转速检测均选用带 4～20mA 变送的一体化传感器。

温度传感器参数：0～100℃，输出 DC 4～20mA。

压力传感器参数：0～10MPa，输出 DC 4～20mA。

转速传感器参数：0～4200r/min，输出 DC 4～20mA。

电动阀门执行器控制电流 4～20mA。

模拟量处理部分选用 S7-200 系列 PLC 模拟量模块：EM235。

（2）硬件接线图如图 9-11 所示。

3. 系统软件设计

（1）系统设计分析。

设定自动、手动转换电路，上电时默认状态为手动状态。自动时执行自动控制程序，手动式执行手动控制程序。根据工艺要求当转速小于 1000r/min 时，则只能执行手动程序。在自动控制时，采用 PID 运算，使转速自动稳定在设定值。在手动控制时，若短时间按压升速键（或降速键），输出量调整慢，若长时间按压不松手（本控制设定 5s），则输出量调整快。

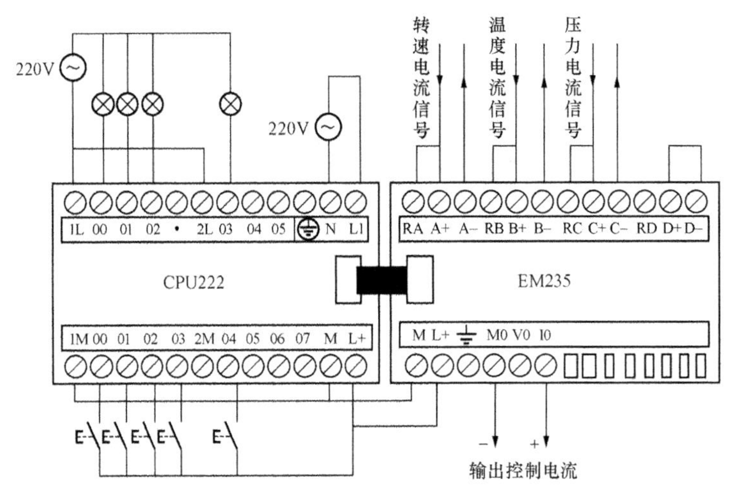

图 9-11 汽轮机自动控制系统的接线图

（2）软件设计。

在程序设计时根据工艺要求，并为便于程序的阅读及修改，将程序分为五大部分:

1）主程序：处理自动手动转换，启动/停止处理，及调用子程序。

2）子程序 0：处理各种参数的初始化。

3）子程序 1：自动控制程序，采用 PID 运算，以提高控制精确度和灵敏度。

4）子程序 2：处理手动工作时升速和降速控制。

5）中断程序 0：定时中断采样各种当前值参数。

程序清单：

```
ORGANIZATION_BLOCK 主程序:OB1
TITLE=程序注释
BEGIN
LD      SM0.1
CALL    SBR0                        //调用初始化程序
LD      I0.0                        //自动选择按钮
EU
S       M10.0,1                     //置自动工作状态
LD      I0.1                        //手动选择
EU
R       M10.0,1                     //只手动工作状态
// 启动、停车处理
LD      I0.0
O       M10.1
AN      I0.1
=       M10.1                       //启动：M10.1=1 停车：M10.1=0
LDW<=   VW200,1000                  //转速小于 1000r/min 时,执行手动控制
EU
R       M10.0,1
LD      M10.0
CALL    SBR1                        //调用自动控制程序
LDN     M10.0
```

```
CALL     SBR2                         //调用手动控制程序
LDD>=    VD204,VD220                  //超温判断
=        M11.0
LDD>=    VD208,VD224                  //超压判断
=        M11.1
LD       M11.0
TON      T37,100                      //检测到超温信号并持续超过 10s 送超温报警
LD       T37
A        SM0.5
=        Q0.2                         //超温报警信号输出,1s 闪烁周期
LD       M11.1
TON      T38,100                      //检测到超压信号并持续超过 10s 送超压报警
LD       T38
A        SM0.5
=        Q0.3                         //超压报警信号输出,1s 闪烁周期
SUBROUTINE_BLOCK SBR_0:SBR0
TITLE=上电初始化子程序
LD       SM0.0
R        M10.0,1                      //开机时置手动控制方式
MOVW     6400,AQW0                    //输出电流 4mA
MOVW     2800,VW230                   //自动控制设定转速（可修改的参数）
MOVR     65.0,VD220                   //设定温度报警值
MOVR     5.0,VD224                    //设定压力报警值
// PID 初始化
LD       SM0.0
MOVR     0.8,VD112                    //增益
MOVR     0.5,VD116                    //TS 采样时间
MOVR     15.0,VD120                   //TI 积分时间
MOVR     0.0,VD124                    //TD 微分时间
MOVR     0.0,VD128                    //MX 偏差
MOVR     0.0,VD132                    //前一次采样值
MOVB     100,SMB34                    //中断时间
ATCH     INT0,10                      //中断连接
ENI                                   //开中断
END_SUBROUTINE_BLOCK
SUBROUTINE_BLOCK SBR_1:SBR1
TITLE=自动控制子程序
// 转速设定值标准化
LD       SM0.0
ITD      VW230,AC0
DTR      AC0,AC0
/R       4200.0,AC0
MOVR     AC0,VD104                    //设定值转化成为 0～1 之间的实数
// 当前值标准化
LD       SM0.0
ITD      VW200,AC0
DTR      AC0,AC0
/R       4200.0,AC0
MOVR     AC0,VD100                    //当前值转化成为 0～1 之间的实数
// 启动 PID 调节
LD       SM0.0
```

```
A       M10.1                       //自动工作时启动 PID
PID     VB100,0
// 送出控制电流
LD      SM0.0
A       M20.0
MOVR    VD108,AC0                   //PID 运算后输出 0~1 小数值
*R      32000.0,AC0                 //转换为实数
ROUND   AC0,AC0                     //转换为数字量
DTI     AC0,VW400
LD      M10.1
MOVW    VW400,AQW0                  //自动工作时,送输出控制电流 4~20mA
LDN     M10.1
MOVW    6400,AQW0                   //停止时送出控制电流 4mA
SUBROUTINE_BLOCK SBR_2:SBR2
TITLE=手动控制子程序
// 手动升速
LD      I0.3                        //按键升速按钮
AN      M10.1                       //手动测试状态
=       M5.4                        //升速信号
LD      M5.4
TON     T102,+20                    //升速长按 2s 判断;用于快速升速控制
// 手动降速
LD      I0.4                        //按键降速按钮
AN      M10.1                       //手动测试状态
=       M5.5                        //降速信号
LD      M5.5
TON     T103,+20                    //降速长按 2s 判断;用于快速降速控制
// 手动调速长时间按下时快速调速时间间隔周期 1s
LDN     T101
TON     T100,+5
LD      T100
TON     T101,+5
// 快速升速控制
LD      T102
A       T101
EU
+I      100, VW300
// 手动控制是先清零;最高限幅输出 32000
LDN     M10.1
AW>=    VW300,+32000
MOVW    +32000,VW300
// 点动升速
LD      I0.3
EU
+I      +20,VW300
// 点动降速
LD      I0.4
EU
-I      +20,VW300
// 手动时送出控制电流
LD      M10.1
MOVW    VW300,AQW0                  //手动工作时送出控制电流
LDN     M10.1
```

```
MOVW    6400,AQW0                    //停止时送出控制电流 4mA
END_SUBROUTINE_BLOCK
INTERRUPT_BLOCK INT_0:INT0
TITLE=转速、温度、压力采样中断程序
// 转速检测
LD      SM0.0
MOVW    AIW0,AC2
-I      6400,AC2
LD      SM0.0
AW<=    AC2,+0
MOVW    +0,AC2
LD      SM0.0
ITD     AC2,AC2
DTR     AC2,AC2
/R      25600.0,AC2
*R      4200.0,AC2
ROUND   AC2,AC2
DTI     AC2,VW200                    //采样转速
// 检测温度
LD      SM0.0
MOVW    AIW2,AC2
-I      6400,AC2                     //减去 4mA 对应的数字偏移量
LD      SM0.0
AW<=    AC2,+0
MOVW    +0,AC2                       //信号小于 0 时归 0
LD      SM0.0
ITD     AC2,AC2                      //整数至双整数
DTR     AC2,AC2                      //双整数至实数
/R      25600.0,AC2                  //
*R      100.0,AC2                    //将采样数字量转化为温度实数
MOVR    AC2,VD204                    //采样温度送 VD204
// 检测压力 0
LD      SM0.0
MOVW    AIW4,AC2
-I      6400,AC2
LD      SM0.0
AW<=    AC2,+0
MOVW    +0,AC2
LD      SM0.0
ITD     AC2,AC2
DTR     AC2,AC2
/R      25600.0,AC2
*R      10.0,AC2
MOVR    AC2,VD208                    //采样压力
END_INTERRUPT_BLOCK
```

二、PLC 控制生活区变频恒压供水系统

1. 系统简介

全自动变频恒压供水设备是结合消防和生活、生产用水的特点而产生的新一代产品，采用 PLC 控制技术，根据供水管网和水源的多种情况，由 PLC 采集现场信号，经 PLC 内部运算，输出数字量和模拟量，通过变频器调节电机水泵机组，实现了智能化供水。

全自动变频恒压供水设备是非常理想的一种节能供水设备，节能效果好、结构紧凑、占

地面积小、运行稳定可靠、使用寿命长、方案设计灵活、供水压力可调、流量可大可小，完全可以取代水塔、高位水箱及各种气压式供水设备，可彻底免除水质的二次污染。

全自动变频恒压供水设备亦用于改造原有老式泵房设备，改造后同样可以达到高效、节能，自动恒压供水的目的。

2. 设备特点

（1）高效、节能。全自动变频恒压供水设备能根据用户的实际用水量和使用压力自动检测，调节电动机的转速（耗电量），使设备始终处于高效率的工作状态。

（2）供水管网压力稳定。全自动变频恒压供水设备由微机构成自动闭环控制，能在 0.5s 内使变化的压力恢复正常，压力调节精确度为设定值的±5%。

（3）占地小、投资少、安装工期短。全自动变频恒压供水设备与其他老式供水设备相比节约占地 3～16 倍，比建水塔节约投资 15%～60%。设备体积小，组装、安装调试方便，运输及安装工期短。

（4）适用范围。全自动变频恒压供水设备供水压力 0.15～2.0MP，供水高度 10～200m，单套设备每小时供水量 10～50000m^3/h，可用于企事业单位、住宅区、农村生产大、中、小型自来水的配套改造。

3. 控制要求

（1）测量水池的液位高度。

（2）测量出水关口的压力。

（3）采用三组水泵机组供水。

（4）具有自动、手动两种控制方式。

（5）手动控制时能单独工频启、停 3 台机组。

（6）自动控制方式时，采用“一变多定”工作模式。

（7）具有水位上、下限及压力上、下限报警。

4. 系统总体设计

（1）输入/输出分配见表 9-12。

表 9-12 变频恒压供水系统的 PLC 输入/输出分配表

输入/输出地址	输入/输出设备	输入/输出地址	输入/输出设备
I0.0	自动启动	Q0.0	自动状态指示
I0.1	手动启动	Q0.1	手动状态指示
I0.2	停止	Q0.2	1#泵工频接触器
I0.3	水池水位高	Q0.3	1#泵变频接触器
I0.4	水池水位低	Q0.4	2#泵工频接触器
I0.5	1#泵工频启动	Q0.5	2#泵变频接触器
I0.6	1#泵工频停止	Q0.6	3#泵工频接触器
I0.7	2#泵工频启动	Q0.7	3#泵变频接触器
I1.0	2#泵工频停止	Q1.0	水位报警输出
I1.1	3#泵工频启动	Q1.1	出水压力报警
I1.2	3#泵工频停止		
I1.3	报警复位信号		

高低水位监测采用带节点的水位传感器，出水口压力检测采用带 4～20mA 变送输出的压力传感器，模拟量采集及输出模块选用 EM235。

综上所述选用 S7-200 系列 PLC CPU224 EM235，采用 TD-200 文本显示器。其接线图如图 9-12 所示。

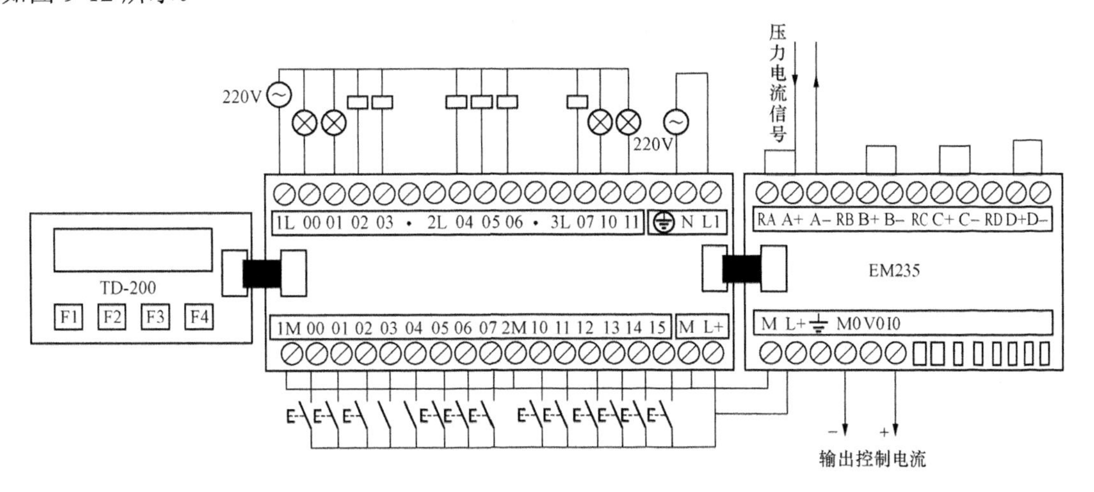

图 9-12　变频恒压供水系统的接线图

（2）主电路控制图如图 9-13 所示。

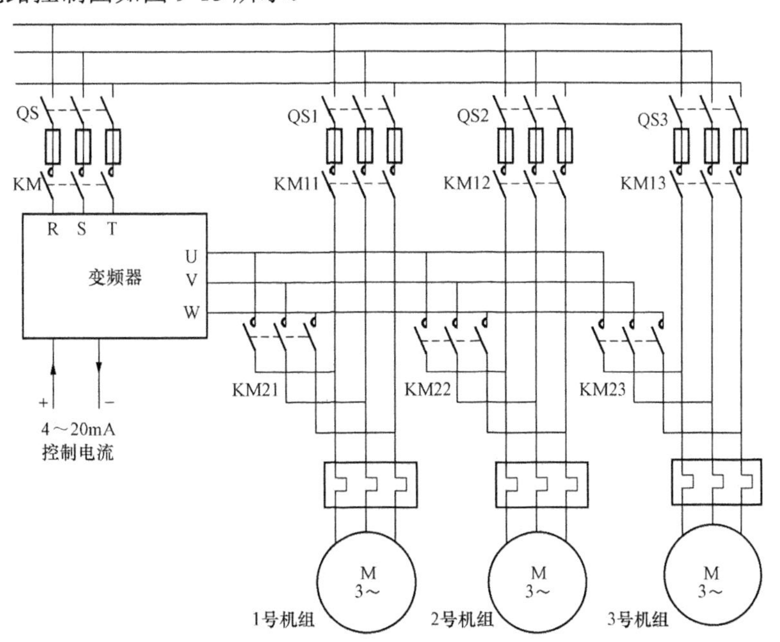

图 9-13　变频恒压供水系统的电气原理图

5. 系统软件设计

（1）系统设计分析。根据要求可做如下控制：

1）整个系统分为自动控制和手动控制两大部分。

2）手动控制时，三台机组只能处于工频运行状态，每台都具有启动和停止按钮。该方式主要用于设备调试和维修时试验用。

3）自动控制时，根据设定压力值及采样压力值进行运算处理，由 PLC 输出 4～20mA 的电流信号驱动变频器，整个系统采用“一变多定”工作方式，即只有一台机组处于变频状态，当频率上升到 50Hz 时该机组自动转入工频运行，投入下一台变频运行。

4)当达到水位和压力报警时首先发出声光报警,若短时间内水位计压力值回复为正常值，则报警自动解除。若超过规定时间内未回复，则停止整个供水机组工作。

5）设有必要的短路、过载保护。

（2）程序设计如下：

```
LD      SM0.1
CALL    SBR0
// 运行台数计数器上电清零
LD      SM0.1
S       M3.1,1                       //开始时 1#机组处于变频运行状态
R       M3.2,2                       //清除 2#、3#机组变频状态
R       M5.1,3                       //开机清除所有工频机组
R       M6.0,3                       //开机清除所有报警信号
Network 3
LD      SM0.0
MOVW    VW210,AC0
MOVW    VW210,AC1
// 计算设定值的动态范围
LD      SM0.1
O       I1.7
EU
-I      128,AC0
MOVW    AC0,VW198                    //设定值下限
+I      128,AC1
MOVW    AC1,VW202                    //设定值上限
LD      I0.0
O       M1.0                         //自动控制状态位
AN      M1.1                         //手动控制状态位
AN      I0.2
=       M1.0                         //自动控制状态位
LD      M1.0
=       Q0.0
CALL    SBR2                         //调用自动可控制程序
LD      I0.1
O       M1.1
AN      M1.0                         //自动控制状态位
AN      I0.2
=       M1.1                         //手动控制状态位
LD      M1.1
=       Q0.1
CALL    SBR1                         //调用自动可控制程序
LD      I0.2
O       M6.1
O       M6.0
```

```
R        M5.0,4                    //停止所有工频运行
R        M3.0,4                    //停止所有变频运行
MOVW     6400,AQW0                 //变频器设定频率归零
LD       I0.3
ON       I0.4
=        Q1.0
LD       Q1.0
O        Q1.1
TON      T40,3000                  //水位报警 300s 计时
AENO
S        M6.0,1                    //超出报警限定,送出停车信号
LD       M6.0
=        Q1.0                      //报警输出保持
=        Q1.1                      //报警输出保持
LD       I1.3
R        M6.0,2                    //报警输出复位
END_ORGANIZATION_BLOCK
SUBROUTINE_BLOCK 初始化:SBR0
//  水压传感器输出对应关系:   0~2MP 对应 4~20mA
LD       SM0.0
MOVR     1.2,VD200                 //压力设定初始化 1.2MPa
MOVR     VD200,AC0
*R       25600.0,AC0
/R       2.0,AC0
ROUND    AC0,AC0
DTI      AC0,VW210                 //存放压力设定值数字量单元的初始化
LD       SM0.0
MOVB     100,SMB34
ATCH     INT0,10
ENI
// 4～20mA 对应变频器 0~50Hz,变频器输出初始值为 4mA
LD       SM0.0
MOVW     6400,AC2
END_SUBROUTINE_BLOCK
SUBROUTINE_BLOCK 手动控制程序:SBR1
LD       I0.5
O        M10.1
AN       I0.6
=        M10.1                     //1#泵手动工频启动
LD       I0.7
O        M10.2
AN       I1.0
=        M10.2                     //2#泵手动工频启动
LD       I1.1
O        M10.3
AN       I1.2
=        M10.3                     //3#泵手动工频启动
END_SUBROUTINE_BLOCK
SUBROUTINE_BLOCK 自动控制程序:SBR2
// 设定增、减压周期为 1s
LDN      T33
```

```
TON     T34,50
LD      T34
TON     T33,50
LDW<    VW300,VW198                    //水压低于设定水压
S       M2.0,1                         //加压信号
LDW>    VW300,VW202                    //水压高于设定水压
S       M2.1,1                         //减压信号
LDW<=   VW300,VW198
AW<=    VW300,VW202                    //水压在设定的范围内
R       M2.0,2                         //复位加、减压信号
// 增加变频器输出频率
LD      T34
A       M2.0
EU
+I      100,AC2                        //增加变频器输出频率
// 减少变频器的输出频率
LD      T34
A       M2.1
EU
-I      100,AC2                        //减少变频器的输出频率
LD      SM0.0
MOVW    AC2,AQW0                       //送变频器输出
LD      M3.1
AN      Q0.2
AN      Q0.5
AN      Q0.7
=       Q0.3                           //1#机组变频运行
LD      M3.2
AN      Q0.4
AN      Q0.3
AN      Q0.7
=       Q0.5                           //2#机组变频运行
LD      M3.3
AN      Q0.6
AN      Q0.3
AN      Q0.5
=       Q0.7                           //3#机组变频运行
LD      M5.1
AN      Q0.3
=       Q0.2                           //1#机组工频运行
LD      M5.2
AN      Q0.5
=       Q0.4                           //2#机组工频运行
LD      M5.3
AN      Q0.7
=       Q0.6                           //3#机组工频运行
// 1#机组运行时变频器情况判断
LD      M3.1
AW>=    AC2,32000
=       M4.1
// 1#机组由变频转到工频运行
```

```
LD      M4.1
TON     T37,50                  //变频器升到 50Hz 时,延时 5s
AENO
EU
MOVW    6400,AC2                //时间到,变频器回位
R       M3.1,1                  //1#机组停止变频运行
R       M3.3,1                  //3#机组停止变频运行
S       M3.2,1                  //2#机组处于变频运行状态
S       M5.1,1                  //1#机组变频运行
// 1#机组由工频转到变频运行
LD      M5.1
AW<=    AC2,31000
TON     T39,50                  //变频器降下 50Hz 时,延时 5s
AENO
EU
R       M5.1,1                  //3#机组停止工频运行
R       M3.2,1                  //2#机组停止变频运行
R       M3.3,1                  //3#机组停止变频运行
S       M3.1,1                  //1#机组变频运行
// 2#机组运行时变频器情况判断
LD      M3.2
AW>=    AC2, 32000
=       M4.2
// 2#机组由变频转到工频运行
LD      M4.2
TON     T37,50                  //变频器升到 50Hz 时,延时 5s
AENO
EU
MOVW    6400,AC2                //时间到, 变频器回位
R       M3.1,1                  //1#机组停止变频运行
R       M3.2,1                  //2#机组停止变频运行
S       M3.3,1                  //3#机组处于变频运行状态
S       M5.2,1                  //2#机组工频运行
// 2#机组由工频转到变频运行
LD      M5.2
AW<=    AC2,31000
TON     T39,50                  //变频器降下 50Hz 时,延时 5s
AENO
EU
R       M5.2,1                  //2#机组停止工频运行
R       M3.1,1                  //1#机组停止变频运行
R       M3.3,1                  //3#机组停止变频运行
S       M3.2,1                  //2#机组变频运行
// 3#机组运行时变频器情况判断
LD      M3.3
AW>=    AC2,32000
=       M4.3
// 3#机组由变频转到工频运行
LD      M4.3
TON     T37,50                  //变频器升到 50Hz 时,延时 5s
AENO
```

```
EU
MOVW    6400,AC2                    //时间到,变频器回位
R       M3.1,1                      //1#机组停止变频运行
R       M3.2,1                      //2#机组停止变频运行
R       M3.3,1                      //3#机组停止变频运行
S       M5.3,1                      //2#机组工频运行
// 3#机组由工频转到变频运行
LD      M5.3
AW<=    AC2,31000
TON     T39,50                      //变频器降下 50Hz 时,延时 5s
AENO
EU
R       M5.3,1                      //3#机组停止工频运行
R       M3.1,1                      //1#机组停止变频运行
R       M3.2,1                      //2#机组停止变频运行
S       M3.3,1                      //3#机组变频运行
// 3 台机组都工频运行超过 30min,仍未达到设定压力则报警输出
LD      M5.1
A       M5.2
A       M5.3
AW>=    AC2,16000
TON     T30,18000
=       M6.1                        //出水压力报警寄存器
LD      M6.1
=       Q1.1                        //出水压力报警输出
```

本章小结

本章主要从以下几个方面介绍了 PLC 应用系统的设计：

（1）PLC 应用系统的设计的一般方法。在设计中始终应遵循满足工艺要求、系统安全可靠、经济适用的基本原则。

（2）PLC 应用程序设计的典型环节。

（3）数字量应用程序的典型案例。

（4）模拟量应用程序的典型案例。

综上所述，在实际系统设计时，应首先了解生产工艺和控制要求，确定并分配输入、输出点数和模拟量通道，根据要求选择 PLC，并留有 10%～20%的裕量。编写程序时可将程序分成几个大模块，首先编写主框架程序，然后编写分支程序，在总体调试时将主程序与分支程序有机结合起来。在联机调试时，一定要注意时序对 PLC 程序的影响，充分考虑各方面因素，只有反复调试才能完成一个合格的程序。

习题与思考题

9-1　具有 3 台皮带运输机传输系统，分别用电动机 M1、M2、M3 带动，控制要求如下：

按下启动按钮，先启动最末一台皮带机 M3，经 5s 后再依次启动其他皮带机。正常运行时，M3、M2、M1 均工作。按下停止按钮时，先停止最前一台皮带机 M1，待料送完毕后再

依次停止其他皮带机。试完成：

（1）写出 I/O 分配表。

（2）画出梯形图。

9-2　设计一个控制小车运行的梯形图。控制要求：

（1）按下启动按钮，小车由 A 点开始向 B 点运动，到 B 点后自动停止，停留 10s 后返回 A 点，在 A 点停留 10s 后又向 B 点运动，如此往复。

（2）按下停止按钮，小车立即停止运动。

（3）小车拖动电机要求有过载和失压保护。

9-3　两种液体混合装置控制。

有两种液体 A、B 需要在容器中混合成液体 C 待用，初始时容器是空的，所有输出均失效。按下启动信号，阀门 X1 打开，注入液体 A；到达液位 I 时，X1 关闭，阀门 X2 打开，注入液体 B；到达液位 H 时，X2 关闭，打开加热器 R；当混合液体的温度达到 60℃时，关闭 R，打开阀门 X3，释放液体 C；当最低位液位传感器 L=0 时，关闭 X3 进入下一个循环。按下停车按钮，要求进行完当前循环后停在初始状态。试完成：

（1）画出 I/O 接线图。

（2）编写控制程序。

第十章　S7-200 系列 PLC 网络与通信

21 世纪，信息网络成为人类社会步入知识经济时代的标志。此时，PLC 之间及其与计算机之间的通信网络已成为自动化集成制造系统的特征。

目前几乎所有的 PLC 都具有通信功能，如西门子公司的 SIMATIC NET、欧姆龙公司的 SYSMAC、三菱公司的 MELSEC NET 等。现在市场上销售的 PLC 产品，即使是微型和小型的 PLC 也都有网络通信功能的接口。PLC 相互之间的连接，使众多相对独立的控制任务在总的方面构成一个控制过程整体，形成模块控制体系；PLC 用于现场设备直接控制，计算机用于编程、显示、打印和系统管理，PLC 与计算机的连接所构成的“集中管理，分散控制”的集散控制系统（Distributed Control System，DCS），综合体现了两者的优势特长。

本章将先介绍通信与网络的基础知识，然后重点介绍西门子 S7-200 系列 PLC 的通信和网络技术。

第一节　通信与网络概述

一、数据通信方式

无论是计算机还是 PLC，都是数字设备，它们之间交换的信息是由“0”和“1”表示的数字信号。通常，将具有一定的编码、格式和位长要求的数字信号称为数据信息。

数据通信就是将数据信息通过适当的传输线路从一台设备传送到另外一台设备，这里的设备可以是计算机、PLC，也可以是具有数据通信功能的其他数字设备。数据通信的任务就是将地理位置不同的计算机、PLC 和其他数字设备连接起来，高效率地完成数据的传送、信息交换和通信处理三项任务。数据通信的实质是数字信号从源点通过通信媒体向目标点的传输。数据传输的基本方式有并行通信方式和串行通信方式两种。

1. 并行通信方式

数据在多个信道同时传输的方式称为并行传输。在并行通信方式中，数据传输以字节或字为单位，数据的各位同时传送，传递速度快。但由于一个并行数据有多少位就有多少二进制数，就需要多少根传输数据线，因而成本较高。该方式常用于近距离、高速度的数据传输场合。

2. 串行通信方式

数据在一个信道上按照数据位顺序传输的方式称为串行传输。在串行通信方式中，数据传输以位为单位，数据一位接一位顺序传递，只需 1～2 根传输线。它的成本低，但传递速度慢，常用于低速、远距离的通信场合。

串行通信方式按信息传输格式又可分同步通信和异步通信两种传输方式。

在同步串行通信方式中，信息格式中设置同步字符作为联络信号。接收方按约定从同步字符到来就开始接收数据，直接到所有数据接收完毕，即完成一个信息帧的接收。它要求收发双方使用同一时钟频率以保持完全同步。同步串行通信具有传输效率高、硬件复杂的特点，常用于高速通信场合。

在异步串行通信方式中，传输是按字符进行的，其数据帧格式如图 10-1 所示。通信信息一个字符接一个字符地传输，所发送的每一个字符均由起始位、数据位和停止位构成，接收方据此完成一个一个字符的接收。这样，相邻字符之间的停顿时间允许不同，收发双方时钟频率的偏差不会导致数据传送错误，所以异步串行通信的可靠性很高。但由于每个字符的传送都包含起始位、停止位等附加的非有效信息，因此它的传输效率低，常用于低速通信场合。PLC 的通信普遍采用异步串行通信方式。

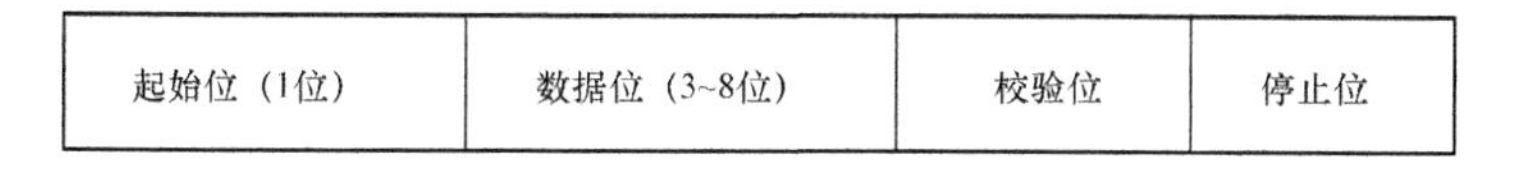

图 10-1　异步串行通信数据帧格式

在串行通信中，用“波特率”来描述数据的传输速率。所谓波特率，即每秒钟传送的二进制数据的位数，其单位是 bit/s（bit per second：bit/s）。它是衡量串行通信数据传输快慢的重要指标。国际上规定了一个标准波特率系列：110bit/s、300bit/s、600bit/s、1200bit/s、1800bit/s、2400bit/s、4800bit/s、9600bit/s、14.4kbit/s、19.2kbit/s、38.4kbit/s、115.2kbit/s 等。例如，最常用的波特率是 9600bit/s，指每秒传送 9600 个二进制位，包含图 10-1 所示的起始位、数据位、校验位和停止位。

异步串行通信方式还可以按照数据在传输线上的传送方向和时序分为单工、半双工和全双工三种传送方式。单工只有一根单向传输线，数据只按一个固定方向传送，通信双方的发送与接收关系不变，如图 10-2（a）所示。半双工只有一根双向传输线，数据可进行双向分时发送，通信双方都具有发送和接收的切换功能，如图 10-2（b）所示。全双工有两根不同的传输线，通信双方可同时进行发送和接收操作，如图 10-2（c）所示。

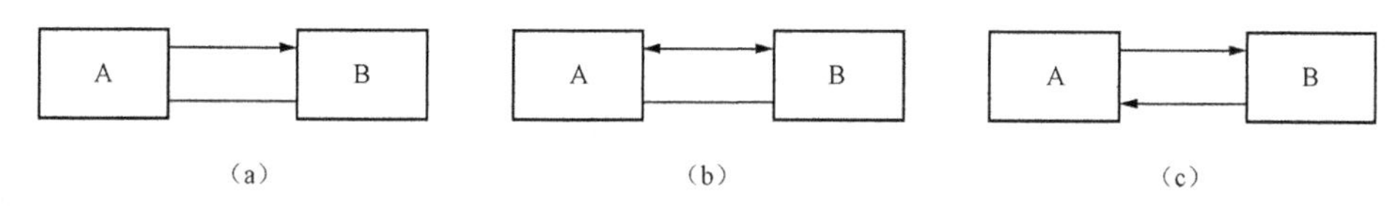

图 10-2　异步串行通信的线路通信方式

二、标准串行通信接口

用于设备之间数据传送的连接结构称作通信接口。在工业现场控制中普遍采用串行数据通信，下面介绍应用最广的 RS-232C 和 RS-422/485 串行通信接口。

1. RS-232C 串行通信接口

RS-232C 是美国电子工业协会于 1969 年公布的一种通信协议标准，它是为远程通信中数据终端设备（Data Terminal Equipment，DTE）和数据通信设备（Data Communications Equipment，DCE）的连接而制定的，例如计算机与外设的连接。RS-232C 标准中对串行接口的机械特性、信号功能、电气特性和过程特性都作了明确的规定。

RS-232C 的标准接插件是 25 芯的 D 型电缆插头，凸型插头（俗称公头）安装在 DTE 上，凹型插头（俗称母头）安装在 DCE 上。25 根信号线各有定义，其中常用的只有 9 根，9 针的 RS-232C 接口如图 10-3 所示，其管脚定义见表 10-1。

表 10-1　　**9 针 RS-232C 接口的管脚定义**

管脚号	名称	全称	方向	功能（从 DTE 端看）
1	DCD	Data Carrier Detect	DTE←DCE	数据载波检测
2	RXD	Received Data	DTE←DCE	接收数据
3	TXD	Transmitted Data	DTE→DCE	发送数据
4	DTR	Data Terminal Ready	DTE→DCE	数据终端准备好
5	SG	Signal Ground		信号地
6	DSR	Data Set Ready	DTE←DCE	数据设置准备好
7	RTS	Request To Send	DTE→DCE	请求发送
8	CTS	Clear To Send	DTE←DCE	清除发送
9	RI	Ring Indicator	DTE←DCE	振铃提示

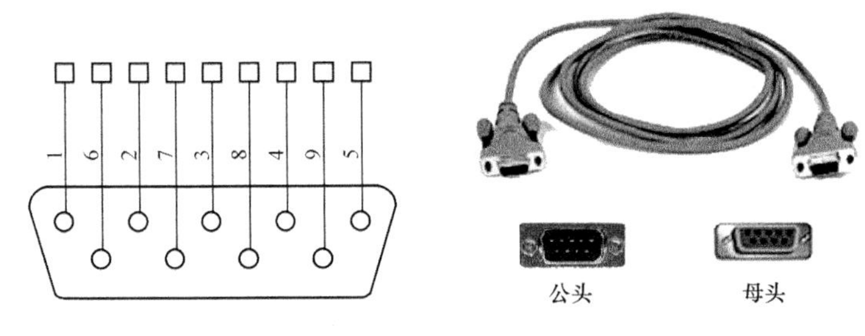

图 10-3　DB9 管脚定义

2. RS-422/485 串行通信接口

为了提高传输速率和增加通信距离，美国电子工业协会于 1977 年推出新的串行通信标准 RS-499，它增加了 10 种电路功能，特别对 RS-232C 接口的电气特性作了改进。目前工业环境中广泛应用的 RS-422/485 就是此标准的子集。RS-422/485 采用平衡驱动、差分接收电路，消除了信号共地，如图 10-4 所示。平衡驱动器相当于两个单端驱动器，当输入同一信号时其输出是反相的。如有共模信号干扰时，接收器只接收差分信号电压，从而大大提高了抗共模干扰的能力，并能在较长的距离内明显提高传输速率。其传输距离可达 1200m（传输速率为 10kbit/s 时），传输速率可达 10Mbit/s（传输距离为 12m 时），分别是 RS-232C 的 100 倍和 500 倍。

RS-485 是 RS-422 的变型，两者的区别是 RS-422 为全双工型，RS-485 为半双工型。在使用 RS-485 互联时，某一时刻只有一个站点可以发送数据，其他站点只能接收，因此，RS-485 发送电路必须由使能端加以控制，如图 10-4 所示。

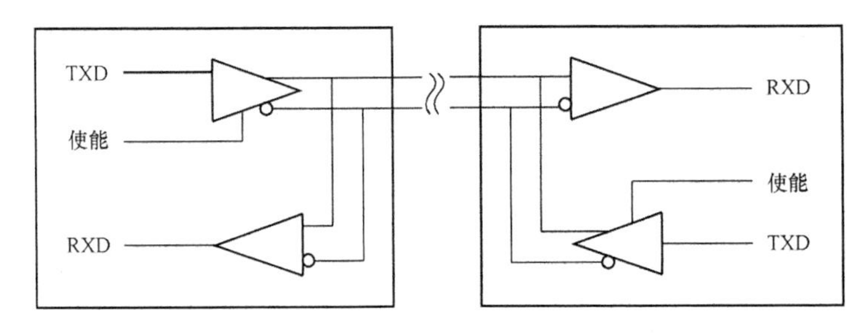

图 10-4　RS-485 接口

三、网络拓扑结构

集散式控制系统可获得明显优于集中控制系统的适用性、可扩展性和抗单点故障性等，工业局部网络则为实现集散式控制系统提供了互连和通信手段。

在网络中通过传输线路互连的站点称为节点。节点间的物理连接结构称为拓扑结构。常见的多点互连的网络拓扑结构如图 10-5 所示。

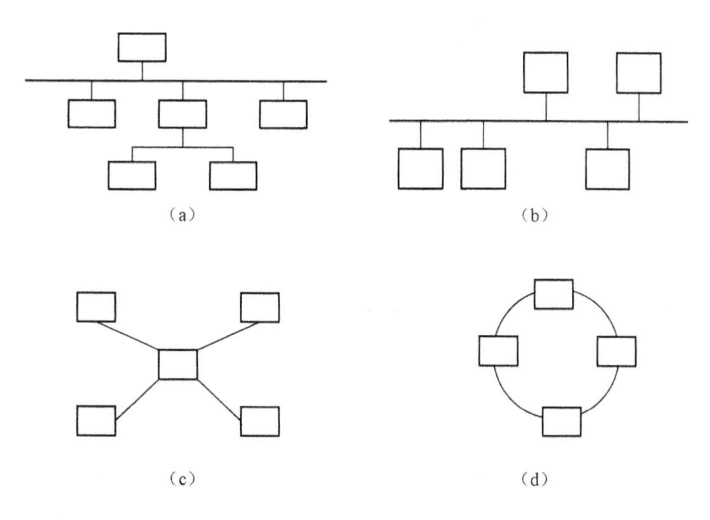

图 10-5　网络通信拓扑结构示意图

（a）树型；（b）总线型；（c）星型；（d）环型

1. 树型结构

数型结构是主从型结构。在系统中提供了一个集中控制点，上级站点控制下一级站点的数据通信，同级站点的数据传输由上一级站点的转接而实现。其特点是，当某一站点发生故障时，它的下级站点的通信会瘫痪，而它的上级站点及同级站点的通信仍能进行，只是不能与该站点通信。树型结构常用于分级递阶、横向联系少的通信网络。

2. 总线型结构

总线型结构的所有站点共享一个公共通信总线，所有站点都能接收总线上的信息，站点间的通信通过总线以令牌传送方式实现。其特点是，某站点发生的故障对整个系统影响较小，并且站点的增删十分方便。总线型结构是工业局部网络的主流结构，得到普遍应用。

3. 星型结构

星型结构是中央控制型结构，一切通信都经中央站点控制和转接。其特点是，简单方便，单个站点的故障对整体影响较小，常用于系统的直接控制级。

4. 环型结构

环型结构是相邻站点顺序连接成环路的结构，信息在环上以固定的一个方向顺序传输。每个站点接收上一站点发来的信息，需要时再发送到下一站点。其特点是，各站点间可采用不同的传输介质（电缆）和不同的传输速度（波特率）。在随机通信频繁时，传输效率较高，但某个站点的故障会使信息通路阻塞，系统可靠性不高。

第二节　PLC 与计算机之间的通信

PLC 与计算机的通信通常是通过计算机的串行通信接口进行的，其信息交换方式以字符串方式为主，其主要操作是由计算机采集 PLC 所有软元件的数据和状态，并向 PLC 发送控制和输出信息。通信以“命令—响应”的交互方式进行，即由计算机向 PLC 发送一条通信指令，PLC 的通信接口接收到这条指令后，等待 CPU 处理。通信处理通常作为 CPU 扫描周期中的一个组成部分，参与扫描周期的串行处理过程。在通信处理时，PLC 按照通信指令的要求，向计算机回送一组应答信息，计算机收到应答信息后，一次通信即告完成。

PLC 与计算机的通信能力，除了满足 PLC 联网通信的要求之外，还向用户提供一种良好的编程环境。在相应的编程软件支持下，用户通过计算机，可用多种编程语言对 PLC 进行各种编程操作，包括可以在计算机上进行 PLC 脱机的程序调试与模拟运行。西门子 PLC 的编程软件是 STEP 7，STEP 7 是一种用于对 SIMATIC 可编程逻辑控制器进行组态和编程的标准软件包，是 SIMATIC 工业软件的一部分。

一、PPI 网络

（一）基本原理

PPI 是一种主站—从站协议，通过该协议主站设备可向从站设备发送请求，从站设备响应。从站设备并不发送消息，而是一直等到主站设备发送请求或轮询响应。主站靠一个 PPI 协议管理的共享连接来与从站通信。PPI 并不限制与任意一个从站通信的主站数量，但是在一个网络中，主站的个数不能超过 32。

PPI 是一种基于字符的异步串行通信协议，通过 RS-485 接口进行数据传输，数据传输速率在 1.2～115.2kbit/s 之间。S7-200 系列 PLC 上都配备有专门用于 RS-485 通信的标准 D 型插座，其插脚位置如图 10-3 所示，各个插脚的定义见表 10-2。

表 10-2　S7-200 系列 PLC 通信接口插脚定义

脚号	ProfiBus 设计	Port 0 或 1	DP 口
1	屏蔽	逻辑 0	逻辑 0
2	+24V 地线	逻辑 0	逻辑 0
3	RS-485 信号线 B	RS-485 信号线 B	RS-485 信号线 B
4	请求发送	没有使用	请求发送*
5	+5V 地线	逻辑 0	隔离的+5V 地线**
6	+5V	+5V（50mA）	隔离的+5V（90mA）
7	+24V	+24V	+24V
8	RS-485 信号线 A	RS-485 信号线 B	RS-485 信号线 A
9	N/A	没有使用	没有使用
插座外壳	屏蔽	逻辑 0（CPU212/214）	机壳地
		机壳地（CPU215/216）	

*　在 CPU 作发送操作时，该脚为 V-OH（V-OH=3.5V，1.6mA，V-OL=0.6V，1.6mA）。

**　在 DP 口上的信号线 A、B 和请求发送信号线与 CPU 的逻辑 0 是隔离的，它们都是相对于+5V 地线而言。

在 PPI 网络中，主站设备一般包括：①带有 STEP7-Micro/WIN 的编程设备，如个人计算机或工业计算机；②人机界面 HMI，如触摸面板、文本显示或操作员面板；③也可以通过编程将 S7-200 系列 PLC CPU 作为 PPI 主站来激活。

在 PPI 网络中，从站设备一般包括 S7-200 系列 PLC CPU 和扩展机架（例如 EM 277）。

（二）网络结构

PPI 基于 ProfiBus 标准（IEC 61158 和 EN 50170），并支持总线型和星型网络结构，可以使用 RS-485 中继器扩展 PPI 网络。使用 PPI，可以建立单主站 PPI 网络、多主站 PPI 网络、复杂 PPI 网络和带有 S7-300 或 S7-400 系列 PLC 的 PPI 网络。

1. 单主站 PPI 网络

单主站 PPI 网络结构如图 10-6 所示。通常，单主站 PPI 网络由以下组件组成：

（1）带有 STEP7-Micro/WIN 的编程设备（例如计算机）或作为主站设备的人机界面 HMI。

（2）作为从站设备的一个或多个 S7-200 系列 PLC。

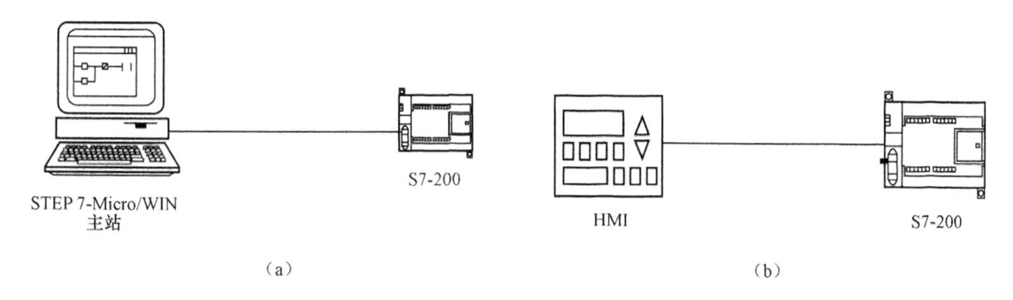

图 10-6 单主站的 PPI 网络

（a）计算机与 S7-200 系列 PLC 的 PPI 通信；（b）HMI 与 S7-200 系列 PLC 的 PPI 通信

带有 STEP7-Micro/WIN 的编程设备通过 PC/PPI 电缆或通信卡（如 CP5611）与 S7-200 系列 PLC 通信，完成对 S7-200 系列 PLC 的编程、监控等操作，如图 10-6（a）所示；HMI 产品（如 TD200、TP 或 OP）通过 RS-485 电缆与 S7-200 系列 PLC 通信，如图 10-6（b）所示，都是应用 PPI 协议组成的网络。在图 10-6 中所示的两个网络中，都只有单一的主站，如编程设备（带有 STEP7-Micro/WIN 的计算机）、HMI 产品。在这两个 PPI 网络中，S7-200 系统 PLC 都是从站，只响应来自主站的请求。

2. 多主站 PPI 网络

使用 PPI，可以建立包含多个主站设备的 PPI 网络，这些设备可以作为从站设备与一个或多个 S7-200 系列 PLC 进行通信，如图 10-7 所示。每个主站（例如计算机或人机界面 HMI）均可以与网络中的每个从站交换数据。在多主站 PPI 网络中，最多包括 32 个主站，可以使用 RS-485 中继器扩展 PPI 网络，如图 10-8 所示。

在图 10-7 所示为网络中有多个主站的 PPI 网络中，编程设备通过 PC/PPI 电缆或通信卡（如 CP5611）与 S7-200 系列 PLC 连接，HMI 产品与 S7-200 系列 PLC 通过网络连接器及双绞线连接，网络应用 PPI 协议进行通信。在网络中，S7-200 系列 PLC 作为从站响应所有主站的通信请求，任意主站均可以读写 S7-200 系列 PLC 中的数据。

因为 PPI 协议是一种主从通信协议，所以网络中的多个主站之间不能相互通信。

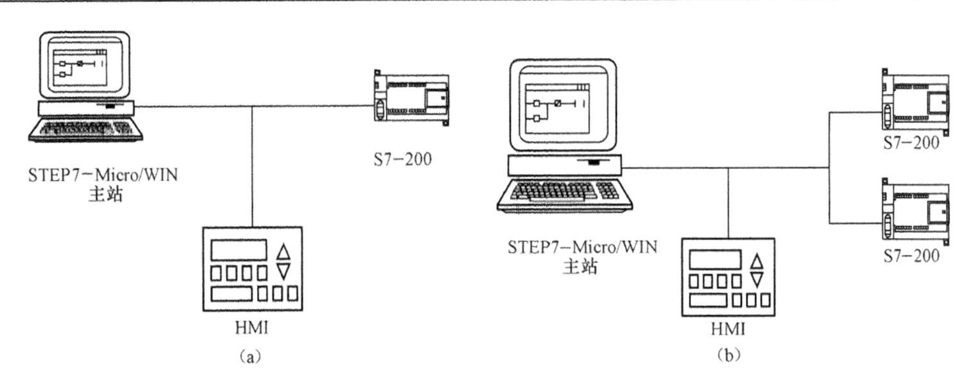

图 10-7 多主站 PPI 网络

（a）多个主站、一个从站的 PPI 通信；（b）计算机、HMI 及 S7-200 系列 PLC 的 PPI 通信

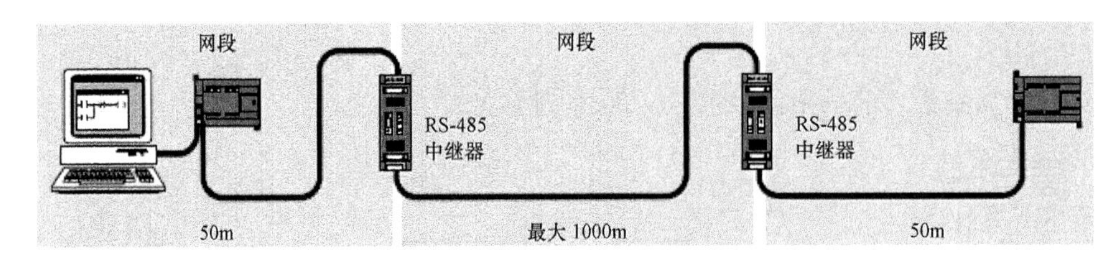

图 10-8 带中继器的 PPI 网络

3. 复杂 PPI 网络

在复杂 PPI 网络中，还可以对 S7-200 系列 PLC 进行编程以进行对等通信。对等通信表示通信伙伴都具有同等权限，既可以提供服务，也可以使用服务。

在一个 S7-200 系列 PLC 的用户程序中，可以通过“从网络读取”（NETR） 和“写入网络”（NETW） 指令可以访问其他 S7-200 系列 PLC 中的过程数据。

复杂 PPI 网络如图 10-9 所示。

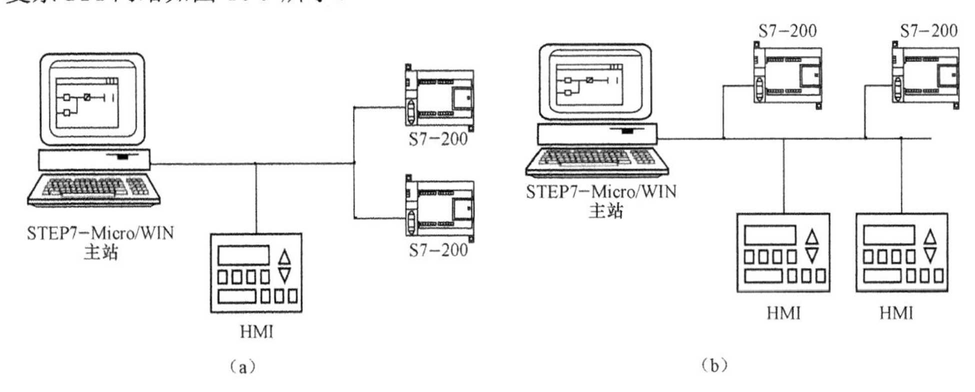

图 10-9 复杂的 PPI 网络

（a）S7-200 系列 PLC 的 PPI 通信；（b）HMI 及 S7-200 系列 PLC 的 PPI 通信

在图 10-9（a）中，如果一台 S7-200 系列 PLC 除作为 HMI 或计算机的从站外，在用户程序中还被定义为 PPI 主站模式，则这台 S7-200 系列 PLC 就可以应用网络读（NETR）和网络写（NETW）指令读写另外作为从站的 S7-200 系列 PLC 中的数据，但是与网络中其他主站（如计算机或 HMI）通信时还是作为从站，即此时只能响应主站请求，不能发

出请求。

在图 10-9（b）中，每个 HMI 监控一个 S7-200 系列 PLC，另外 S7-200 系列 PLC 还应用网络读（NETR）和网络写（NETW）指令读写另外作为从站的 S7-200 系列 PLC 中的数据。

（三）S7-200 系列 PLC 与 STEP7-Micro/WIN 之间的 PPI 通信设置举例

要建立 S7-200 系列 PLC 与 STEP7-Micro/WIN 之间的 PPI 通信，首先在 STEP7-Micro/WIN 内使用“System Block（系统块）”来设置通信接口的参数，设置内容如图 10-10 所示。

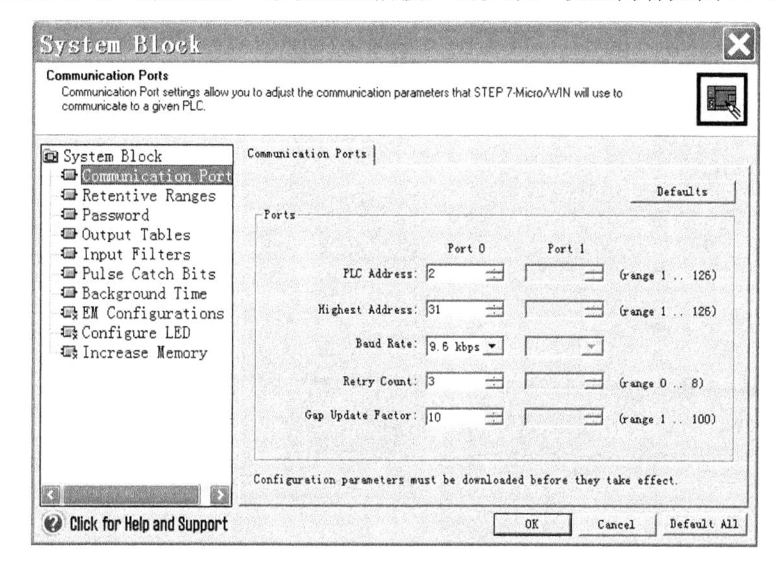

图 10-10　CPU222 的系统块通信端口设置

由图 10-10 可以看出，CPU222 只支持一个通信接口，即端口 0（Port 0）。在这个接口内可以设置 PLC 的站地址和网络的最高地址、波特率等。端口 1（Port 1）是不允许设置的。对于功能更强大的 PLC 如 CPU224XP、CPU226 等，由于其支持 2 个通信端口，所以可以设置 2 个端口，如图 10-11 所示，端口 0 和端口 1 可以分别设置，互不影响。

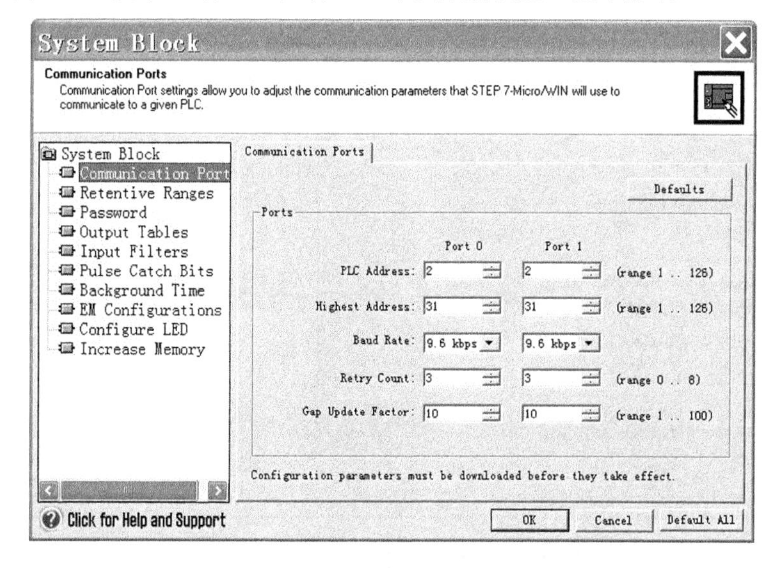

图 10-11　CPU226 的系统块通信端口设置

在实际使用中用户究竟应该设置哪一个端口，应该根据 PPI 电缆具体连接在哪个端口上来确定。值得注意的是，这些设置必须等到保存编译后下载到 PLC 内后才能生效，在这之前 PLC 的端口参数依然以上一次下载的设置为准。

设置好 PLC 的通信端口后，再设置 STEP7-Micro/WIN 的通信接口参数，如图 10-12 和图 10-13 所示。

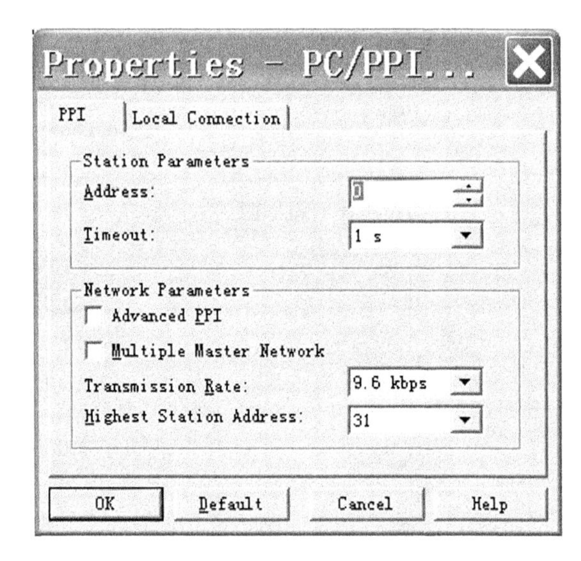

图 10-12　PPI 通信设置

图 10-13　PPI 电缆属性设置

STEP 7-Micro/WIN 假设计算机是 PPI 通信协议网络上唯一的主设备，不与其他主设备共享网络。但是 PPI 也允许多主站通信，如图 10-14 所示。在选择“Supports multiple masters（支持多主站）”后，就允许 STEP 7-Micro/WIN 与其他主设备同时在网络中存在。

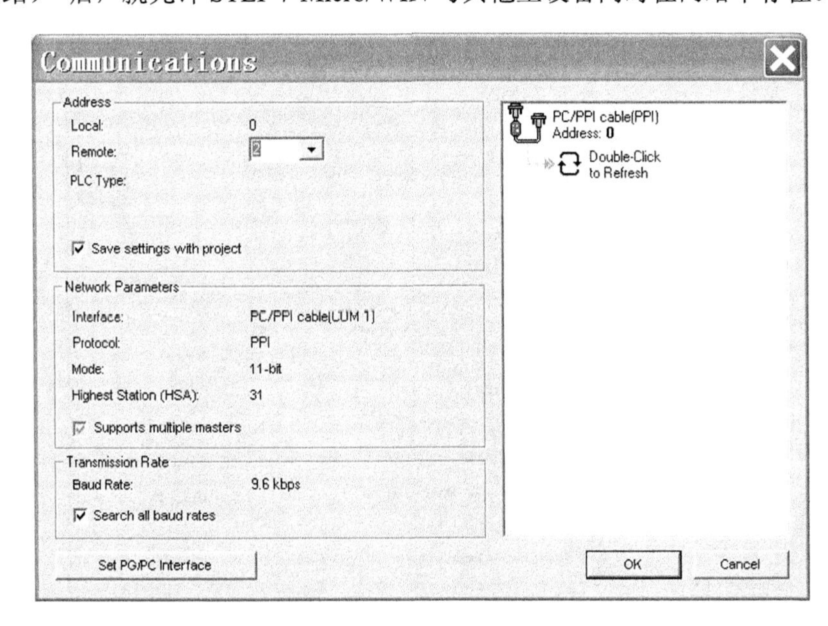

图 10-14　建立 PG/PC 与 PLC 的通信

二、MPI 网络

MPI（Multi Point Interface，多点接口）是用于 SIMATIC 产品的集成接口，用于 S7 系列 PLC、人机界面 HMI 编程设备和计算机之间的通信，其接口符合 RS-485 标准，S7-200 系列 PLC 可以通过内置接口连接到 MPI 网络上。

（一）基本原理

MPI 允许主主式通信和主从式通信，具有多点通信的性质。通过 MPI，PLC 可以连接的设备包括编程器、运行 STEP7 的计算机、人机界面 HMI 以及其他 SIMATIC 产品。接入到 MPI 网络中的设备称为一个节点，每个 MPI 节点都有自己的 MPI 地址（0～126），编程设备、人机界面 HMI 与 CPU 的默认地址分别为 0、1、2。同时可以连接通信对象的个数与 CPU 的型号有关，例如 CPU312 为 6 个，CPU418 为 64 个。

与一个 S7-200 系列 PLC CPU 通信，STEP7-Micro/WIN 建立主从连接。MPI 协议不能与作为主站的 S7-200 系列 PLC CPU 通信，网络设备通过任意两个设备之间的连接通信（由 MPI 协议管理）。设备之间通信连接的个数受 S7-200 系列 PLC CPU 或者 EM277 模块所支持的连接个数的限制。

MPI 支持的波特率范围是 187.5kbit/s～12Mbit/s，但是受到 S7-200 系列 PLC CPU 通信速度的限制，直接连接与 S7-200 系列 PLC CPU 的 MPI 网，其最高通信速率通常为 185.5bit/s。

（二）网络结构

MPI 基于 Profibus 标准（IEC 61158 和 EN 50170），并支持总线型、星型和树型网络结构。MPI 子网包含 127 个节点（0～126），由多个网段组成。一个网段最多包含 32 个节点，并且受终端电阻的限制。网段通过中继器进行耦合，不带中继器时，相邻两个节点的最大传输距离为 50m，加中继器后最大线路长度为 1000m。

MPI 网络结构如图 10-15 所示。在图 10-15 中，每个 SIMATIC CPU 均支持 MPI 协议，不必添加 CP（通信处理器）便可将 S7 系列设备连接至 MPI 网络，在 MPI 中，S7-200 仅是个从站。

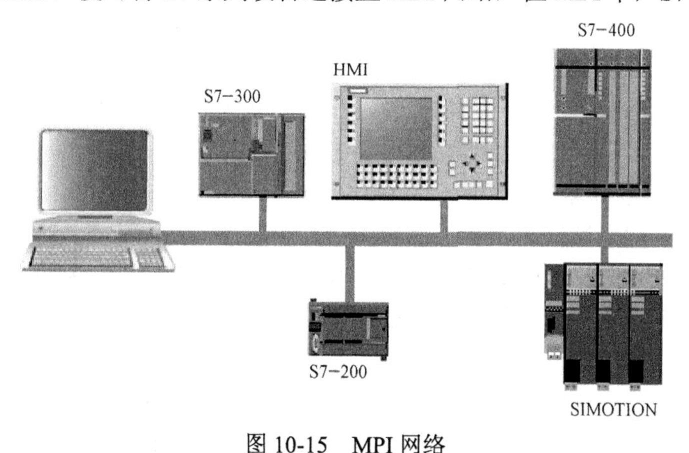

图 10-15　MPI 网络

第三节　PLC 与 PLC 之间的通信

用 PLC 构成的控制系统，要得到广泛应用必须考虑以下几个问题：①对大、中、小控制任务都具有适应性；②与现存系统具有兼容性；③保证系统有长期的使用价值。

PLC 发展到今天，不少产品都在 CPU 本身加上具有网络功能的硬件及软件，可以方便地组成 PLC 网络。这种网络对任何一个网络站点的操作都和使用同一台 PLC 一样方便，并且在网络中任何一个站点都可以对其他站点的软元件及数据进行操作。

将在地理上处于不同位置的 PLC 通过传输介质连接起来，实现通信，可以构成功能更强、性能更好的控制系统。PLC 之间联网之后，还可以进行网与网之间的互联，以组成更为复杂的 PLC 控制系统。PLC 网还可以与计算机网络相连，成为计算机网络的一个子网，等等。不少事实说明，两个或若干个中小型 PLC 联网，由于提高了控制能力，可以达到一个大型 PLC 的控制点数，而费用比用大型 PLC 要低得多。

一、西门子 SINEC-L1 LAN 网络

西门子公司 SIMATIC S5 及 S7 系列 PLC 使用的 SINEC-L1 LAN 网络是一种价格比较便宜的 PLC 网络。SINEC-L1 采用主从式通信，这种 PLC 网络一般应用于底层，适应于对时间没有苛刻要求的控制过程，可以实现集中监控，SINEC-L1 不适合于对实时性要求比较高的场合。在 SIMATIC S5 系列及 S7 系列 PLC 中，SINEC-L1 LAN 网络已经逐渐被 SINEC-L2 现场总线所取代，但是 SINEC-L2 现场总线价格比较昂贵，目前难以普及。

（一）SINEC-L1 LAN 的通信原理

SINEC-L1 LAN 是一种主从式总线型结构的局域网，在网络中只有一台固定不变的主机，由它对网络上的通信进行控制与管理。SINEC-L1 LAN 的数据交换格式有三种：轮询式（或查询式）、中断式和广播式。SINEC-L1 LAN 与一般的主从式总线型局域网相比较，又具有许多明显的特点与差别，L1 网不仅由主机通过轮询与各从机通信，而且各从机之间也可以直接交换信息。另外，当主机有紧急的通信任务要处理时，它可以用中断方式打断轮询，及时插入，获得通信服务。

1. SINEC-L1 LAN 网上各站点的编号

应当为 SINEC-L1 LAN 网上各从机设置编号，标识各从机，以供寻址。从机允许的编号范围为 1～30，每台从机只允许设置一个编号。如果将一个编号重复分配给多台从机，或者使用 1～30 范围之外的数字作为从机编号，则将导致系统出错。

对于 SINEC-L1 LAN 网络主机的 CP530 不指派显式编号，但是指派逻辑编号 0 代表主机，或者当从机向主机发送数据时，目标地址写成 32 代表主机。

2. 发送邮箱与接收邮箱

为了使 SINEC-L1 LAN 网络上各站点有效工作，在每个从站中都配置一个发送邮箱与一个接收邮箱，待发送数据及协调信息按照一定格式放在发送邮箱内，接收到的信息放在接收邮箱中。所谓“邮箱”，实际上是用户定义的用于存储接收数据和发送数据的一块数据区，便于用户的应用程序进行处理。

在主机中必须为每台从机设置一个发送邮箱和一个接收邮箱，因此 SINEC-L1 LAN 网络上的主机最多可以有 30 个发送邮箱与 30 个接收邮箱，这些发送邮箱与接收邮箱将为主机通信提供方便。无论主机与从机之间的通信，还是两台从机之间的直接通信，都必须经过对应的发送邮箱与接收邮箱。

3. 轮询表与周期轮询调度

在主机中，用户要设置一张轮询表，轮询表由 SINEC-L1 LAN 网络上从站的编号组成。主机采用周期轮询方式，按照轮询表对 L1 网的通信进行控制与管理。从机编号在轮询表中

排列的顺序，就是主机轮询的次序，也就是从站点获得通信权的顺序。某一个从站点编号在轮询表中出现的频率，就反映了该站点优先级的高低。出现的频率越高，该站点的实时性也就越强。轮询表从头到尾按顺序执行，周而复始形成周期性轮询。在周期轮询中，主机始终具有最高通信优先权。

轮询表设有 64 个位置可供编写从机编号，但是不要求所有位置都占完，用户可以根据 L1 网上的从站数及优先级要求决定占几个位置。位置占得越少，总线周期循环时间（即轮询周期）就越短，从总体上衡量，此网络的实时性就越强。

4. 中断表及中断方式

主机采用周期轮询的方式，按照设置好的轮询表对各个从机进行轮询。这种通信管理方式可以保证在每个轮询周期中，网络中的每个站点至少可以获得一次访问权，从而保证了每台从机的基本实时性。但是轮询表法不能解决对某次紧急通信任务的实时性，因此 SINEC-L1 LAN 网在周期轮询调度的基础上又增加了中断方式，以解决对某次紧急通信任务用动态（临时）方式赋予较高的优先级。

在主机进行周期轮询时，规定在两次轮询之间留一个空隙，供从机申请中断及主机检测响应中断。当网络中某一个从机有一项紧急通信任务，需要打断正常的周期轮询、获得及时处理时，该从站需要把发送的信息放入发送邮箱，并在协调标志的特殊位设置中断位，从这一点开始，该从机在轮询空隙处，通过 SINEC-L1 网向主机申请中断，主机在空隙处检测中断。一旦主机检测到中断，及时做出响应，许可请求中断的从机发送一个中断报文，使得紧急通信任务得以处理。然后，主机接着从中断处继续进行周期轮询。当发生中断时，进行下列活动：

（1）按轮询表选中的从机正在执行的活动必须全部完成后才能响应中断。

（2）主机暂停按轮询表进行的周期轮询方式对总线访问权的分配。

（3）主机根据中断表中列出的中断优先级对挂着的中断进行选择。

（4）具有最高优先级的中断源从机获得总线访问权，该从机立即发送中断报文。

（5）即使还有其他中断在挂着，也应该恢复轮询，使轮询表中下一台从机获得总线访问权。

5. 广播式通信

在 SINEC-L1 网中，除了采用单地址通信之外，也可以采用广播式通信。广播地址为 31，目标地址为 31 的报文为广播报文，它是发送给网络上所有站的，广播报文不需应答。

（二）SINEC-L1 工业局域网的技术规范

（1）总线标准：RS-485。

（2）最多站点数：31 个，其中一个主站点固定不变。

（3）波特率：9600bit/s。

（4）站点之间的最大距离：4km。

（5）1 个字节传输时间：40ms。

（6）64 个字节传输时间：250ms。

（7）局域网范围：50km。

（8）每个数据包最多字节数：64 个。

（9）通信介质：西门子 707 四芯电缆。

（三）标准功能模块的调用

用于 SINEC-L1 网络通信的程序已经写成标准功能模块，采用形式参数编程，在调用时必须对形式参数赋值，变为实际参数。

用于 SINEC-L1 网络通信的标准功能模块主要是发送功能模块 FB244 SEND 和接收功能模块 FB245 RECEIVE。FB244 SEND 模块用来启动向 CP 通信板或智能模块发送数据的任务，FB245 RECEIVE 模块用来启动对 CP 通信板或智能模块发送过来的数据进行接收的任务。

1. FB244 SEND 功能模块

FB244 SEND 模块用来启动向 CP 通信板或智能模块发送数据的任务，在用户程序中采用图形调用方式，入口参数定义见表 10-3。

表 10-3　　发送功能模块 FB244 SEND 入口参数定义

图形表示	参数名称	参数类型	说明
SEND SSNR　PAFE A-NR ANZW QTYP DBNR QANF QLAE	SSNR	D	接口号
	A-NR	D	作业号
	ANZW	I	作业状态字
	QTYP	D	数据源类型
	DBNR	D	数据块编号
	QANF	D	数据源的开始地址
	QLAE	D	数据源的长度
	PAFE	D	参数赋值出错的错误标志

2. FB245 RECEIVE 功能模块

FB245 RECEIVE 模块用来启动对 CP 通信板或智能模块发送过来的数据进行接收的任务，在用户程序中采用图形调用方式，入口参数定义见表 10-4。

表 10-4　　接收功能模块 FB245 RECEIVE 口参数定义

图形表示	参数名称	参数类型	说明
RECEIVE SSNR　PAFE A-NR ANZW ZTYP DBNR ZANF ZLAE	SSNR	D	接口号
	A-NR	D	作业号
	ANZW	I	作业状态字
	ZTYP	D	数据宿类型
	DBNR	D	数据块编号
	ZANF	D	数据宿的开始地址
	ZLAE	D	数据宿的长度
	PAFE	D	参数赋值出错的错误标志

二、西门子 SINEC-H1 LAN 网络

SINEC-H1 LAN 网络是大型分布自动化系统的高速网络系统，其数据传输速度高达

10Mbit/s，比 SINEC-L1 LAN 网络要高几个数量级。SINEC-H1 LAN 网络兼有工业控制局域网与办公自动化网的特点，主要用于区间级、单元级及设备级，实现管理、监控功能。

SINEC-H1 LAN 网络是以“以太网”协议为基础而建立的，因此被称为工业以太网，它与西门子推出的 PROFIBUS 协议为基础的 SINEC-L2 网共同成为西门子 S5 系列 PLC 通信的最主要的 PLC 网络。在 S7 系列中将 SINEC-L2 称为 Profibus 现场总线，而将 SINEC-H1 称为工业以太网。

1. 网络结构

从网络拓扑结构上看，SINEC-H1 LAN 网络是一种总线型结构的局域网，它由多个独立的网段组成，每个网段长 500m，可以挂 100 个站点。网段之间用中继器连接，总线介质为带屏蔽的同轴电缆。两个站点之间最多挂两个中继器。在一个网络中，一个中继器可分别为一对远程中继器，远程中继器之间的距离为 1000m，PLC 和网络通过通信处理器 CP535 进行。

图 10-16 表示了单段结构的 SINEC-H1 LAN 网络，它的特点是只有一段总线，没有中继器，每个站点通过 BT755 耦合器连接到网络上，总线介质为带屏蔽的同轴电缆。

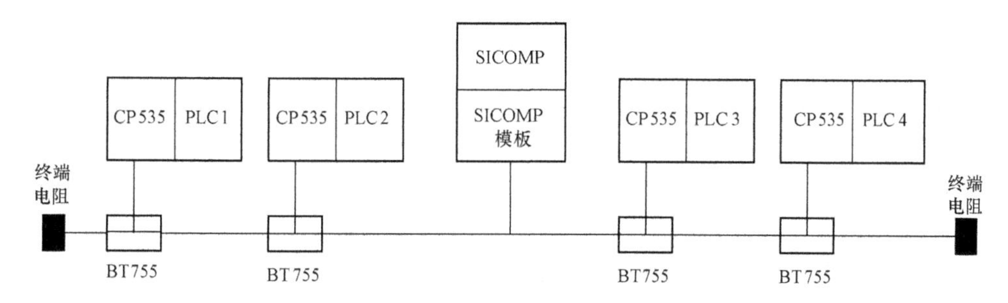

图 10-16 单段结构的 SINEC-HI LAN 网络

2. 技术规范

（1）一个字节传输时间：20ms。

（2）63 个字节传输时间：20ms。

（3）最大总线周期时间：1.2s。

（4）波特率：10Mbit/s。

（5）每段总线最多节点数：100 个。

（6）SINEC-H1 局域网最多节点数：1024 个。

（7）每段电缆最大长度：500m。

（8）一对远程中继器间距：最大 1000m。

（9）SINEC-H1 通信协议：以太网协议（CSMA/CD）与 ISO 8073。

（10）通信介质：带屏蔽的同轴电缆。

（11）终端电阻：50Ω。

3. 通信原理

SINEC-H1 LAN 相当于 Ethernet 网络，符合 IEEE 802.3 标准，竞争式存取，采用载波侦听多重访问/冲突检测的通信协议（即 CSMA/CD 通信协议）。当网络中的某个站点有数据要发送时，就请求发送，如果网络处于“闲”状态，该站就占有通道使用权，向网络发送数据，其他站点识别并接收属于自己的信息。这种通信方式形象地比喻为“先听后讲”，即有通信要求的站点先监听，确信网络信道空闲时再上网。如果两个站点同时发送请求，两站点能识别这种情况，请求均无效，必须再次请求。这种通信方式形象地比喻为“边听边后讲”，即上网通信后要一边发送，一边监听，发现冲突立即停止，再使用退避算法进行裁决。

4. 连接方式

SINEC-H1 工业局域网的连接方式有两种，即直接连接方式和多掷连接方式。

所谓直接连接方式，不是指站点与站点之间的物理连接，而是指数据传输是站与站之间进行的。通常 PLC 之间的连接是由接口号和任务号自动产生的，主动站建立连接，被动站末确认。

多掷连接方式用于快速数据传输，不需要应答。这种连接方式允许一个站向特定的一组站点发送数据，特定组是在系统生成时定义的。在 SINEC-H1 网络上，用户可以定义 64 个多掷组。如果多掷组为一个站，则称为数据电报。如果多掷组包括所有站，则称为广播式。

5. 优先级

当 SINEC-H1 采用有连接服务时，何时建立传输连接取决于所选的服务优先级。优先级分为 5 级：

（1）PRIO0：带中断申请的快速服务。用静态数据缓冲区建立永久性连接，要传输的数据优先发出，并向接收站发出中断申请。

（2）PRIO1：不带中断申请的快速服务。用静态数据缓冲区建立永久性连接，要传输的数据优先发出。

（3）PRIO2：永久性连接的标准服务。建立永久性连接，但所需的数据缓冲区是在执行任务时动态建立的。

（4）PRIO3：临时性连接的标准服务。有数据传输时，临时建立连接和数据缓冲区，所建立的连接由用户程序清除。

（5）PRIO4：临时性连接的标准服务。有数据传输时，临时建立连接和数据缓冲区，数据传输完成后，立即清除所建立的连接和数据缓冲区。

在 PRIO0 到 PRIO4 这 5 个优先级中，PRIO0 的优先级最高，PRIO1 的优先级次之。PRIO0 和 PRIO1 这两种优先级每次只能传送 16 个字节。PRIO2 为普通数据服务，PRIO3 和 PRIO4 优先级都是慢速数据服务。

第四节 S7-200 系列 PLC 的通信指令及应用举例

一、自由端口通信模式设置

CPU 的串行通信口可以由用户程序控制，这种操作模式称为自由端口模式。

S7-200 系列 PLC 的可编程通信端口模式（Free Port Communication）具有足够的灵活性，可以利用它来实现各种各样的通信功能。借助于自由端口通信，可以通过用户程序对通信端口进行操作，自己定义通信协议。自由端口通信方式使 S7-200 系列 PLC 可以与任何通信协议已知且具有串口的智能设备和控制器（如打印机、条形码阅读机、调制解调器、变频器、计算机等）通信，当然也可以用于两台 S7-200 系列 PLC 之间的通信。该通信方式使得通信的范围大大增大，使得控制系统配置更加灵活、方便。当连接的智能设备具有 RS-485 接口时，可以通过双绞线进行连接；如果连接的智能设备具有 RS-232 接口时，可以通过 PC/PPI 电缆连接起来进行自由端口通信。

S7-200 系列 PLC CPU 上的通信端口在电气上是标准的 RS-485 半双工串行通信口。此串行字符通信的格式可包括：①一个起始位；②7 位或 8 位字符（数据字节）；③一个奇/偶校验位，或者没有校验位；④一个停止位。

自由端口通信速率可以设置为 1200、2400、4800、9600、19200、38400、57600bit/s 或 112500bit/s。凡是符合这些格式的串行通信设备，理论上都可以与 S7-200 系列 PLC CPU 通信。

在自由端口通信模式下，通信协议完全由用户控制。通过设定特殊存储字节 SMB30（端口 0）或 SMB130（端口 1）允许自由端口模式，用户程序可以通过使用发送中断、接收中断、发送指令（XMT）和接收指令（RCV）对通信端口操作。

SMB30 和 SMB130 是通信端口控制寄存器，SMB30 控制端口 0 的通信方式，SMB130 控制端口 1 的通信方式。SMB30 和 SMB130 默认的设置是 PPI 模式，这也是唯一的与标准的编程装置以及操作员接口实现通信的协议。若要改变通信功能的特性，如串行通信的波特率、奇偶校验特性、字符长度等，则必须改写这个通信端口控制寄存器。只有 CPU 处于 RUN 模式时，才能进行自由端口通信。通过向 SMB30 和 SMB130 的协议区置 1，可以允许自由端口模式。处于自由端口模式时，PPI 通信被禁止，此时不能与编程设备通信。

当 CPU 处于 STOP 模式时，自由端口模式被禁止，通信模式强制为 PPI 模式，重新建立与编程设备的正常通信，从而保证了编程装置对 PLC 的编程和控制功能。

SMB30 和 SMB130 的设置值与可编程模式特性选项见表 10-5。用户只需要根据所需的功能在表 10-5 中查找相应的控制字值即可，如果要恢复 PPI 通信模式，则需要将 SM30.0 复位。

表 10-5　　SMB30 和 SMB130 设置值与可编程模式特性选项参照表

波特率（bit/s）		38.4K（CPU214） 19.2K（CPU212）	19.2K	9.6K	4.8K	2.4K	1.2K	600	300	说明
8 位字符	无校验	01H 81H	05H 85H	09H 89H	0DH 8DH	11H 91H	15H 95H	19H 99H	1DH 9DH	两组数任取一组
	偶校验	41H	45H	49H	4DH	51H	55H	59H	5DH	
	奇校验	C1H	C5H	C9H	CDH	D1H	D5H	D9H	DDH	
7 位字符	无校验	21H A1H	25H A5H	29H A9H	2DH ADH	31H B1H	35H B5H	39H B9H	3DH BDH	两组数任取一组
	偶校验	61H	65H	69H	6DH	71H	75H	79H	7DH	
	奇校验	E1H	E5H	E9H	EDH	F1H	F5H	F9H	FDH	

二、网络读写指令

1. 网络写指令 NETR 和网络读指令 NETW

NETR 和 NETW 的指令格式如图 10-17 所示。当 S7-200 系列 PLC 被定义为 PPI 主站模式时，便可以应用 NETR 指令对另外的 S7-200 系列 PLC 进行读写操作。

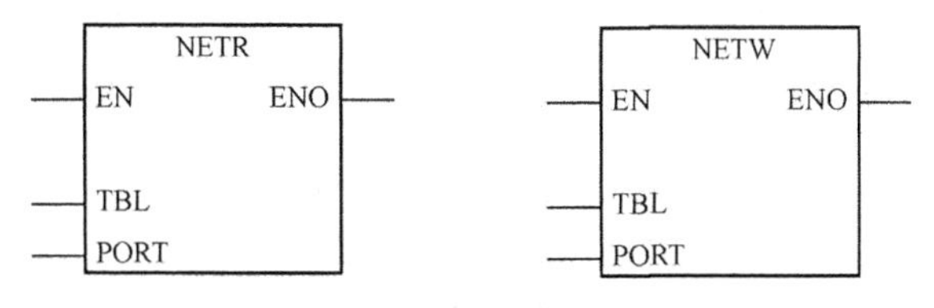

图 10-17　NETR/NETW 指令格式

应用网络读（NETR）通信操作指令，可以通过指令指定的通信端口（PORT）从另外的S7-200 系列 PLC 上接收数据，并将接收到的数据存储在指定的缓冲区表（TBL）中。

应用网络写（NETW）通信操作指令，可以通过指令指定的通信端口（PORT）向另外的S7-200 系列 PLC 写指令指定的缓冲区表（TBL）中的数据。

指令中，TBL 为缓冲区首地址，操作数为字节。PORT 为操作端口，CPU224XP 和CPU226 可以为 0 或 1，其他的 CPU 只能为 0。缓冲区表（TBL）参数定义如图 10-18 所示。

NETR 指令可以从远程站点上最多读取 16 个字节的信息，NETW 指令则可以向远程站点最多写 16 个字节的信息。在程序中可以使用任意条网络读写指令，但是在任何同一时间，最多只能执行 8 条 NETR 指令或 NETW 指令、4 条 NETR 指令和 4 条 NETW 指令，或者 2 条 NETR 指令和 6 条 NETW 指令。

字节偏移量	7	6	5	4	3　2　1　0
字节 0	D	A	E	0	错误码
字节 1	远程站的地址				
字节 2	远程站的数据指针				
字节 3					
字节 4					
字节 5					
字节 6	数据长度				
字节 7	数据字节 0				
字节 8	数据字节 1				
⋮					
字节 21	数据字节 14				
字节 22	数据字节 15				

通信操作的状态信息字节。其中：
D：操作是否完成，0=未完成，1=完成
A：有效（操作已经被排队），0=无效，1=有效
E：操作是否错误，0=无错误，1=错误

远程站的地址：要访问 PLC 的地址
远程站的数据指针：要访问数据的间接指针，如（&VB100）
数据长度：要访问的数据字节数
数据区：执行 NETR 后，从远程读到的数据放在这个区域；执行 NETW 后，要发送到远程读到的数据放在这个区域

图 10-18　NETR/NETW 缓冲区参数定义

使用网络读写指令对另外的 S7-200 系列 PLC 读写操作时，首先要将应用网络读写指令的S7-200 系列 PLC 定义为 PPI 主站模式，即通信初始化，然后就可以使用该指令进行读写操作。

2. 发送指令（XMT）与接收指令（RCV）

使用发送指令（XMT）可以将发送数据缓冲区（TBL）中的数据通过指令指定的通信端口（Port）发送出去，发送完成时将产生一个中断事件，数据缓冲区的第一个数据指明了要发送的字节数。使用 XMT 指令可以方便地发送一个或多个字节的数据，最多为 255 个字节。

使用接收指令（RCV）可以通过指令指定的通信端口（PORT）接收数据，并将接收到的数据存储于接收数据缓冲区（TBL）中，接收完成时也将产生一个中断事件，数据缓冲区的第一个数据指明了接收的字节数。使用 RCV 指令可以方便地接收一个或多个字节的数据，最多为 255 个字节。

XMT 和 RCV 的指令格式如图 10-19 所示。

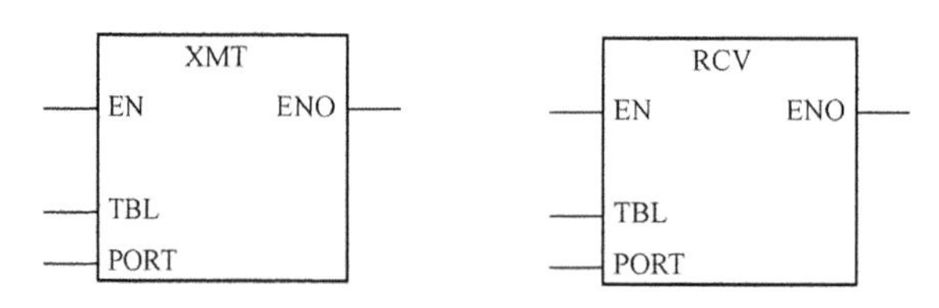

图 10-19　XMT 和 RCV 的指令格式

指令中，TBL 为缓冲区首地址，操作数为字节。PORT 为操作端口，CPU224XP 和 CPU226 可以为 0 或 1，其他的 CPU 只能为 0。

三、应用举例

【案例 10-1】 一条食用油生产线正在往油桶中灌装食用油，灌装好的油桶通过传送带送到 4 台包装机上包装，包装机把 8 个油桶包装到一个纸箱中。一个分流机控制着灌装好的油桶流向各个包装机。包装机由 4 台 S7-200 CPU222 控制，分流机由 1 台 S7-200 CPU224 控制。为了便于现场操作，现场还安装了一台 TD200 人机界面，连接到 S7-200 CPU224。系统示意图如图 10-20 所示。

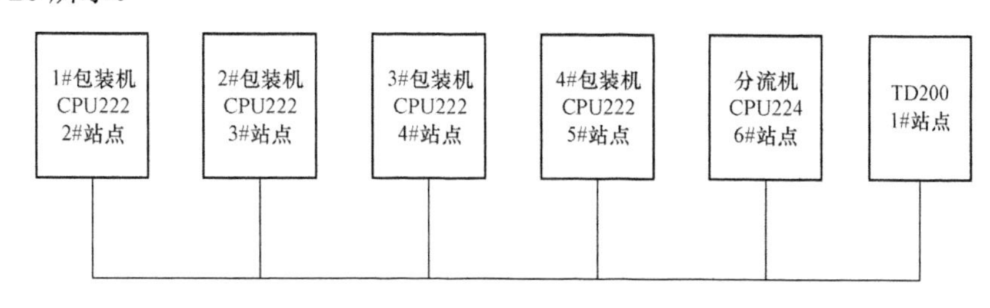

图 10-20　系统组成示意图

分流机对包装机的控制主要是负责将纸箱、黏结剂和油桶分配给不同的包装机，而分配的依据就是各个包装机的状态，因此分流机要实时地知道各个包装机的当前工作状态。另外，为了方便统计，各个包装机打包完成的数量应上传到分流机，以便记录和通过 TD200 查阅。

4 个包装机在网络中的站地址分别为 2、3、4 和 5，分流机的站地址为 6，TD200 的站地址为 1，将各个 CPU 的站地址在系统块中设定好，随程序下载到 PLC 中，TD200 的地址在 TD200 中直接设定。

该例中，TD200 和 6#站点作为 PPI 网络的主站，其他 PLC 为从站。6#站的程序包括控制程序、与 TD200 的通信程序以及与其他站点的通信程序，其他站点只有控制程序。下面给出的只是 6#站与其他站的通信程序，其他程序可以根据实际的控制要求编写。

在网络连接中，6#站所用的网络连接器带编程口，以便连接 TD200，其他站用不带编程口的网络连接器。

假设各个包装机的工作状态存储在各自 CPU 的 VB100 中，其中：

（1）V100.7 是包装机检测到的错误。

（2）V100.6～V100.4 是包装机错误代码。

（3）V100.2 是黏结剂缺少的错误，应增加黏结剂。

（4）V100.1 是纸箱缺少的错误，应增加纸箱。

（5）V100.0 是没有可包装油桶的标志。

各个包装机已经完成的打包箱数分别存储在各自 CPU 的 VW101 中。

现定义 6#分流机对各个包装机接收和发送的数据缓冲区的起始地址分别为 VB200、VB210、VB220、VB230 和 VB300、VB310、VB320、VB330。

分流机读/写 1#包装机的工作状态和完成打包数量的程序清单如图 10-21 所示。对其他站点的读写操作，只需要将站地址号和缓冲区指针做相应的改变即可。

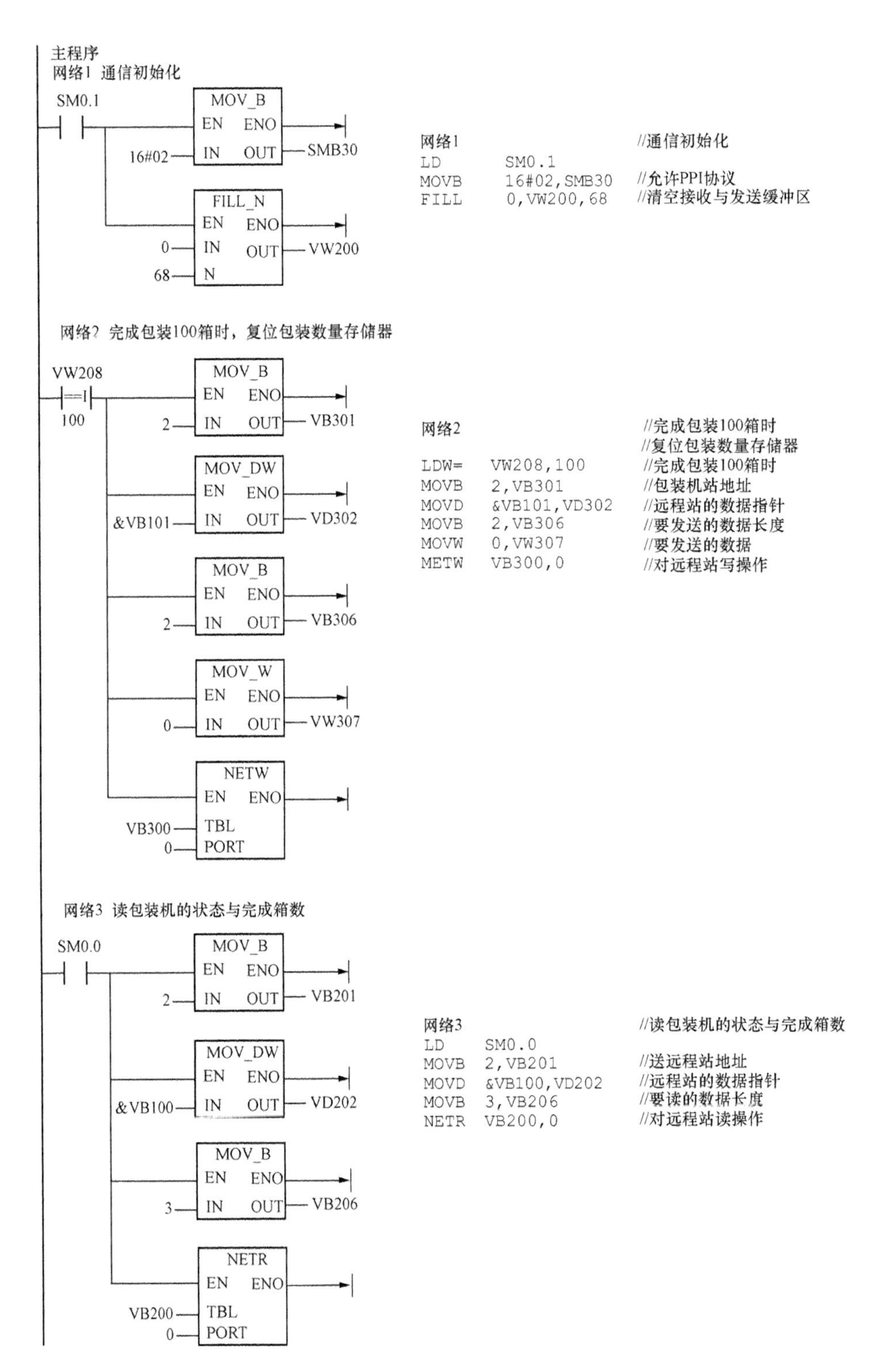

图 10-21 网络读写指令举例程序图

【案例 10-2】 利用 XMT 和 RCV 指令实现 PLC 与上位 PC 机之间的通信，PLC 接收上位 PC 机发送的一串字符，直到接收到回车符为止，PLC 再将信息发送回上位 PC 机。

程序清单如图 10-22 所示。

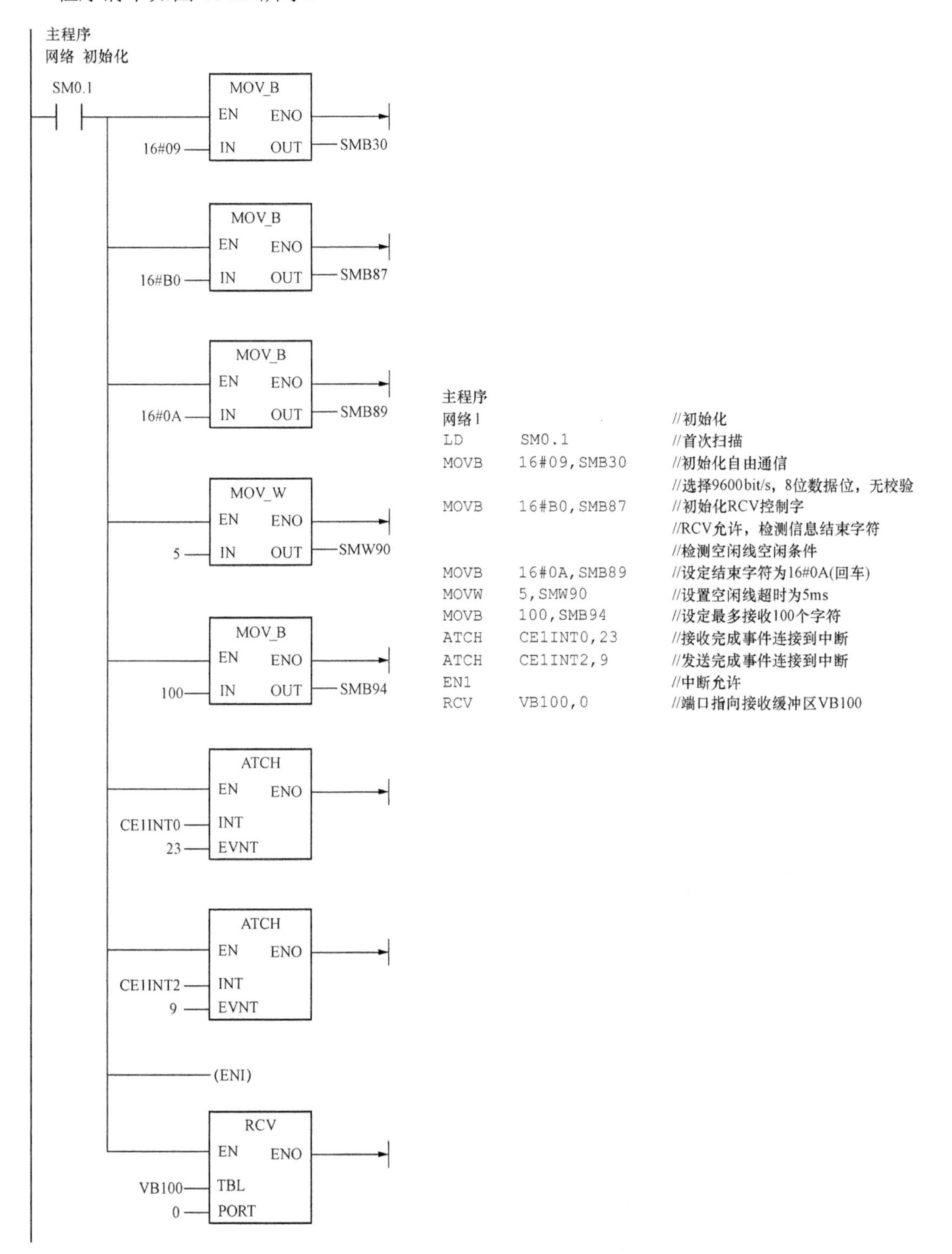

图 10-22　自由端口通信程序图（一）

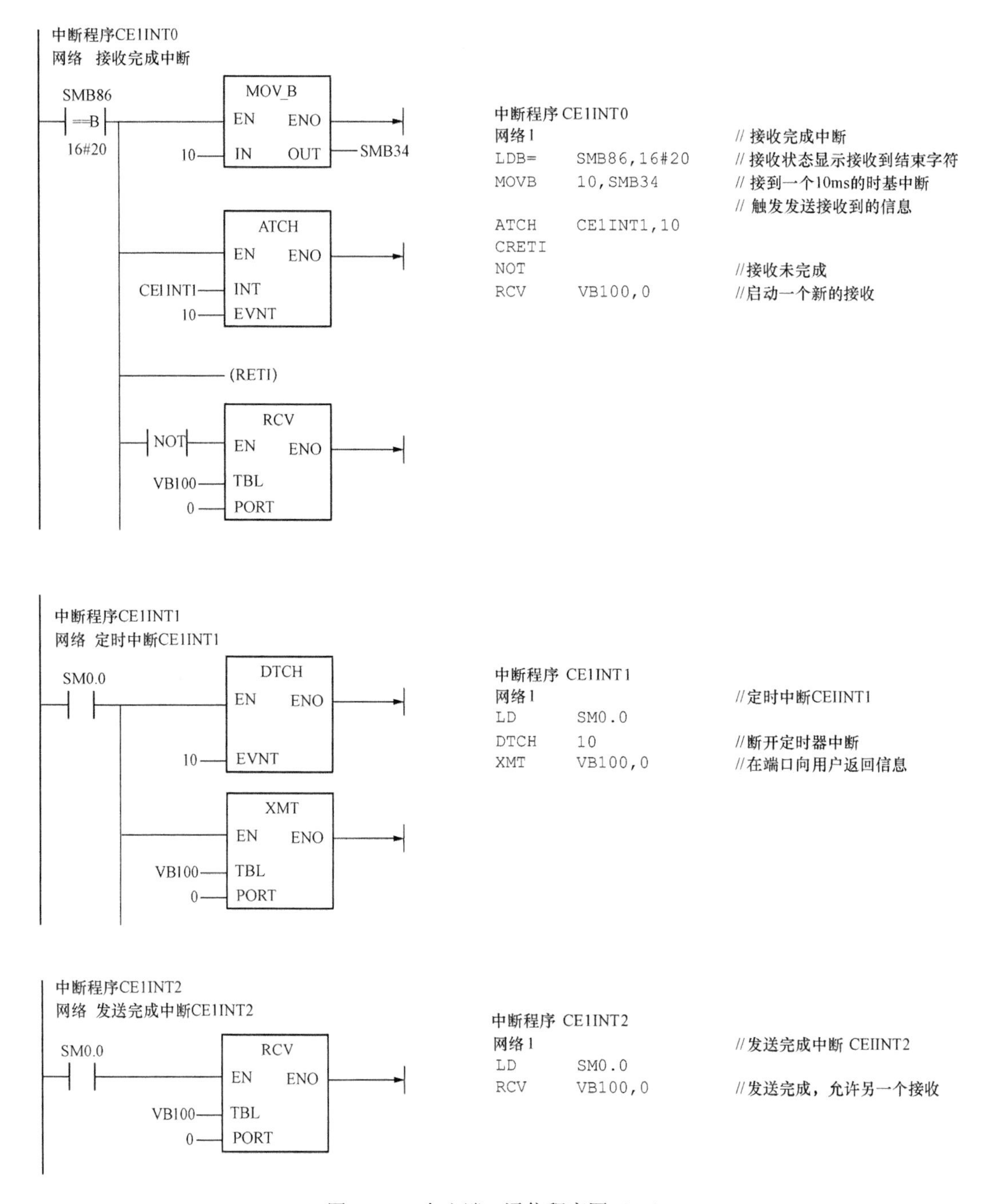

图 10-22 自由端口通信程序图（二）

本章小结

数据通信就是将数据信息通过适当的传输线路从一台设备传送到另外一台设备，数据通信的任务就是将地理位置不同的计算机、PLC 和其他数字设备连接起来，高效率地完成数据的传送、信息交换和通信处理三项任务。

在数字通信中，数据传输的基本方式有两种：并行通信方式和串行通信方式。在并行通信方式中，数据传输以字节或字为单位，数据的各位同时传送，传递速度快。但由于一个并行数据有多少位就有多少二进制数，就需要多少根传输数据线，因而成本较高。常用于近距离、高速度的数据传输场合。在串行通信方式中，数据传输以位为单位，数据一位接一位顺序传递，只需一到两根传输线。它的成本低，但传递速度慢，常用于低速、远距离的通信场合。

串行通信方式按信息传输格式又可分同步通信和异步通信两种传输方式，串行通信方式还可以按照数据在传输线路上的传送方向和时序分为单工、半双工和全双工三种传送方式。RS-232 和 RS-485 是当前主要的串行通信方式。

PPI 是西门子 S7-200 系列 PLC 的基本通信方式，它是 S7-200 系列 PLC 与 STEP7-Micro/WIN 之间的默认通信协议，不需要扩展模块，通过内置的 RS-485 串行接口（也称为 PPI 口）即可实现。利用 PPI 通信协议进行通信非常方便，只用 NETR 和 NETW 两条语句就可以进行数据传递，不需要额外再配置模块或软件。在不加中继器的情况下，PPI 通信网络最多可以由 32 个 S7-200 系列 PLC、TD200、OP/TP 面板或上位机为站点构成 PPI 网络。

MPI 是一种适用于少数站点之间通信的网络，多用于连接上位机和少量 PLC 之间近距离通信。MPI 通信协议是西门子公司不通过 Profibus 电缆，可以将控制器 S7-200/300/400 自带的 MPI 接口或 PPI 接口相互连接，从而组成现场的 MPI 网络。HMI、PC 等上位机通过 Profibus 或 MPI 网卡（CP5611）电缆也可以与下位机实现 MPI 通信。在 MPI 网络上最多可以有 32 个站点，这些站点可以使用中继器划分为多个网段，网段之间的最长通信距离为 50m（通信速率为 187.5kbit/s），更长的通信距离可以通过 RS-485 中继器扩展。MPI 允许主—主通信和主—从通信方式。

西门子公司的 SINEC-L1 LAN 网络是一种主从式总线型结构的局域网，在网络中只有一台固定不变的主机，由它对网络上的通信进行控制与管理。SINEC-L1 LAN 的数据交换格式有三种：轮询式（或查询式）、中断式和广播式。SINEC-L1 LAN 与一般的主从式总线型局域网相比较，又具有许多明显的特点与差别，L1 网不仅由主机通过轮询与各从机通信，而且各从机之间也可以直接交换信息。另外，当主机有紧急的通信任务要处理时，它可以用中断方式打断轮询，及时插入，获得通信服务。

西门子公司的 SINEC-H1 LAN 网络是大型分布自动化系统的高速网络系统，其数据传输速度高达 10Mbit/s，比 SINEC-L1 LAN 网络要高几个数量级。SINEC-H1 LAN 网络是以“以太网”协议为基础而建立的，因此被称为工业以太网，它与西门子推出的 Profibus 协议为基础的 SINEC-L2 网共同成为西门子 S5 系列 PLC 通信的最主要的 PLC 网络。在 S7 系列中将 SINEC-L2 称为 Profibus 现场总线，而将 SINEC-H1 称为工业以太网。

SINEC-H1 LAN 相当于 Ethernet 网络，符合 IEEE 802.3 标准，竞争式存取，采用载波侦听多重访问/冲突检测的通信协议（即 CSMA/CD 通信协议）。当网络中的某个站点有数据要发送时，就请求发送，如果网络处于“闲”状态，该站就占有通道使用权，向网络发送数据，其他站点识别并接收属于自己的信息。这种通信方式形象地比喻为“先听后讲”，即有通信要求的站点先监听，确信网络信道空闲时再上网。

习题与思考题

10-1　数据通信的方式有哪几种？请简述之。

10-2　工业通信网络中常用的数据传输方式是什么？它们各有什么特点？

10-3　工业通信网络的拓扑结构有哪几种？它们各自的特点是什么？

10-4　RS-232 串行通信方式有什么特点？

10-5　RS-485 串行通信方式有什么特点？

10-6　S7-200 系列 PLC 支持的通信协议有哪几种？各有什么特点？

10-7　如何实现 S7-200 系列 PLC 之间的通信？

10-8　如何理解自由通信端口的功能？

10-9　参照［案例 10-1］，编写分流机读写 2#包装机（3#站点）的工作状态和完成包装数量的程序。

10-10　利用自由端口通信的功能和指令，设计一个 PLC 通信程序，要求上位计算机能够对 S7-200 系列 PLC 中的 VB100～VB107 中的数据进行读写操作（提示：在编制程序时，应首先指定通信的帧格式，包括起始字符、目的地址、操作种类、数据区、停止符等的顺序和字节数；当 PLC 收到信息后，应根据指定好的帧格式进行解码分析，然后再根据要求做出响应）。

附录　SM 特殊存储区赋值和功能

1　SMB0 系统状态位

功能：特殊内存字节 0（SM0.0～SM0.7）提供八个位，在每次扫描周期结尾处由 S7-200 CPU 更新。程序可以读取这些位的状态，然后根据位值做出决定。

SM 地址	用户程序读取 SMB0 状态数据
SM0.0	该位始终为 1
SM0.1	首次扫描周期时为 1，一种用途是调用初始化子程序
SM0.2	如果保留性数据丢失，该位为一次扫描周期打开。该位可用作错误内存位或激活特殊启动顺序的机制
SM0.3	从电源开启条件进入 RUN（运行）模式时，该位为一次扫描周期打开。该位可用于在启动操作之前提供机器预热时间
SM0.4	该位提供时钟脉冲，该脉冲在 1min 的周期时间内 OFF（关闭）30s，ON（打开）30s。该位提供便于使用的延迟或 1min 时钟脉冲
SM0.5	该位提供时钟脉冲，该脉冲在 1s 的周期时间内 OFF（关闭）0.5s，ON（打开）0.5s。该位提供便于使用的延迟或 1s 时钟脉冲
SM0.6	该位是扫描周期时钟，为一次扫描打开，然后为下一次扫描关闭。该位可用作扫描计数器输入
SM0.7	该位表示“模式”开关的当前位置（关闭＝“终止”位置，打开＝“运行”位置）。开关位于 RUN（运行）位置时，可以使用该位启用自由口模式，可使用转换至“终止”位置的方法重新启用带 PC/编程设备的正常通信

2　SMB1 指令执行状态位

功能：特殊内存字节 1（SM1.0～SM1.7）为各种不同的指令提供执行状态，例如表格和数学运算。这些位在执行时由指令设置和重新设置。程序可以读取位值，然后根据数值做出决定。

SM 地址	用户程序读取 SMB0 状态数据
SM1.0	当操作结果为零时，某些指令的执行打开该位
SM1.1	当溢出结果或检测到非法数字数值时，某些指令的执行打开该位
SM1.2	数学操作产生负结果时，该位打开
SM1.3	尝试除以零时，该位打开
SM1.4	“增加至表格”指令尝试过度填充表格时，该位打开
SM1.5	LIFO 或 FIFO 指令尝试从空表读取时，该位打开
SM1.6	尝试将非 BCD 数值转换为二进制数值时，该位打开
SM1.7	当 ASCII 数值无法转换成有效的十六进制数值时，该位打开

3 SMB2 自由口接收字符

功能：SMB2 是自由口接收字符缓冲区。在自由口模式中接收的每个字符均被置于该位置，易于程序存取。

SM 地址	用户程序读取 SMB2，以便载入输入自由口数据
SMB2	该字节包含在自由口通信过程中从端口 0 或端口 1 接收的每个字符

4 SMB3 自由口校验错误

功能：SMB3 用于自由口模式，包含在接收字符中检测到校验错误时设置的校验错误位。当检测到校验错误时，打开 SM3.0。在程序接受和读取存储在 SMB2 中的信息字符数值之前，使用该位测试自由口信息字符是否有传输错误。

SM 地址	用户程序读取 SMB3，确认输入自由口数据
SM3.0	该位表示在端口 0 和端口 1 中出现校验错误（0＝无错；1＝错误）
SM3.1～SM3.7	保留

5 SMB4 中断队列溢出、运行时间程序错误、中断启用、自由口变送器空闲、数值被强制

功能：特殊内存字节 4（SM4.0～SM4.7）包含中断队列溢出位和一个显示中断是启用还是禁止的位（SM 4.4）。这些位表示中断发生速率比可处理速率更快，或中断被全局中断禁止指令禁止。其他位表示：

（1）运行时间程序错误。

（2）自由口变送器状态。

（3）任何 PLC 内存数值是否目前被强制。

SM 地址	用户程序读取 SMB4 状态数据
**SM4.0	通信中断队列溢出时，该位打开
**SM4.1	输入中断队列溢出时，该位打开
**SM4.2	定时中断队列溢出时，该位打开
SM4.3	检测到运行时间编程错误时，该位打开
SM4.4	该位反映全局中断启用状态。启用中断时，该位打开
SM4.5	变送器闲置（端口 0）时，该位打开
SM4.6	变送器闲置（端口 1）时，该位打开
SM4.7	当任何内存位置被强制时该位打开（仅限 22x）

** 仅限在中断例行程序中使用状态位 4.0、4.1 和 4.2。队列空置且控制返回主程序时，这些状态位被复原。

6　SMB5 I/O 错误状态位

功能：特殊内存字节 5（SM5.0～SM5.7）包含表示在 I/O 系统中检测到的错误条件状态位。这些位为检测到的 I/O 错误提供概述。

SM 地址	用户程序读取 SMB5 错误状态数据
SM5.0	如果存在任何 I/O 错误，该位打开
SM5.1	如果过多数字 I/O 点与 I/O 总线连接，该位打开
SM5.2	如果过多模拟 I/O 点与 I/O 总线连接，该位打开
SM5.3	如果过多智能 I/O 模块与 I/O 总线连接，该位打开
SM5.4	保留
SM5.5	保留
SM5.6	保留
SM5.7	如果存在 DP 标准总线故障，该位打开（仅限 S7-215）

7　SMB6 CPU 代码寄存器

功能：特殊内存字节 6 是 CPU 标识寄存器。SM6.4～SM6.7 识别 PLC 的类型。SM6.0～SM6.3 为将来使用保留。

S7-200 符号名称	SM 地址	用户程序读取 SMB6 CPU 标识数据								
CPU-ID	SMB6	MSB					LSB			
		7	6	5	4	3	2	1	0	
		X	X	X	X	r	r	r	r	
	SMB6.4～SMB6.7	0	0	0	0	=CPU212/CPU222				
		0	0	1	0	=CPU214/CPU224				
		0	1	1	0	=CPU224				
		1	0	0	0	=CPU215				
		1	0	0	1	=CPU216/ CPU226/ CPU226XP				
	SMB6.0～SMB6.3					r	r	r	r	=保留

8　SMB8～SMB21 I/O 模块代码和错误寄存器

功能：SMB8～SMB21 以成对字节组织，用于扩充模块 0～6。每对偶数字节是模块标识寄存器。这些字节识别模块类型、I/O 类型以及输入和输出次数。每对奇数字节是模块错误寄存器。这些字节提供该模块 I/O 中检测到的任何错误。

偶数字节 I/O 模块标识符寄存器

MSB							LSB
7	6	5	4	3	2	1	0
M	t	t	A	I	I	Q	Q

位	值	含义
M：模块存在	0	=存在
	1	=不存在
tt：模块类型	0 0	=非智能 I/O 模块
	0 1	=智能 I/O 模块
	1 0	=保留
	1 1	=保留
A：I/O 类型	0	=数字
	1	=模拟
II：输入	0 0	=无输入
	0 1	=2AI 或 8DI
	1 0	=4AI 或 16DI
	1 1	=8AI 或 32DI
QQ：输出	0 0	无输出
	0 1	=2AQ 或 8DQ
	1 0	=4AQ 或 16DQ
	1 1	=8AQ 或 32DQ

奇数字节 I/O 模块标识符寄存器

MSB							LSB
7	6	5	4	3	2	1	0
C	0	0	b	r	P	f	t

位	值	含义
c：	0	无错
	1	配置错误
b：	0	无错
	1	总线故障或奇偶错误
r：	0	无错
	1	超出范围错误
P：	0	无错
	1	无用户权利错误
f：	0	无错
	1	熔丝断错误
t：	0	无错
	1	接线端子松动错误

9 SMW22～SMW26 扫描时间

功能：SMW22、SMW24 和 SMW26 包含有关扫描时间的信息。您可以毫秒为单位读取最后一次扫描时间、最小扫描时间和最大扫描时间。

SM 地址	用户程序读取 SMW22～SMW26 扫描时间数据
SMW22	该字提供最后一次扫描的扫描时间
SMW24	该字提供自进入 RUN（运行）模式以来记录的最小扫描时间
SMW26	该字提供自进入 RUN（运行）模式以来记录的最大扫描时间

10 SMB28～SMB29 模拟电位器

功能：特殊内存字节 28 和 29 包含与模拟电位器 0 和 1 轴位置对应的数字值。模拟电位器位于 CPU 前方存取门后方。用一把小螺丝刀调整电位计（沿顺时针方向增加，或沿逆时针方向减少）。此类只读数值可被程序用于各种不同的功能，例如，为定时器或计数器更新当前值，输入或改动预设值或设置限制。模拟电位器的计数范围为 0～255，计数重复度为±2。

SM 地址	用户程序读取 SMB28～SMB29，获取电位计位置数据
SMB28	该字节存储随模拟电位器 0 输入的数值
SMB29	该字节存储随模拟电位器 1 输入的数值

11 SMB30 和 SMB130 自由口控制寄存器

功能：SMB30 控制端口 0 的自由口通信；SMB130 控制端口 1 的自由口通信。可以从 SMB30 和 SMB130 读取或向 SMB30 和 SMB130 写入。这些字节配置各自的通信端口，进行自由口操作，并提供自由口或系统协议支持选择。

S7-200 符号名称	SM 地址		位格式	位格式 MSB						LSB		
	PORT0	PORT1		7	6	5	4	3	2	1	0	
P0-Config	SMB30											
P1-Config		SMB130		p	p	d	b	b	b	m	m	
	SM30.6～SM30.7	SM130.6～SM130.7	pp:	0	0	=无校验						
				0	1	=偶校验						
				1	0	=无校验						
				1	1	=奇校验						
	SM30.0～SM30.1	SM130.0～SM130.1	d:			0	=每个字符 8 个数据位					
						1	=每个字符 7 个数据位					
	SM30.2～SM30.4	SM130.2～SM130.4	bbb:				0	0	0	=38400b/s		
							0	0	1	=19200b/s		
							0	1	0	=9600b/s		
							0	1	1	=4800b/s		
							1	0	0	=2400b/s		
							1	0	1	=1200b/s		
							1	1	0	=115200b/s		
							1	1	1	=57600b/s		
P0 Config0	SM30.0		mm:							0	0	=PPI/从属模式
P1 Config0		SM130.0								0	1	=自由口协议
	SM30.1	SM130.1								1	0	=PPI/主站模式
										1	1	=保留（PPI/从站模式默认值）
										注意：mm=10 时，CPU 在网络上成为主站设备，允许执行 NETR 和 NETW 指令。字节 2 至字节 7 在 PPI 模式中被忽略		

12 SMB31 和 SMW32 永久性内存（EEPROM）写入控制

功能：可以将存储在 V 内存中的一个数值保存至受程序控制的永久性内存（EEPROM）中。欲执行此功能，将需要保存的位置地址载入 SMW32。然后，将命令载入 SMB31，保存该数值。一旦载入保存数值的命令，在 CPU 复原 SM31.7 表示保存操作已经完成之前，不得改变 V 内存中的数值。在每次扫描结尾处，CPU 检查是否发出将数值保存至永久内存的命令。如果发出命令，指定的数值被保存在永久内存中。

用户程序：写入 SMB31 和 SMB32，设置和控制 V 存储区数据保存到 EEPROM 在开始操作之前，读取 SM31.7，并测试它是否为零；写入 SM31.7，开始保存操作

<table>
<tr><td>S7-200
符号名称</td><td>SM 地址</td><td colspan="10">软件命令
MSB LSB</td></tr>
<tr><td rowspan="2">Save to EEPROM</td><td rowspan="2">SMB31</td><td></td><td>7</td><td>6</td><td>5</td><td>4</td><td>3</td><td>2</td><td>1</td><td>0</td><td></td></tr>
<tr><td></td><td>c</td><td>0</td><td>0</td><td>0</td><td>0</td><td>0</td><td>s</td><td>s</td><td></td></tr>
<tr><td rowspan="2">Save to
EEPROM_7</td><td rowspan="2">SMB31.7</td><td rowspan="2">c:</td><td>0</td><td colspan="8">=无执行保存操作的要求</td></tr>
<tr><td>1</td><td colspan="8">=用户程序请求 CPU 保存数据至固定存储区
在每次保存操作完成后，CPU 复位该位</td></tr>
<tr><td rowspan="4"></td><td rowspan="4">SMB31.0-
SMB31.1</td><td colspan="7" rowspan="4">ss：需要保存的数值大小</td><td>0</td><td>0</td><td>=字节</td></tr>
<tr><td>0</td><td>1</td><td>=字节</td></tr>
<tr><td>1</td><td>0</td><td>=字</td></tr>
<tr><td>1</td><td>1</td><td>=双字</td></tr>
</table>

<table>
<tr><td></td><td></td><td colspan="16">V 存储区地址
MSB LSB</td></tr>
<tr><td rowspan="2">Save to address</td><td rowspan="2">SMW32</td><td>15</td><td>14</td><td>13</td><td>12</td><td>11</td><td>10</td><td>9</td><td>8</td><td>7</td><td>6</td><td>5</td><td>4</td><td>3</td><td>2</td><td>1</td><td>0</td></tr>
<tr><td colspan="16">字数据：需要保存的数据的 V 存储区地址被存储在 SMW32 中，该数值作为一个整型偏移量输入。执行保存操作时，存储在该 V 存储区地址的数值被保存到固定存储区中的对应 V 存储区位置（EEPROM）</td></tr>
</table>

13 SMB34～SMB35 用于定时中断的时间间隔寄存器

功能：特殊内存字节 34 和 35 控制中断 0 和中断 1 的时间间隔。您可以指定从 1～255ms 的时间间隔（以 1ms 为增量）。相应的定时中断事件附加在中断例行程序中时，CPU 捕获时间间隔数值。欲改变时间间隔，必须将定时中断事件重新附加在相同的或不同的中断例行程序中。用分离事件的方法终止定时中断事件。

SM 地址	以毫秒为单位的定时中断间隔
SMB34	定时中断 0：时间间隔数值（以 1ms 为增量，从 1～255ms**）
SMB35	定时中断 1：时间间隔数值（以 1ms 为增量，从 1～255ms**）

** 对于 21x 系列，时间间隔（以 1ms 为增量）从 5～255ms。

14 SMB36～SMB65 HSC0、HSC1 和 HSC2 寄存器

功能：SMB36～SM65 用于监视和控制高速计数 HSC0、HSC1 和 HSC2 的操作。

SM 地址	描 述
SM36.0～SM36.4	保留
SM36.5	HSC0 当前计数方向位：1＝增计数
SM36.6	HSC0 当前值等于预设值位：1＝等于
SM36.7	HSC0 当前值大于预设值位：1＝大于
SM37.0	复位的有效控制位：0＝高电平复位有效，1＝低电平复位有效
SM37.1	保留
SM37.2	正交计数器的计数速率选择：0＝4x 计数速率；1＝1x 速率
SM37.3	HSC0 方向控制位：1＝增计数
SM37.4	HSC0 更新方向：1＝更新方向
SM37.5	HSC0 更新预设值：1＝向 HSC0 写新的预设值
SM37.6	HSC0 更新当前值：1＝向 HSC0 写新的初始值
SM37.7	HSC0 有效位：1＝有效
SMD38	HSC0 新的初始值
SMD42	HSC0 新的预置值
SM46.0～SM46.4	保留
SM46.5	HSC1 当前计数方向：1＝增计数
SM46.6	HSC1 当前值等于预设值位：1＝等于
SM46.7	HSC1 当前值大于预设值位：1＝大于
SM47.0	HSC1 复位有效电平控制位：0＝高电平，1＝低电平
SM47.1	HSC1 启动有效电平控制位：0＝高电平，1＝低电平
SM47.2	HSC1 正交计数器速率选择：0＝4x 速率，1＝1x 速率
SM47.3	HSC1 方向控制位：1＝增计数
SM47.4	HSC1 更新方向：1＝更新方向
SM47.5	HSC1 更新预设值：1＝向 HSC1 写新的预设值
SM47.6	HSC1 更新当前值：1＝向 HSC1 写新的初始值
SM47.7	HSC1 有效位：1＝有效
SMD48	HSC1 新的初始值
SMD52	HSC1 新的预设值
SM56.0～SM56.4	保留
SM56.5	HSC2 当前计数方向：1＝增计数
SM56.6	HSC2 当前值等于预设值位：1＝等于
SM56.7	HSC2 当前值大于预设值位：1＝大于
SM57.0	HSC2 复位有效电平控制位：0＝高电平，1＝低电平

续表

SM 地址	描　　述
SM57.1	HSC2 启动有效电平控制位：0=高电平，1=低电平
SM57.2	HSC2 正交计数器速率选择：0=4x 速率，1=1x 速率
SM57.3	HSC2 方向控制位：1=增计数
SM57.4	HSC2 更新方向：1=更新方向
SM57.5	HSC2 更新预设值：1=向 HSC2 写新的预设值
SM57.6	HSC2 更新当前值：1=向 HSC2 写新的初始值
SM57.7	HSC2 有效位：1=有效
SMD58	HSC2 新的初始值
SMD62	HSC2 新的预设值

15　SMB66～SMB85　PTO/PWM 寄存器

功能：SMB66～SMB85 用于监视和控制脉冲串输出（PTO）和脉宽调制（PWM）功能。

SM 地址	描　　述
SM66.0～SM66.3	保留
SM66.4	PTO0 包络终止：0=无错，1=由于增量计算错误而终止
SM66.5	PTO0 包络终止：0=不由用户命令终止；1=由用户命令终止
SM66.6	PTO0 管道溢出（当使用外部包络时由系统清除，否则由用户程序清除）：0=无溢出，1=有溢出
SM66.7	PTO0 空闲位：0=PTO 忙，1=PTO 空闲
SM67.0	PTO0/PWM0 更新周期：1=写新的周期值
SM67.1	PWM0 更新脉冲宽度值：1=写新的脉冲宽度
SM67.2	PTO0 更新脉冲量：1=写新的脉冲量
SM67.3	PTO0/PWM0 基准时间单元：0=1μs/格，1=1ms/格
SM67.4	同步更新 PWM0：0=异步更新，1=同步更新
SM67.5	PTO0 操作：0=单段操作（周期和脉冲数存在 SM 存储器中），1=多段操作（包络表存在 V 存储器区）
SM67.6	PTO0/PWM0 模式选择：0=PTO，1=PWM
SM67.7	PTO0/PWM0 有效位：1=有效
SMW68	PTO0/PWM0 周期（2～65535 个时间基准）
SMW70	PWM0 脉冲宽度值（0～65535 个时间基准）
SMD72	PTO0 脉冲计数值（$1\sim2^{32}-1$）
SM76.0～SM76.3	保留
SM76.4	PTO1 包络终止；0=无错，1=由于增量计算错误终止
SM76.5	PTO1 包络终止；0=不由用户命令终止；1=由用户命令终止
SM76.6	PTO1 管道溢出（当使用外部包络时由系统清除，否则由用户程序清除）：0=无溢出，1=有溢出

续表

SM 地址	描　　述
SM76.7	PTO1 空闲位：0＝PTO 忙，1＝PTO 空闲
SM77.0	PTO1/PWM1 更新周期值：1＝写新的周期值
SM77.1	PWM1 更新脉冲宽度值：1＝写新的脉冲宽度
SM77.2	PTO1 更新脉冲计数值：1＝写新的脉冲量
SM77.3	PTO1/PWM1 时间基准：0＝1μs/点，1＝1ms/点
SM77.4	同步更新 PWM1：0＝异步更新，1＝同步更新
SM77.5	PTO1 操作：0＝单段操作（周期和脉冲数存在 SM 存储器中），1＝多段操作（包络表存在 V 存储器区）
SM77.6	PTO1/PWM1 模式选择：0＝PTO，1＝PWM
SM77.7	PTO1/PWM1 有效位：1＝有效
SMW78	PTO1/PWM1 周期值（2～65535 个时间基准）
SMW80	PWM1 脉冲宽度值（0～65535 个时间基准）
SMD82	PTO1 脉冲计数值（1～2^{32}－1）

16　SMB86～SMB94 和 SMB186～SMB194 接收信息控制

功能：SMB86～SMB94 和 SMB186～SMB194 用于控制和读出接收信息指令的状态。

<table>
<tr><th>Port0</th><th>Port1</th><th colspan="8">描　　述</th></tr>
<tr><td rowspan="5">SMB86</td><td rowspan="5">SMB186</td><td colspan="8">接收信息状态字节</td></tr>
<tr><td colspan="4">MSB</td><td colspan="4">LSB</td></tr>
<tr><td>7</td><td>6</td><td>5</td><td>4</td><td>3</td><td>2</td><td>1</td><td>0</td></tr>
<tr><td colspan="8">1＝接收用户的禁止命令终止接收信息
1＝接收信息终止：输入参数错误或无起始或结束条件
1＝收到结束字符
1＝接收信息终止：超时
1＝接收信息终止：超出最大字符数
1＝接收信息终止：奇偶校验错误</td></tr>
<tr></tr>
<tr><td rowspan="4">SMB87</td><td rowspan="4">SMB187</td><td colspan="8">接收信息控制字节</td></tr>
<tr><td colspan="4">MSB</td><td colspan="4">LSB</td></tr>
<tr><td>en</td><td>sc</td><td>ec</td><td>il</td><td>c/m</td><td>tmr</td><td>bk</td><td>0</td></tr>
<tr><td colspan="8">en：0＝禁止接收信息功能
1＝允许接收信息功能
每次执行 RCV 指令时检查允许/禁止接收信息位
sc：0＝忽略 SMB88 或 SMB188
1＝使用 SMB88 或 SMB188 的值检测起始信息
ec：0＝忽略 SMB89 或 SMB189</td></tr>
</table>

续表

Port0	Port1	描　　述
SMB87	SMB187	1＝使用 SMB89 或 SMB189 的值检测结束信息 il：0＝忽略 SMW90 或 SMW190 1＝使用 SMW90 或 SMW190 的值检测空闲状态 c/m：0＝定时器是内字符间定时器 1＝定时器是信息定时器 tmr：0＝忽略 SMW92 或 SMW192 1＝当 SMW92 或 SMW192 中的定时时间超出时终止接收 bk：0＝忽略中断条件 1＝用中断条件作为信息检测的开始
SMB88	SMB188	信息字符的开始
SMB89	SMB189	信息字符的结束
SMB90	SMB190	空闲行时间间隔用毫秒给出。在空闲行时间结束后接收的第一个字符是新信息的开始
SMB92	SMB192	字符间/信息间定时器超时值（用毫秒表示）。如果超过时间，就停止接收信息
SMB94	SMB194	接收字符的最大数（1～255 字节）。 注意：这个区一定要设为希望的最大缓冲区，即不使用字符计数信息终止

17　SMW98 扩展 I/O 总线错误

功能：SMW98 给出有关扩展 I/O 总线的错误数的信息。

SM 地址	描　　述
SMW98	当扩展总线出现校验错误时，该处每次增加 1。当系统得电时或用户程序写入零，可以进行清零

18　SMB131～SMB165　HSC3、HSC4 和 HSC5 寄存器

功能：SMB131～SMB165 用于监视和控制高速计数器 HSC3、HSC4 和 HSC5 的操作。

SM 地址	描　　述
SMB131～SMB135	保留
SM136.0～SM136.4	保留
SM136.5	HSC3 当前计数方向状态位：1＝增计数
SM136.6	HSC3 当前值等于预设值状态位：1＝等于
SM136.7	HSC3 当前值大于预设值状态位：1＝大于
SM137.0～SM137.2	保留
SM137.3	HSC3 方向控制位：1＝增计数
SM137.4	HSC3 更新方向：1＝更新方向
SM137.5	HSC3 更新设定值：1＝向 HSC3 写入新预设值

续表

SM 地址	描　　述
SM137.6	HSC3 更新当前值：1＝向 HSC3 写新的初始值
SM137.7	HSC3 有效位：1＝有效
SMD138	HSC3 新初始值
SMD142	HSC3 新预设值
SM146.0～SM146.4	保留
SM146.5	HSC4 当前计数方向状态位：1＝增计数
SM146.6	HSC4 当前值等于预设值状态位：1＝等于
SM146.7	HSC4 当前值大于预设值状态位：1＝大于
SM147.0	复位的有效控制位：0＝高电平有效，1＝低电平有效
SM147.1	保留
SM147.2	正交计数器的计数速率选择：0＝4x 计数速率，1＝1x 计数速率
SM147.3	HSC4 方向控制位：1＝增计数
SM147.4	HSC4 更新方向：1＝更新方向
SM147.5	HSC4 更新预设值：1＝向 HSC4 写新的预设值
SM147.6	HSC4 更新当前值：1＝向 HSC4 写新的初始值
SM147.7	HSC4 有效位：1＝有效
SMD148	HSC4 新初始值
SMD152	HSC4 预设值
SM156.0～SM156.4	保留
SM156.5	HSC5 当前计数方向状态位：1＝增计数
SM156.6	HSC5 当前值等于预设值状态位：1＝等于
SM156.7	HSC5 当前值大于预设值状态位：1＝大于
SM157.0～SM157.2	保留
SM157.3	HSC5 方向控制位：1＝增计数
SM157.4	HSC5 更新方向：1＝更新方向
SM157.5	HSC5 更新预设值：1＝向 HSC5 写新的预设值
SM157.6	HSC5 更新当前值：1＝向 HSC5 写新的初始值
SM157.7	HSC5 有效位：1＝有效
SMD158	HSC5 新初始值
SMD162	HSC5 预设值

19 SMB166～SMB185 PTO0 和 PTO1 包络定义表

功能：SMB166～SMB194 用来显示包络步的数量、包络表的地址和 V 存储器区中表的地址。

SM 地址	描　述
SMB166	PTO0 的包络步当前计数值
SMB167	保留
SMW168	PTO0 的包络表 V 存储器地址（从 V0 开始的偏移量）
SMB170	线性 PTO0 状态字节
SMB171	线性 PTO0 结果字节
SMD172	指定线性 PTO0 发生器工作在手动模式时产生的频率。频率是一个以 Hz 为单位的双整型值。SMB172 是 MSB，而 SMB175 是 LSB
SMB176	PTO1 的包络步当前计数值
SMB177	保留
SMW178	PTO1 的包络表 V 存储器地址（从 V0 开始的偏移量）
SMB180	线性 PTO1 状态字节
SMB181	线性 PTO1 结果字节
SMD182	指定线性 PTO1 发生器工作在手动模式时产生的频率。频率是一个以 Hz 为单位的双整型值。SMB182 是 MSB，而 SMB178 是 LSB

参 考 文 献

[1] 陈立定，吴玉香，苏开才，等．电气控制与可编程控制器．广州：华南理工大学出版社，2006.

[2] 王永华．现代电气控制及 PLC 应用技术．北京：北京航空航天大学出版社，2008.

[3] 孙承志，徐智，张家海，等．西门子 S7-200/300/400PLC 基础与应用技术．北京：机械工业出版社，2009.

[4] 刘华波．西门子 S7-200PLC 编程及应用案例精选．北京：机械工业出版社，2009.

[5] 范永胜，王岷．电气控制及 PLC 应用．2 版．北京：中国电力出版社，2007.

[6] 陈建明．电气控制及 PLC 应用．北京：电子工业出版社，2007.

[7] 马丁．西门子 PLC 200/300/400 应用程序设计实例精讲．北京：电子工业出版社，2008.

[8] 程玉华．西门子 S7-200 工程应用 泉毅电子股份有限公司 ADP 软体应用手册 2003 实例分析．北京：电子工业出版社，2008.

[9] 龚仲华．S7-200/300/400PLC 应用技术（通用篇）．北京：人民邮电出版社，2007.

[10] 李艳杰，于艳秋，王卫红，等．S7-200PLC 原理与实用开发指南．北京：机械工业出版社，2008.

[11] 宋伯生，陈东旭．PLC 应用及实验教程．北京：机械工业出版社，2006.

[12] 蔡红斌．电气控制与 PLC 控制技术．北京：清华大学出版社，2007.

[13] 隋振有，隋凤香．可编程控制器应用解析．北京：中国电力出版社，2006.

[14] 王兆明．电气控制与 PLC 技术．北京：清华大学出版社，2005.